高·职·高·专·规·划·教·材

化工单元操作与控制

杨成德◎主编　顾准◎副主编　周国民◎主审

化学工业出版社
·北京·

本书立足于高等职业教育的课程项目化改革，以典型工作过程为依据，以职业活动为导向，打破“学科”界限，走“课程融合”之路，是为培养化工总控工职业资格要求的高等技术应用型人才的需要而编写的。本书有效整合了化工原理、化工单元操作实训、化工制图等多门课程的部分资源，将化工总控工考核内容融合于课程项目教学之中，工学结合，依托现有的实训装置，实现多学科的融合；主要内容包括化工职业活动中涉及的基本知识、工艺计算和操作技能。本书主要研究化工单元操作过程的操控技术，并融入适量的安全技术，是化工原理在项目化实施过程中的教学总结。

本书可作为高等职业教育化工技术类或轻工、制药、生物、印染、材料等专业的教材和相关企业高技能人才的培训教材，也可供从事化工生产和管理的工程技术人员参考。

图书在版编目（CIP）数据

化工单元操作与控制/杨成德主编．—北京：化学工业出版社，2010.9（2020.2重印）
高职高专规划教材
ISBN 978-7-122-09187-1

Ⅰ.化…　Ⅱ.杨…　Ⅲ.化工单元操作　Ⅳ.TQ02

中国版本图书馆CIP数据核字（2010）第140201号

责任编辑：提　岩　窦　臻　　装帧设计：关　飞
责任校对：王素芹

出版发行：化学工业出版社（北京市东城区青年湖南街13号　邮政编码100011）
印　　装：北京七彩京通数码快印有限公司
787mm×1092mm　1/16　印张15　字数386千字　2020年2月北京第1版第2次印刷

购书咨询：010-64518888　　售后服务：010-64518899
网　　址：http://www.cip.com.cn
凡购买本书，如有缺损质量问题，本社销售中心负责调换。

定　　价：45.00元

前　言

本书立足于高等职业教育的课程项目化改革，以典型工作过程为依据，以职业活动为导向，打破“学科”界限，走“课程融合”之路，为培养化工总控工职业资格要求的高等技术应用型人才而编写的。本书内容以国家职业资格标准为基础，贯穿职业能力的培养，突出高职教育特色，采用项目教学法，体现工学结合的教学思路，落实了“双证融通”的行业要求。

通过剖析化工行业的职业资格标准和大范围下企业调研，明确了企业对员工的知识、能力、素质结构的要求。在编写过程中，力求把理论与实训统一起来，实现技能训练与理论学习的有机结合。课程内容通过项目化整体设计和实施设计，在具有职业活动特色的项目情境中贯穿学习内容，任务驱动教学活动，有效整合了化工原理、化工单元操作仿真实训、化工单元操作实训、化工过程及设备课程设计、化工安全技术、化工制图等课程的部分资源，形成了“能力为本、任务训练、学生主体、职业活动导向、项目载体、课程一体化设计”的项目化教学体系和形成性考核的教学模式，将化工总控工考核内容融合于课程项目教学之中，努力实现工学结合。按认识规律梳理知识点和技能点，打破理论与实践的界限，充分体现理实一体化；项目实施通过认识设备、测定参数、实际操作、仿真训练、综合提高等多个层次，分层次组织教学内容，每一层次均由工作任务构成，依托典型的单元操作实训装置，实现多门课程的融合。

在项目编写中设有“能力目标”、“知识目标”、“情境设计”及“练习题”，使学员明确学习内容、学习方式及应达到的课程实训标准；任务编写中有“思考题”和“课后任务”，便于学生自主学习和教师选用。体现以学生自主学习为核心，任务驱动教学活动，“学中做，做中学”，践行教育教学新理念，达到提高教学效率的目的。

本书可作为高等职业教育的有机化工、精细化工、石油化工、无机化工、高分子化工或轻工、制药、生物、印染、材料等专业的教材和相关企业高技能人才的培训教材，也可供从事化工生产和管理的工程技术人员参考。

本书共分七个实训项目。项目二的任务一、任务二和项目三由咸阳职业技术学院张娟、马艳和蒋绪编写；项目二的任务四由健雄职业技术学院程炜编写；项目二的任务五由健雄职业技术学院潘亚妮编写；项目四由健雄职业技术学院陈雪峰、刘尚莲编写；项目七由江苏省盐城技师学院颜廷良编写；健雄职业技术学院顾准担任副主编并编写了项目五；健雄职业技术学院杨成德担任主编，编写了项目一、项目六和其余部分并统稿。全书由太仓市安全生产监督局高级工程师周国民主审。此外，中国石油兰州润滑油研究开发中心的高级工程师杨克对本书的编写也给予了帮助，提出了一些宝贵意见和建议。

本书在编写过程中还参考了许多图书、期刊中的相关内容，在此诚恳地感谢为化工教育事业打下坚实基础的专家们和支持本书成稿的各位领导和朋友。

由于编者水平有限，书中不妥及疏漏之处在所难免，敬请广大读者批评指正。

编者

2010 年 7 月

目录

项目六　吸收系统的操作与控制

项目七　萃取系统的操作与控制

绪 论

一、化工生产过程

化学工业是指利用化学反应改变物质结构、成分、形态而生产化学品的制造工业。化工生产从原料开始到制成目的产物，要经过一系列物理的和化学的加工处理步骤，这一系列加工处理步骤，总称为化工过程。

化工生产过程一般可概括为三个主要步骤。①原料预处理。为了使原料符合进行化学反应所要求的状态和规格，根据具体情况，不同的原料需要经过净化、提浓、混合、乳化或粉碎（对固体原料）等多种不同的预处理。②化学反应。这是生产的关键步骤。经过预处理的原料，在一定的温度、压力等条件下进行反应，以达到所要求的反应转化率和收率。反应类型是多样的，可以是氧化、还原、复分解、磺化、异构化、聚合、裂解等。通过化学反应，获得目的产物或其混合物。③产品精制。将由化学反应得到的混合物进行分离，除去副产物或杂质，以获得符合组成规格的产品。以上每一步都需在特定的设备中，在一定的操作条件下完成所要求的化学的和物理的变化。

化工单元过程是指各化工生产过程中以化学为主的处理方法，概括为具有共同化学反应特点的基本过程。如氧化过程、加氢过程等。

化工单元操作是指各化工生产过程中以物理为主的处理方法，概括为具有共同物理变化特点的基本过程。如精馏操作、吸收操作等。

化学工业产品种类繁多，如燃料油、乙烯、合成橡胶、合成纤维、化肥、酸、碱、农药、医药和化妆品等，每种产品的生产过程都有各自的工艺特点，加工过程形态各异。化学工业的产品则涉及国民经济的各个部门，其产品与技术推动了世界经济的发展和人类社会的进步，提高了人民的生活质量与健康水平。化工生产的主要特点是原料来源丰富，生产路线多，技术含量高，经常涉及有毒、有害、易燃、易爆等物料，需要高温、高压、低温、低压等条件，因此，化学工业也带来了生态、环境及社会安全等问题，但是人类的文明离不开化学工业的发展。在21世纪，化工生产必须不断采用新的工艺、新的技术，提高对原料的利用率，消除或减少对环境的污染，实现可持续发展。

二、化工单元操作

一个化工产品的生产过程中包括物理过程和化学反应过程，除化学反应过程外，前、后处理过程是化工生产所不可缺少的。在化工实践中发现，尽管化工产品千差万别，生产工艺多种多样，但生产这些产品所包含的物理过程并不是很多，而是很相似的。例如，不论输送哪种物料，一般都是输送流体；为了得到高压需要压缩操作；为了得到一定的温度往往需要加热和冷却；合成氨、硝酸和硫酸的生产过程中，都是采用吸收操作分离气体混合物；尿素、聚氯乙烯的生产过程中，都采用干燥操作以除去固体中的水分；乙醇、乙烯及石油加工等生产过程中，都采用蒸馏操作分离液体混合物，达到提纯产品的目的。人们把这些包含在不同化工产品生产过程中，发生同样的物理变化、遵循共同的规律、使用相似的设备、具有相同作用的基本物理操作，称为单元操作。

单元操作可归纳为以下几类。

① 动量传递过程的操作：如流体的输送、搅拌、沉降、过滤等。

② 传热过程的操作：如热交换、蒸发和冷凝等。

③ 传质过程的操作：如蒸馏、吸收、萃取、干燥、膜分离、结晶等。

④ 其他过程的操作：如混合、冷冻、粉体输送和粉碎等。

根据以上分析，不难看出，化工生产过程是若干个单元操作与若干个化学反应过程的组合，但在不同的化工产品生产中，单元操作有其独特的条件与要求。

本书通过项目化整体设计，理论与实训结合，设计出输送系统的操作与控制、换热装置的操作与控制、过滤装置的操作与控制、干燥装置的操作与控制、精馏系统的操作与控制、吸收系统的操作与控制、萃取系统的操作与控制等项目进行理论学习和技能训练。

本书研究化工单元操作过程的操控技术，并融入适量的安全技术。

三、本门课程的性质、内容、任务及实施

化工单元操作与控制是一门技术性、工程性和应用性都很强的专业基础课程，是培养从事化工职业岗位群生产操作的高素质劳动者的必修课程，也是化工生产技术管理高级技术人才必须具备的专业素养要求，能有效改善生产一线员工的知识结构、素质结构与能力结构，始终贯穿工程技术与化工安全意识的教育理念。它以化工单元生产过程为对象，研究化工单元操作规律在化工生产中的应用，使学生熟练掌握化工操控中的基本理论和基本技能，学会用工程观点分析、解决实际生产中的问题，树立良好的安全意识和职业素养，为学习后续课程及将来从事化工生产、技术、管理和服务工作而做准备，为提高职业能力奠定基础。

本课程的内容包括化工单元操作过程及设备的基本知识、工艺计算和操作训练。通过学习与操作训练，结合国家职业资格标准及生产岗位需求，熟练化工岗位的实际单元操作技能，能够编制技术文件，具有一定的计算、选型能力，用工程观点观察、分析和解决常见的操控问题，树立安全规范操作意识、质量成本意识。

本课程实施中采用项目化教学理念，进行情境设计，甲方（教师）为某企业技术负责人；乙方（学员）组建自命名化工有限责任公司技术服务部或生产部。制作胸卡，进入角色。双方正式签订合同，就项目的某一任务达成协议。按照技术服务部或车间组织构成，学员分为若干班组（项目组），选出组长，由组长协调组员进行项目化的工作和学习，完成生产任务，技能比赛，汇报演讲，按照企业绩效考核方式进行过程考核，也可模拟企业组织架构，设置人力资源部、技术部、研发部等机构进行统一安排，进入职业角色，培养职业精神，锻炼职业技能。

课程依托的操作实训装置是国内职业院校常用的单元操作实训装置，测量实训可选用价格低廉的仪器设备，发掘实训装置的潜力是课程不断完善的基础。

课程实施要设计详尽的教师活动和学员活动，这两项活动的设计是课程实施的基础，也是典型工作过程的育人流程，教师要依托现有的实训设施，本着“学中做、做中学”的教育理念，让学员在技能训练中领悟知识的力量，在方案的设计中感受运算的意义，在任务的完成过程中成就自我；课程的实施同样要遵循教育教学规律和认知的基本规律，由浅入深，由易到难，结合自己的特点，有效推进课程实施。

项目一
输送系统的操作与控制

能力目标： 能够熟练操作典型输送设备，运用化工总控工的相关技能，包括拆装管路和维护离心泵，测定基本参数，绘制管路和输送系统流程图，编制基础操作规程，熟练进行动力输送、压力输送、真空抽吸等操作，完成输送任务。

知识目标： 理解流体流动和输送的基本概念和基本理论，掌握输送系统的计算方法，包括理解基本概念如密度、黏度、压力、静压能、流量、流速、阻力、雷诺数、泵的扬程、工作点、安装高度等，掌握和应用静力学方程、连续性方程、伯努利方程解决工程问题，了解装置运行自动控制的基本理论，了解安装高度的计算方法和化工装置核算的思路。

情境设计： 某公司动力车间工业用水输送系统的认识、拆装、测量、操控与设计。按照车间组织构成，分为若干班组（项目组），选出组长，由组长协调组员进行项目化的工作和学习，完成任务，技能比赛，汇报演讲，模拟企业绩效考核方式进行过程考核。

任务一　认识管路和离心泵

一、认识管路

化工管路主要由管子、管件和阀门构成，也包括一些附属于管路的管架、管卡、管撑等辅件。

为了便于加工制造，工业生产中对化工管路进行标准化，制定了化工管路主要构件（管子、管件、阀门、法兰、垫片等）的结构、尺寸、连接、压力等标准。其中压力标准、直径标准是选择管子和管路附件的依据。压力标准指公称压力（PN），即管子、管件、阀门在一定的温度范围内的最大允许工作压力，一般分为低、中、高十二个等级。直径标准是对管路直径所作的标准，一般称为公称直径或通称直径（DN），既不是管内径（接近于内径），也不是管外径。（俗语“几分、几寸”是英制单位，1英寸＝25.4mm，1英寸＝8英分。几分、几寸与公称直径之间的对应关系如下：1寸＝$DN25$，1分＝1/8寸＝$DN6$，2分＝1/4寸＝$DN8$，3分＝3/8寸＝$DN10$，4分＝1/2寸＝$DN15$，6分＝3/4寸＝$DN20$。依此类推。）

（一）辨识管件、管子与阀门

1. 管件

管件是用来连接管子，改变管路方向或直径，接出支路和封闭管路的管路附件的总称。管件按作用分类，包括：弯头（45/90/180），用以改变方向；堵头、盲板、管帽等，用以堵截管路；三通、四通等，用以连接支路；异径管（大小头）等，用以改变管径；管箍、螺纹短节、法兰等，用以延长管路，如图 1-1 所示。按材料分类，包括水、煤气管件（钢），铸铁管件，塑料管件，耐酸陶瓷管件等。

图 1-1　管件图

2. 管子

按照管材不同，管子分为金属管、非金属管和复合管。化工中最常用的是钢管（含碳），包括焊接钢管和无缝钢管。焊接钢管俗称“水煤气管”，价格较低；不耐腐蚀、高压（1～1.6MPa）、高温（0～140℃）；常用于输送水、煤气、压缩空气、取暖蒸汽等无腐蚀性的低压流体。它根据是否镀锌，分为镀锌管和黑管，管子规格用公称直径表示。无缝钢管可耐高温、高压；价格较高、不耐腐蚀；多用于较高压力、较高温度的无腐蚀性的流体；管子的规格通常是用“ϕ外径×壁厚”来表示，如 ϕ38mm×2.5mm 表示此管子的外径是 38mm，壁厚是 2.5mm。

合金钢管具有耐高温、耐强腐蚀的特性，但价格高；不同的合金材料应用于不同腐蚀性的流体。如 Cr_5Mo 耐高温硫、高温氢、硫化氢和有机酸腐蚀。铸铁管的价格低、强度低、壁厚，常用于地下污水管和低压给水管。

黄铜管的重量轻、导热性好、价格高，适用于温度≤250℃的热交换器用管或真空管路。铝和铝合金管可耐浓酸（除盐酸等含 Cl^- 化合物），耐低温，不耐高温（≤200℃），常用于输送浓硝酸、浓硫酸、醋酸等或用于深冷设备。

陶瓷或玻璃管的耐腐蚀性好，性脆、强度低、不耐压。陶瓷管多用于排除腐蚀性污水，玻璃管用于实训装置或特殊介质输送。

塑料管如聚氯乙烯管、聚乙烯管等具有质轻、抗腐蚀性好、易加工的优点；不耐热、寒，不耐压；一般输送常压、常温下的酸、碱液或避免污染的去离子水或蒸馏水等。橡胶管的耐腐蚀性高、使用灵活（有弹性、可任意弯曲），易老化，一般用于临时性管道。

3. 阀门

阀门是用来开启、关闭和调节流量及控制安全的机械装置。按阀体形式分为闸阀、截止阀、球阀、旋塞、隔膜阀、蝶阀等；按动作来源分为手动、气动和电动调节阀；还有一类自动作用阀，包括减压阀、安全阀、止回阀、疏水阀等，如图 1-2 所示。

闸阀的主要部件为一闸板，通过闸板的升降以启闭管路，这种阀门全开时流体阻力小，全闭时较严密。多用于大直径管路上作启闭阀，在小直径管路中也有用作调节阀的。不宜用于含有固体颗粒或物料易于沉积的流体，以免引起密封面的磨损和影响闸板的闭合；适用于大直径管路启闭、小直径管路调节，不适于含有固体颗粒或物料易沉积的流体。

截止阀的启闭件为阀瓣，由阀杆带动，沿阀座轴线做升降运动，流体自下而上通过阀座，流体阻力较大，但密闭性与调节性能较好；用于蒸汽、水、空气和真空管路，也可用于

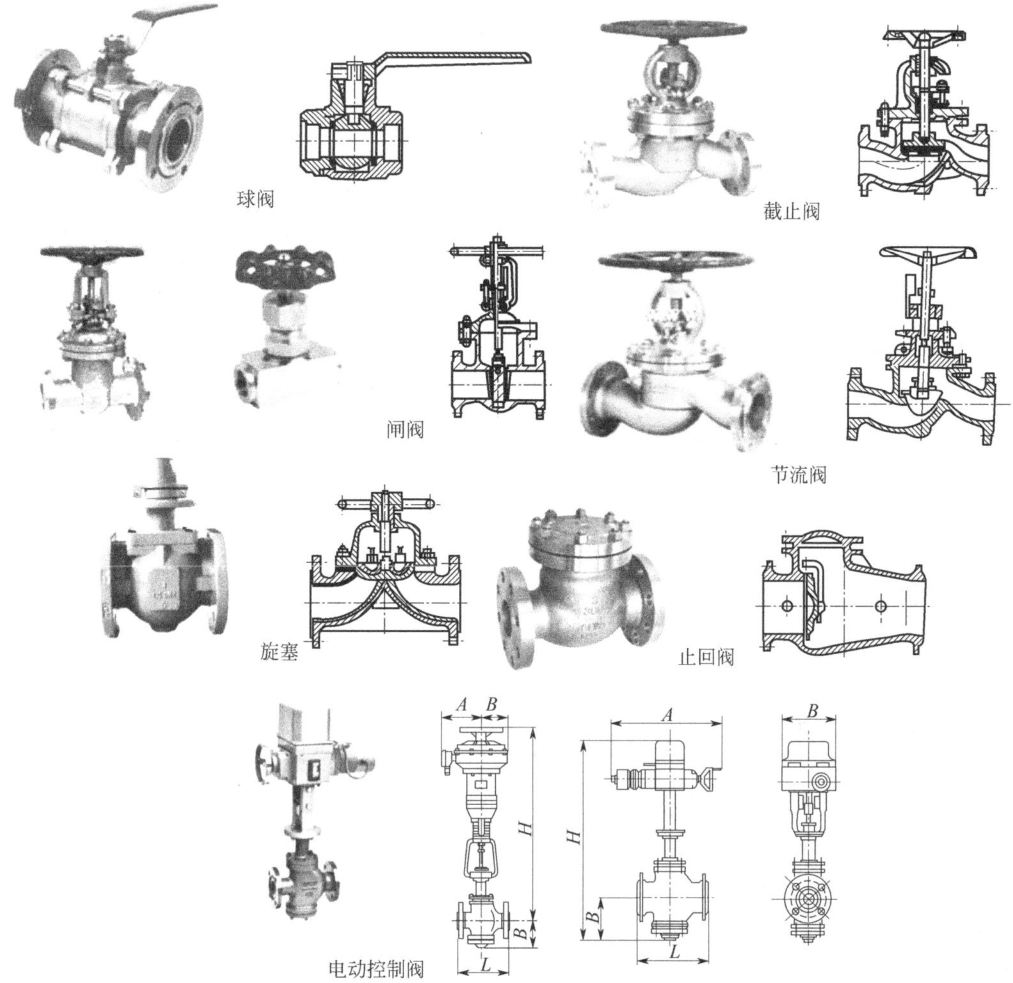

图 1-2　各种阀门图例

各种物料管路中，但不宜用于黏度大且含有易沉淀颗粒的介质。由于大量应用于蒸汽管路，所以有“气阀”之称。

球阀的阀芯呈球状，中间为一与管内径相近的连通孔，绕垂直于通路的轴线转动，结构简单，启闭迅速，操作方便，体积小，流体阻力小，缺点是高温时启闭困难，易磨损。适用于低温高压及黏度大的介质，但不宜用于调节流量。

隔膜阀的结构简单，便于维修，流体阻力小；不耐高温、高压，适用于 200℃ 以下，10MPa 压力以下的与橡胶不反应的各类流体（包括含固体颗粒的流体）。

蝶阀的启闭件为蝶板，绕固定轴转动；结构简单，体积小，操作简便、迅速，安装空间小。近十几年来，蝶阀制造技术发展迅速，其密封性及安全可靠性均已达到较高水平，因此，广泛应用于给水、油品及燃气管路。蝶阀可调节流量，已部分取代了截止阀、闸阀、球阀。

止回阀是一种根据阀前、后的压力差自动启闭的阀门，其作用是使介质只做一定方向的流动，它分为升降式和旋启式两种，安装时应注意介质的流向与安装方向。止回阀一般适用于清洁介质，常用在泵的进口管路和蒸汽管路的给水管路上。止回阀的作用是使流体只做一个方向的流动，自动工作。

减压阀是自动降低管路工作压力的专门装置，可将阀前管路较高的压力减少至阀后管路所需水平。安全阀是锅炉、压力容器和其他受压设备上的重要安全附件，由阀前介质静压力驱动的自动泄压装置，用于蒸汽、气体场合。

疏水器是用在冷凝水管道上，或在蒸汽加热系统中阻汽、排水；能自动间歇排除冷凝液，并自动阻止蒸汽排出的机械装置。

阀门无论新旧，使用前都应试压试漏，检查强度和密封性。试压试漏时，把阀门固定在试验台上，打开上部压盘上排气孔，从下部进水管进水，充满水后缓慢升压到规定压力，一般是公称压力的 1.5 倍，保持 5min，压力不下降为合格。分为开启状态试验和关闭状态两侧试验。安全阀还需做泄压试验，检查排放压力。

4. 连接方式

最常见的方法是螺纹连接和法兰连接。螺纹连接的结构简单、拆装方便；易渗漏；主要用于直径较小，温度、压力不高的水管或压缩空气管路的连接，不宜用于易燃、易爆、有毒介质的管路连接。法兰连接的强度高、装拆方便、密封可靠；成本高；适用于大管径、高温、高压和密封性要求高的管路连接。

材质为水泥、陶瓷、铸铁时用承插连接，用水泥砂浆、沥青等封口。特点是结构简单、拆装方便；密封性差；适用于埋在地下的低压给排水管。

当连接直径大、有压及真空的长管路时往往采用焊接连接，其特点是成本低、方式简单、牢固且严密，但拆装不便。

（二）拆装管路

1. 简单拆装

将管件按要求连接为具有 L 形、H 形及十字形特征的管路，并具备输送功能。管道连接是指按照设计图的要求，将已经加工预制好的管段连接成一个完整的系统，以保证其输送功能正常。

（1）螺纹连接 连接时，先在管子外螺纹上缠绕适当的填料，水管一般采用油麻丝和铅油或聚四氟乙烯带（简称生料带或生胶带）。操作时，一般从管螺纹第二扣开始沿螺纹方向进行缠绕，缠好后表面沿螺纹方向均匀涂抹一层铅油（生胶带可不涂抹铅油），然后用手拧上管件，再用管钳将其拧紧。缠绕填料时要适当，不得把铅油、油麻丝或生胶带从管端下垂挤入管腔，以免堵塞管路。螺纹连接的管道安装均采用图 1-3 所示的管钳扭紧，管钳或链钳根据扭紧管子的管径来选用。

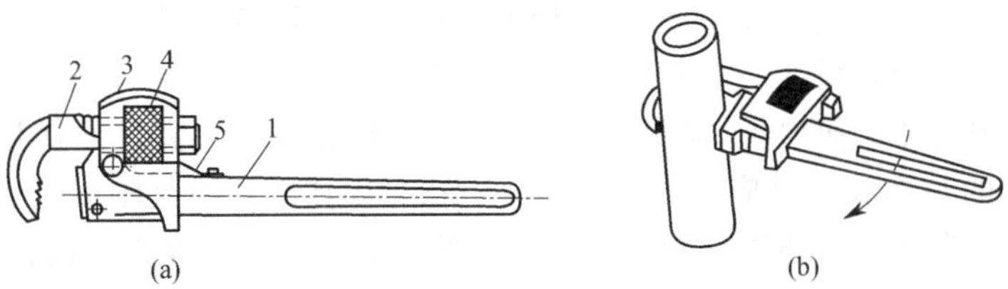

图 1-3　管钳使用示意图

1—手柄；2—活动钳口；3—外套；4—螺母；5—弹簧片

管螺纹连接时，填料的种类根据介质的不同可按表 1-1 选用。

管螺纹加工中，不论是手工或是机械加工，加工后的管螺纹都应端正、清楚、完整、光滑，断丝和缺丝总长不得超过全螺纹长度的 10%；螺纹连接时，应在管端外面敷上填料，用手拧入 2～3 扣，再用管钳一次装紧，不得倒回，装紧后应留有螺尾。管道连接后，应把

表 1-1 管螺纹连接填料表

管道名称	铅油麻丝	铅油	聚四氟乙烯生料带	一氧化铅甘油调和剂
热水管道	√		√	
蒸汽管道			√	
煤气管道		√		√
压缩空气管道	√	√	√	√
乙炔管道			√	√
氮管道				√

挤到螺纹外面的填料清除掉，填料不得挤入管腔，以免阻塞管路；各种填料在螺纹里只能使用一次，若螺纹拆卸，重新装紧时，应更换新填料。螺纹连接应选用合适的管钳，不得在管钳的手柄上加套管增长手柄夹拧紧管子。

(2) 法兰连接 法兰连接就是将固定在两个管口（或附件）上的一对法兰盘，中间加入垫圈，然后用螺栓拉紧密封，使管口（或附件）连接起来。常用的法兰盘有铸铁和钢制两类。法兰盘与管子连接有螺纹、焊接和翻边松套三种。在管道安装中，一般以平焊钢法兰为多用，铸铁螺纹法兰和对焊法兰则较少用，而翻边松套法兰常用于输送腐蚀性介质的管道，工作压力在 0.6MPa 以内。

平焊钢法兰连接使用的法兰盘通常是用 Q235-A 和 20 号钢等加工的，与管子的连接是用手工电焊进行焊接。焊接时先将管子垫起来，用水平尺找平，将法兰盘按规定套在管子上，用角尺或线锤找平，对正后进行点焊。平焊法兰的内外两面必须与管子焊接。

法兰连接时，无论使用哪种方法，都必须在法兰盘与法兰盘之间垫适应输送介质的垫圈，以达到密封的目的。法兰垫圈应符合要求，不允许使用斜垫圈或双层垫圈。垫圈要加工成带把的形状，以便于安装和拆卸。图 1-4 为法兰盘的安装及检验。

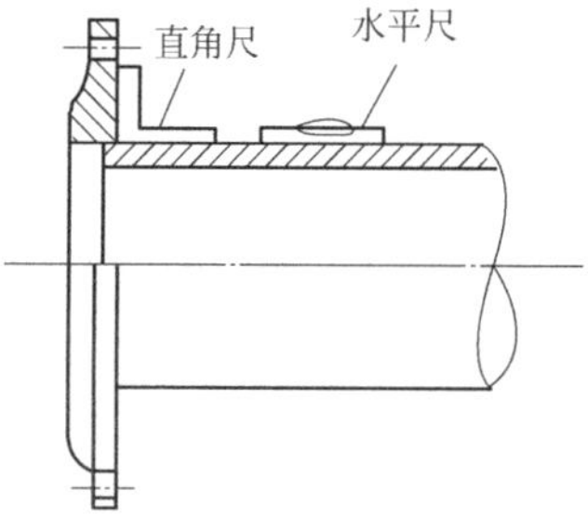

图 1-4 法兰盘安装及检验

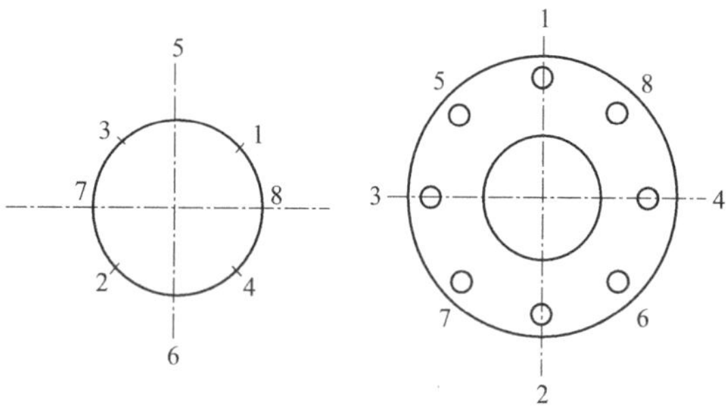

图 1-5 紧固法兰螺栓次序

连接法兰时，要注意两片法兰的螺栓孔对准，连接法兰的螺栓应用同一种规格，全部螺母应位于法兰的一侧。紧固螺栓时应按照图 1-5 所示的次序对称进行，大口径法兰最好两人在对称位置同时进行。

2. 复杂拆装

将管件按要求连接为并联管路或分支管路，并具备输送功能。管道连接是指按照设计图的要求，带压连接或法兰连接，将已经加工预制好的管段连接成一个完整的系统，以保证其使用功能正常。

拆装前要了解管路的安装要求，对所有预制件均须按图纸和规范检验合格；对管道法兰的密封面和密封垫片进行外观检查，不得有影响密封性能的缺陷存在；法兰垫片安装前应进行退火处理；法兰连接应保持平行，其偏差不大于法兰外径的 1.5‰，且不大于 2mm，不得用强力紧螺栓的方法消除歪斜；法兰连接应保持同轴，其螺栓孔中心偏差一般不超过孔径的

5%，并保证螺栓自由穿入；法兰连接应使用同一规格螺栓，安装方向一致，紧固螺栓应对称均匀，紧固后外露长度符合国家标准的要求；当采用软垫片时，周边应整齐，垫片尺寸应与法兰密封面相符；螺栓紧固后应与法兰紧贴，不得有缝隙，需加垫圈时，每个螺栓不应超过一个，不得用大规格的螺母或厚的铁片来调节螺栓的外露长度，更不能用短的管节作垫圈使用，以保证螺栓连接的稳定性和坚固性。

高温或低温管道的螺栓，在试运行时，一般应按下述规定进行热紧或冷紧。热紧或冷紧应保持工作温度 24h 后进行。紧固管道螺栓时，管道最大内压应根据设计压力确定，当设计压力小于 6MPa 时，热紧最大内压力为 0.3MPa；设计压力大于 6MPa 时，热紧最大内压力为 0.5MPa，冷紧一般应泄压后进行。紧固要适度，并有安全措施，保证操作人员和相关人员的安全。管道热、冷紧温度见表 1-2。

表 1-2 管道热、冷紧温度表

管道工作温度/℃		<−70	−20～−70	250～350	>350
热、冷紧温度/℃	一次	−70	工作温度	工作温度	350
	二次	工作温度	—	—	工作温度

管子对口时应检查平直度，在距接口中心 200mm 处测量，允许偏差 1mm/m，但全长允许偏差不超过 10mm。管子对口后应垫置牢固，避免焊接或热处理过程中产生变形。

拆装时首先要准备好工具和材料，理解所要拆装的管路图。准备如管钳、扳手、闸阀、截止阀、弯头、三通、四通、管子等的规格数量清单。按照工具准备、绘制拆装草图、标记管件阀门、拆装顺序、注意事项、安全措施、归类登记、步骤确认签字、拆装记录等做出详细的方案。

管道安装完毕，经热处理和无损检验合格后，应按设计规定对管道系统进行强度、严密性等试验，以检查管道系统及各连接部位的工程质量。强度试验的目的是检查管道的力学性能，严密性试验的目的是检查管道的连接质量。管路过长可分段试压，压力试验常采用水压试验，水温一般不低于 5℃。当管路操作温度不大于 200℃ 时，真空管路试验压力为 0.2MPa，高中低压水压试验压力为工作压力的 1.25 倍，中低压地下管路的试验压力不能小于 0.4MPa。试验步骤如下：必须排净系统内的空气，先升压至试验压力的 50%，再缓慢升高，以每分钟 0.1MPa 为宜，待达到试验压力后，稳压 10～20min，再降至工作压力，停压 30mim，以不降压、无泄漏、无变形为合格。压力试验完毕，不得在管道上进行修补。试压过程中如遇泄漏，不得带压修理。缺陷消除后，应重新试验。

管路拆除要按流程的反方向自上而下进行；拆除后，将各管子、阀门、管件等部件及工具等归放于指定位置；最后检查现场，如有遗忘的部件及工具归放指定位置；清扫管路拆装现场。

（三）绘制管路图

管路图又称管道施工流程图，内容包括图形、标注和标题栏。绘制图形包括设备示意图、带管件的管道流程线，标注包括设备位号名称、管道编号规格、表示流向的箭头，要有规范的标题栏。

绘制设备时，依据流程从左至右用细实线按大致比例画出带有管口的设备轮廓图形，在图样上方或下方标注设备位号和名称，要求排列整齐且尽可能正对设备。管道用粗实线按照流程顺序绘出工艺管道流程线；用中粗线绘出辅助管道流程线，每根管道都要进行标注。管件用细实线按规定符号绘出。

思考题

1. 拆装管路的要求和顺序是什么？

2. 安装后，如何试压？

课后任务

1. 简述已经认识的管件、阀门。

2. 由草图绘制标注规范的管路图。

3. 撰写拆装后的心得体会。

二、认识离心泵

（一）辨识输送设备

1. 离心泵

(1) 类型 按输送液体性质和使用条件，离心泵可分为以下几种类型。

① 清水泵。适用于输送各种工业用水以及物理、化学性质类似于水的其他液体。其中以 IS 型泵最为先进，该类型泵是我国按国际标准（ISO）设计、研制的第一个新产品。它具有结构可靠、震动小、噪声小等显著特点。其结构如图 1-6 所示，它只有一个叶轮，从泵的一侧吸液，叶轮装在伸出轴承外的轴端处，如同伸出的手臂一样，故称为单级单吸悬臂式离心水泵。

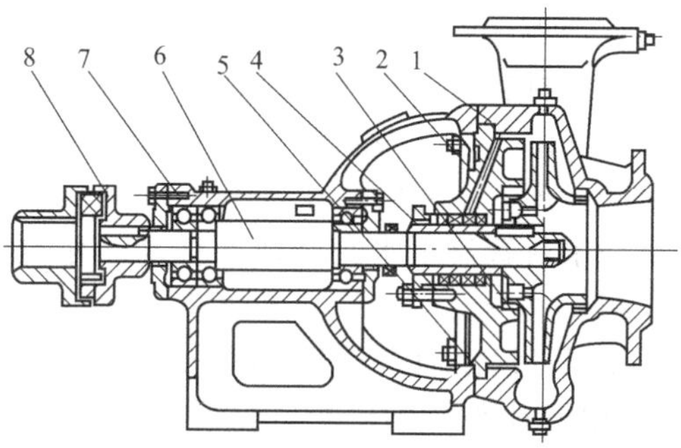

图 1-6 IS 型泵结构示意图

1—泵壳；2—叶轮；3—密封环；4—护轴套；5—后盖；6—泵轴；7—托架；8—联轴器部件

IS 型泵的型号以字母加数字所组成的代号表示。例如 IS50-32-200 型泵，IS 表示单级单吸离心泵；50 代表吸入口径，mm；32 代表排出口径，mm；200 为叶轮的直径，mm。

② 耐腐蚀泵。当输送酸、碱等腐蚀性液体时应采用耐腐蚀泵，此类型泵的主要特点是与液体接触的部件用耐腐蚀材料制成。我国生产的耐腐蚀泵系列代号为 F，后面的字母表示材料代号。

耐腐蚀泵的型号表示方法以 25FB-16A 型泵为例：25 代表吸入口的直径，mm；F 代表耐腐蚀泵；B 代表所用材料为 1Cr18Ni9 的不锈钢；16 代表泵在最高效率时的扬程，m；A 为叶轮切割序号，表示该泵装配的是比标准直径小一号的叶轮。

③ 油泵。输送石油产品等低沸点料液的泵称为油泵。这类物料的特点是易燃、易爆，因此，对油泵的基本要求是密封完善。当输送 200℃以上的油品时，还要求对轴封装置和轴承等进行良好的冷却，故这些部件常装有冷却水夹套。

国产油泵的系列代号为 Y，有单吸和双吸、单级和多级（2～6 级）油泵。油泵表示方法以 50Y60A 为例：其中 50 表示泵的吸入口直径，mm；Y 表示离心式油泵；60 表示公称扬程，m，即在最高效率时扬程的整数值；A 为叶轮切割序号，表示该泵装配的是比标准直径小一号的叶轮。

④ 液下泵。通常安装在液体贮槽内，可用于输送化工过程中各种腐蚀性液体。它的泵体通常置于贮槽液面以下，实际上是一种将泵轴伸长并竖直安置的离心泵。由于泵体浸在液体之内，因此对轴封的要求不高，适用于输送化工生产中比较贵重、具有腐蚀的料液，既节省了空间，又改善了操作环境，缺点是泵的效率不高。

离心泵还包括各种磁力泵，密封效果很好，还有用于输送易燃易爆或剧毒液体的屏蔽泵。

(2) 结构

① 叶轮。其作用为将原动机的能量直接传给液体，以提高液体的静压能与动能（主要为静压能）。叶轮把原动机的能量传递给流体，并使其压头提高。它由圆盘、叶片和轮毂三部分组成，叶片固定在轮毂上，轮毂轴孔以键与泵轴相连，组成泵的转子。叶轮由键和反牙螺母与轴相连，并用止退圈保险，以防松动。流体经过叶轮进口前的吸入室，被吸入泵内。要求液体流过吸入室的流动损失较小，并使液体流入叶轮时速度分布均匀。

② 泵壳。具有汇集液体和能量转化双重功能。蜗壳截面呈圆形，内部截面逐渐扩大成螺旋形。它除了具有一定的机械强度外，其内部表面必须光滑，流道变化均匀，不能有突然变化的截面。蜗壳上端有放气孔，作为启动时放气用，泵体的进、出口管上开有小孔，用以装真空表和压力表。蜗壳位于叶轮出口之后，其功能是把叶轮内流出的液体收集起来，并按一定要求送入下级叶轮或送入排出管。

③ 轴封装置。其作用是防止泵壳内高压液体沿轴漏出或外界空气吸入泵的低压区。常用的轴封装置有填料密封和机械密封两种。密封装置是为了防止高压流体从泵壳中泄出或空气渗入。在泵轴伸出泵体的地方，装有轴封装置。清水泵一般采用填料密封装置，它由底衬环、水封环、填料、外壳和压盖组成。水封环装在填料中，对准水封管口，高压水经水封管流至水封环内，把高压水分布到填料形成水环，起到水封、润滑和冷却轴的作用。

填料可以浸油或浸石蜡，外面涂有石墨的石棉线一圈圈地缠绕在轴上下级之间（3～5圈），用填料箱压盖压紧，压紧程度为每分钟20～50滴水漏出，这样，泵摩擦而生的热量由滴水带走，起到润滑和冷却作用，底衬环的作用是阻挡填料被盖压挤入泵壳中。

离心泵要建立起正常的工作条件，必须满足：泵给液体的能量，其压力要大于泵外部的压力，泵内液体才能排出；保证吸入槽液面和泵进口处建立起足够压力差，使低位贮槽内的液体在该压力差推动下连续地进入泵内。所以，离心泵的操作必须保证：泵启动前要灌泵、泵要具有一定的转速、管路系统要密封可靠、吸入管的安装高度要合适、吸入管路系统布置要合理以减小吸入系统的阻力。

2. 往复泵和旋转泵

(1) 往复泵

① 往复泵的构造及工作原理。主要部件：泵缸、活塞、活塞杆、吸入阀和排出阀。工作原理：依靠活塞的往复运动，吸入并排出液体。图1-7为立式单动双缸压缩机。

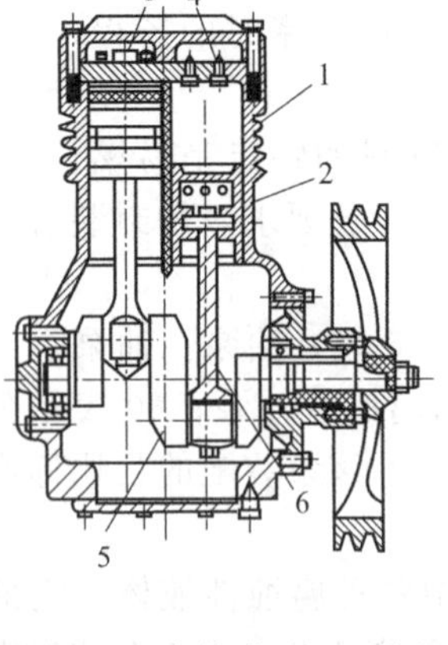

图1-7 立式单动双缸压缩机

1—缸体；2—活塞；3，4—吸、排气阀；5—曲轴；6—连杆

② 往复泵的流量与压头。

对单动压缩机 $Q'_{min}=ASn_r$ (1-1)

对双动压缩机 $Q'_{min}=(2A-a)Sn_r$ (1-2)

式中 Q'_{min}——理论吸气量，m^3/min；

A——活塞截面积，m^2；

a——活塞杆截面积，m^2；

S——活塞的冲程，m；

n_r——活塞往复次数，1/min。

当活塞直径、冲程及往复次数一定时，往复泵的理论流量为一定值。往复泵的压头与泵的几何尺寸无关，与流量也无关。往复泵具有正位移特性，即流量仅与泵特性有关，而提供的压头只取决于管路状况，有自吸能力。

③ 往复泵的流量调节。多采用旁路调节（图 1-8）或改变活塞冲程或往复次数。往复泵适用于输送小流量、高压头、高黏度的液体，但不适于输送腐蚀性液体及有固体颗粒的悬浮液。

④ 计量泵。计量泵也是往复式泵，适用于要求输送量十分准确的液体或几种液体按比例输送的场合。

⑤ 隔膜泵。为输送腐蚀性液体或悬浮液的往复式泵。

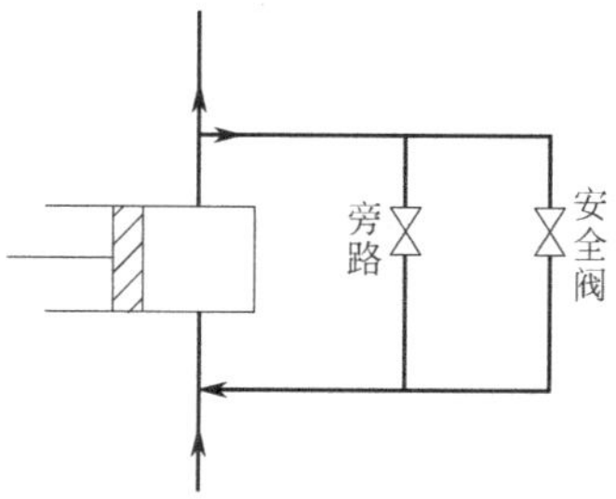

图 1-8　往复泵的旁路调节系统

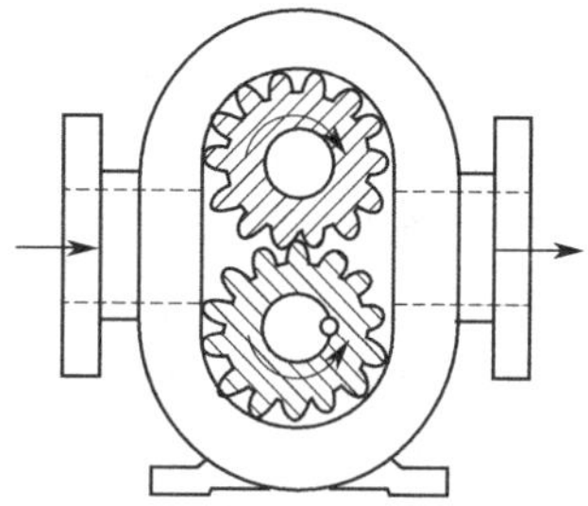

图 1-9　齿轮泵示意图

(2) 旋转泵　旋转泵包括齿轮泵和螺杆泵，其工作原理是依靠泵内一个或多个转子的旋转来吸液和排出液体。

旋转泵与往复泵一样，也具有正位移特性，因此也采用旁路调节或改变旋转泵的转速，以达调节流量的目的。齿轮泵的结构如图 1-9 所示。泵壳内有两个相互啮合的齿轮，一个靠电机带动旋转，称为主动轮，另一个被主动轮啮合向相反方向旋转，称为从动轮。两齿轮与泵体间形成吸入和排出两个空间。当齿轮按图中所示的箭头方向转动时，吸入腔内两轮的齿相互拨开，于是形成低压而吸入液体；被吸入的液体被齿嵌住，随齿轮转动而到达排出腔。排出腔内两齿相互合拢，于是形成高压而排出液体。齿轮泵的压头较高而流量较小，可用于输送黏稠液体以至膏状物料，但不能用于输送含有固体颗粒的悬浮液。

(3) 旋涡泵　旋涡泵是一种特殊类型的离心泵，它由泵壳和叶轮组成，结构如图 1-10(a) 所示。它的叶轮是一个圆盘，四周铣有凹槽，成辐射状排列。泵内结构如图 1-10(b) 所示，叶轮上的叶片在泵壳内旋转，壳内有引液道，吸入管和排出管接头之间为间壁，间壁与叶轮间只有很小的径向间隙，使吸入腔和排出腔得以分隔开。

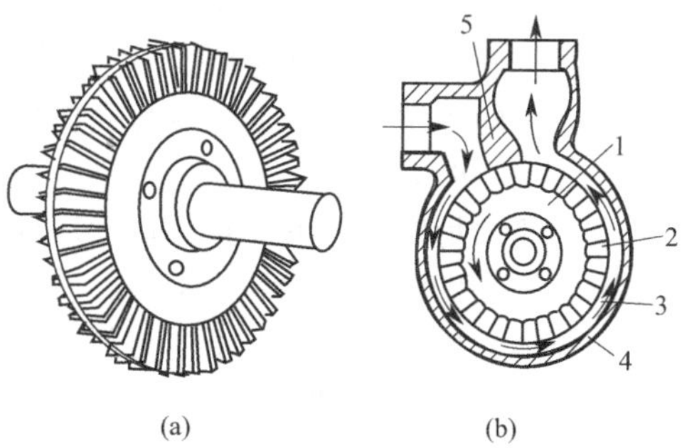

图 1-10　旋涡泵

1—叶轮；2—叶片；3—泵壳；4—引液道；5—间壁

旋涡泵的叶轮旋转时，泵内液体在随叶轮旋转的同时，又在引水道与各叶片间的凹槽内，受离心力的作用，从叶片顶部抛向流道，叶轮传给液体的动能由此被带到流道中，在流道内液体的流速变慢，使部分动能转化为静压能。与此同时，流道中一部分液体经过叶片根部流入叶片的凹槽内，这样液体在叶片间形成旋涡运动。液体自吸入到排出的过程中，由于多次进入叶轮作旋涡运动，多次提高静压能，使液体在出口时具有较大的压头。

旋涡泵开车时，应打开出口阀，以减少电机的启动功率；不能用调节出口阀开度的方法调节流量，只能用回流支路的方法；旋涡泵在启动前要向泵内灌液。旋涡泵适用于要求输液量小，扬程高而黏度不大的液体。

3. 气体输送设备

(1) 离心式通风机 离心式通风机的结构和单级离心泵相似，工作原理也与离心泵完全相同，借蜗壳中叶轮旋转所产生的离心力将气体压力提高而排出。

一定型号的离心式通风机的特性曲线以 20℃、101.3kPa 的空气作为工作介质进行测定，包括全风压与流量（H_T-Q）、静风压与流量（H_s-Q）、轴功率与流量（N-Q）、效率与流量（η-Q）四条线。离心式通风机的选用与离心泵相仿，即根据输送气体的风量与风压，由通风机的产品样本来选择合适的型号。但应注意，通风机的风压与密度成正比，当使用条件与通风机标定条件（20℃、101.3kPa，空气的密度 $\rho_0=1.2\text{kg/m}^3$）不符时，需将使用条件下的风压换算为标定条件下的风压，才能选择风机。

(2) 往复式压缩机 往复式压缩机的一个工作过程是由膨胀、吸气、压缩和排出四个阶段组成的。压缩比大于 8 时，宜采用多级压缩，每级适宜压缩比为 3～5。

(3) 真空泵 真空泵用于从设备内或系统中抽出气体，使其处于低于大气压下的状态。

（二）拆装离心泵

1. 拆装准备

首先要列出清单准备工具，如寸扳手、穿芯一字批、寸轴承起拔器（拉马）、木榔头、橡皮锤、铜棒、套筒扳手工具等的数量和规格，准备可拆离心式泵数台。

所选用的扳手类工具的开口尺寸必须与螺栓或螺母的尺寸相符合，扳手开口过大易滑脱，会损伤螺件六角；各类扳手的选用原则，一般优先选择套筒扳手，其次为梅花扳手，再次为开口扳手，最后选活动扳手。为防止扳手损坏和滑脱，应使拉力作用在开口较厚一边。普通扳手是按人手的力量来设计的，遇到较紧的螺纹件时，不能用锤击打扳手；除套筒扳手外，其他扳手都不能套装加力杆，以防损坏扳手或螺纹连接件。起子的型号选择应以沟槽的宽度为原则，不可带电操作；使用时，除施加扭力外，还应施加适当的轴向力，以防滑脱损坏零件；不可用起子撬任何物品，常用于大小型滚动轴承、皮带轮、齿轮、联轴器等轴类零件的拆卸。

2. 离心泵的拆卸

① 先将泵外表面揩擦干净。

② 拆下联轴器等外部连接。

③ 泵盖的拆卸。先卸下泵盖与壳体的连接螺母，然后用橡皮锤敲击或顶丝向内拧，使泵盖松动后即可取下。

④ 叶轮的拆卸。拧下叶轮螺母，用橡皮锤沿叶轮四周轻轻敲击即可卸下。若叶轮已锈在轴上，可先用煤油浸泡后再拆。

⑤ 壳体的拆卸。先卸下壳体与托架间的连接螺母，取下壳体。再把与它连接的填料压盖卸下，取出壳体内的填料。

⑥ 泵轴的拆卸。先卸下托架前后轴承压盖，再在砧板上分离轴与轴承托架；再用铜棒将轴承从轴上拆下。

拆卸时应注意按泵的拆卸顺序进行，有些组合件可不拆的尽量不拆；留下原始数据，如泵和驱动机转子的对中数据、主要部位螺栓拆卸前后的长度、轴瓦间隙等；在每个部件上做记号，并编号存放，防止方向位置在组装时颠倒；拆卸下来的管道用高压空气试吹，以检验其干净和畅通，合格后用塑料带绑扎封闭管端，防止污物进入；安装后的设备拆卸和清洗过程中，不可用力过猛，锤击时用橡皮锤轻打；严禁用铁榔头（或铜棒）直接敲击轴端，以免损伤轴或表面螺纹。

3. 离心泵零部件的组装

泵在装配前应首先检查零件有无影响装配的缺陷，并擦洗干净，方可进行装配。

① 预先可将各处的连接螺栓、丝堵等分别拧紧在相应的零件上。

② 预先将O型密封圈纸垫、毛毡等分别放置在相应的零件上。

③ 预先可将密封环和填料、填料压盖等依次装到泵盖内。

④ 将滚动轴承装到轴上，再将泵盖装悬架上，再合上压盖，压紧滚动轴承，并在轴上套上挡水圈。

⑤ 将轴套装到轴上，再将泵盖装到悬架上，然后再将叶轮、叶片螺母等装上并拧紧。

⑥ 将上述装到泵体内，并拧紧泵体、泵盖上的连接螺栓。

⑦ 将填料压盖联接螺栓调至适当紧度。

⑧ 装上联轴器。

⑨ 清理底座的支持面，水泵脚及电机脚的平面，并把水泵和电机安装到底座上去。

装配过程中应特别注意平键、挡油盘、挡水圈、轴套内的O形圈等容易遗漏或装错顺序；首次拆装，应画图标记；批量拆装，应制定拆装方案；在装配配合零件之间，应在相应的零件表面上涂些黄油，以便于安装和装配；联轴器之间应保持规定的间隙，水泵轴中心与电机轴中心保持同心。

通过拆装，应观察到了离心泵的内部结构，那么还应注意离心泵启动前，应先将泵壳和吸入管路充满被输送液体。启动后，泵轴带动叶轮高速旋转，在离心力的作用下，液体从叶轮中心甩向外缘。流体在此过程中获得能量，使静压能和动能均有所提高。液体离开叶轮进入泵壳后，由于泵壳中流道逐渐加宽，液体流速逐渐降低，又将一部分动能转变为静压能，使泵出口处液体的静压能进一步提高，最后以高压沿切线方向排出。液体从叶轮中心流向外缘时，在叶轮中心形成低压，在贮槽液面和泵吸入口之间压力差的作用下，将液体吸入叶轮。可见，只要叶轮不停地转动，液体便会连续不断地吸入和排出，达到输送的目的。

离心泵启动前泵壳和吸入管路中没有充满液体，则泵壳内存有空气，而空气的密度又远小于液体的密度，故产生的离心力很小，因而叶轮中心处所形成的低压不足以将贮槽内液体吸入泵内，此时虽启动离心泵，也不能输送液体，此种现象称为气缚现象，表明离心泵无自吸能力。因此，离心泵在启动前必须灌泵。

汽蚀现象是指当泵入口处压力等于或小于同温度下液体的饱和蒸气压时，液体发生汽化，气泡在高压作用下，迅速凝聚或破裂产生压力极大、频率极高的冲击，泵体强烈振动并发出噪声，液体流量、压头（出口压力）及效率明显下降。这种现象称为离心泵的汽蚀。

思考题

1. 拆装离心泵应该注意什么事项？

2. 安装中密封措施有哪些？

课后任务

1. 简述已经认识的输送设备。

2. 撰写输送设备拆装后的心得体会。

任务二　测量输送系统中流体参数

一、测量流体性质

1. 测量液体密度

首先使用天平测出质量，然后使用量筒测出体积，最后使用公式得出密度。基本原理：$\rho=m/V$（ρ 为密度、m 为质量、V 为体积）。

最简单的测量液体密度的方法是称量法，用调好的天平称出烧杯和待测液体的总质量 m_1；将烧杯中的液体（适量）倒入量筒中，用天平测出剩余液体和烧杯的总质量 m_2；读出量筒中液体的体积 V。由 $\rho=(m_1-m_2)/V$ 计算出密度。

可以采用比重法，用天平称出烧杯的质量 m_1；往烧杯内倒满水，称出总质量 m_2；倒去烧杯中的水，擦干，往烧杯中倒满待测液体，称出总质量 m_3。

计算公式：　$\rho=\rho_{水}(m_3-m_1)/(m_2-m_1)$

运用阿基米德定律，也可测量密度，方法是用细绳系住小石块或金属块，用弹簧秤称出小石块或金属块的重力 G；将小石块或金属块浸没入水中，用弹簧秤称出小石块或金属块的视重 G_1；将小石块或金属块浸没入待测液体中，用弹簧秤称出小石块或金属块的视重 G_2。

计算公式：　$\rho=\rho_{水}(G-G_2)/(G-G_1)$

当然，还可以使用比重计，方法是将比重计放入待测液体中，直接读出数值，温度与基准不同时要校正。

密度是物质的一种特性，它只与物质的种类有关，与质量、体积等因素无关，不同的物质，密度一般是不相同的，同种物质在同一温度下密度是相同的。

相对密度 d：气体相对密度的参考密度是在标准状态（0℃和 101.325kPa）下干燥空气的密度，为 1.2930kg/m^3；对于液体和固体，以 1g/cm^3 作为参考密度（水 4℃时的密度）时，过去称为比重。一种物质的相对密度由这种物质的密度与水在 4℃时的密度相除得到。

液体为不可压缩性流体，其密度随压力的变化很小（极高压力下除外），可忽略不计；但温度对液体密度有一定影响，故查取液体密度时，要注意其温度条件。

若几种液体混合前的分体积等于混合后的总体积，则混合物的平均密度可按下式计算：

$$\frac{1}{\rho_m}=\frac{w_1}{\rho_1}+\frac{w_2}{\rho_2}+\cdots+\frac{w_n}{\rho_n} \tag{1-3}$$

式中　ρ_m——液体混合物的平均密度，kg/m^3；

w_1，w_2，…，w_n——液体混合物中各组分的质量分数，$w_1+w_2+\cdots+w_n=1$；

ρ_1，ρ_2，…，ρ_n——液体混合物中各组分的密度，kg/m^3。

气体为可压缩流体，其密度随温度和压力变化较大。当没有气体密度数据时，如果压力不太高、温度不太低，气体的密度可近似按理想气体状态方程式计算，即 $pV=nRT=\frac{m}{M}RT$，写成：

$$\rho=\frac{m}{V}=\frac{pM}{RT} \tag{1-4}$$

式中　p——气体的压力，kPa；

T——气体的温度，K；

M——气体的千摩尔质量，kg/kmol；

R——通用气体常数，$R=8.314\text{kJ/(kmol}\cdot\text{K)}$。

气体混合物的平均密度 ρ_m 可用式(1-5) 计算：

$$\rho_m=\frac{pM_m}{RT} \tag{1-5}$$

式中 p——混合气体的总压，kPa；

M_m——混合气体的平均千摩尔质量，即

$$M_m=M_1y_1+M_2y_2+\cdots+M_ny_n \tag{1-6}$$

式中 M_1，M_2，…，M_n——气体混合物各组分的千摩尔质量，kg/kmol；

y_1，y_2，…，y_n——气体混合物各组分的摩尔分数，$y_1+y_2+\cdots+y_n=1$。

气体混合物平均密度亦可用式(1-7) 计算：

$$\rho_m=\rho_1y_1+\rho_2y_2+\cdots+\rho_ny_n \tag{1-7}$$

式中 ρ_1，ρ_2，…，ρ_n——在气体混合物的压力下，各组分的密度，kg/m^3；

y_1，y_2，…，y_n——气体混合物中各组分的体积分数。

【例 1-1】 燃烧重油所得的燃烧气，经分析知其中含 CO_2 8.5%、O_2 7.5%、N_2 76%、H_2O 8%（体积分数），试求此混合气体在温度 500℃、压力 101.3kPa 时的密度。

解 混合气体平均摩尔质量：

$$M_m=\sum y_iM_i=0.085\times44+0.075\times32+0.76\times28+0.08\times18=28.86\times10^{-3}\ (\text{kg/mol})$$

故混合密度为：$\rho_m=\dfrac{pM_m}{RT}=\dfrac{101.3\times10^3\times28.86\times10^{-3}}{8.31\times(273+500)}=0.455\ (\text{kg/m}^3)$

【例 1-2】 已知 20℃下水和乙醇的密度分别为 998.2kg/m^3 和 789kg/m^3，试计算 50%（质量分数）乙醇水溶液的密度。

解 乙醇水溶液的混合密度：$\dfrac{1}{\rho_m}=\dfrac{w_1}{\rho_1}+\dfrac{w_2}{\rho_2}=\dfrac{0.5}{998.2}+\dfrac{0.5}{789}$

故

$$\rho_m=881.36\ (\text{kg/m}^3)$$

2. 测量黏度

使用黏度计测量，化工生产中常用的黏度计有旋转式黏度计、超声波式黏度计和毛细管式黏度计等。

旋转式黏度计是一种具有转动测量系统的黏度计，按测量参数可分为测转矩式(转速不变）和测转速式(转矩不变)，按照结构不同可分为同轴圆筒式和锥板式。当外筒以一定转速旋转时，测量内筒轴所受的扭转力矩，即可表示黏度。它可测绝对黏度，适用于高温高压物系，它的种类繁多，常用于化学纤维、造纸、树脂聚合物等工业生产。

超声波式黏度计由超声波检测元件和电子仪器组成。当电子仪器输出脉冲电流，激励浸入被测液体中的铁钴钒弹片，由于磁致伸缩效应，产生了随时间衰减的机械振动。由测量电路测定弹片在液体中的衰减速度即可测出液体的黏度。检测元件耐温达 300℃，且耐高压和耐腐蚀，适用于化工、石油、造纸和重油燃烧炉等测控黏度的场合。

毛细管式黏度计是采用毛细管测量流体黏度的仪表。它的测量范围较宽、精度较高、简单易维护，可用于高压物系，但对被测液体清洁度要求高，适于测量润滑油、燃料油等。

在石油化工、电力、冶金及国防等领域，在线实时监测低浓度液体的黏度变化时常用在线液体黏度传感器。

实训中可设计针对不同的流体来测定黏度，如水、汽油、煤油、浆糊、沥青等，在不同的温度下实测黏度的变化，列表比较，得出结论。

绝对黏度又称黏度，用 μ 表示，是度量流体黏性大小的物理量，一般由实验测定，也称

作动力黏度。其物理意义是促使流体在与流动相垂直方向上产生单位速度梯度时的剪应力。国际单位是Pa·s，物理单位有厘泊cP、泊P，1P＝100cP。可以通过$1Pa\cdot s=10^3 mPa\cdot s=10^3 cP$来换算。

温度T与压力p对黏度有影响。一般情况下，液体黏度随温度升高而减小，不考虑压力的影响；气体黏度随温度升高而增大，一般在工程计算中也不考虑压力的影响。

剪应力与速度梯度的关系符合牛顿黏性定律的流体，称为牛顿型流体，如水和汽油等；不符合牛顿黏性定律的流体称为非牛顿型流体，如浆糊和重油等。运动黏度υ为黏度μ与密度ρ的比值，也是流体的物理性质；国际单位为m^2/s，物理单位有cm^2/s，用St（斯托克斯）表示，1St＝100cSt（厘斯）。

流体黏性是流体流动阻力的内因，没有黏性（即流动中没有摩擦阻力）的不可压缩流体是理想流体。

思考题

1. d_4^{20}是何意义？$d_{15.6}^{15.6}$呢？
2. 动力黏度的单位换算有哪些？如何换算？运动黏度呢？

课后任务

1. 查询密度和相对密度的相关资料。
2. 查询牛顿黏性定律的相关资料。

二、测量流体流动参数

流体流动系统中，若各截面上的温度、压力、流速等物理量仅随位置变化，而不随时间变化，这种流动称之为定态流动（稳定流动）；若流体在各截面上的有关物理量既随位置变化，也随时间变化，则称为非定态流动。

（一）测量压力和液位

1. 测量压力

压力可用压力表测量，压力表有普通压力表、膜片压力表、隔膜压力表、电接点压力表、膜盒压力表、电阻式远传压力表、耐振压力表等。

流体垂直作用于单位面积上的力，称为流体的静压力，用p表示，工厂中习惯称为压力，实际上是指压强。在静止流体中，作用于任意点不同方向上的压力在数值上均相同。在流体内部由于静压力而具有的能量叫静压能，单位质量流体所具有的静压能可用p/ρ来表示。

压力的单位为N/m^2，或Pa；以流体柱高度表示，如用米水柱或毫米汞柱等。

标准大气压（atm）的换算关系：$1atm=1.013\times10^5 Pa=760mmHg=10.33mH_2O$

工程大气压（at）的换算关系：$1at=1kgf/cm^2=10mH_2O=9.807\times10^4 Pa$

流体的压力除用不同的单位来计量外，还可以有不同的计量基准。

以绝对零压作起点计算的压力，称为绝对压力。

流体的压力可用测压仪表来测量。当被测流体的绝对压力大于外界大气压力时，所用的测压仪表称为压力表。压力表上的读数表示被测流体的绝对压力比大气压力高出的数值，称为表压力，当被测流体的绝对压力小于外界大气压力时，所用测压仪表称为真空表。真空表上的读数表示被测流体的绝对压力低于大气压力的数值，称为真空度。

表压力＝绝对压力－当地环境大气压力（$p_{表}=p_{绝}-p_0$）

真空度＝当地环境大气压力－绝对压力（$p_{真}=p_0-p_{绝}$）

显然，设备内流体的绝对压力愈低，则它的真空度就愈高，真空度又是表压力的负值。

绝对压力、表压力、真空度三者之间的关系可用图 1-11 来表示。

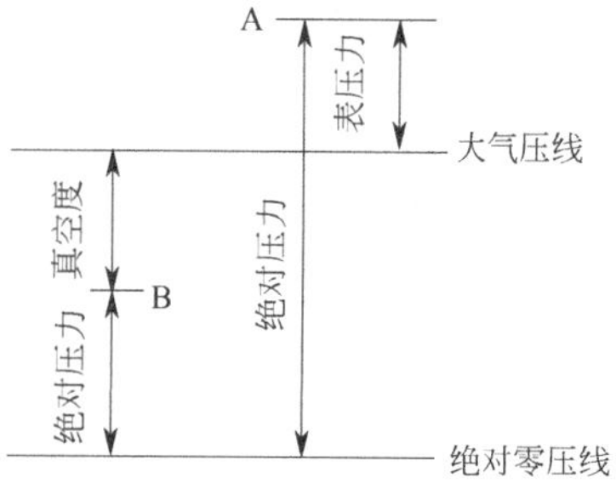

图 1-11　绝对压力、表压力和真空度的关系

应当指出，外界大气压力随大气的温度、湿度和所在地区的海拔高度而改变。为了避免绝对压力、表压力、真空度三者相互混淆，在以后的讨论中规定，对表压力和真空度均加以标注，如 200kPa（表压）、40kPa（真空度）等。

【例 1-3】 在大气压力为 101.3kPa 的地区，某真空蒸馏塔塔顶的真空表读数为 85kPa。若在大气压力为 90kPa 的地区，仍使该塔塔顶在相同的绝压下操作，则此时真空表的读数应为多少？

解　$p_{绝}=p_0-p_{真}=p'_0-p'_{真}$

故　$p'_{真}=p'_0-(p_0-p_{真})=90-(101.3-85)=73.7\ (\text{kPa})$

2. 测量液位

液位是指流体在容器或设备内液面的高度，由于在重力场中所具有的能量叫位能，记为 mgZ，单位质量流体所具有的位能可用 gZ 来表示，Z 值的大小取决于所选基准水平面的高低，是相对值。

化工生产过程中，常用仪器来测量液位，如超声波液位计、磁翻板液位计、磁翻柱液位计、雷达液位计、浮球液位计、静压式液位仪、电容液位仪等仪器。

静力学方程可以表示流体内部的压力，其形式如下。

压力形式：
$$p_2=p_1+\rho g(Z_1-Z_2) \tag{1-8}$$

能量形式：
$$\frac{p_1}{\rho}+Z_1g=\frac{p_2}{\rho}+Z_2g \tag{1-9}$$

式中，p_1、Z_1 为 1 截面处的压力和高度；p_2、Z_2 为 2 截面处的压力和高度。

适用条件：在重力场中静止、连续的同种不可压缩流体。

由上述公式可知，在重力场中，静止流体内部任一点的静压力与该点所在的垂直位置及流体的密度有关，而与该点所在的水平位置及容器的形状无关。在静止的、连续的同种液体内，处于同一水平面上各点的压力处处相等。液面上方压力变化时，液体内部各点的压力也将发生相应的变化。静力学基本方程反映了静止流体内部能量守恒与转换的关系，在同一静止流体中，处在不同位置的位能和静压能各不相同，二者可以相互转换，但两项能量总和恒为常量，即静力学方程的物理意义。

此方程可用于压力及压差的测量、液位测量和液封高度的计算。

(1) U 形管压差计

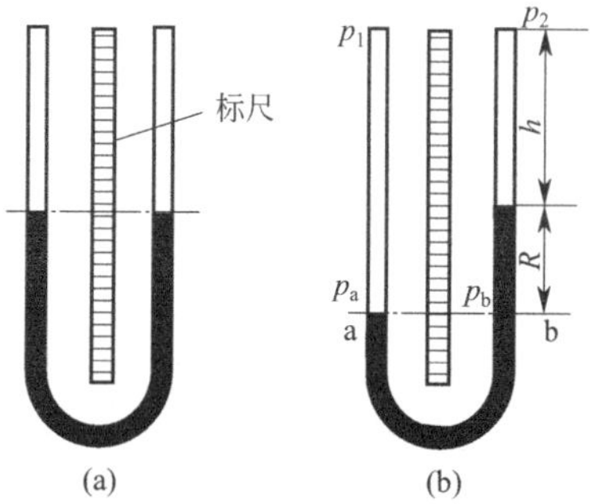

图 1-12　U 形管压差计

$$p_1-p_2=(\rho_0-\rho)gR \tag{1-10}$$

若被测流体是气体，可简化为：

$$p_1-p_2\approx Rg\rho_0 \tag{1-10a}$$

式中　ρ_0——指示液密度，kg/m^3；

ρ——流体密度，kg/m^3；

R——指示液高度差，m；

p_1，p_2——测压点压力，Pa。

U 形管压差计也可测量流体的压力，测量时将 U 形管一端与被测点连接，另一端与大气相通，此时测得的是流体的表压或真空度，如图 1-12 所示。

(2) 倒 U 形管压差计

$$p_1-p_2=Rg(\rho-\rho_0)\approx Rg\rho \tag{1-11}$$

【例 1-4】 如图 1-13 所示，密闭容器中存有密度为 900kg/m³ 的液体。容器上方的压力表读数为 42kPa，又在液面下装一压力表，表中心线在测压口以上 0.55m，其读数为 58kPa。试计算液面到下方测压口的距离。

解 液面下测压口处压力：

$$p=p_0+\rho g\Delta Z=p_1+\rho gh$$

因此 $\Delta Z=\dfrac{p_1+\rho gh-p_0}{\rho g}=\dfrac{p_1-p_0}{\rho g}+h=\dfrac{(58-42)\times10^3}{900\times9.81}+0.55=2.36\ (\text{m})$

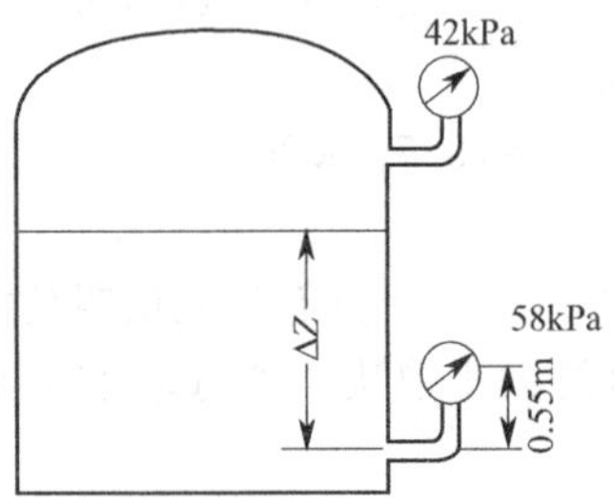

图 1-13 ［例 1-4］附图

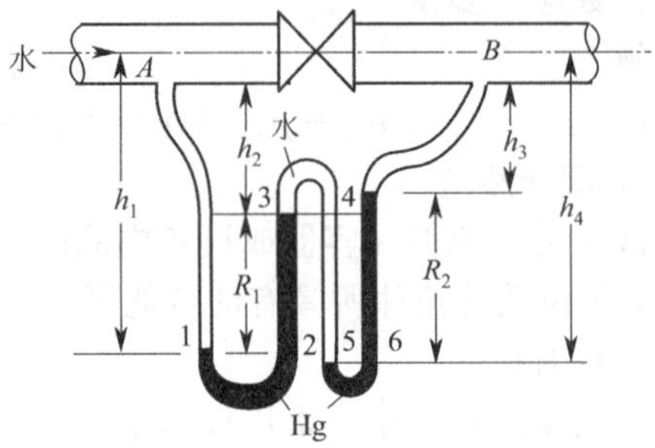

图 1-14 ［例 1-5］附图

【例 1-5】 如图 1-14 所示，用一复式 U 形管压差计测量水流过管路中 A、B 两点的压力差。指示液为汞，两 U 形管之间充满水，已知 $h_1=1.2\text{m}$，$h_2=0.4\text{m}$，$h_3=0.25\text{m}$，$h_4=1.4\text{m}$，试计算 A、B 两点的压力差。

解 图中 1、2 为等压面，即 $p_1=p_2$

$$p_1=p_A+\rho gh_1$$

$$p_2=p_3+\rho_0 gR_1$$

故
$$p_A+\rho gh_1=p_3+\rho_0 gR_1 \tag{1}$$

又
$$p_5=p_6=p_B+\rho gh_3+\rho_0 gR_2$$

$$\begin{aligned}p_3&=p_4=p_5-\rho g(h_4-h_2)\\&=p_B+\rho gh_3+\rho_0 gR_2-\rho g(h_4-h_2)\end{aligned} \tag{2}$$

将 (2) 代入 (1) 中：

$$p_A+\rho gh_1=p_B+\rho gh_3+\rho_0 gR_2-\rho g(h_4-h_2)+\rho_0 gR_1$$

故
$$\begin{aligned}\Delta p_{AB}&=p_A-p_B\\&=\rho gh_3+\rho_0 gR_2-\rho g(h_4-h_2)+\rho_0 gR_1-\rho gh_1\\&=\rho g(h_2-h_1+h_3-h_4)+\rho_0 g(R_1+R_2)\\&=(R_1+R_2)(\rho_0-\rho)g\end{aligned}$$

故
$$\begin{aligned}\Delta p_{AB}&=(1.2-0.4+1.4-0.25)\times(13600-1000)\times9.81\\&=241031.7\ (\text{Pa})\approx241.0\ (\text{kPa})\end{aligned}$$

思考题

1. 压力换算是基于当地环境大气压还是标准大气压？
2. 你能根据静力学方程设计出一种液位测量控制仪吗？

(二) 测量流量和流速

流体流量可以用体积流量和质量流量来表示。体积流量 (V_s) 是单位时间内流经管道任意截面的流体体积，单位是 m^3/s 或 m^3/h。质量流量（m_s）是单位时间内流经管道任意截面的流体质量，单位是 kg/s 或 kg/h。

在定态流动系统中流体遵循质量守恒定律，任选截面形成封闭系统，系统内流体连续流动，则进出系统的质量流量相等，即连续性方程。可表示为：

$$m_{s1}=m_{s2}=\cdots=\text{常数} \tag{1-12}$$

$$\rho_1 V_{s1}=\rho_2 V_{s2}=\cdots=\text{常数} \tag{1-13}$$

1. 测量流量

流量可用孔板流量计、文丘里流量计、转子流量计等测量仪器测得。

（1）孔板流量计 孔板流量计是利用流体流经孔板前后产生的压力差来实现流量测量，如图 1-15 所示。

$$V_s=u_0A_0=C_0A_0\sqrt{\frac{2Rg(\rho_0-\rho)}{\rho}} \tag{1-14}$$

$$m_s=C_0A_0\sqrt{2Rg\rho(\rho_0-\rho)} \tag{1-15}$$

式中 C_0——流量系数（或孔流系数），$C_0=f\left(Re,\ \frac{A_0}{A_1}\right)$，常用值为 0.6～0.7；

A_0——孔口截面积，m^2；

R——压差计读数，m；

ρ_0——指示液密度，kg/m^3；

ρ——流体密度，kg/m^3。

孔板流量计的特点：恒截面、变压差，为差压式流量计。

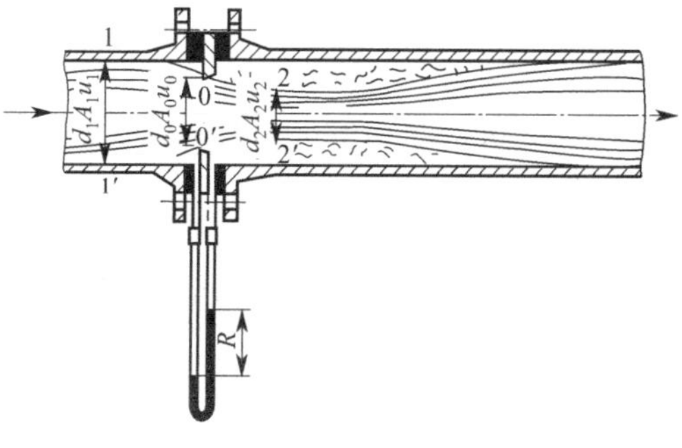

图 1-15 孔板流量计

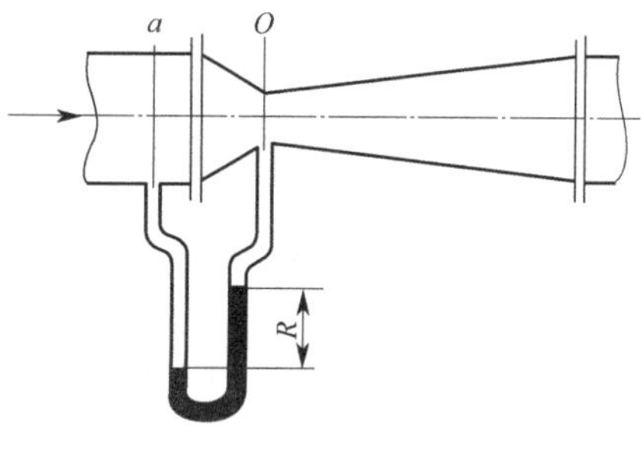

图 1-16 文丘里流量计

（2）文丘里流量计 文丘里流量计也属差压式流量计，如图 1-16 所示，其流量方程与孔板流量计相似，即

$$V_s=C_VA_0\sqrt{\frac{2Rg(\rho_0-\rho)}{\rho}} \tag{1-16}$$

式中 C_V——流量系数，常取 0.98～0.99；

A_0——喉管截面积，m^2。

文丘里流量计的能量损失远小于孔板流量计。

（3）转子流量计 转子流量计是通过转子悬浮位置处的环隙面积不同来反映流量的大小，可直接读取流量数值，一般以转子最大截面处的上沿所对应的读数为准，或根据整定情况而定，如图 1-17 所示。其计算公式如下：

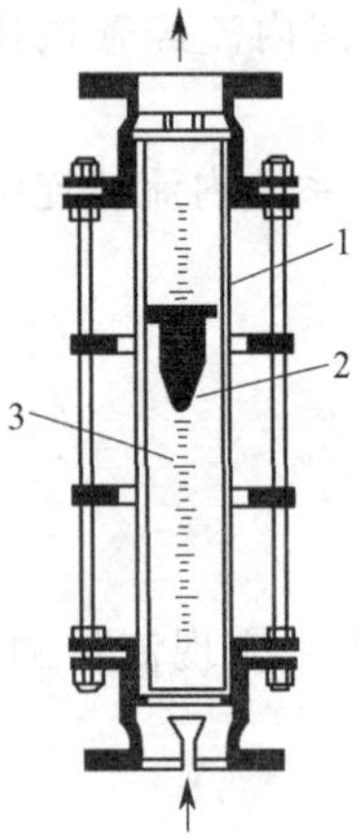

图 1-17　转子流量计

1—锥形玻璃管；

2—转子；3—刻度

$$u_0=C_R\sqrt{\frac{2(\rho_f-\rho)V_f g}{\rho A_f}} \tag{1-17}$$

$$V_s=C_R A_R\sqrt{\frac{2(\rho_f-\rho)V_f g}{\rho A_f}} \tag{1-18}$$

式中，C_R 为流量系数，A_R 为转子上端面处环隙面积；u_0 为环隙流速。

转子流量计的特点：恒压差、恒环隙流速而变流通面积，属截面式流量计。

转子流量计的刻度是用 20℃的水（密度为 1000kg/m^3）或 20℃、101.3kPa 下的空气（密度为 1.2kg/m^3）进行标定。当被测流体与上述条件不符时，应进行刻度换算。

在同一刻度下，两种流体的流量关系为：

$$\frac{V_{s2}}{V_{s1}}=\sqrt{\frac{\rho_1(\rho_f-\rho_2)}{\rho_2(\rho_f-\rho_1)}} \tag{1-19}$$

式中，下标 1 表示标定流体的参数，下标 2 表示实际被测流体的参数。

转子流量计必须垂直安装；为便于检修，转子流量计应安装在支路。

【例 1-6】 在内径为 80mm 的管道上安装一标准孔板流量计，孔径为 40mm，U 形管压差计的读数为 350mmHg。管内液体的密度为 1050kg/m^3，黏度为 0.5cP，试计算液体的体积流量。

解

$$\frac{A_0}{A_1}=\left(\frac{40}{80}\right)^2=0.25$$

设 $Re>Re_c$，查得 $C_0=0.625$

$$V_s=C_0A_0\sqrt{\frac{2Rg(\rho_1-\rho)}{\rho}}=0.625\times0.785\times0.04^2\sqrt{\frac{2\times0.35\times(13600-1050)\times9.81}{1050}}$$

$$=7.11\times10^{-3}\ (\mathrm{m^3/s})$$

$$u=\frac{V_s}{0.785d_1^2}=\frac{7.11\times10^{-3}}{0.785\times0.08^2}=1.415\ (\mathrm{m/s})$$

$$Re=\frac{d_1u\rho}{\mu}=\frac{0.08\times1.415\times1050}{0.5\times10^{-3}}=2.38\times10^5$$

而 $Re_c=7\times10^4$　　　　$Re>Re_c$

假设正确，以上计算有效。

【例 1-7】 以水标定的转子流量计用来测量酒精的流量。已知转子的密度为 7700kg/m^3，酒精的密度为 790kg/m^3，当转子的刻度相同时，酒精的流量比水的流量大还是小？试计算刻度校正系数。

解

$$\frac{V_{s2}}{V_{s1}}=\sqrt{\frac{\rho_1(\rho_f-\rho_2)}{\rho_2(\rho_f-\rho_1)}}=\sqrt{\frac{1000\times(7700-790)}{790\times(7700-1000)}}=1.143$$

酒精流量比水大。

2. 测量流速

流速可用平均流速和质量流速来表示，流体由于流动具有的能量是动能，记为 $\frac{1}{2}mu^2$，单位质量流体所具有的动能可用 $\frac{1}{2}u^2$ 来表示。

可用测速管测出流体在管截面某点处的速度。速度与压力差的关系为：

$$u=\sqrt{\frac{2\Delta p}{\rho}} \tag{1-20}$$

用U形管压差计测量压差时 $$u=\sqrt{\frac{2Rg(\rho_0-\rho)}{\rho}} \tag{1-20a}$$

平均流速 u 是单位时间内流体在流动方向上所流经的距离，单位为m/ s。平均流速简称流速，指流通截面上各点流速的平均值。质量流速 G 是单位时间内流经管道单位截面积的流体质量，单位为 $kg/(m^2 \cdot s)$。

换算：
$$m_s=\rho V_s \qquad V_s=uA=\pi d^2/4$$
$$m_s=GA \qquad G=\rho u$$

式中，m_s 为质量流量，kg/s；V_s 为体积流量，m^3/s；G 为质量流速，$kg/(m^2 \cdot s)$；u 为流速，m/s。

连续性方程可以简化如下：

$$m_{s1}=m_{s2}=\cdots=常数 \tag{1-21}$$

$$u_1\rho_1A_1=u_2\rho_2A_2=\cdots=常数 \tag{1-21a}$$

若为不可压缩流体，密度为常数。

$$V_{s1}=V_{s2}=\cdots=常数 \tag{1-21b}$$

$$u_1A_1=u_2A_2=\cdots=常数 \tag{1-21c}$$

若为圆管，写成： $$u_1d_1^2=u_2d_2^2=\cdots=常数 \tag{1-21d}$$

【例 1-8】 绝对压力为540kPa、温度为30℃的空气，在 ϕ108mm×4mm的钢管内流动，流量为 $1500m^3/h$（标准状况）。试求空气在管内的质量流量、质量流速和体积流速。

解 标准状况下空气的密度：

$$\rho_0=\frac{p_0M}{RT_0}=\frac{101.3\times10^3\times0.029}{8.31\times273}=1.29\ (kg/m^3)$$

质量流量为 $m_s=V_0\rho_0=1500\times1.29=1935\ (kg/h)\ =0.5375\ (kg/s)$

质量流速为

$$G=\frac{m_s}{0.785d^2}=\frac{1935}{0.785\times0.1^2}=246497\ [kg/(h\cdot m^2)]=68.47\ [kg/(s\cdot m^2)]$$

操作条件下密度： $$\rho=\frac{pM}{RT}=\frac{540\times10^3\times0.029}{8.31\times(273+30)}=6.22\ (kg/m^3)$$

体积流速为 $$u=\frac{G}{\rho}=\frac{68.47}{6.22}=11\ (m/s)$$

思考题

1. 工业上应用最多的流量计是哪种流量计？为什么？
2. 流体在管内流动时，流速是如何分布的？

（三）测定雷诺数

1. 雷诺实验

如图1-18所示，实验时水由高位水槽1进入实验玻璃管5，水量由C阀控制，槽内设有进水稳流装置2及溢流装置3，以维持液面平稳恒定，多余的水由溢流管4排出，以保证C阀开度不变时通过实验管的水流量不变，即定态流动（稳定流动）。

打开C阀，水由高位槽进入实验玻璃管5，经转子流量计6排出。由转子流量计读出通过实验管的流量。用B阀控制高位墨水瓶7的墨水注入量。

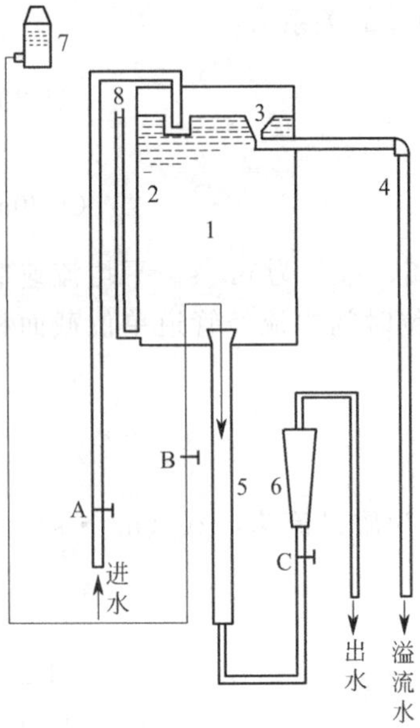

图 1-18　雷诺实验示意图

当流速较慢时，墨水在流动中成一条线，与周围水不混合，说明流体质点仅沿着与管轴的平行方向作直线运动，流体分为若干层平行向前流动，质点之间互不混合，此时流动状态称作层流（或滞流）。

调大 C 阀的开度，增大流速，可见墨水与周围水立刻混合，说明流体质点除了沿管轴方向向前流动外，还有径向脉动，各质点的速度在大小和方向上都随时发生变化，质点互相碰撞和混合，此时流动状态称作湍流（或紊流）。

当流体在管内处于湍流流动时，由于流体具有黏性，在壁面的约束作用下，紧靠壁面处仍有一薄层流体作层流流动，该薄层称为层流内层（或层流底层）。层流内层为传递过程的主要阻力。其厚度与流体的湍动程度有关，流体的湍动程度越高，层流内层越薄。层流内层只能减薄，但不能消失。

2. 测定雷诺数 *Re*

用雷诺数可划分流动状态，表示流体流动中惯性力与黏性力的对比关系和流体流动的湍动程度。

在雷诺实验中，观察玻璃管中水的流动状态，可计算出管内雷诺数 Re 的大小；先测出管内直径，由流量计的读数算出流速，由水温直接查出黏度和密度，根据下式计算雷诺数。

$$Re=\frac{du\rho}{\mu} \tag{1-22}$$

Re 为无量纲特征数，是流体流动类型的判据。

① 当 $Re\leqslant 2000$ 时，流动为层流，此区称为层流区，$u=\frac{1}{2}u_{\max}$。

② 当 $Re\geqslant 4000$ 时，一般出现湍流，此区称为湍流区，$u\approx 0.8u_{\max}$。

③ 当 $2000<Re<4000$ 时，流动可能是层流，也可能是湍流，该区称为不稳定的过渡区。

根据 Re 数的大小将流动分为三个区域——层流区、过渡区、湍流区，但流动类型只有两种，即层流与湍流。

【例 1-9】 25℃水在 ϕ60mm×3mm 的管道中流动，流量为 20m³/h，试判断流型。

解　查附录 25℃水的物理性质：$\rho=996.95\text{kg/m}^3$，$\mu=0.903\text{cP}$。

$$u=\frac{V_s}{0.785d^2}=\frac{20/3600}{0.785\times 0.054^2}=2.43\ (\text{m/s})$$

$$Re=\frac{du\rho}{\mu}=\frac{0.054\times 2.43\times 996.95}{0.903\times 10^{-3}}=1.45\times 10^5$$

因为 $1.45\times 10^5>4000$，故为湍流。

3. 雷诺数的计算和应用

雷诺数除了可以判断流动形态以外，还可以计算或查取直管阻力系数 λ，具体可见 λ-Re-$\frac{\varepsilon}{d}$图（图 1-19）。直管阻力系数又称摩擦因数，除了与流动形态有关外，还与流动壁面的相对粗糙度$\frac{\varepsilon}{d}$有关。

化工生产上所铺设的管道，按其材质的性质和加工情况，大致可分为光滑管与粗糙管。

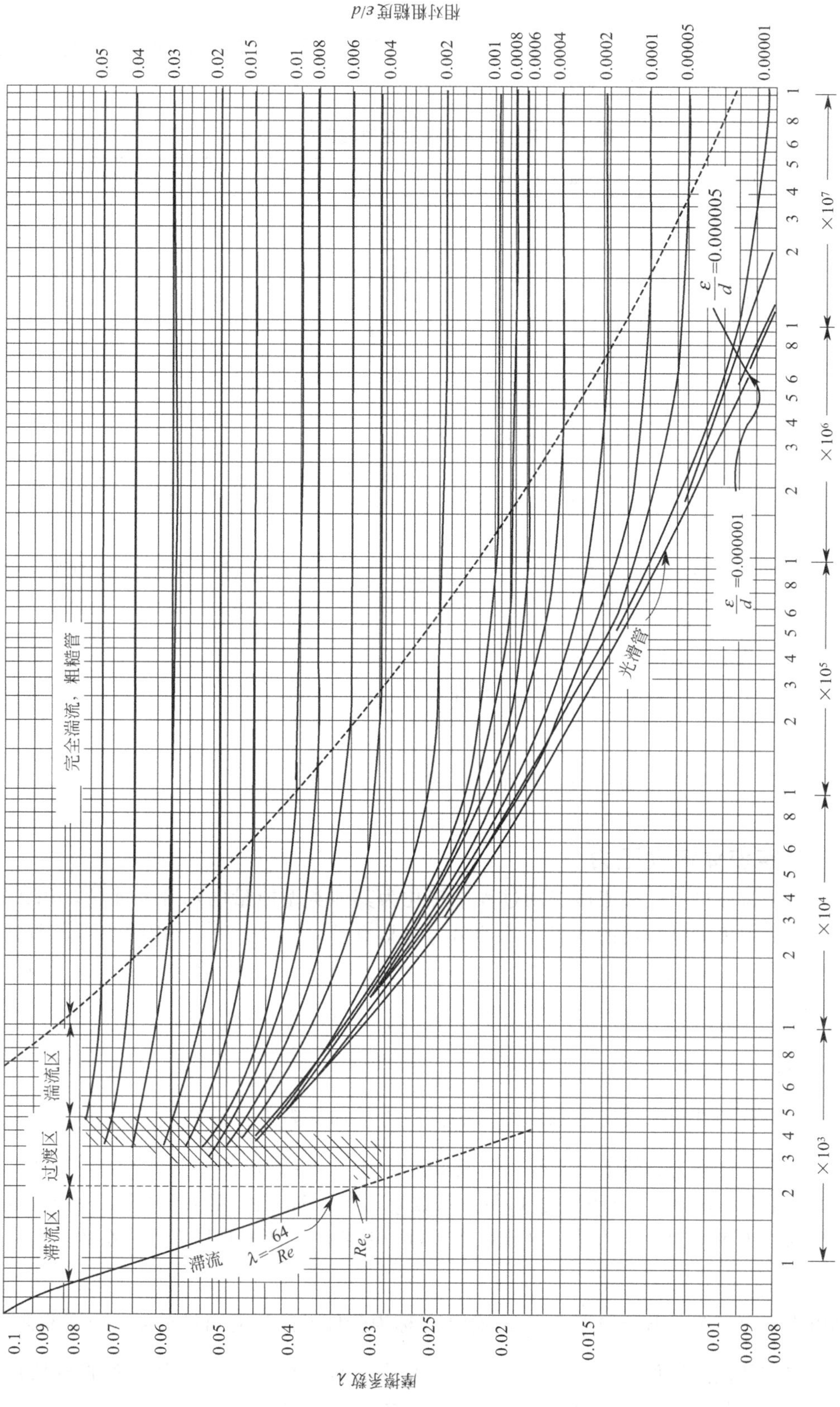

图 1-19 摩擦系数、雷诺数和相对粗糙度关系图

通常把玻璃管、黄铜管、塑料管等列为光滑管；把钢管和铸铁管等列为粗糙管。实际上，即使是用同一材质的管子铺设的管道，由于使用时间的长短与腐蚀、结垢的程度不同，管壁的粗糙程度也会发生很大的差异。管壁粗糙度可用绝对粗糙度与相对粗糙度来表示。绝对粗糙度是指壁面凸出部分的平均高度，以 ε 表示，见表 1-3。

表 1-3 某些工业管道的绝对粗糙度

金属管道	绝对粗糙度 ε/mm	非金属管道	绝对粗糙度 ε/mm
无缝的黄铜、铜管及铝管	0.01～0.05	干净玻璃管	0.0015～0.01
新的无缝钢管或镀锌铁管	0.1～0.5	橡胶软管	0.01～0.03
新的铸铁管	0.3	陶土排水管	0.45～6.0
具有轻度腐蚀的无缝钢管	0.2～0.3	整平的水泥管	0.38
具有显著腐蚀的无缝钢管	0.5 以上	石棉水泥管	0.03～0.8
旧的铸铁管	0.85 以上		

相对粗糙度 $\frac{\varepsilon}{d}$ 是指绝对粗糙度与管道直径的比值。

λ-Re-$\frac{\varepsilon}{d}$ 图分为四个区：层流区 $Re<2000$，$\lambda=64/Re$，与 $\frac{\varepsilon}{d}$ 无关；过渡区 $2000<Re<4000$，$\lambda=f\left(Re, \frac{\varepsilon}{d}\right)$；湍流区 $Re>4000$，$\lambda=f\left(Re, \frac{\varepsilon}{d}\right)$；完全湍流区（阻力平方区）$Re>Re_c$，$\lambda=f\left(\frac{\varepsilon}{d}\right)$，与 Re 无关。

$Re=8000$，$\frac{\varepsilon}{d}=0.004$ 时，查图 1-19 可得 $\lambda=0.038$。

思考题

1. 判定流动形态是以雷诺数为据？还是以实验现象为准？
2. 直管阻力系数与哪些因素有关？如何查取？

（四）测定流体流动阻力

流动阻力是流体机械能在流体流动过程中转化为其他类型能量的那部分能量，用 $\sum W_f$ 表示，所谓阻力损失就是转化的意思。流动阻力包括直管阻力 W_f 和局部阻力 W'_f，和流体动能成正比。直管阻力是流体在直管内流动时损失的机械能。直管阻力计算通式为 $W_f=\lambda\frac{l}{d}\times\frac{u^2}{2}$，单位为 J/kg。式中，$\lambda$ 为直管阻力系数；l 为直管长度，m；d 为直管内直径，m；u 为直管内流体流速，m/s。

除了直管以外的其他所有阻力都归结为局部阻力。局部阻力计算公式为 $W'_f=\zeta\frac{u^2}{2}$，单位为 J/kg。式中，ζ 称为局部阻力系数，一般由实验测定。注意，计算突然扩大与突然缩小局部阻力时，u 为小管中的大速度。进口阻力系数 $\zeta_{进口}=0.5$，出口阻力系数 $\zeta_{出口}=1$。这种方法是将局部阻力表示为动能的某一倍数，称作阻力系数法，计算时局部阻力系数 ζ 可直接查取。

局部阻力也可用公式 $W'_f=\lambda\frac{l_e}{d}\times\frac{u^2}{2}$，式中 l_e 称为管件或阀门的当量长度，由实验测定。这种方法是将流体流过管件或阀门的局部阻力，折合成直径相同、长度为 l_e 的直管所产生的阻力，称作当量长度法，计算时当量长度 l_e 可由共线图查取。

当管路直径相同时，总阻力：

$$\sum W_f=W_f+W'_f=\left(\lambda\frac{l}{d}+\sum\zeta\right)\frac{u^2}{2} \tag{1-23}$$

或

$$\sum W_f=W_f+W'_f=\lambda\frac{l+\sum l_e}{d}\times\frac{u^2}{2} \tag{1-23a}$$

1. 测定流体流动直管阻力 W_f

在输送管路中，从低位槽送液至高位槽，调节转子流量计并记录流量，记录水平直管段两测压点间压差计的读数，或记录下两测压点压力表读数 p_1 和 p_2，由数据可计算出所测水平直管段的阻力 W_f。

在相同的流量下记录垂直管段上压力表的读数 p_1 和 p_2，或两测压点间压差计的读数，量取所测管路垂直管段上下端的高度 Z_1 和 Z_2，根据以上数据，可计算出所测管段的阻力 W_f；根据计算结果，分析两者的区别。W_f 由下式计算。

$$Z_1g+\frac{p_1}{\rho}=Z_2g+\frac{p_2}{\rho}+W_f \tag{1-24}$$

测定方法是依据实际流体的伯努利方程来设计的，实际流体的伯努利方程是以单位质量流体为基准，在选定的截面间所做的能量守恒式：

$$Z_1g+\frac{1}{2}u_1^2+\frac{p_1}{\rho}+W_e=Z_2g+\frac{1}{2}u_2^2+\frac{p_2}{\rho}+\sum W_f \quad \mathrm{J/kg} \tag{1-25}$$

式中 Z_1，Z_2——1、2 截面处距离基准水平面的高度，m；

u_1，u_2——1、2 截面处流体的流速，m/s；

p_1，p_2——1、2 截面处流体压力，Pa；

W_e——1、2 截面间、系统内输送设备对单位质量流体所做的有效功，J/kg；

$\sum W_f$——1、2 截面间、系统内单位质量流体的阻力损失，J/kg。

思考题

1. 形成阻力的原因有哪些？
2. 直管阻力与局部阻力的区别是什么？

课后任务

1. 由伯努利方程推导出阻力测量计算公式。
2. 测出流量，查出相对粗糙度，由温度查取密度、黏度值，应用直管阻力公式计算出直管阻力，与测量值对比，偏差是多少？

2. 测定局部阻力系数

在输送管路中，从低位槽输送液体至高位槽，调节转子流量计并记录流量，记录管段中仅有球阀的两端测压点间压差计的读数，或记录下两测压点压力表读数和高度，可计算出所测管段的局部阻力 W'_f。量取管道直径 d，可由公式 $W'_f=\lambda\frac{l_e}{d}\times\frac{u^2}{2}$ 计算出当量长度 l_e。

工厂实际中当量长度 l_e 可由共线图 1-20 查出。

在相同的流量下记录管路中仅有弯头的压差表的读数和测压点两端高度，可计算出所测管段的局部阻力 W'_f；测量流量和管道直径 d，可由公式 $W'_f=\zeta\frac{u^2}{2}$ 计算出阻力系数 ζ。

工程实际中阻力系数 ζ 可由表 1-4 查出。

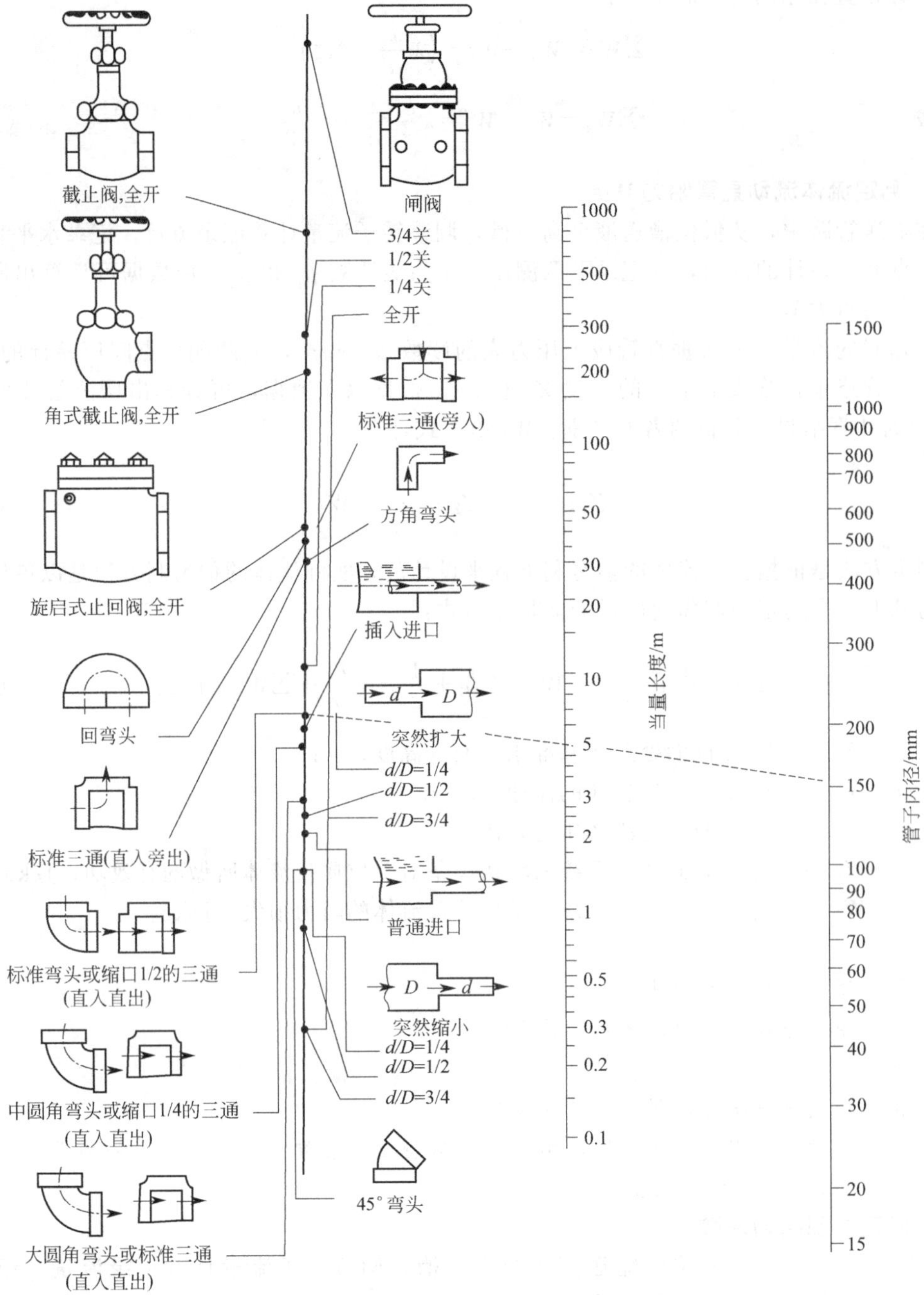

图 1-20　管件与阀门的当量长度共线图

阻力损失还可以用压降和压头表示，压头损失 $h_f=\frac{W_f}{g}=\lambda\frac{l}{d}\times\frac{u^2}{2g}$，单位是米（m）。压力损失（又称压降）$\Delta p_f=\rho W_f=\lambda\frac{l}{d}\times\frac{\rho u^2}{2}$，单位为帕（Pa）。

局部阻力可以用 $h_f'=\zeta\frac{u^2}{2g}$，$h_f'=\lambda\frac{l_e}{d}\times\frac{u^2}{2g}$来表示。

测定方法也是依据实际流体的伯努利方程来设计的，在选定的截面间做能量守恒式，以

表 1-4　常见阀门与管件的阻力系数

<table>
<tr><td>管件和阀件名称</td><td colspan="10">ζ值</td></tr>
<tr><td>标准弯头</td><td colspan="5">45°,ζ=0.35</td><td colspan="5">90°,ζ=0.75</td></tr>
<tr><td>90°方形弯头</td><td colspan="10">1.3</td></tr>
<tr><td>180°回弯头</td><td colspan="10">1.5</td></tr>
<tr><td>活管接</td><td colspan="10">0.4</td></tr>
<tr><td rowspan="3">弯管 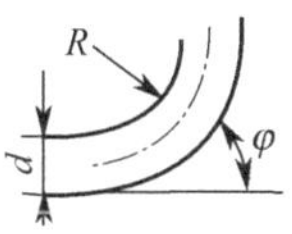</td><td>φ / R/d</td><td>30°</td><td>45°</td><td>60°</td><td>75°</td><td>90°</td><td>105°</td><td>120°</td></tr>
<tr><td>1.5</td><td>0.08</td><td>0.01</td><td>0.14</td><td>0.16</td><td>0.175</td><td>0.19</td><td>0.20</td></tr>
<tr><td>2.0</td><td>0.07</td><td>0.10</td><td>0.12</td><td>0.14</td><td>0.15</td><td>0.16</td><td>0.17</td></tr>
<tr><td>标准三通管</td><td colspan="10">
ζ=0.4　ζ=1.5 当弯头用　ζ=1.3 当弯头用　ζ=1</td></tr>
<tr><td rowspan="2">闸阀</td><td>全开</td><td>3/4 开</td><td>1/2 开</td><td>1/4 开</td></tr>
<tr><td>0.17</td><td>0.9</td><td>4.5</td><td>24</td></tr>
<tr><td>标准截止阀(球心阀)</td><td colspan="5">全开 ζ=6.4</td><td colspan="5">1/2 开　ζ=9.5</td></tr>
<tr><td rowspan="2">碟阀 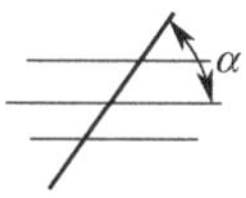</td><td>α</td><td>5°</td><td>10°</td><td>20°</td><td>30°</td><td>40°</td><td>45°</td><td>50°</td><td>60°</td><td>70°</td></tr>
<tr><td>ζ</td><td>0.24</td><td>0.52</td><td>1.54</td><td>3.91</td><td>10.8</td><td>18.7</td><td>30.6</td><td>118</td><td>751</td></tr>
<tr><td rowspan="2">旋塞</td><td>φ</td><td>5°</td><td>10°</td><td>20°</td><td>40°</td><td>60°</td></tr>
<tr><td>ζ</td><td>0.05</td><td>0.29</td><td>1.66</td><td>17.3</td><td>206</td></tr>
<tr><td>角阀 90°</td><td colspan="10">5</td></tr>
<tr><td>单向阀(止逆阀)</td><td colspan="5">摇板式　ζ=2</td><td colspan="5">球形式　ζ=70</td></tr>
<tr><td>底阀</td><td colspan="10">1.5</td></tr>
<tr><td>滤水器(或滤水网)</td><td colspan="10">2</td></tr>
<tr><td>水表(盘形)</td><td colspan="10">7</td></tr>
</table>

单位质量流体为基准：

$$Z_1 g+\frac{1}{2}u_1^2+\frac{p_1}{\rho}+W_e=Z_2 g+\frac{1}{2}u_2^2+\frac{p_2}{\rho}+\sum W_f \quad \text{J/kg} \tag{1-26}$$

以单位质量流体为基准：(令 $W_e/g=H_e$，$\sum W_f/g=\sum h_f$)

$$Z_1+\frac{1}{2g}u_1^2+\frac{p_1}{\rho g}+H_e=Z_2+\frac{1}{2g}u_2^2+\frac{p_2}{\rho g}+\sum h_f \quad \text{m} \tag{1-26a}$$

理想流体是指没有黏性（即流动中没有摩擦阻力）的不可压缩流体。

$$Z_1 g+\frac{1}{2}u_1^2+\frac{p_1}{\rho}=Z_2 g+\frac{1}{2}u_2^2+\frac{p_2}{\rho} \tag{1-26b}$$

$$Z_1+\frac{1}{2g}u_1^2+\frac{p_1}{\rho g}=Z_2+\frac{1}{2g}u_2^2+\frac{p_2}{\rho g} \tag{1-26c}$$

表明理想流体在流动过程中任意截面上总机械能、总压头为常数。

伯努利方程适用条件：①两截面间流体连续稳定流动；②适于不可压缩流体，如液体；对于气体，当$\frac{p_1-p_2}{p_1}<20\%$，可用两截面的平均密度 ρ_m 计算。

【例 1-10】 密度为 800kg/m^3、黏度为 1.5mPa·s 的液体，由敞口高位槽经 ϕ114mm×

4mm 的钢管流入一密闭容器中，其压力为 0.16MPa（表压），两槽的液位恒定，两槽间垂直管路长 30m，水平直管长 160m。液体在管内的流速为 1.5m/s，管路中闸阀为半开，管壁的相对粗糙度 $\varepsilon/d=0.002$，试计算管路阻力。

解
$$Re=\frac{du\rho}{\mu}=\frac{0.106\times1.5\times800}{1.5\times10^{-3}}=8.48\times10^{4}$$

由 $\varepsilon/d=0.002$，查得 $\lambda=0.026$

管路中：进口　$\zeta=0.5$

90℃弯头　$\zeta=0.75$　2 个

半开闸阀　$\zeta=4.5$

出口　$\zeta=1$

$$\sum W_f=\left(\lambda\frac{l}{d}+\sum\zeta\right)\frac{u^2}{2}=\left(0.026\times\frac{30+160}{0.106}+0.5+2\times0.75+4.5+1\right)\times\frac{1.5^2}{2}=60.87\ (\text{J/kg})$$

【例 1-11】 如图 1-21 所示，用泵将贮槽中的某油品以 $40m^3/h$ 的流量输送至高位槽。两槽的液位恒定，且相差 20m，输送管内径为 100mm，管子总长为 45m（包括所有局部阻力的当量长度）。已知油品的密度为 $890kg/m^3$，黏度为 0.487Pa·s，试计算泵所需的有效功。

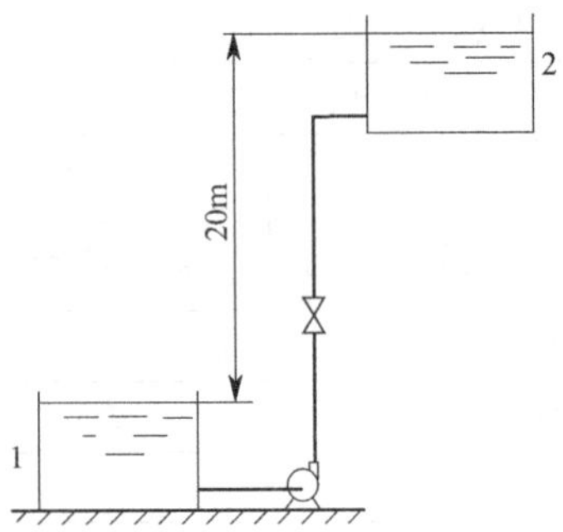

图 1-21 ［例 1-11］附图

解
$$u=\frac{V_s}{\frac{\pi}{4}d^2}=\frac{40/3600}{0.785\times0.1^2}=1.415\ (\text{m/s})$$

$$Re=\frac{du\rho}{\mu}=\frac{0.1\times1.415\times890}{0.487}=258.6<2000$$

$$\lambda=\frac{64}{Re}=\frac{64}{258.6}=0.247$$

在贮槽 1 截面到高位槽 2 截面间列伯努利方程：

$$Z_1g+\frac{p_1}{\rho}+\frac{1}{2}u_1^2+W_e=Z_2g+\frac{p_2}{\rho}+\frac{1}{2}u_2^2+\sum W_f$$

简化：
$$W_e=Z_2g+\sum W_f$$

且
$$\sum W_f=\lambda\frac{l+\sum l_e}{d}\times\frac{u^2}{2}=0.247\times\frac{45}{0.1}\times\frac{1.415^2}{2}=111.1\ (\text{J/kg})$$

$$W_e=20\times9.81+111.2=307.4\ (\text{J/kg})$$

思考题

1. 形成局部阻力的管件、阀门、设备有哪些？

2. 如何理解流动阻力，出口阻力和出口动能值相等么？为什么？

课后任务

1. 由伯努利方程推导出局部阻力测量计算公式。

2. 测出流量，查出相对粗糙度、阻力系数或当量长度，由温度查取密度、黏度值，应用局部阻力计算公式计算出局部阻力，与测量值对比，偏差是多少？

三、测定离心泵运行参数

流量 Q：离心泵单位时间内输送到管路系统的液体体积，m^3/s 或 m^3/h。

压头（扬程）H：单位质量的液体经离心泵后所获得的有效能量，J/N 或 m 液柱。

效率 η：反映泵内能量损失，主要有容积损失、水力损失、机械损失。

轴功率 N：离心泵的轴功率是指由电机输入离心泵泵轴的功率，W 或 kW。

离心泵的有效功率 N_e：是指液体实际上从离心泵所获得的功率。

$$\eta=\frac{N_e}{N}\times100\% \tag{1-27}$$

泵的有效功率：

$$N_e=QH\rho g \tag{1-28}$$

式中 ρ——流体密度，kg/m^3。

值得注意的是，在公式 $N_e=\frac{QH\rho}{102}$ 中 Q 的单位是 m^3/h。

泵的轴功率：

$$N=\frac{QH\rho g}{\eta}$$

（一）测定离心泵的特性曲线

离心泵特性曲线是在一定转速下，用 20℃ 水测定，由 H-Q、N-Q、η-Q 三条曲线组成，如图 1-22 所示。

（1）H-Q 曲线 离心泵的压头在较大流量范围内随流量的增大而减小。不同型号的离心泵，H-Q 曲线的形状有所不同。

（2）N-Q 曲线 离心泵的轴功率随流量的增大而增大，当流量 $Q=0$ 时，泵轴消耗的功率最小。因此离心泵启动时应关闭出口阀门，使启动功率最小，以保护电机。

（3）η-Q 曲线 开始泵的效率随流量的增大而增大，达到一最大值后，又随流量的增加而下降。这说明离心泵在一定转速下有一最高效率点，该点称为离心泵的设计点。一般离心泵出厂时铭牌上标注的性能参数均为最高效率点下之值。高效率区通常为最高效率的 92% 左右的区域。

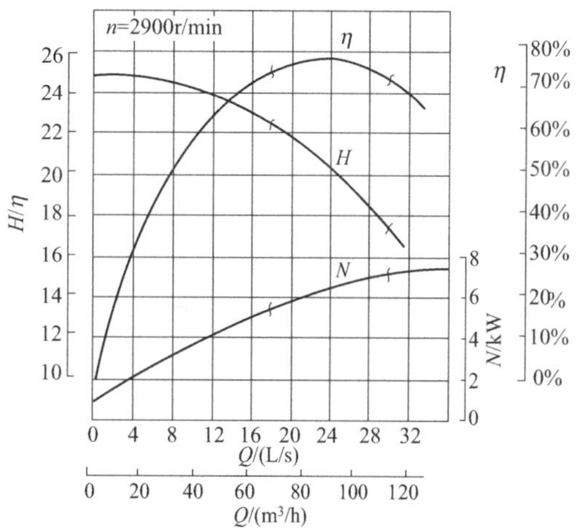

图 1-22 离心泵的特性曲线

1. 测定离心泵特性曲线

在实训室，用离心泵将低位贮水槽内的水抽出，进入离心泵性能测定管路测量系统，然后由压出管重新排至贮水槽，形成循环。在泵的吸入口和压出口处，分别装有真空表和压力表，以测量水进口处的压力。泵的出口管线装有文氏流量计及调节阀门，用来调节水的流量或管内压力。

在一定转速下，离心泵的压头 H_e、轴功率 N 及效率 η 均随实际流量 Q_e 的大小而改变。因此泵的特性是由 $H=f(Q_e)$，$N_e=f(Q_e)$ 和 $\eta=f(Q_e)$ 三条曲线来决定。而此三条曲线是经实验测得标绘出来。

（1）流量 Q_e 的测定

$$Q_e=C_0A_0\sqrt{\frac{2\Delta p}{\rho}} \tag{1-29}$$

式中 C_0——流量系数，$C_0=1$；

Δp——文丘里流量计的压差，Pa。

通过调节阀门改变水流量的大小，采用文式流量计测得压差，求其相应的体积流量 Q_e（m^3/s）。

(2) 离心泵压头 H_e 的测定 在离心泵的吸入口和压出口之间列伯努利方程：

$$H=(Z_{出}-Z_{入})+\frac{p_{出}-p_{入}}{\rho g} \quad m \tag{1-30}$$

式中 $Z_{出}-Z_{入}$——离心泵进出口管路的垂直距离，m；

$p_{出}-p_{入}$——离心泵进出口管路的压力，Pa。

(3) 轴功率和有效功率

泵轴功率 N=电机输出功率=功率表读数×电机效率（kW）

泵的有效功率：

$$N_e=\frac{HQ\rho g}{1000}=\frac{HQ\rho}{102} \quad kW$$

功率表读数=电机输入功率

(4) 效率

$$\eta=\frac{N_e}{N}$$

2. 影响离心泵性能的主要因素

流体密度增大，离心泵所耗功率增大，效率基本不变，而流量和扬程不发生变化。流体黏度增大，离心泵所耗功率增大，而流量、效率和扬程均减小。

当离心泵转速发生变化时，遵循比例定律：

$$\frac{Q_1}{Q_2}=\frac{n_1}{n_2} \qquad \frac{H_1}{H_2}=\left(\frac{n_1}{n_2}\right)^2 \qquad \frac{N_1}{N_2}=\left(\frac{n_1}{n_2}\right)^3 \tag{1-31}$$

式中 Q——离心泵流量，m^3/s；

H——离心泵扬程，m；

N——离心泵轴功率，W；

n——离心泵转速，r/min。

当叶轮直径发生变化时，遵循切割定律：

$$\frac{Q_1}{Q_2}=\frac{D_1}{D_2} \qquad \frac{H_1}{H_2}=\left(\frac{D_1}{D_2}\right)^2 \qquad \frac{N_1}{N_2}=\left(\frac{D_1}{D_2}\right)^3 \tag{1-32}$$

式中 D——离心泵叶轮直径，m。

通过改变泵的转速或直径可改变泵的性能和特性曲线。由于切削叶轮为一次性调节，因而通常采用改变泵的转速来实现流量调节，这种调节方法，通过调节频率改变电机转速，不会额外增加阻力，且在一定范围内可保持泵在高效率下工作，能量利用率高。

【例 1-12】 在一定转速下测定某离心泵的性能，吸入管与压出管的内径分别为 70mm 和 50mm。当流量为 $30m^3/h$ 时，泵入口处真空表与出口处压力表的读数分别为 40kPa 和 215kPa，两测压口间的垂直距离为 0.4m，轴功率为 3.45kW。试计算泵的压头与效率。

解

$$u_1=\frac{V_s}{\frac{\pi}{4}d_1^2}=\frac{30/3600}{0.785\times0.07^2}=2.166 \text{ (m/s)}$$

$$u_2=\frac{30/3600}{0.785\times0.05^2}=4.246 \text{ (m/s)}$$

在泵进出口处列伯努利方程，忽略能量损失；

$$\frac{p_1}{\rho g}+\frac{1}{2g}u_1^2+Z_1+H_e=\frac{p_2}{\rho g}+\frac{1}{2g}u_2^2+Z_2$$

$$H_e=\frac{p_2-p_1}{\rho g}+\frac{1}{2g}(u_2^2-u_1^2)+\Delta Z$$

$$=\frac{(215+40)\times 10^3}{10^3\times 9.81}+\frac{1}{2\times 9.81}(4.246^2-2.166^2)+0.4$$

$$=27.07\ (\mathrm{m})$$

$$N_e=QH\rho g=30/3600\times 27.07\times 10^3\times 9.81=2.213\ (\mathrm{kW})$$

$$\eta=\frac{N_e}{N}\times 100\%=\frac{2.213}{3.45}\times 100\%=64.1\%$$

思考题

1. 扬程是不是升举高度？为什么？
2. 电机功率、轴功率、泵有效功率有何关系？
3. 泵特性曲线和管路特性曲线交点随阀门开度如何变化？
4. 切割定律和比例定律是什么？

（二）测定离心泵的汽蚀余量

为防止汽蚀现象发生，离心泵入口处，液体的静压头$\frac{p_1}{\rho g}$与动压头$\frac{u_1^2}{2g}$之和必须大于液体在操作温度下的饱和蒸气压头$\frac{p_v}{\rho g}$某一最小值，即：

$$\Delta h=\frac{p_1}{\rho g}+\frac{u_1^2}{2g}-\frac{p_v}{\rho g} \tag{1-33}$$

式中　Δh——离心泵的允许汽蚀余量，m；

p_1——离心泵入口处所需要的最小压力；

u_1——泵入口安装真空表处管内流速，m/s；

p_v——操作温度下液体的饱和蒸气压，Pa。

应当指出，汽蚀余量 Δh 仅与泵的结构和尺寸有关；泵内发生汽蚀的临界条件是叶轮入口附近最小压力等于液体的饱和蒸气压 p_v。离心泵的临界允许汽蚀余量 Δh_c 值和汽蚀余量 Δh 值是由生产泵的部门通过实验测定的，并将其值列于泵的性能表上。

$$\Delta h_c=\frac{p_{1,\min}-p_v}{\rho g}+\frac{u_1^2}{2g} \tag{1-33a}$$

式中　$p_{1,\min}$——泵入口安装真空表处压力，Pa；

p_v——流体在操作温度下的饱和蒸气压，Pa。

测定方法：在一固定流量下，通过关小泵吸入的阀门，逐渐降低 p_1，直至泵内恰好发生汽蚀（以泵的压头较正常值下降3%作为发生汽蚀的依据）时测得相应的 $p_{1,\min}$ 和 u_1，然后按上式即可计算出该流量下泵的临界汽蚀余量 Δh_c。为确保离心泵的正常操作，将所测得的临界汽蚀余量加上一定的安全量，称为必需的汽蚀余量，记为 Δh。

在油泵的特性曲线图上，有时也绘出 Δh 与流量 Q 的变化关系曲线，Δh 随 Q 增大而增大。因此计算允许选装高度时应取高流量下的 Δh 值。应当说明，泵性能表上所列的值也是按输送20℃的清水测定出来的，当输送其他液体时应乘以校正系数予以校正。但因一般校正系数小于1，故把它作为外加的安全因数，不再校正。

测出汽蚀余量，就可以计算出允许安装高度 H_g：

$$H_g=\frac{p_0}{\rho g}-\frac{p_v}{\rho g}-\Delta h-H_{f,0-1} \tag{1-34}$$

式中，p_0 为吸入贮槽内液面上方的压力，单位为 Pa，若贮槽为敞口，则 p_0 为环境大气压。根据泵性能表上所列的允许汽蚀余量 Δh，$H_{f,0-1}$ 是贮槽液面至离心泵进口间的压头损失，可选用上式计算离心泵的允许吸上高度。通常为安全起见，离心泵的实际吸上高度，即安装高度应比允许吸上高度小 0.5～1m。

当液体的输送温度较高或沸点较低时，由于液体的饱和蒸气压比较高，就要特别注意泵的安装高度。若允许吸上高度比较低，可采用下列措施。

① 尽量减小吸入管路的压头损失，如采用较大的吸入管径；泵的位置应靠近液源，以缩短吸入管长度；减少拐弯，并省去不必要的管件与阀门。

② 把泵安装在贮罐液面以下，使液体利用位差自动灌入泵体内。

【例 1-13】 用型号为 IS65-50-125 的离心泵将敞口贮槽中 80℃的水送出，吸入管路的压头损失为 4m，当地大气压为 98kPa。试确定此泵的安装高度。

解 查附录：80℃水，$p_v = 0.4736\times10^5$ Pa，$\rho = 971.8\text{kg/m}^3$。

IS65-50-125 泵汽蚀余量 $\Delta h = 2.0$m。

泵允许安装高度：

$$H_g = \frac{p_0 - p_v}{\rho g} - \Delta h - \sum h_{f,吸入}$$

$$= \frac{98\times10^3 - 0.4736\times10^5}{971.8\times9.81} - 2.0 - 4$$

$$= -0.67\ (\text{m})$$

为安全起见，再降低 0.5m，$H_g = -0.69 - 0.5 = -1.2$m。

即泵需要安装在水槽液面以下 1.2m 或更低。

思考题

1. 计算安装高度是为了避免汽蚀还是气缚？汽蚀现象有什么破坏作用？发生汽蚀现象的原因有哪些？

2. 正位移泵强调安装高度吗？

课后任务

总结离心泵安装高度的计算方法。

任务三　输送系统的操作

流体输送系统中，工业上常用的方法是用泵将低位槽流体送入高位槽；但也常常在低位槽液面上方通入高压气体将流体输送至高位槽，或在高位槽维持一定的低压，将低位槽液体吸入高位槽。

操作化工装置，首先要理解工艺过程，而认识生产过程，常常从认识流程开始，采用的方法是绘制流程简图；实训操作后，回顾和总结是必要的，但要使动手操作上升到理论指导或安全规范的高度，就必须编制操作规程，同时可培养化工工程职业素质和职业精神。

一、绘制输送装置流程简图

化工工艺图包括工艺流程图、设备布置图、管道布置图。工艺流程图包括工艺方案流程图、物料流程图、管道及仪表流程图。

工艺流程图的内容包括图形、标注、标题栏。用细实线绘制设备，如阀门、管件等图形符号和仪表图形符号线、仪表管线、区域线、尺寸线、各种标志线、范围线、引出线、参考线、表格线、分界线，保温、绝热层线，伴管、夹套管线，特殊件编号框以及其他辅助线条。粗实线绘制主要工艺物料管道、主产品管道和设备位号线。中粗线绘制其他介质流程线，如次要物料、副产品管道和其他辅助物料管道、机械图形符号，代表设备、公用工程站等的长方框，管道的图纸接续标志，管道的界区标志。

标注设备时，位号和名称应在图纸上方或下方排成一行；流程线流向箭头，在开始和终止部位上端用文字注写物料名称及来源或去向，如图 1-23 所示。

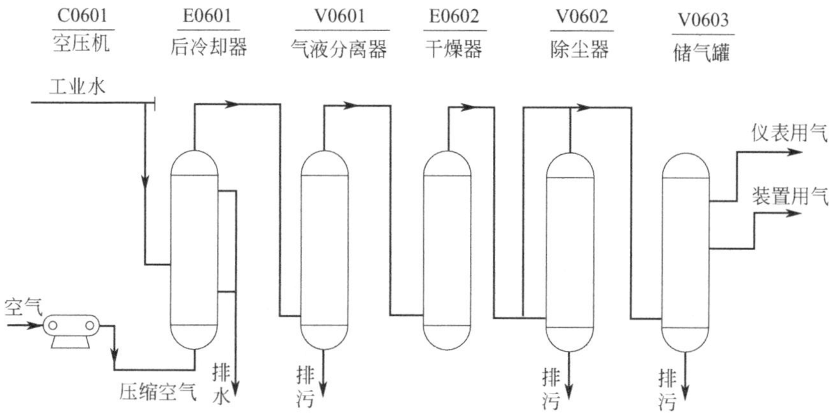

图 1-23　空气压缩工段工艺流程方案图

绘制流程简图时要注意设备示意图应近似反映设备外形尺寸和高低位置；设备间应留一定距离布置流程线；流程线高低位置应近似反映管道安装高低位置，地下管道流程线画在地平线以下；当两流程线发生交错而并不相连时，一般将后一流程线断开。

思考题

1. 绘制工艺流程的要点有哪些？
2. 如何识读图 1-23 空气压缩工段工艺流程？

课后任务

由草图绘制规范的实训装置流程图。

二、操作输送实训装置

1. 离心泵动力输送操作

将低位槽中液体以要求的流量送入高位槽，且保持高位槽液位维持在 50%，工艺流程如图 1-24 所示。

(1) 开车前准备　检查电源、水源是否处于正常供给状态；检查并调整低位槽液位不低于 50%；检查并调整高位槽液位；检查管路中、设备上的阀门开、关是否得当。

(2) 开车　关闭离心泵出口阀的情况下启动泵的电机；观察泵出口压力达到指标值，打开泵的出口阀。

(3) 正常操作　缓慢打开流量计的计前阀，调节流量值，正确读数并记录；观察离心泵的出口压力，正确读数并记录。

(4) 切换操作　维持流量不变，进行离心泵切换操作，先开启备用泵，逐渐关闭使用泵的出口阀，同时逐渐开启备用泵出口阀。观察高位槽液位变化，当高位槽液位达 50%左右即可准备停车。

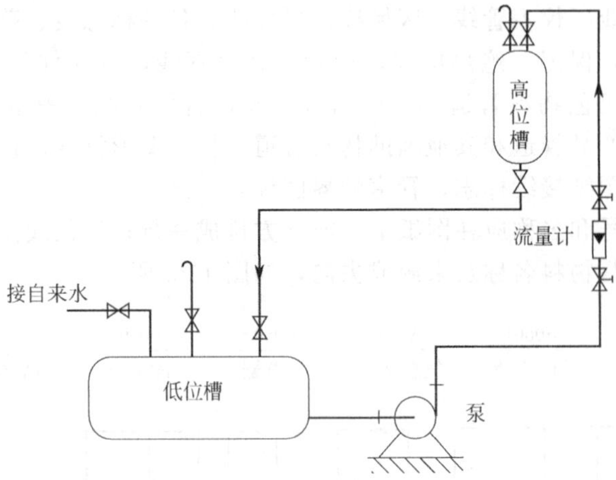

图 1-24　离心泵输送工艺流程图

(5) 停车　关闭流量计的计前阀；关闭泵的出口阀；停电机。

操作中要密切注意离心泵高速旋转可能会产生物料泄漏，还需落实接地措施，转动处做适当遮蔽，以消除安全隐患。管路中液体如果汽化或挟带少量气体，累积一定量后汇聚于管路高点处形成“盲肠”，会使液体物料产生“弹性”而不能流动，处理方法是在高点处安装放空阀，定期排空。

在上述特定的管路操作系统中，输液量与所需压头的关系，反映了被输送液体对输送机械的能量要求，可用管路特性曲线表示。

管路特性方程

$$H_e = A + BQ^2 \tag{1-35}$$

其中

$$A = \Delta Z + \frac{\Delta p}{\rho g},\ B = \lambda\ \frac{8}{\pi^2 g} \times \frac{l + \sum l_e}{d^5}$$

管路特性曲线仅与管路的布局及操作条件有关，而与泵的性能无关。曲线的截距 A 与两贮槽间液位差 ΔZ 及操作压力差 Δp 有关，曲线的陡度 B 与管路的阻力状况有关。高阻力管路系统的特性曲线较陡峭，低阻力管路系统的特性曲线较平坦。

在上述操作中，记录的流量是离心泵工作点的流量；因为泵安装在特定的管路中，其特性曲线 H-Q 与管路特性曲线 H_e-Q 的交点称为离心泵的工作点，如图 1-25 所示。若该点所对应的效率在离心泵的高效率区，则该工作点是适宜的。工作点所对应的流量与压头，可利用图解法求取。

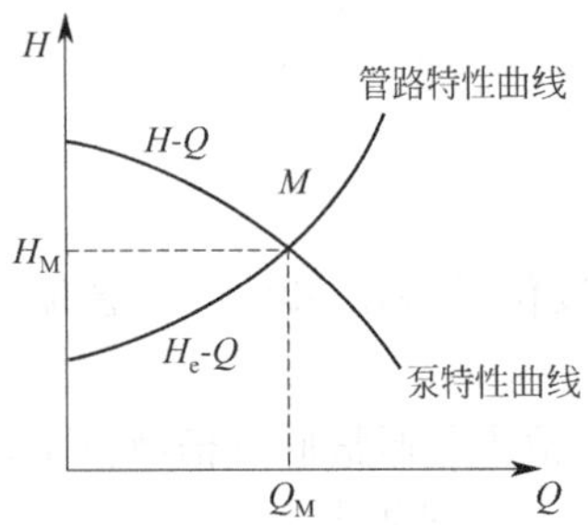

图 1-25　离心泵的工作点

通过改变管路特性曲线来调节流量，最简单的方法是在离心泵排出管线上安装调节阀。改变阀门的开度，就是改变管路的阻力状况，从而使管路特性曲线发生变化，这种改变出口阀门开度调节流量的方法，操作简便、灵活，流量可以连续变化，故应用较广，尤其适用于调节幅度不大，而经常需要改变流量的场合。但当阀门关小时，不仅增加了管路的阻力，使增大的压头用于消耗阀门的附加阻力上，且使泵在低效率下工作，经济上不合理，故常常对压力、液位等技术指标进行必要的核算，确定合适的工作点。

【例 1-14】　在一化工生产车间，要求用离心泵将冷却水从贮水池经换热器送到一敞口高位槽中。已知高位槽中液面比贮水池中液面高出 10m，管路总长为 400m（包括所有局部阻力的当量长度）。管内径为 75mm，换热器的压头损失为 $32u^2/2g$，摩擦系数可取为 0.03。

此离心泵在转速为2900r/min时的性能如下表所示：

$Q/(m^3/s)$	0	0.001	0.002	0.003	0.004	0.005	0.006	0.007	0.008
H/m	26	25.5	24.5	23	21	18.5	15.5	12	8.5

试求：(1) 管路特性曲线方程；(2) 泵工作点的流量与压头。

解 (1) 管路特性曲线方程：

$$H_e=\frac{\Delta p}{\rho g}+\Delta Z+\frac{1}{2g}\Delta u^2+\sum h_f=\Delta Z+\sum h_f$$

$$=\Delta Z+\lambda\frac{l+\sum l_e}{d}\times\frac{u^2}{2g}+h_f$$

$$=\Delta Z+\left(\lambda\frac{l+\sum l_e}{d}+32\right)\frac{u^2}{2g}$$

故：

$$H_e=10+\left(0.03\times\frac{400}{0.075}+32\right)\frac{1}{2\times9.81}\times\left(\frac{Q}{0.785\times0.075^2}\right)^2$$

$$=10+5.019\times10^5Q^2$$

(2) 在坐标纸中绘出泵的特性曲线及管路特性曲线，如图1-26所示。可知，泵工作点的流量与压头为：

$$Q=0.0045\ (m^3/s)\qquad H=20.17\ (m)$$

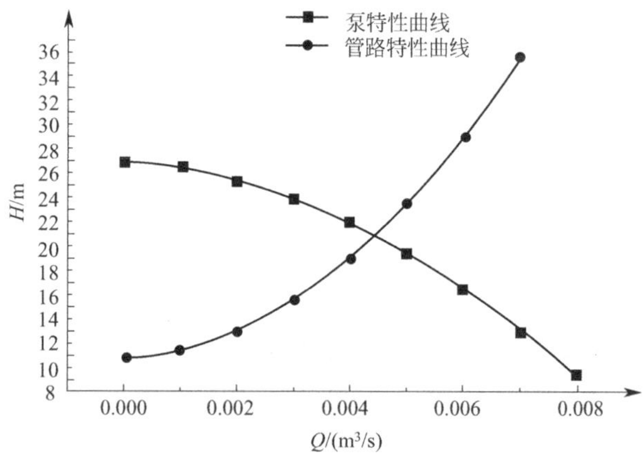

图1-26 ［例1-14］附图

思考题

1. 为什么启动前一定要将离心泵灌满被输送液体？正位移泵呢？
2. 离心泵在启动和停止运行时泵的出口阀应处于什么状态？为什么？
3. 流体输送时贮罐上方放空阀应该如何操作？

课后任务

1. 对本次输送任务进行理论计算，得出离心泵的运行效率并分析。
2. 设计规范的操作记录和工作日志，并在后续的操作实训中使用。

2. 高压气体压力输送操作

将低位槽中液体以要求的流量送入高位槽，且保持高位槽液位维持在50%，工艺流程如图1-27所示。

(1) 开车前准备 检查空压机的电源是否接连正常，空压机及贮气罐上的仪表、阀门是否完好；检查并调整低位槽液位不低于50%；检查并调整高位槽液位；检查管路中、设备上的阀门开、关是否得当。

(2) 开车 启动空压机，至贮气罐或缓冲罐到达一定压力后，开启出气口阀门，向空压总管送气；打开高位槽上的放空阀及进料阀；关闭低位槽上的放空阀，打开低位槽上出料阀。

(3) 正常操作 逐渐打开低位槽出料管路的阀门至开度达到一半；缓慢打开低位槽上压缩空气进口阀；观察转子流量计的读数并记录，一段时间后，观察高位槽液位计读数的变化。

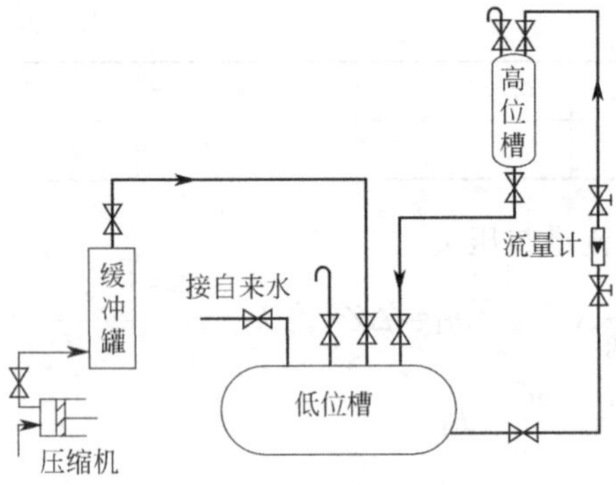

图 1-27 压力输送工艺流程图

(4) 停车 高位槽液位接近 50%时，关低位槽上的压缩空气进气阀；关流量计的计前阀，关低位槽的出口阀；关空压机；关缓冲罐出口阀；缓慢打开低位槽放空阀泄压。

操作中注意高压气体引入装置必须设置缓冲罐，开启阀门一定要慢，刚刚打开后要停留片刻，或迅速关闭后再缓慢打开，防止冲击损坏设备部件；输送不友好气体时要进行吹扫和置换，严格按照操作规范检查接地措施，检测预警系统和联锁系统，按照审批后安全操作方案进行。

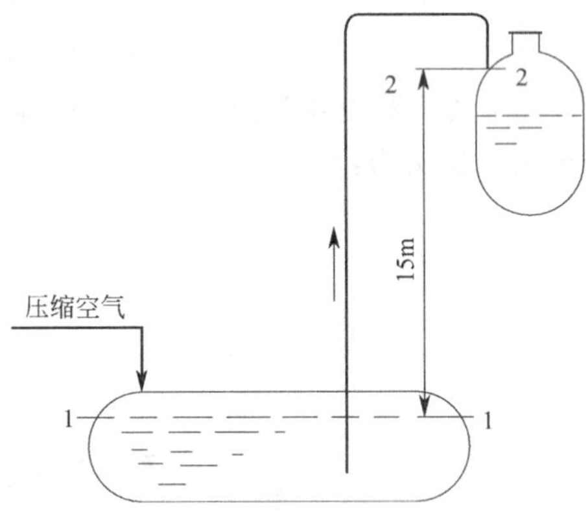

图 1-28 [例 1-15] 附图

【例 1-15】 某车间用压缩空气压送 98%的浓硫酸，从贮罐压至高位槽内，贮罐液面距高位槽出口 15m，如图 1-28 所示，高位槽与大气相通。每批压送量为 $0.3m^3$，在 10min 内完成，硫酸的温度为 20℃，机械能损失为 7.66J/kg，管道内径为 32mm。试求所需压缩空气的表压为多少 kPa？

解 取硫酸贮槽液面为 1—1 截面，管道出口为 2—2 截面，以 1—1 截面为基准水平面，则已知条件有：

$$Z_1=0、u_1=0、W_e=0、Z_2=15m、p_2=0\ (表压)、\sum h_f=7.66J/kg$$

$$u_2=\frac{V_s}{\frac{\pi}{4}d^2}=\frac{0.3/(10\times60)}{0.785\times0.032^2}=0.622\ (m/s)$$

查附录得硫酸的密度 $\rho=1831kg/m^3$，伯努利方程式简化为：

$$\frac{p_1}{\rho}=Z_2g+\frac{u_2^2}{2}+\sum h_f$$

（此式说明在此条件下，静压能转化为位能、动能和克服阻力损失）

即：$p_1=\rho\left(Z_2g+\frac{u_2^2}{2}+\sum h_{f,1-2}\right)=1831\times\left(15\times9.807+\frac{0.622^2}{2}+7.66\right)=283.9\ (kPa)$

为了保证压送量，实际表压略大于 283.9kPa。

思考题

1. 为什么要使用缓冲罐？它的开启应注意什么事项？

2. 流体输送时贮罐上方放空阀应该如何操作？

课后任务

1. 由草图绘制规范的实训装置流程图。

2. 对本次输送任务进行理论计算，得出低位槽液面表压并分析。

3. 真空抽料操作

将低位槽中液体以要求的流量送入高位槽，且保持高位槽液位维持在 50%，工艺流程如图 1-29 所示。

(1) 开车前准备 检查水喷射泵机组的水箱中的水量是否到规定以上，否则向水箱注水至规定以上；检查水喷射泵机组各阀门是否在相应位置，仪表是否正常，电源连接是否正常；检查并调整低位槽液位不低于 50%；检查并调整高位槽液位；检查管路中、设备上的阀门开、关是否得当。

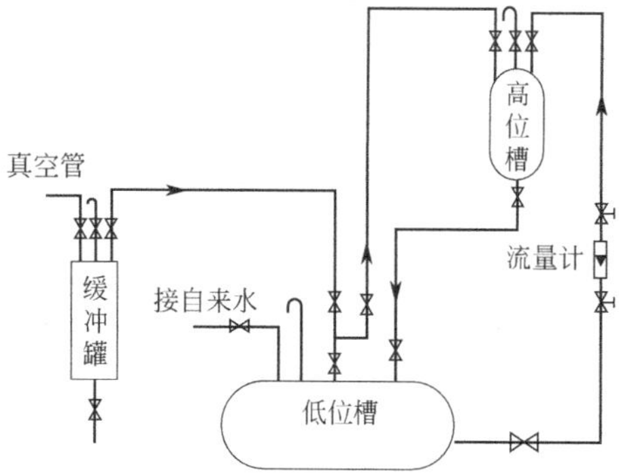

图 1-29 真空抽料流程

(2) 开车 启动水喷射泵机组水泵；打开水喷射泵出口阀，通过真空管路向装置提供真空；关闭缓冲罐放空管阀，打开缓冲罐真空管阀，观察真空缓冲罐真空表的读数，达到指标值后，打开缓冲罐出口阀，向真空总管送真空；关闭高位槽放空阀，打开真空管阀，关闭进、出料阀，观察真空表的读数并记录。

(3) 正常操作 打开低位槽的出料管路阀门至一半；缓慢打开高位槽进料阀；打开流量计计前阀，观察转子流量计的读数，一段时间后，观察高位槽液位计的读数变化并记录。

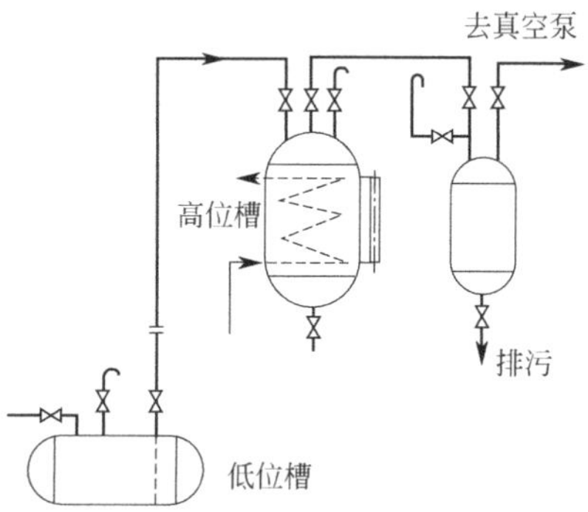

图 1-30 ［例 1-16］附图

(4) 停车 关流量计计前阀；关真空系统，关高位槽真空阀、关缓冲罐真空阀、关真空泵；缓慢打开缓冲罐放空阀，缓慢打开高位槽放空阀进行泄压。

负压抽料常用于输送有毒、易爆物料，如果输送高温液体，要注意物料汽化可能引起的危险，液体应该从下部吸入，有良好的接地和密封措施；系统恢复常压时，先降温，再缓缓放入空气，或用惰气置换，使安全生产得到保障。

【例 1-16】 某车间采用真空抽料的方式将低位槽的水抽至高位槽，如图 1-30 所示，流量为 1000L/h，低位槽通大气，槽内液面与高位槽抽入口相距 2m，若输送过程中产生的阻力损失为 8.2J/kg（不包括出口），输送水温为 20℃，管子内直径为 30mm，问高位槽要维持多大的真空度？

解 选低位槽液面为 1—1 截面，高位槽入口处为 2—2 截面，在两截面间列伯努利方程：

$$Z_1 g+\frac{p_1}{\rho}+\frac{1}{2}u_1^2+W_e=Z_2 g+\frac{p_2}{\rho}+\frac{1}{2}u_2^2+\sum W_f$$

式中 $W_e=0$，$\sum W_f=8.2\text{J/kg}$，$u_1=0$，$p_1=0$（表压），$Z_1=0$，$Z_2=2\text{m}$

$$u_2=\frac{V_s}{A}=\frac{1}{3600\times 0.785\times 0.03^2}=0.393\ (\text{m/s})$$

又查得 20℃时 $\rho=998.2\text{kg/m}^3$

故
$$\frac{p_2}{\rho}=-\left(Z_2 g+\frac{u_2^2}{2}+\sum W_f\right)$$

带入数据：

$$p_2=-998.2\times\left(2\times 9.807+\frac{0.393^2}{2}+8.2\right)=27.84\ (\text{kPa})$$

所以要维持 27.84kPa 的真空度才能完成输送任务。

思考题

1. 为什么要使用真空缓冲罐？它的开启应注意什么事项？

2. 流体输送时贮罐上方放空阀应该如何操作？

课后任务

1. 由草图绘制规范的实训装置流程图。

2. 对本次输送任务进行理论计算，得出高位槽真空度并分析。

4. 离心泵的串、并联操作

在可以进行离心泵串、并联操作的输送系统中，一号离心泵和二号离心泵并列安装于输送管路中，可以先进行单个泵的开停车训练和切换操作，然后进行下面的操作。

(1) 离心泵的串联操作 一号离心泵和二号离心泵正常开车后，关闭一号离心泵的出口阀，开启一号离心泵出口管路上的旁通阀，向二号离心泵输送液体，关闭二号离心泵的进口阀，观察二号离心泵出口压力表的读数以及管路压差仪表的读数，与单个离心泵运行时的两个仪表的读数作比较。

(2) 离心泵的并联操作 一号离心泵正常开车后，记录一号离心泵的出口管路上流量计的读数以及泵的出口压力，再正常开启二号离心泵，记录出口管路上流量计的读数以及泵的出口压力，与单个离心泵运行时的两个仪表的读数作比较。

可以注意到两泵并联后，流量与压头均有所提高，但由于受管路特性的制约，管路阻力增大，两台泵并联的总输送量小于原单泵输送量的两倍。

两泵串联后，压头与流量也会提高，但两台泵串联的总压头仍小于原单泵压头的两倍。如果单台泵所提供的最大压头小于管路两端机械能之差，则只能采用串联操作。对于低阻输送管路，并联组合优于串联；而对于高阻输送管路，串联组合优于并联。

操作中必须落实备用泵是否已经检修合格，串联中压头增大对设备造成冲击，排除泄漏和静电起火的安全隐患。

思考题

1. 串、并联的离心泵开启应注意什么事项？

2. 串、并联的离心泵输送效率为什么会降低？

课后任务

1. 查询大型阶梯汲灌水利工程的流程。

2. 画出串、并联的离心泵输送工作点图。

5. 旋涡泵的开停车及流量调节

用旋涡泵把贮罐内液体输送入高位槽，并进行旋涡泵流量的调节。

(1) 开车前的准备 检查物料贮罐中的物料贮量，贮量不足打开进料阀进料；检查电气、仪表是否正常；盘车试运转，检查是否卡泵。

(2) 开车 全开旋涡泵出口阀；打开贮罐的出口阀和旋涡泵的进口阀；接通电源，启动旋涡泵。

(3) 流量调节 缓慢打开旋涡泵出口旁路阀；观察玻璃转子流量计的读数变化；调节出口旁路阀的开度，使玻璃转子流量计的读数至指定值。

(4) 停车 当高位槽的液位到指定高度后，关闭旋涡泵的进口阀，关闭旋涡泵的出口阀，切断电源停泵。

应该注意，旋涡泵属于正位移泵，必须采用旁路调节或通过调频改变电机转数来调节流量。正位移泵有自吸能力，但存在于设备内的空气可能与输送物料混合出现安全隐患，必须排空其内空气，而且要密切注意出口阀开度，防止由于“憋泵”而产生泄漏。

各类输送气体的压缩机在操作时还要注意泄漏和接地保护，注意泵体温度，部件局部高温会形变引起事故，局部堵塞引起“憋泵”，产生泄漏。

思考题

1. 启动旋涡泵时注意什么事项？
2. 正位移泵的回流支路有何作用？

课后任务

1. 由草图绘制规范的实训装置流程图。
2. 对本次输送任务进行理论计算，得出旋涡泵有效功率并分析。

三、编制操作规程

操作规程，又称作业规程，通常是指为设备、构件、装置或产品的设计、制造、安装、维修和使用制作的程序性文件。它可以是一项标准，或一项标准的一部分。在我国，对工艺、操作、安装等具体技术要求和实施程序所作的统一规定称作操作规程。我国化工行业规定操作规程包括工艺技术规程、操作指南、开停工规程、基础操作规程、事故处理预案等。

基础操作规程是装置进行各类复杂操作的基本操作步骤，主要描述机泵、换热器、罐和塔等通用设备的开停和切换规程。主要内容包括：各种机泵的开、停与切换，风机的开、停与切换，中、低压冷换设备的投用与切除，关键部位取样等操作程序、注意事项和安全措施。规程的操作步骤需要严格按照统一的格式编制。

按照化工行业惯例，要分级编写和建构其内容，对操作者和操作动作严格界定，语言规范，不能有歧义。一般分三级编写。

第一级是规程的纲要，规定了规程的主要操作顺序和状态，对所有稳定状态及该状态下的操作目标进行详细规划，主要用于统筹各个岗位或系统的操作。

第二级描述详细操作过程，不同状态的过渡和各种具体的操作动作。包括初始状态卡、稳定状态卡、最终状态卡，操作目标以及目标下全部具体操作动作。第二级操作步骤的编号与第一级对应一致。

第三级是要点和说明，主要针对操作动作进行解释，为使用操作规程的人员提供必要的说明，包括安全、设备、工艺流程图表等。第三级编号与第二级对应一致。

思考题

1. 为什么工厂要编制操作规程？
2. 操作中确认签字有何好处？

课后任务

编写操作过的输送装置中机泵的基础操作规程。

任务四　流体输送系统的仿真实训

一、复杂液位控制单元

1. 工艺说明

进入缓冲罐 V101 的液体是通过调节阀控制进料流量的，缓冲罐压力经过分程控制，维持不变。缓冲罐 V101 液位通过串级调节，控制在 50%左右，自 V101 底抽出液体通过泵打入罐 V102，该泵维持一定的出口压力和流量。

进入罐 V102 的来料，一股为 V101 通过串级调节后进入的液体；另一股是通过罐 V102 液位调节阀控制进入的液体，一般液位控制在 50%左右，V102 底部液体抽出通过进入 V103，正常工况时维持一定的流量。

罐 V103 也有两股进料，一股来自于 V102 的底部抽出液，另一股液体为通过比值调节进入 V103，维持固定的比值系数，V103 底部抽出液体，正常工况下，罐 V103 液位控制在 50%左右。

2. 控制回路说明

通过对三个罐的液位及压力的调节控制，来掌握单回路控制系统、分程控制系统、比值控制系统、串级控制系统，理解简单回路和复杂回路的控制及相互关系。

(1) 单回路控制回路 单回路控制回路又称单回路反馈控制。单回路反馈控制由四个基本环节组成，即被控对象（简称对象）或被控过程（简称过程）、测量变送装置、控制器和控制阀。在所有反馈控制中，单回路反馈控制是最基本、结构最简单的一种，它被称为简单控制，是一台控制器的输出控制一只控制阀。

(2) 分程控制回路 在这种控制回路中，一台控制器的输出可以同时控制两只甚至两只以上的控制阀，控制器的输出信号被分割成若干个信号的范围段，而由每一段信号去控制一只控制阀。比如分程控制回路：PIC101 控制器分程控制充压阀 PV101A 和泄压阀 PV101B，如图 1-31 所示。

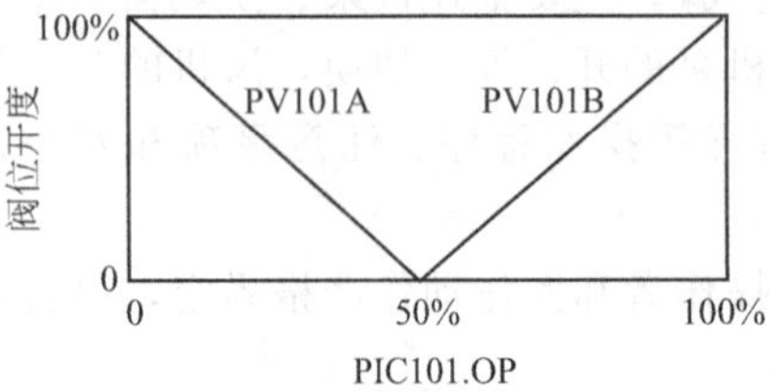

图 1-31 分程控制示意图

OP 值为控制器输出，简单控制时与阀门开度相同，PV 值为显示值，SP 值为自动或串级调节时的设定值。

(3) 比值控制系统 在化工生产工艺中经常需要两种或两种以上的物料保持一定的比例关系，比例一旦失调，将影响生产或造成事故。实现两个或两个以上参数符合一定比例关系的控制系统，称为比值控制系统。通常将保持两种或几种物料的流量为一定比例关系的系统，称为流量比值控制系统。如比值调节器可根据一种物料的流量，按一定的比例调整另外一种物料的流量。对于比值调节系统，首先要明确主物料，另一种物料流量是按主物料流量来配比确定的。

(4) 串级控制系统 如果系统中不止采用一个控制器，而且控制器间相互串联，可将一个控制器的输出作为另一个控制器的给定值，这样的系统称为串级控制系统。这种控制系统能迅速克服进入副回路的扰动和非线性，改善主控制器的被控对象特征。如罐 V101 的液位是由液位调节器和流量调节器串级控制的。

控制系统安装后，必须经过参数整定，所谓整定，就是对于一个已经设计并安装就绪的控制系统，通过控制器参数的调整，使得系统的控制过渡过程达到最为满意的质量指标要求。

3. 开车操作

(1) 冷态开车准备 确认装置为开工状态，所有可操作阀门均处于关闭状态。

(2) 缓冲罐 V101 充压及液位建立 打开 V101 进料调节阀的前后手阀，开度一般为全开；打开进料调节阀，阀门开度从小到大，至 50%左右，给缓冲罐 V101 充液；待 V101 液位超过 5%后，打开缓冲罐 V101 压力调节阀，阀门开度先调至 20%充压；当压力接近控制指标时，阀门开度调节也接近 50%，切记不能急开急关。

(3) 中间罐 V102 液位建立 当缓冲罐 V101 液位和压力接近指标时，打开缓冲罐下部泵前手阀，灌泵；启动泵；当泵出口压力合格后，打开泵的后手阀。打开罐 V102 出口流量调节器的前后手阀和主阀；调节 V102 液位和泵出口压力；控制 V102 液位至 50%左右。

(4) 产品罐 V103 建立液位 V102 液位达 50%左右时，打开产品罐 V103 进口流量调节器的前后手阀和主阀；当 V103 液位达 50%时，打开液位调节阀，调节平稳。

(5) 正常操作 当液位、流量、压力等操作指标在手动操作下趋于平稳时，可以分别投入自动或串级控制，并设定相应指标数值。

4. 停车操作

(1) 关进料线 将 V101 进口调节阀改为手动操作且关闭，再关闭现场手阀；关闭 V102 的外进料；将比值调节阀改为手动操作且关闭。

(2) 将调节器改手动控制 将所有控制调节器改手动调节，解除串级；维持 V101 下部泵出口压力，使 V101 液位缓慢降低；维持 V102 液位缓慢降低；维持 V103 液位缓慢降低。

(3) 罐的泄压及排放 罐 V101 液位下降至 10%时，先关出口阀，停泵，再关入口阀；打开排凝阀，关闭手阀；罐 V101 液位降到 0 时，将罐压力调节阀置手动，打开放空；当罐 V102 液位为 0 时，关其出口调节阀及现场前后手阀；当罐 V103 液位为 0 时，关其液位调节阀。

紧急停车与正常停车操作步骤相同。

5. 事故处理操作

(1) 罐 V101 底部泵故障 现象是画面泵 P101A 显示为开，但泵出口压力急剧下降。处理方法是先关小出口调节阀开度，启动备用泵 B，调节出口压力，压力达到要求时，关泵 A，完成切换。

(2) 罐 V101 出口调节阀故障 现象是罐 V101 液位急剧上升，FIC102 流量减小。处理方法是打开副线旁路阀，待流量正常后，关调节阀前后手阀。

思考题

1. 如何理解“过程动态平衡”？液位发生变化的原因有哪些？

2. 在比值控制回路中，哪一个是主动量？为什么？并指出这种比值调节属于开环还是闭环控制回路？

3. 操作中有串级、比值、分程三种复杂调节系统，它们与简单控制系统的差别是什么？有何特点？

课后任务

1. 绘制典型的带控制点的流程图。

2. 分析操作要点。

二、离心泵单元

1. 工艺说明

离心泵是化工生产过程中输送液体的常用设备之一，其工作原理是靠离心泵内外压差不断地吸入液体，靠叶轮的高速旋转使液体获得动能，靠扩压管或导叶将动能转化为压力，从而达到输送液体的目的。其工艺是将来自某一设备的带压液体经调节阀进入带压罐 V101，罐液位由液位控制器通过调节进料量来控制；罐内压力由分程调节器分别调节进入和放出氮气量，从而保持罐压恒定。罐内液体由泵 A 抽出，泵出口流量在流量调节器的控制下输送到其他设备。

2. 开车操作

(1) 开车操作准备 先盘车，核对离心泵吸入条件，调整填料或机械密封装置。

(2) 罐V101充液、充压 打开罐V101进口充料调节阀，开度约为30%，向V101罐充液。控制液位在50%左右。待V101罐液位大于5%后，缓慢打开分程压力调节阀向V101罐充压，控制压力不超过指标值。

(3) 启动泵前准备工作 向V101罐充压，达到指标值后，打开泵A入口阀，向离心泵充液。观察出口标志变为绿色后，说明灌泵完毕。打开泵A后排气阀排放泵内不凝性气体，当有液体溢出时，显示标志变为绿色，关闭PA泵后排气阀，启动离心泵的准备工作已就绪。

(4) 离心泵的启动和流体输送 启动泵A。待泵出口压力指示比入口压力大1.5～2.0倍后，打开泵A出口阀；将流体输出调节阀的前阀、后阀打开；逐渐开大输出调节阀的开度，使泵前后压力趋于正常值。在测量值与给定值相对误差5%范围内且较稳定时，将流体输出调节阀投自动，设定到正常值；将罐V101液位和压力投自动，设定指标值。

3. 停车操作

(1) V101罐停进料 先置手动，并手动关闭进口调节阀，停V101罐进料。

(2) 停泵 罐V101液位小于10%时，关闭泵的出口阀；停泵；关闭泵的前阀；将流体输送调节阀置手动并关闭调节阀及其前、后阀。

(3) 泵A泄液 打开泵泄液阀，观察泵泄液阀的出口，当不再有液体泄出时，显示标志变为红色，关闭泵泄液阀。

(4) V101罐泄压、泄液 罐V101液位小于10%时，打开V101罐泄液阀；等到罐V101液位小于5%时，打开泄压阀；观察V101罐泄液阀的出口，当不再有液体泄出时，显示标志变为红色，等到罐V101液体排净后，关闭泄液阀。

4. 事故处理操作

(1) 泵A损坏 事故现象是泵A出口压力急剧下降，输出流量急剧减小。处理方法为马上切换到备用泵B，尽量减少流量波动，并通知维修工。

(2) 流量输出调节阀故障 事故现象是输出液体流量不可调节。处理方法为打开旁通阀，调节流量使其达到正常值；手动关闭输出调节阀及其前后手阀；通知维修部门。

(3) 泵入口管线堵塞 事故现象是泵A入口、出口压力急剧下降，输出流量急剧减小到零。处理方法为按泵的切换步骤切换到备用泵B，并通知维修部门进行维修。

(4) 泵A汽蚀 事故现象是泵A入口、出口压力上下波动，且出口流量波动（大部分时间达不到正常值）。处理方法为按泵的切换步骤切换到备用泵B。

(5) 泵A气缚 事故现象是泵A入口、出口压力急剧下降，且流量急剧减少。处理方法为按泵的切换步骤切换到备用泵B。

思考题

1. 泵P101A和泵P101B在进行切换时，应如何调节其出口阀，为什么要这样做？

2. 离心泵出口压力过高或过低应如何调节？入口压力过高或过低呢？

3. 若两台性能相同的离心泵串联操作，其输送流量和扬程与单台离心泵相比有什么变化？若两台性能相同的离心泵并联操作，其输送流量和扬程与单台离心泵相比有什么变化？

课后任务

1. 绘制典型的带控制点的流程图。

2. 分析操作要点。

3. 编制基础操作规程。

任务五　设计输送系统

一、管径核算

管径大小可用$d=\sqrt{\frac{4V_s}{u\pi}}$进行计算，而流量由生产任务决定，所以要选择合适的流速。若流速选得太大，动力消耗大；流速选得太小，基建投资大，所以长距离大流量管路输送系统要权衡操作费和基建费来确定适宜流速。车间短距离输送可选用经验数据，见表 1-5。

表 1-5　流体在管道中的常用流速范围

流体的种类及状况	流速范围/(m/s)	流体的种类及状况	流速范围/(m/s)
水及一般液体	1～3	饱和水蒸气	
黏度较大的液体	0.5～1	890.4kPa 以下	40～60
低压气体	8～15	303.9kPa 以下	20～40
易燃易爆的低压气体(如乙炔等)	<8	过热水蒸气	30～50
压力较高的气体	15～25	真空操作下气体	<10

【例 1-17】 某厂精馏塔进料量为 50000kg/h，料液性质与水相近，密度为 960kg/m³，试选择进料管的管径。

解

$$V_s=\frac{m_s}{\rho}=\frac{50000}{3600\times960}=0.0145\ (\mathrm{m^3/s})$$

因料液性质与水相近，参考表 1-5，选取 $u=1.8\mathrm{m/s}$，故：

$$d=\sqrt{\frac{4V_s}{u\pi}}=\sqrt{\frac{4\times0.0145}{\pi\times1.8}}=0.101\ (\mathrm{m})$$

根据附录管子规格，选用 $\phi108\mathrm{mm}\times4\mathrm{mm}$ 的无缝钢管，其内径为：

$$d=108-4\times2=100\ (\mathrm{mm})=0.1\ (\mathrm{m})$$

重新核算流速，即：

$$u=\frac{V_s}{A}=\frac{0.0145}{\pi\times0.1^2/4}=1.85\ (\mathrm{m/s})$$

二、管路布置和阻力核算

布置化工管路既要考虑工艺要求，又要考虑经济要求，还要考虑操作方便与安全，在可能的情况下还要尽可能美观。因此，布置化工管路必须遵守以下原则。在工艺条件允许的前提下，应使管路尽可能短，管件、阀件应尽可能少，以减少投资，使流体阻力降到最低。

应合理安排管路，使管路与墙壁、柱子、场面、其他管路等之间有适当的距离，以便于安装、操作、巡查检修。如管路最突出的部分距墙壁或柱边的净空不小于 100mm，距管架支柱也不应小于 100mm，两管路最突出部分间距净空，中压保持 40～60mm，高压保持 70～90mm，并排管路上安装手轮操作阀门时，手轮间距约 100mm。

管路排列时，通常使热的在上，冷的在下；无腐蚀的在上，有腐蚀的在下；输气的在上，输液的在下；不经常检修的在上，经常检修的在下；高压的在上，低压的在下；保温的在上，不保温的在下；金属的在上，非金属的在下。在水平方向上，通常使常温管路、大管路、振动大的管路及不经常检修的管路靠近墙或柱子。管子、管件与阀门应尽量采用标准件，以便于安装与维修。对于温度变化较大的管路要采取热补偿措施，有凝液的管路要安排凝液排出装置，有气体积聚的管路要设置气体排放装置。

管路通过人行道时高度不得低于2m，通过公路时不得小于4.5m，通过工厂主要交通干线一般为5m，与铁轨的净距离不得小于6m。一般化工管路采用明线安装，但上下水管及废水管采用埋地铺设，埋地安装深度应在当地冰冻线以下。在布置化工管路时，应参阅有关资料，依据上述原则制订方案，确保管路的布置科学、经济、合理、安全。

化工管路一般很长，在自身重量、管内介质重量、管外保温层重量共同作用下，会发生弯曲，为了不使其弯曲应力超过管路材料的许用应力，通常将管路按一定长度（跨度）分成若干段（表1-6），并分别安装在管架上。

表 1-6　管路的一般跨度

公称直径/mm	无保温层时的跨度/m	有保温层时的跨度/m
25～50	4～5	2～3.5
70	5～5.5	2.5～4
100	6～7	3～3.5
125	6～7.5	3.5～6
150	7～8	4.5～7
200	7～9	7～8
250	7～10	7～9
300	7～11	7～10
350	7～11.5	7～10.5
400	7～11.5	7～10.5

管架用于支撑和固定管路，管架材料有钢结构和钢筋混凝土结构两类，可分为支承式（支架）和悬吊式（吊架）两大类。管子有时需要弯曲加工，分为热弯和冷弯两种方法，但常用阀门和管件进行连接。

管路设计除了考虑施工、安装、布置等的现场特定需要外，最重要的是进行阻力核算，计算在现有流动阻力下，能否完成规定流量的输送任务，或者按照规定的流量和基建投资要求，选择阻力较小的管子规格和方便的现场管路布置。

【例 1-18】 20℃液体苯由高位槽流入低位贮槽中，两槽均为敞口，两槽液面恒定且相差5m。输送管为ϕ38mm×3mm的钢管（ε=0.05mm），总长为100m（包括所有局部阻力的当量长度），求苯的流量。

解　在两槽间列伯努利方程，并简化：

$$\Delta Zg=\sum W_f$$

即：

$$\Delta Zg=\lambda\frac{l+\sum l_e}{d}\times\frac{u^2}{2}$$

代入数据：

$$5\times9.81=\lambda\times\frac{100}{0.032}\times\frac{u^2}{2}$$

化简得：

$$\lambda u^2=0.03139 \tag{1}$$

$$\frac{\varepsilon}{d}=\frac{0.05}{32}=0.00156$$

查完全湍流区，λ=0.022。设λ=0.021，由（1）得u=1.22（m/s）

由附录查得20℃苯物性：ρ=876kg/m^3，μ=0.737mPa·s。

$$Re=\frac{d\rho u}{\mu}=\frac{0.032\times879\times1.22}{0.737\times10^{-3}}=4.66\times10^4$$

查图，$\lambda=0.026$。再设$\lambda=0.026$，由（1）得 $u=1.10$（m/s）

$$Re=\frac{0.032\times879\times1.10}{0.737\times10^{-3}}=4.20\times10^{4}$$

查得$\lambda=0.026$，假设正确。

$$u=1.10\ (\text{m/s})$$

流量：$V_s=\frac{\pi}{4}d^2u=0.785\times0.032^2\times1.10=8.84\times10^{-4}\ (\text{m}^3/\text{s})=3.183\ (\text{m}^3/\text{h})$

三、离心泵选型

【例 1-19】 用内径为 100mm 的钢管将河水送至一蓄水池中，要求输送量为 $70\text{m}^3/\text{h}$。水由池底部进入，池中水面高出河面 26m。管路的总长度为 60m，其中吸入管路为 24m（均包括所有局部阻力的当量长度），设摩擦系数λ为 0.028。今库房有以下三台离心泵，性能如下表，试从中选用一台合适的泵，并计算安装高度。设水温为 20℃，大气压力为 101.3kPa。

序号	型号	$Q/(\text{m}^3/\text{h})$	H/m	n/(r/min)	η/%	$\Delta h_{允}$
1	IS100-80-125	60	24	2900	67	4.0
		100	20		78	4.5
2	IS100-80-160	60	36	2900	70	3.5
		100	32		78	4.0
3	IS100-80-200	60	54	2900	65	3.0
		100	50		76	3.6

解 在河水与蓄水池面间列伯努利方程，并简化：

$$H_e=\Delta Z+\sum h_f=\Delta Z+\lambda\frac{l+\sum l_e}{d}\times\frac{u^2}{2g}$$

其中：
$$u=\frac{Q}{0.785d^2}=\frac{70/3600}{0.785\times0.1^2}=2.48\ (\text{m/s})$$

$$H_e=26+0.028\times\frac{60}{0.1}\times\frac{2.48^2}{2\times9.81}=31.3\ (\text{m})$$

由 $Q=70\text{m}^3/\text{h}$，$H_e=31.3\text{m}$，选泵 IS100-80-160。

汽蚀余量以 $Q=100\text{m}^3/\text{h}$ 下，$\Delta h_{允}=4.0$ 计。由附录查得 20℃水，$\rho=998.2\text{kg/m}^3$，$p_v=2.338\text{kPa}$。

$$H_{g允}=\frac{p_0-p_v}{\rho g}-\Delta h_{允}-\sum h_{f,吸入}$$

$$\sum h_{f,吸入}=\lambda\frac{(1+\sum l_e)_{吸入}}{d}\times\frac{u^2}{2g}=0.028\times\frac{24}{0.1}\times\frac{2.48^2}{2\times9.81}=2.1\ (\text{m})$$

$$H_{g允}=\frac{(101.3-2.338)\times10^3}{998.2\times9.81}-4.0-2.1=4\ (\text{m})$$

减去安全余量 0.5m，实为 3.5m。即泵可安装在河水面上不超过 3.5m 的地方。

总结例题，可知离心泵选用的基本步骤如下。

（1）确定输送系统的流量和压头 一般液体的输送量由生产任务决定。如果流量在一定范围内变化，应根据最大流量选泵，并根据情况计算最大流量下的管路所需的压头。

（2）选择离心泵的类型与型号 根据被输送液体的性质及操作条件，确定泵的类型；再按已确定的流量和压头从泵样本中选出合适的型号。若没有完全合适的型号，则应选择压头和流量都稍大的型号；若同时有几个型号的泵均能满足要求，则应选择其中效率最高的泵。

(3) 核算泵的轴功率 若输送液体的密度大于水的密度，则要核算泵的轴功率，以选择合适的电机。

(4) 确定泵的安装高度 根据所选泵的汽蚀余量，计算允许安装高度，减去安全高度，确定所选离心泵的安装高度。

思考题

1. 管径和阻力核算的目的是什么？
2. 为什么要对离心泵选型？

课后任务

总结管径核算、阻力核算、离心泵选型的方法。

练 习 题

1. 根据图 1-32 所示的双液体 U 形管压差计的读数，计算设备中气体的压力，并注明是表压还是绝压。已知压差计中的两种指示液为油和水，其密度分别为 $920kg/m^3$ 和 $998kg/m^3$，压差计的读数 $R=300mm$。两扩大室的内径 D 为 60mm，U 形管的内径 d 为 6mm。

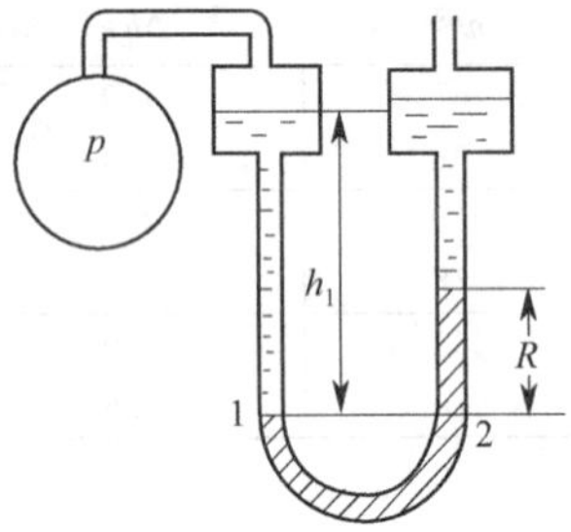

图 1-32 练习题 1 附图

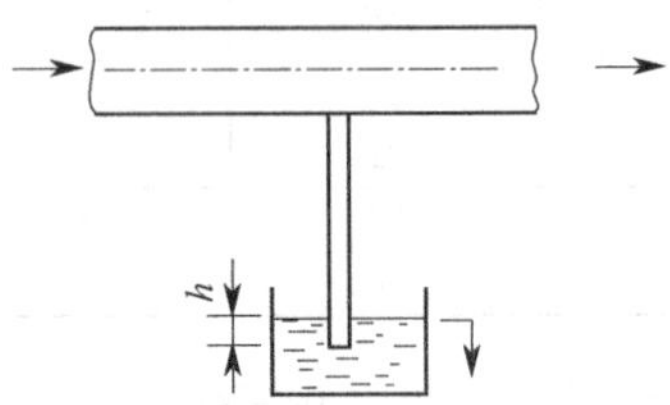

图 1-33 练习题 2 附图

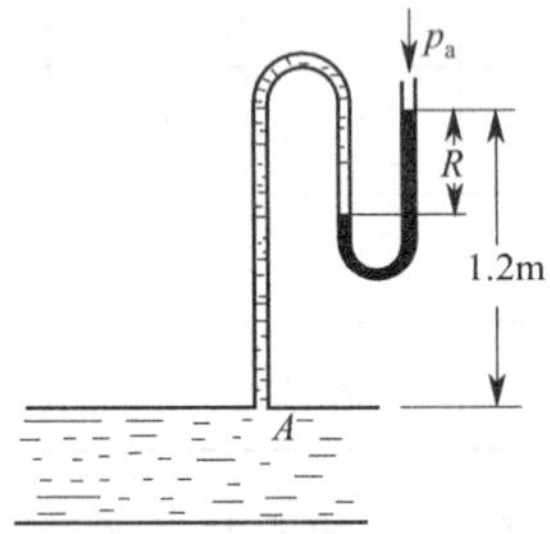

图 1-34 练习题 7 附图

2. 为了排出煤气管中的少量积水，用图 1-33 所示的水封装置，水由煤气管道中的垂直支管排出。已知煤气压力为 10kPa（表压），试求水封管插入液面下的深度 h。

3. 硫酸流经由大小管组成的串联管路，其尺寸分别为 $\phi76mm\times4mm$ 和 $\phi57mm\times3.5mm$。已知硫酸的密度为 $1831kg/m^3$，体积流量为 $9m^3/h$，试分别计算硫酸在大管和小管中的：(1) 质量流量；(2) 平均流速；(3) 质量流速。

4. 在兰州操作的苯乙烯真空精馏塔顶的真空表读数为 80×10^3Pa，在天津操作时，若要求塔内维持相同的绝对压力，真空表的读数应为多少？兰州地区的平均大气压力为 85.3×10^3Pa，天津地区的平均大气压力为 101.33×10^3Pa。

5. 某设备的进、出口压力分别为 $1200mmH_2O$（真空度）和 1.6at（表压）。若当地大气压为 760mmHg，求此设备进、出口的压力差。(用 SI 制表示)

6. 敞口容器内装有 3.5m 深的油，该油的密度为 $920kg/m^3$，求容器底部的压力。

7. 用图 1-34 所示的 U 形管压差计测量管道 A 点的压力，U 形管压差计与管道的连接导管中充满水。压差计内指示液为汞，读数 $R=120mm$，当地大气压为 101.3kPa。试求 A 点的绝对压力。

8. 如图 1-35 所示，用一倒 U 形管压差计测定输水管 AB 两点间的压差，指示剂为空气，读数为 300mm，计算 A、B 两点的压差为多少？

9. 如图 1-36 所示，用 U 形管压差计测量密封容器中液体上方的压力。已知液体的密度为 $1000kg/m^3$，压差计内指示液为汞，$h=3m$，$h_1=1.3m$，$h_2=1m$，当地大气压为 101.3kPa。求液面上方的表压和绝压各为多少？

10. 如图 1-37 所示的混合式蒸汽冷凝器中，器内真空度为 82kPa，求大气腿内的水柱高度 H 为多少米？

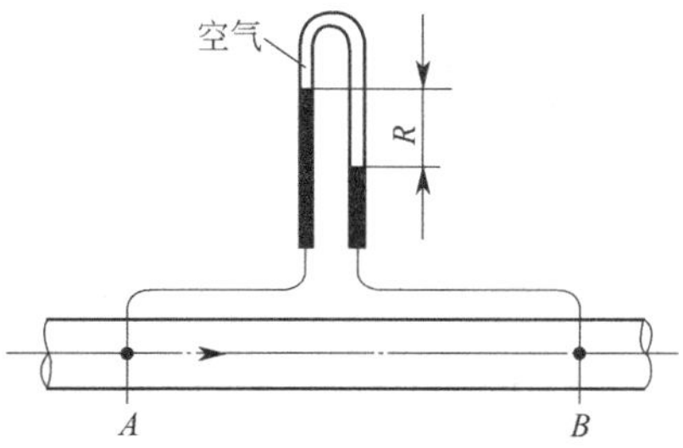

图 1-35　练习题 8 附图

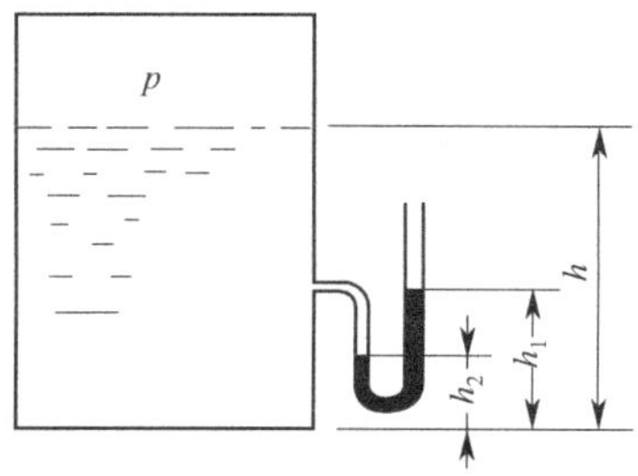

图 1-36　练习题 9 附图

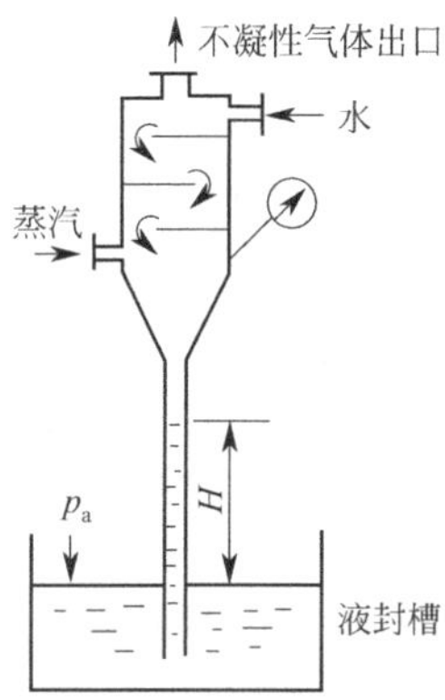

图 1-37　练习题 10 附图

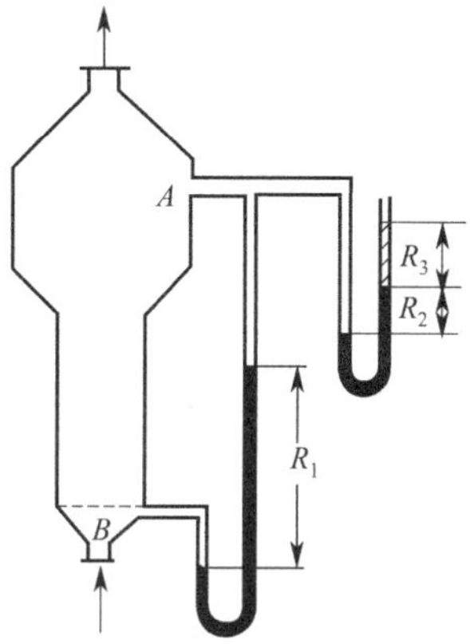

图 1-38　练习题 11 附图

11. 某流化床反应器上装有两个 U 形管压差计，如图 1-38 所示。测得 $R_1=400$mm，$R_2=50$mm，指示液为水银。为防止水银蒸气向空间扩散，在右侧的 U 形管与大气连通的玻璃管内灌入一段水，其高度 $R_3=50$mm。求 A、B 两处的表压力。

12. 密度为 1820kg/m^3 的硫酸，定态流过内径为 50mm 和 68mm 组成的串联管路，体积流量为 150L/min。试求硫酸在大管和小管中的质量流量（kg/s）和流速（m/s）。

13. 如图 1-39 所示，甲烷以 1700m^3/h 的流量流过管路，管路是内径从 200mm 逐渐缩小到 100mm，在粗细两管上连有一 U 形管压差计，指示液为水。甲烷通过管路时，U 形管压差计的读数为多少毫米？（设甲烷与水的密度分别为 1.43kg/m^3 和 1000kg/m^3，甲烷的流动阻力损失可忽略不计）

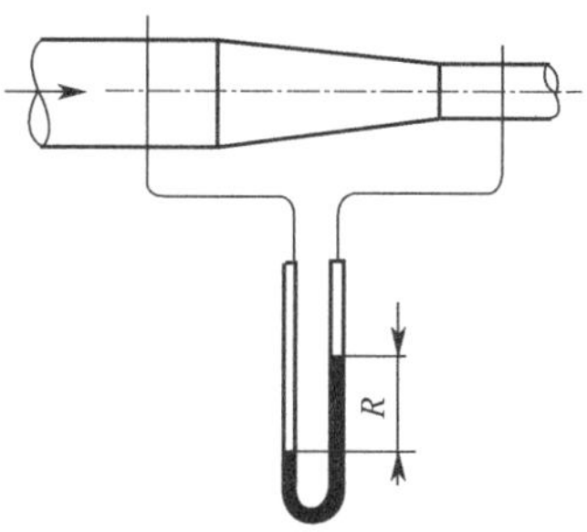

图 1-39　练习题 13 附图

14. 如图 1-40 所示，将 25℃水由水池打入高位槽，槽的水平面高于池面 50m，管路阻力损失为 2.14m，流量为 34m^3/h，需外加多少有效功率才能达到目的？

15. 将 293K、98%硫酸用泵从常压贮槽送入表压为 200kPa 的设备中，所用管子内径为 50mm，硫酸流入设备处与贮槽液面垂直距离为 15m，损失压头为 22.6m，硫酸流量为 3kg/s。求泵的有效功率。

16. 用泵将贮槽中密度为 1200kg/m^3 的溶液送到蒸发器内。贮槽内液面维持恒定，其上方与大气相通。蒸发器内的操作压力为 200mmHg（真空度），蒸发器进料口高于贮槽内的液面 15m，输送管道的直径为 ϕ68mm×4mm，送料量为 20m^3/h，溶液流经全部管道的能量损失为 120J/kg，求泵的有效功率。

17. 20℃的水以流速 1m/s 流经内径为 20mm 的圆管，试判断水的流形。

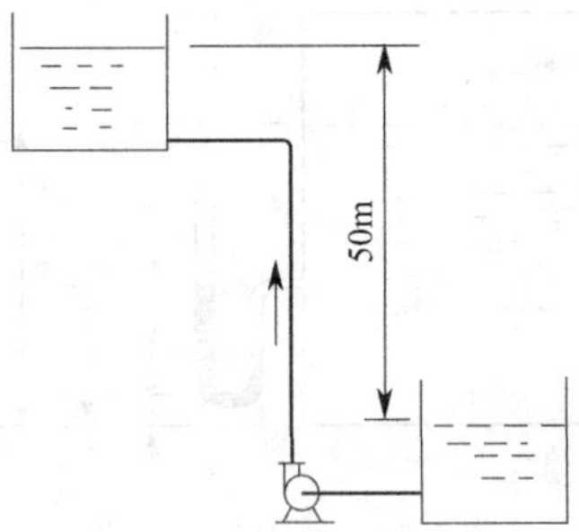

图 1-40 练习题 14 附图

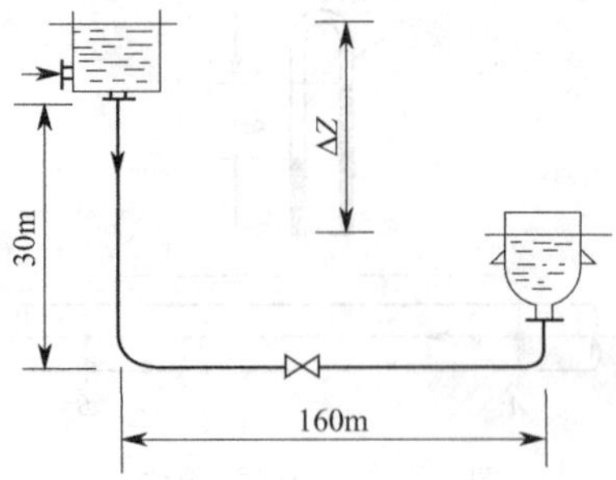

图 1-41 练习题 21 附图

18. 某溶液的密度为 $980kg/m^3$，性质与水相似，当料液的流量为 50t/h 时，试选择流速分别为 1.5m/s 与 2.5m/s 所需的管子规格。

19. 某油品以层流状态在直管内流动，流量不变时，下列情况阻力损失为原来的多少？(1) 管长增加一倍；(2) 管径增大一倍；(3) 提高油温使黏度为原来的 1/2（密度变化不大）。

20. 用 ϕ108mm×4mm 的钢管从水塔将水引至车间，管路长度 150m（包括管件的当量长度）。若此管路的全部能量损失为 118J/kg，此管路输水量为多少（m^3/h）？（管路摩擦系数可取为 0.02，水的密度取为 $1000kg/m^3$）

21. 如图 1-41 所示，密度为 $800kg/m^3$、黏度为 1.5mPa·s 的液体，由敞口高位槽经 ϕ114mm×4mm 的钢管流入一密闭容器中，其压力为 0.16MPa（表压），两槽的液位恒定。液体在管内的流速为 1.5m/s，管路中闸阀为半开，管壁的相对粗糙度 $\varepsilon/d=0.002$，试计算两槽液面的垂直距离 ΔZ。

22. 用离心泵向设备送水。已知泵特性方程为 $H=40-0.01Q^2$，管路特性方程为 $H_e=25+0.03Q^2$，两式中 Q 的单位均为 m^3/h，H 的单位为 m。试求：(1) 泵的输送量；(2) 若有两台相同的泵串联操作，则泵的输送量又为多少？

23. 常压贮槽内装有某石油产品，在贮存条件下其密度为 $760kg/m^3$。现将该油品送入反应釜中，输送管路为 ϕ57mm×2mm，由液面到设备入口的升扬高度为 5m，流量为 $15m^3/h$。釜内压力为 148kPa（表压），管路的压头损失为 5m（不包括出口阻力）。试选择一台合适的油泵。

项目二
换热系统的操作与控制

能力目标： 能够熟练操作各种换热设备，运用化工总控工的相关技能，包括拆装换热器、绘制换热设备简图、测定传热系数、操作换热系统、核算换热面积及选型，能够完成实际生产过程中的换热任务，且从事相关技术工作。

知识目标： 掌握工业换热器的设计计算理论和选型方法，包括基本概念如导热、对流、辐射、温度差、热负荷、传热速率、传热系数、稳定传热、换热器类型和结构等，基本理论如傅立叶定律、牛顿冷却定律、总传热速率方程、热阻和压降计算等换热器设计依据。

情境设计： 某公司蒸汽一水换热系统的认识、测量、操控、选型与设计。按照车间组织构成，分为若干班组（项目组），选出组长，由组长协调组员进行项目化的工作和学习，完成任务，技能比赛，汇报演讲，模拟企业绩效考核方式进行过程考核。

任务一　认识换热器

换热器是工业生产过程中用来交换热量的设备，热量由高温处传向低温处，温度差是传热的根本原因，根据机理的不同，传热可分为三种基本方式：热传导、热对流和热辐射。传热可依靠其中的一种或几种方式进行。

热传导又称导热，是由于物质的分子、原子或电子的运动，使热量从物体高温处向低温处传递的过程。任何物体，不论其内部有无质点的相对运动，只要存在温度差，就必然发生热传导。在气体中，热传导是由不规则的分子热运动引起的；在大部分液体和不良导体的固体中，热传导是由分子或晶格的振动传递动量来实现的；在金属固体中，热传导主要依靠自由电子的迁移来实现。因此，良好的导电体也是良好的导热体。热传导不能在真空中进行。

热对流是指流体中质点发生宏观位移而引起的热量传递。热对流仅发生在流体中。由于引起流体质点宏观位移的原因不同，对流又分强制对流和自然对流。由于外力（泵、风机、搅拌器、磁、电等干扰作用）而引起的质点相对位移或运动，称为强制对流；由于流体内部各部分温度的不同而产生密度差，使流体质点发生相对运动，称为自然对流。在流体发生强制对流时，往往伴随着自然对流，但强制对流的强度比自然对流的强度大得多。

在化工传热过程中，往往并非以单纯的对流方式传热，而是流体流过固体壁面时发生的对流和传导联合作用的传热，即热量由流体传到固体壁面（或反之）的过程，通常将其称之为对流传热或给热。

因热的原因物体发出辐射能的过程，称为热辐射。它是一种通过电磁波传递能量的方式。具体地说，物体将热能转变成辐射能，以电磁波的形式在空中进行传送，当遇到另一个能吸收辐射能的物体时，即被其部分或全部吸收并转变为热能。辐射传热就是不同物体间相互辐射和吸收能量的总结果。可见，辐射传热不仅是能量的传递，同时还伴有能量形式的转换。热辐射不需要任何媒介，换言之，可以在真空中传播。这是热辐射不同于其他传热方式的另一特点。应予指出，只有物体温度较高时，辐射传热才能成为主要的传热方式。

实际上，传热过程往往不是以某种传热方式单独出现，而是两种或三种传热方式的组合。例如生产中普遍使用的间壁式换热器中的传热，主要是以热对流和热传导相结合的方式进行的。

一、辨识换热设备

化工生产中的热量交换通常发生在两流体之间，参与换热的流体称为载热体，在换热过程中，温度较高放出热量的流体称为热载热体，简称热流体；温度较低吸收热量的流体称为冷载热体，简称冷流体。同时，根据换热目的的不同，载热体又有其他的名称。若换热的目的是为了将冷流体加热，此时热流体称为加热剂，常见的加热剂为水蒸气（一般称为加热蒸汽）；若换热的目的是为了将热流体冷却（或冷凝），此时冷流体称为冷却剂（或冷凝剂），常见的冷却剂（或冷凝剂）为冷却水、冷冻盐水和空气。

根据换热器的作用原理的不同，通常可分为如下几种形式：间壁式、直接接触式、蓄热式、中间载热体式。

间壁式换热器，又称表面式换热器或间接式换热器。在此类换热器中，需要进行热量交换的两流体被固体壁面分开，互不接触，热量由热流体通过壁面传给冷流体。该类换热器的特点是两流体间只进行换热而不进行物质交换。生产中通常要求两流体进行换热时不能有丝毫混合，因此，间壁式换热器应用广泛，形式多样，各种管式和板式结构的换热器均属此类。

直接接触式换热器，又称混合式换热器。在此类换热器中，两流体直接接触，相互混合进行换热。该类型换热器结构简单，传热效率高，适用于两流体允许混合的场合。常见的这类换热器有凉水塔、洗涤塔、喷射冷凝器等。

蓄热式换热器，又称回流式换热器或蓄热器。这种换热器是借助于热容量较大的固体蓄热体，将热量由热流体传给冷流体。热、冷流体交替进入换热器，热流体将热量贮存在蓄热体中，然后由冷流体取走，从而达到换热的目的。此类换热器结构简单，可耐高温，常用于高温气体热量的回收或冷却。其缺点是设备体积庞大，且不能完全避免两流体的混合。

中间载热体式换热器，又称热媒式换热器。循环的载热体（热媒）将两个间壁式换热器连接起来，载热体在高温流体换热器中吸收热量后，带至低温流体换热器传给冷流体。此类换热器多用于核工业、冷冻技术及余热利用中，热管式换热器即属此类。

1. 换热器类型

（1）套管式换热器　套管式换热器是由两种大小不同的标准管连接或焊接而成的同心圆套筒，根据换热要求，可将几段套筒连接起来组成换热器，如图 2-1 所示。

（2）夹套式换热器　夹套式换热器主要用于反应器的加热或冷却。夹套安装在容器外部，通常用钢或铸铁制成，可以焊在器壁上或者用螺钉固定在反应器的法兰盘或者器盖上。在用蒸汽进行加热时，蒸汽由上部连接管进入夹壁，冷凝水由下部连接管流出。在进行冷却时，则冷却水由下部进入，而由上部流出，如图 2-2 所示。

（3）板式换热器　板式换热器主要由一组长方形的薄金属板平行排列、夹紧组装于支架上而构成。两相邻板片的边缘衬有垫片，压紧后可达到密封的目的，且可用垫片的厚度调节两板间流体通道的大小。每块板的四个角上，各开一个圆孔，其中有两个圆孔和板面上的流道相通，另外两个圆孔则不相通，它们的位置在相邻板上是错开的，以分别形成两流体的通道。冷、热流体交替地在板片两侧流过，通过金属板片进行换热。

（4）翅片式换热器　翅片式换热器的构造特点是在管子表面上有径向或轴向翅片。管外装置翅片，既可扩大传热面积，又可增加流体的湍动，从而提高换热器的传热效果。

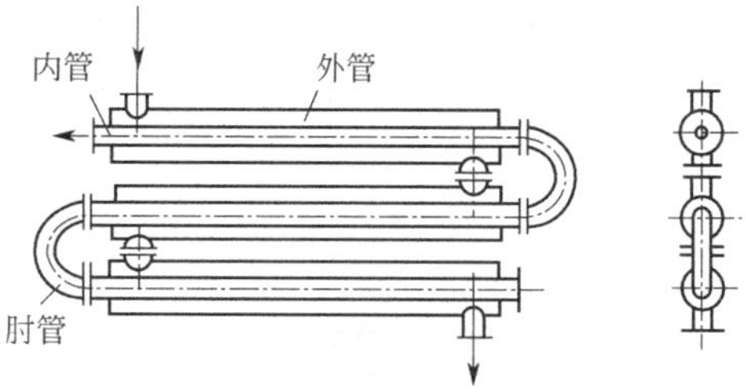

图 2-1　套管式换热器

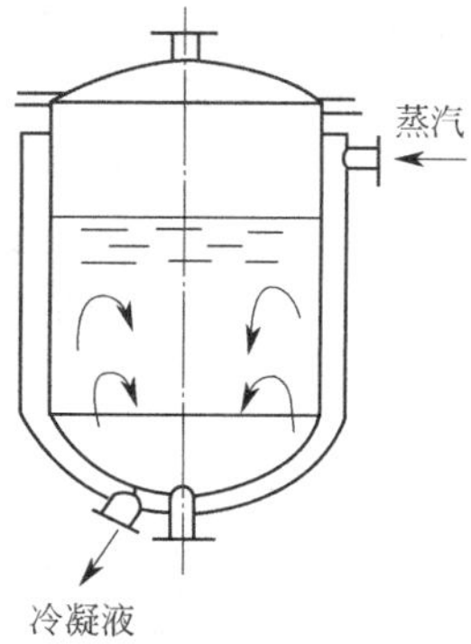

图 2-2　夹套式换热器

(5) 板翅式换热器　板翅式换热器的结构形式很多，但其基本结构元件相同，即在两块平行的薄金属板（平隔板）间，夹入波纹状的金属翅片，两边以侧条密封，组成一个单元体。将各单元体进行不同的叠积和适当地排列，再用钎焊给予固定，即可得到常用的逆、并流和错流的板翅式换热器。板翅式换热器的主要优点有：总传热系数高，传热效果好；结构紧凑，轻巧牢固；适应性强，操作范围广。缺点有：设备流道小，易堵塞，压力降大；清洗和检修很困难。隔板和翅片由薄铝片制成，故要求介质对金属铝不产生腐蚀。

(6) 列管式换热器　列管式换热器是目前化工生产中应用最广泛的传热设备，与前述的各种换热器相比，主要优点是单位体积所具有的传热面积较大以及传热效果较好。此外，由于其结构简单、制造的材料范围广、操作弹性也较大等，因此在高温、高压和大型装置上多采用列管式换热器。根据所采取的温差补偿措施，列管式换热器可分为固定管板式、浮头式、U 形管式。

固定管板式即两端管板和壳体连接成一体，如图 2-3 所示，它具有结构简单和造价低廉的优点。但是由于壳程不易检修和清洗，因此壳程流体应是较洁净且不易结垢的物料。当两流体的温度差较大时，应考虑热补偿。具有补偿圈（或称膨胀节）的固定板式换热器，即在外壳的适当部位焊上一个补偿圈，当外壳和管束膨胀不同时，补偿圈发生弹性变形（拉伸或压缩），以适应外壳和管束的不同的热膨胀程度。这种热偿方法简单，但不宜用于两流体的温度差太大（大于 70℃）和壳程流体压力过高（高于 600kPa）的场合。壳体与传热管壁温度之差大于 50℃，加补偿圈，也称膨胀节，当壳体和管束之间有温差时，依靠补偿圈的弹性变形来适应它们之间的不同的热膨胀。其特点是结构简单，成本低，壳程检修和清洗困难，壳程必须是清洁、不易产生垢层和腐蚀的介质。

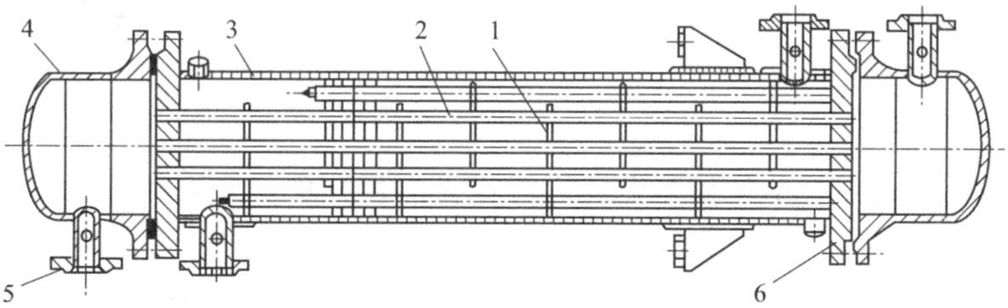

图 2-3　固定管板式换热器

1—折流挡板；2—管束；3—壳体；4—封头；5—接管；6—管板

浮头式换热器的结构如图 2-4 所示。其两端管板中一端不与外壳固定连接，该端称为浮头。当管子受热（或受冷）时，管束连同浮头可以自由伸缩，而与外壳的膨胀无关。浮头式换热器不但可以补偿热膨胀，而且由于固定端的管板是以法兰与壳体相连接的，因此管束可从壳体中抽出，便于清洗和检修。故浮头式换热器应用较为普遍。但该种换热器结构较复杂，金属耗量较多，造价也较高。两端的管板，一端不与壳体相连，可自由沿管长方向浮动。当壳体与管束因温度不同而引起热膨胀时，管束连同浮头可在壳体内沿轴向自由伸缩，可完全消除热应力。其特点是结构较为复杂，成本高，消除了温差应力，是应用较多的一种结构形式。

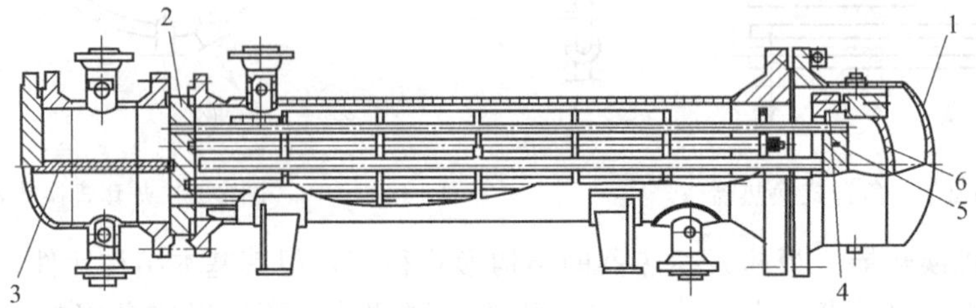

图 2-4　浮头式换热器

1—壳盖；2—固定管板；3—隔板；4—浮头法兰；5—浮动管板；6—浮头盖

管壳式换热器的折流挡板有圆缺形和圆盘形两种，前者更为常用；壳体内装有管束，管束两端固定在管板上。由于冷热流体温度不同，壳体和管束受热不同，其膨胀程度也不同，如两者温差较大，管子会扭弯，从管板上脱落，甚至毁坏换热器。所以，列管式换热器必须从结构上考虑热膨胀的影响，采取各种补偿的办法，消除或减小热应力。

U 形管式换热器的结构如图 2-5 所示，其内管子弯成 U 形，管子的两端固定在同一管板上，因此每根管子可以自由伸缩，而与其他管子及壳体无关。这种形式换热器的结构也较简单，重量轻，适用于高温和高压的场合。其主要缺点是管内清洗比较困难，因此管内流体必须洁净；且因管子需一定的弯曲半径，故管板的利用率较差。每根管子可自由伸缩，来解决热补偿问题。特点是结构较简单，管程不易清洗，常为洁净流体，适用于高压气体的换热。

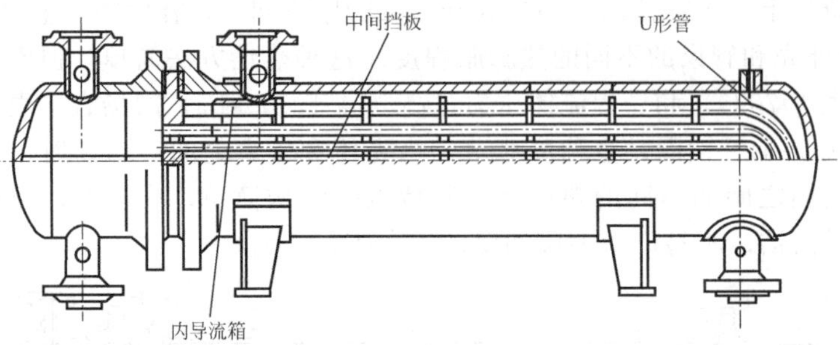

图 2-5　U 形管式换热器

列管式换热器的优点是单位体积设备所能提供的传热面积大，传热效果好，结构坚固，可选用的结构材料范围宽广，操作弹性大，大型装置中普遍采用。为提高壳程流体流速，往往在壳体内安装一定数目与管束相互垂直的折流挡板。折流挡板不仅可防止流体短路、增加流体流速，还迫使流体按规定路径多次错流通过管束，使湍动程度大为增加。

2. 换热器的总传热速率方程

以列管式换热器为例，它又称为管壳式换热器，主要由壳体、管束、管板、折流挡板和封头等组成。一种流体在管内流动，其行程称为管程；另一种流体在管外流动，其行程称为壳程。管束的壁面即为传热面。

换热器的总传热速率方程：

$$Q = KA\Delta t_m \tag{2-1}$$

式中，Q 为换热器的热负荷，W；K 为换热器的总传热系数，W/(m^2 · K)；Δt_m 为换热器中热、冷流体的对数平均温度差，K 或℃；A 为换热器的传热面积，即冷、热流体换热时接触到的金属壁面面积。

板式换热器的换热壁面内外表面积相同，而列管或套管换热器中内、外表面不同，记为 A_i、A_o；还有平均表面 $A_m = \frac{A_o - A_i}{\ln(A_o/A_i)}$，工程中往往使用 A_o，因为此值便于测量准确。

热负荷是生产上要求换热器单位时间传递的热量，是换热器的生产任务。传热速率是换热器单位时间能够传递的热量，是换热器的生产能力，主要由换热器自身的性能决定。换热器的传热速率大于或等于热负荷。

二、拆装管壳式换热器

1. 拆解要点

① 用起吊工具将前封头吊住，将前封头与壳体螺栓松开，可用松动剂配合，注意对称松开，并留封头上部的一对螺栓不拆下，等最后起吊时拆下；拆螺栓只要松动一点，就松动下一个螺栓，当全部松动后在逐个松开旋下来。若有松不动的螺栓，可将相邻的螺栓顶紧后再松。同时可适当加大扭矩。螺杆与螺母成对旋固成螺栓，单独放在垫子上。

② 移动起重工具到后封头，将后封头吊住，同样松开螺栓，最后拧下上部的两个螺栓，并将后封头吊起，轻轻放在指定位置。螺栓全部取下来后，可将分合环等其他内件依次取出做好标记，方便按顺序、按位置回装。

③ 拆浮头时吊住浮头，拆下浮头与浮头钩圈螺柱，轻轻放倒在地上，然后将浮头放倒在地面，用楔木垫实。

④ 移动吊车至前封头的位置，用钢丝绳吊住管板吊耳，通过起吊时向前产生的分力，使管束往外拉，重新捆管束的位置，通过起吊的办法产生向前分力，继续使管束往外移动，一直到管束中心到筒体边缘时，捆住管束中心，将吊车移到外侧，吊起产生分力将管束拉出来，然后放在地面。抽管束时注意管束移动时重心的变化，及时调节起吊位置，要确保管束移动时有一个适当的向上拉力，当管束抽出后，拆解完毕。

⑤ 按要求进行测绘，注意数据的完整，应仔细检查。

2. 回装要点

① 回装顺序和拆解顺序相反。先将所用垫片加粘一层石墨纸来增加填料的不足。石墨纸 1mm 厚，用硅胶做黏合剂检查所有密封面是否可靠，对有损伤的要修复。

② 将壳程垫片装到预定位置上处理好管程密封面，由抽芯机和吊车配合进行回装管束。要平稳，吊正。将封头和壳体用吊车对正，挂好螺栓，对角紧固。

③ 用 2.0～2.5MPa 氮气做气密性试验，用皂液检漏。若有泄漏，再次紧固。紧固前将壳程压力放掉。再次紧固后，还有泄漏须返工，换垫，检查密封面，若管头漏可补焊，若管漏可堵管。

应该注意，全部螺栓要进行检修，用丝锥和板牙过一遍。用汽柴油对内件进行清洗除去铁锈、灰垢及铁屑，在回装同时可配合用些机油润滑。垫片可用黄油粘到预定的位置。紧固螺栓时要对称，不要强行旋入，可手动旋到位，再开始预紧。

三、绘制列管换热器剖视简图

化工设备的某些细部结构，其尺寸与总体结构尺寸相比相差悬殊，如设备壁厚、接管、焊缝，这些部位按图样比例绘制，很难表达出其详细结构，因此，化工设备图中对细部结构可采用夸大画法或局部放大图。图 2-6 为列管式换热器的结构简图。对于某些形体较高或较长的设备，如塔器、换热器等，为了采用较大比例清楚地表达设备结构，又合理地利用图纸，可用断开画法，即用双点划线将设备中重复出现的结构或相同结构断开，除去相同部分，使长度减小，简化绘图，设备上某些结构已有零部件图，或另外用剖视、断面、局部放大图等方法已表示清楚时，装配图上允许用单线（粗实线）表示。当设备中有密集的管子，且按一定的规律排列或成管束时，在装配图中可只画出其中一根或几根管子，其余管子均用中心线表示。图 2-7 为列管式换热器管板布置图。

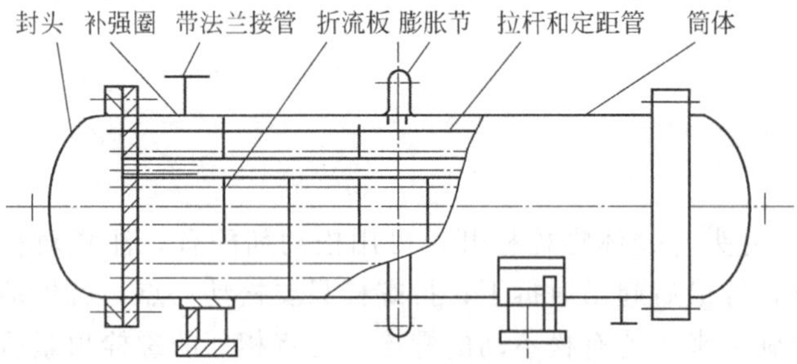

图 2-6 列管式换热器结构简图

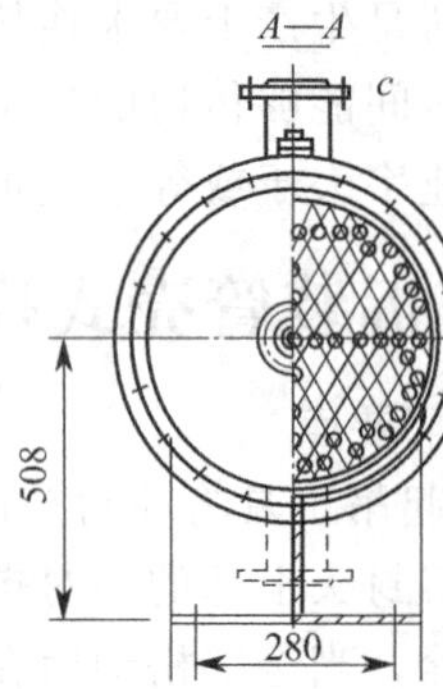

图 2-7 列管式换热器管板布置图

思考题

1. 影响间壁式换热器传热量的因素有哪些？
2. 传热有哪几种基本方式，各自的特点是什么？
3. 工业生产中常见的换热器有哪些类型？

课后任务

1. 简述列管式换热器的拆卸方案。
2. 撰写列管式换热器的拆卸心得。
3. 测绘管板布置图及壳体简图。
4. 查询其他换热器如热管换热器的结构和换热原理。

任务二 测量换热过程中的参数

一、测量温度

1. 测量工具

温度的测量要使用各类温度计，温度计是测温仪器的总称。根据所用测温物质的不同和测温范围的不同，有煤油温度计、酒精温度计、水银温度计、气体温度计、电阻温度计、温差电偶温度计、辐射温度计、光测温度计、双金属温度计等，也包括玻璃温度计、热电阻温度计、热电偶温度计、双金属温度计、电接点温度计等。

根据使用目的的不同，已设计制造出多种温度计。其设计的依据有：利用固体、液体、气体受温度的影响而热胀冷缩的现象；在定容条件下，气体（或蒸汽）的压力因不同温度而变化；热电效应的作用；电阻随温度的变化而变化；热辐射的影响等。

一般说来，一切物质的任一物理属性，只要它随温度的改变而发生单调的、显著的变化，都可用来标志温度而制成温度计。

(1) 电阻温度计 电阻温度计分为金属电阻温度计和半导体电阻温度计，都是根据电阻值随温度的变化这一特性制成的。金属温度计主要有用铂、金、铜、镍等纯金属的及铑铁、磷青铜合金的；半导体温度计主要用碳、锗等。电阻温度计使用方便可靠，已广泛应用。它的测量范围为－260～600℃。

(2) 热电偶温度计 热电偶温度计是由两条不同金属连接着一个灵敏的电压计所组成。金属接点在不同的温度下，会在金属的两端产生不同的电位差。电位差非常微小，故需灵敏的电压计才能测得。由电压计的读数，便可知道温度值。

(3) 玻璃管温度计 玻璃管温度计是利用热胀冷缩的原理来实现温度的测量的。由于测温介质的膨胀系数与沸点及凝固点的不同，所以常见的玻璃管温度计主要有煤油温度计、水银温度计、酒精温度计。其优点是结构简单，使用方便，测量精度相对较高，价格低廉。缺点是测量上下限和精度受玻璃质量与测温介质的性质限制，且不能远传，易碎。

(4) 温差电偶温度计 温差电偶温度计是一种工业上广泛应用的测温仪器，利用温差电现象制成。两种不同的金属丝焊接在一起形成工作端，另两端与测量仪表连接，形成电路。把工作端放在被测温度处，工作端与自由端温度不同时，就会出现电动势，因而有电流通过回路。利用已知处的温度，就可以测定另一处的温度。这种温度计多用铜-康铜、铁-康铜、铂-铑等组成。它适用于温差较大的两种物质之间，多用于高温和低温测量。有的温差电偶能测量高达3000℃的高温，有的能测接近热力学零度的低温。

(5) 指针式温度计 指针式温度计是形如仪表盘的温度计，也称寒暑表，用来测室温，是用金属的热胀冷缩原理制成的。它是以双金属片作为感温元件，用来控制指针。双金属片通常是用铜片和铁片铆在一起，且铜片在左，铁片在右。由于铜的热胀冷缩效果要比铁明显得多，因此当温度升高时，铜片牵拉铁片向右弯曲，指针在双金属片的带动下就向右偏转(指向高温)；反之，温度变低，指针在双金属片的带动下就向左偏转（指向低温）。

其他温度计如压力式温度计，是利用封闭容器内的液体、气体或饱和蒸气受热后产生体积膨胀或压力变化作为被测信号。还有气体温度计多用氢气或氦气作测温物质，因为氢气和氦气的液化温度很低，接近于热力学零度，故它的测温范围很广，这种温度计精确度很高，多用于精密测量。高温温度计专门用来测量500℃以上的温度，有光测温度计、比色温度计和辐射温度计，测量范围为500～3000℃，不适用于测量低温。转动式温度计由一个卷曲的双金属片制成，双金属片一端固定，另一端连接着指针，两金属片因膨胀程度不同，在不同温度下，造成双金属片卷曲程度不同，指针则随之指在刻度盘上的不同位置，从刻度盘上的读数，便可知其温度。半导体温度计中半导体的电阻变化和金属不同，温度升高时，其电阻反而减少，并且变化幅度较大，常被称为感温器。

在使用温度计测量液体的温度时，要先观察量程、分度值和零点，所测液体温度不能超过量程；注意温度计的玻璃泡全部浸入被测的液体中，不要碰到容器底或容器壁，玻璃泡浸入被测液体后要稍等一会，待温度计的示数稳定后再读数；在读数时温度计的玻璃泡要继续留在液体中，视线要与温度计中液柱的上表面相平。

2. 温度表示

温度用 t 或 T 表示，单位有℉、℃、K 等。最早的温度计是在1593年由意大利科学家伽利略发明的，他的第一只温度计是一根一端敞口的玻璃管，另一端带有玻璃泡。后来法国人布利奥把玻璃泡的体积缩小，并把测温物质改为水银。随后荷兰人华伦海特利用酒精、水银作为测量物质，制造了更精确的温度计；把一定浓度的盐水凝固时的温度定为 0 ℉，纯水凝固时的温度定为 32 ℉，标准大气压下水沸腾的温度定为 212 ℉，用℉作单位，即华氏温度计。

在华氏温度计出现的同时，法国人列缪尔也设计制造了一种温度计。他反复实践发现，含有 1/5 水的酒精，在水的结冰温度和沸腾温度之间，其体积的膨胀是从 1000 个体积单位增大到 1080 个体积单位，故他把冰点和沸点之间分成 80 份的温度分度，即列氏温度计。

华氏温度计制成后又经过 30 多年，瑞典人摄尔修斯于 1742 年改进了华伦海特温度计的刻度，他把水的沸点定为 100 度，把水的冰点定为 0 度。后来他的同事施勒默尔把两个温度点的数值又倒过来，就成了现在的百分温度，即摄氏温度，用℃表示。华氏温度与摄氏温度的关系为 $t/℉=9/5t/℃+32$，或 $t/℃=5/9(t/℉-32)$。

现在英、美国家多用华氏温度，德国多用列氏温度，而世界科技界和工农业生产中，我国、法国等大多数国家则多用摄氏温度。

热力学温度又称开尔文温度，或称绝对温度，符号为 K。绝对零度时的温度定义为 0K。冰水混合物的温度为摄氏 0 度，定义为 273.15K。

物质的分子无时无刻不在剧烈地运动，运动的结果导致温度的变化，因此称为热运动。若把温度不断地降低，会使得分子的热运动愈来愈慢。那么，到什么温度物质分子才会完全静止不动呢？理论上认为是绝对零度（约 −273.15℃），也是使理想气体体积变为零的最低温度，即热力学温度（绝对温度）的零度。

3. 温度差的计算

温度差是传热的根本原因，是传热的推动力。差值越大，传热速率越大；差值越小，传热速率越小。故计算换热器中两种流体的温度差很有必要。

当两流体在换热过程中均只发生相变时，热流体温度 T 和冷流体温度 t 均保持不变，称为恒温传热。此时，各传热截面的传热温度差完全相同，与流体的流动方向无关，换热器的传热推动力可取任一传热截面上的温度差，即 $\Delta t_m=T-t$。

间壁一侧或两侧的流体温度随换热器管长而变化，称为变温传热，如图 2-8 所示。变温传热时平均温度差的大小与两流体的流动方向有关。

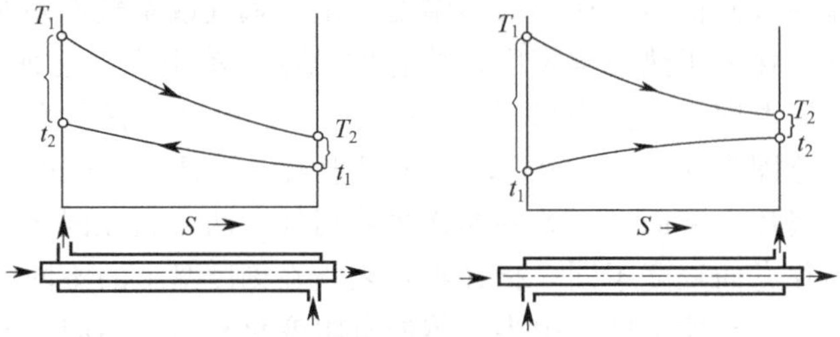

图 2-8 变温传热时的温度变化

(1) 并、逆流时的传热平均温度差

$$\Delta t_m=\frac{\Delta t_1-\Delta t_2}{\ln\dfrac{\Delta t_1}{\Delta t_2}} \tag{2-2}$$

式中 Δt_m——对数平均温度差，K；

Δt_1，Δt_2——分别为换热器两端热、冷流体温度差，K。

式(2-2) 是计算并流和逆流时传热平均温度差的通式。在进行计算时，要特别注意正确计算 Δt_1 和 Δt_2，此处很容易出错，最好先根据流向画出两流体温度变化示意图。为方便计算，一般取换热器两端 Δt 中数值较大者为 Δt_1。当 $\Delta t_1/\Delta t_2 \leqslant 2$ 时，可近似用算术平均值 $(\Delta t_1+\Delta t_2)/2$ 代替对数平均值，其误差不超过4%。

【例 2-1】 在套管换热器内，热流体温度由90℃冷却到70℃，冷流体温度由20℃上升到60℃。试计算两流体做逆流和并流时的平均温度差。

解

逆流时：热流体温度 T　　90℃ → 70℃

　　　　冷流体温度 t　　60℃ ← 20℃

　　　　两端温度差 Δt　　30℃　　50℃

由于50/30<2，可近似取算术平均值，即：

$$\Delta t_m=\frac{50+30}{2}=40(℃)$$

并流时：热流体温度 T　　90℃→70℃

　　　　冷流体温度 t　　20℃→60℃

　　　　两端温度差 Δt　　70℃　10℃

所以

$$\Delta t_m=\frac{\Delta t_1-\Delta t_2}{\ln\frac{\Delta t_1}{\Delta t_2}}=\frac{70-10}{\ln\frac{70}{10}}=30.8(℃)$$

(2) 错、折流时的传热平均温度差　为了强化传热，两流体并非简单的并流和逆流，而是比较复杂的错流或折流，如图2-9所示。

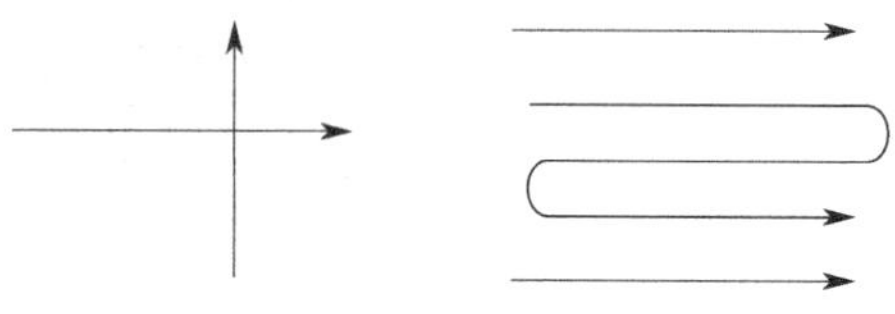

图 2-9　错流和折流示意图

对于错流和折流时传热平均温度差的求取，由于其复杂性，不能像并、逆流那样可以直接推导出其计算式。通常的求取方法是，先按逆流计算对数平均温度差 $\Delta t'_m$，再乘以校正系数 $\varphi_{\Delta t}$，即：

$$\Delta t_m=\varphi_{\Delta t}\Delta t'_m \tag{2-3}$$

式中，$\varphi_{\Delta t}$ 为温度差校正系数，其大小与流体的温度变化有关，可表示为两参数 R 和 P 的函数，即 $\varphi_{\Delta t}=f(R、P)$。

$$P=\frac{t_2-t_1}{T_1-t_1}=\frac{冷流体的温升}{两流体的最初温度差}\qquad R=\frac{T_1-T_2}{t_2-t_1}=\frac{热流体的温降}{冷流体的温升}$$

$\varphi_{\Delta t}$ 可根据 R 和 P 两参数，由图2-10查取，图2-10中(a)、(b)、(c)、(d)分别为1、2、3、4壳程，每个壳程内的管程可以是2、4、6、8程，对于其他流向的 $\varphi_{\Delta t}$ 值可从有关传热手册及书籍中查得。

【例 2-2】 在一单壳程、二管程的列管换热器中，用水冷却热油。水走管程，进口温度为20℃，出口温度为35℃，热油走壳程，进口温度为100℃，出口温度为50℃。试求传热平均温度差。

解　先按逆流计算，即：

$$\Delta t'_m=\frac{\Delta t_1-\Delta t_2}{\ln\frac{\Delta t_1}{\Delta t_2}}=\frac{(100-35)-(50-20)}{\ln\frac{100-35}{50-20}}=45.3(℃)$$

然后查取校正系数，按式(2-3) 计算：

$$R=\frac{T_1-T_2}{t_2-t_1}=\frac{100-50}{35-20}=3.33 \qquad P=\frac{t_2-t_1}{T_1-t_1}=\frac{35-20}{100-20}=0.188$$

由图 2-10 查得：$\varphi_{\Delta t}=0.94$　　　$\Delta t_m=\varphi_{\Delta t}\Delta t'_m=0.94\times 45.3=42.6(℃)$

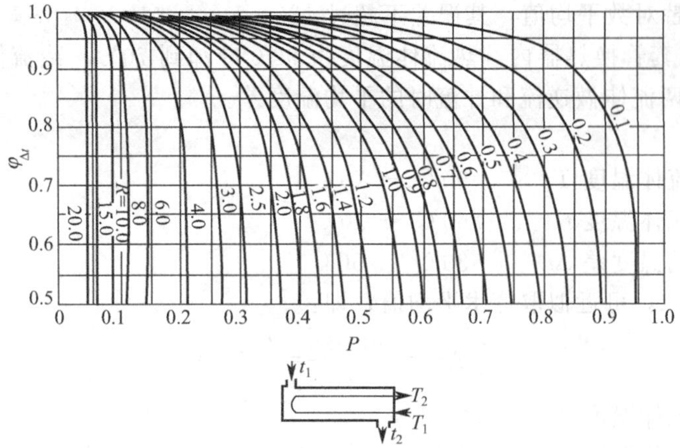

(a) 单壳程

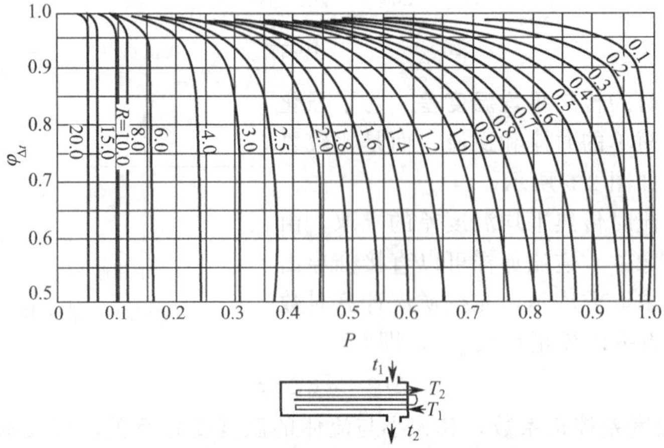

(b) 双壳程

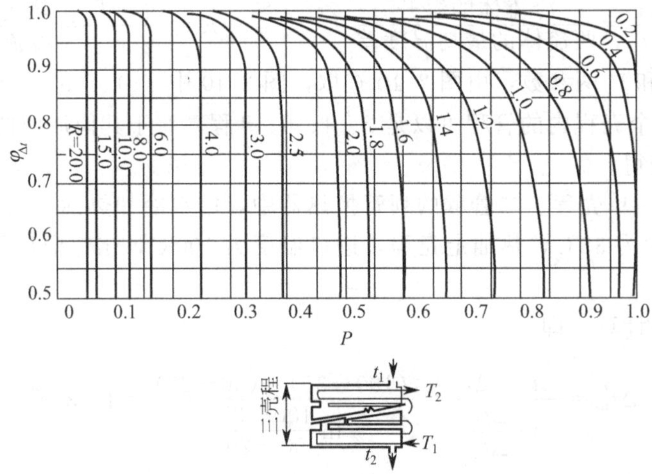

(c) 三壳程

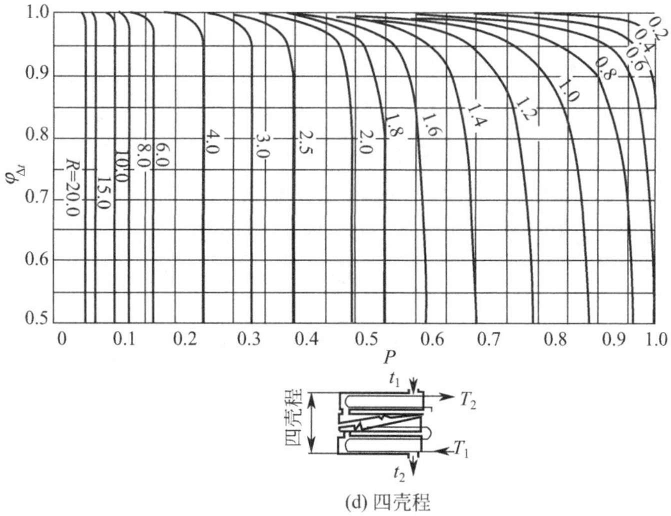

(d) 四壳程

图 2-10　温度差校正系数图

(3) 不同流向传热温度差的比较

① 一侧恒温、一侧变温。此种情况下，平均温度差的大小与流向无关，即 $\Delta t_{m逆}=\Delta t_{m错,折}=\Delta t_{m并}$。

② 两侧均变温。此种情况下，平均温度差逆流时最大，并流时最小，即 $\Delta t_{m逆}>\Delta t_{m错,折}>\Delta t_{m并}$。

生产中为提高传热推动力，尽量采用逆流。例如：在换热器的热负荷和传热系数一定时，若载热体的流量一定，可减小所需传热面积，从而节省设备投资费用；若传热面积一定，则可减小加热剂（或冷却剂）用量，从而降低操作费用。但出于某些其他方面的考虑时，则采用其他流向。例如：当工艺要求被加热流体的终温不高于某一定值，或被冷却流体的终温不低于某一定值时，采用并流比较容易控制；采用并流时，进口端温差较大，对黏性冷流体较为适宜，因为此时冷流体进入换热器后温度可迅速提高，黏度降低，有利于提高传热效果；采用错流或折流可以有效地降低传热热阻，降低热阻往往比提高传热推动力更为有利，所以工程上多采用错流或折流。

【例 2-3】 在套管换热器内，热流体温度由 90℃冷却到 70℃，冷流体温度由 20℃上升到 60℃。若在操作条件下，换热器的热负荷为 585kW，传热系数 K 为 300W/(m^2·K)，求两流体做逆流和并流时的所需的换热器的传热面积。

解　由［例 2-1］可知，逆流时 $\Delta t_m=40℃$，并流时 $\Delta t_m=30.8℃$。故

逆流时 $$A=\frac{Q}{K\Delta t_m}=\frac{585\times10^3}{300\times40}=48.75(\text{m}^2)$$

并流时 $$A=\frac{Q}{K\Delta t_m}=\frac{585\times10^3}{300\times30.8}=63.31(\text{m}^2)$$

思考题

1. 化工生产中测量温度最常用的工具是什么？有何优点？

2. 1℃温度差和 1K 的温度差是否相等？为什么？

课后任务

论述温度和热量的关系。

二、测定热量

物质的燃烧热是一定量的物质完全燃烧，氧化成最终产物所释放的能量。单位质量物质的燃烧热即为该物质的热值，根据热力学原理，热效应是状态函数，只与热化学反应或过程的开始和终末状态有关。运用这一原理可以测定物质燃烧放出的能量。使用量热计（如 JR-2800 型绝热式量热计），以压缩氧气与金属丝充分燃烧，测定放出的热量，具体步骤可参照量热计使用说明，也可用热量测定仪（如 ZDHW-6 智能热量测定仪）来测定。

除了测定，工程中常常用计算来得到系统吸收或放出的热量。

1. 显热法

比热容就是在一定条件下每升高（或降低）单位温度时 1kg 的物质吸收（或放出）的热量。使用量热器、电子测温仪、物理天平的混合法和电加热法测定，或使用比热容测定仪和差示扫描量热仪直接测定物质的比热容。

$$Q=Wc_p(T_1-T_2) \tag{2-4}$$

若流体在换热过程中没有相变，且流体的比热容可视为常数或可取为流体进、出口平均温度下的比热容时，其传热量可按下式计算：

$$Q_h=W_h c_{ph}(T_1-T_2) \tag{2-5}$$

$$Q_c=W_c c_{pc}(t_2-t_1) \tag{2-5a}$$

式中 W_h，W_c——热、冷流体的质量流量，kg/h；

c_{ph}，c_{pc}——热、冷流体的定压比热容，kJ/(kg·K)；

T_1，T_2——热流体的进、出口温度，K；

t_1，t_2——冷流体的进、出口温度，K。

注意 c_p 的求取：一般由流体进出换热器的平均温度 $(T_1+T_2)/2$ 或 $(t_1+t_2)/2$ 查得。附录中列有查取比热容的图（表），供读者使用。

必须认识到，在 SI 单位制中，温度的单位应该是 K，但是对于温度差，1K＝1℃，所以在计算中涉及温度差时，其单位用 K 或℃是等效的。

2. 潜热法

相变过程中单位质量的物质吸收或放出的热量叫物质的相变潜热。汽化热、溶解热、升华热等都是相变潜热。在同样的压力下，同种物质由液态变为气态的汽化热的值等于由汽态变回液态的凝结热的值。可用相变潜热测定仪，或用差示扫描量热法来测定。

$$Q=Wr \tag{2-6}$$

若流体在换热过程中仅仅发生相变（饱和蒸气变为饱和液体或反之），而没有温度变化，其传热量可按下式计算：

$$Q_h=W_h r_h \tag{2-7}$$

$$Q_c=W_c r_c \tag{2-7a}$$

式中 r_h，r_c——热、冷流体的汽化潜热，kJ/kg。

若流体在换热过程中既有相变又有温度变化，则可把上述两种方法联合起来求取其传热量。例如：饱和蒸汽冷凝后，冷凝液出口温度低于饱和温度（或称冷凝温度）时，其传热量可按下式计算。

$$Q_h=W_h[r_h+c_{ph}(T_s-T_2)] \tag{2-8}$$

式中 T_s——冷凝液的饱和温度，K。

3. 焓差法

根据热力学第一定律定义，状态函数焓是一个计算热量最简便的方法，$H=U+pV$，与经历的过程无关，只考虑始末状态。

$$Q=W(H_2-H_1) \tag{2-9}$$

若能够得知流体进、出状态时的焓，则不需考虑流体在换热过程中有否发生相变，其传热量均可按下式计算：

$$Q_h=W_h(H_{h1}-H_{h2}) \tag{2-10}$$

$$Q_c=W_c(H_{c2}-H_{c1}) \tag{2-10a}$$

式中 H_{h1}，H_{h2}——热流体进、出状态时的焓，kJ/kg；

H_{c1}，H_{c2}——冷流体进、出状态时的焓，kJ/kg。

需要注意的是，当流体为几个组分的混合物时，很难直接查到其比热容、汽化潜热和焓。此时，工程上常常采用加和法近似计算，即：

$$I_m=\sum(I_i x_i) \tag{2-11}$$

式中 I_m——混合物中的 c_{pm} 或 r_m 或 H_m；

I_i——混合物中 i 组分的 c_p 或 r 或 H；

x_i——混合物中 i 组分的分数，c_p 或 r 或 H（如果是以 kg 计，用质量分数；如果是以 kmol 计，则用摩尔分数）。

【例 2-4】 在一套管换热器内用 0.16MPa 的饱和蒸汽加热空气，饱和蒸汽的消耗量为 10kg/h，冷凝后进一步冷却到 100℃，空气流量为 420kg/h，进、出口温度分别为 30℃和 80℃。空气走管程，蒸汽走壳程。试求：(1) 热损；(2) 换热器的热负荷。

解 (1) 求热损，先求两流体的传热量。

① 蒸汽的传热量。

从附录查得 $p=0.16$MPa 的饱和蒸汽的有关参数：$T_s=113$℃，$r_h=2224.2$kJ/kg，$H_{h1}=2698.1$kJ/kg。已知：$T_2=100$℃，则其平均温度 $T_m=(113+100)/2=106.5$(℃)

从附录查得此温度下水的比热容 $c_{ph}=4.223$kJ/(kg·K)

由式(2-8) 有：$Q_h=W_h[r_h+c_{ph}(T_s-T_2)]$

$$Q_h=(10/3600)\times[2224.2+4.223\times(113-100)]=6.33(\text{kW})$$

也可以从附录中查得 100℃时水的焓 $H_{h2}=419.1$kJ/kg

由式(2-10) 有：$Q_h=W_h(H_{h1}-H_{h2})=(10/3600)\times(2698.1-419.1)=6.33(\text{kW})$

需要注意的是：有时由于物性数据存在偏差，不同的计算方法的计算结果略有不同。

② 空气的传热量。

空气的进出口平均温度为 $t_m=(30+80)/2=55$(℃)

从附录中查得此温度下空气的比热容 $c_{pc}=1.005$kJ/(kg·K)。

由式(2-5a) 有：$Q_c=W_c c_{pc}(t_2-t_1)=(420/3600)\times1.005\times(80-30)=5.86(\text{kW})$

热损失 $Q_L=Q_h-Q_c=6.33-5.86=0.47(\text{kW})$

(2) 因为空气走管程，所以换热器的热负荷应为空气的传热量，即：

$$Q=Q_c=5.86(\text{kW})$$

【例 2-5】 某列管换热器传热面积 A 为 50m^2，采用并流操作，用冷却水将热油从 110℃冷却至 80℃，热油放出的热量为 400kW，冷却水的进、出口温度分别为 30℃和 50℃，忽略热损。求：(1) 并流时冷却水用量和传热平均温度差；(2) 如果采用逆流，仍然维持油的流量和进、出口温度不变，冷却水进口温度不变，试求冷却水的用量和出口温度。(假设两种情况下换热器的传热系数 K 不变)

解 (1) 并流时

从附录中查得 (30+50)/2=40(℃) 下，水的比热容为 4.174kJ/(kg·K)，则冷却水用量为：

$$W_c=\frac{Q}{c_{pc}(t_2-t_1)}=\frac{400\times3600}{4.174\times(50-30)}=1.725\times10^4(kg/h)$$

传热平均温度差为：

$$\Delta t_m=\frac{\Delta t_1-\Delta t_2}{\ln\frac{\Delta t_1}{\Delta t_2}}=\frac{(110-30)-(80-50)}{\ln\frac{110-30}{80-50}}=51(℃)$$

(2) 采用逆流

根据题意，采用逆流后，换热器的传热面积 A、传热系数 K 及热负荷 Q 均不变，则传热平均温度差不变，故有：$\Delta t_m=51℃$

假设此时 $\Delta t_1/\Delta t_2\leqslant2$，则可用算术平均值，即：

$$\Delta t_m=\frac{(110-t_2)+(80-30)}{2}=51(℃)$$

解得：

$$t_2=58℃$$

则 $\Delta t_1=110-58=52(℃)$，$\Delta t_2=80-30=50(℃)$，$\Delta t_1/\Delta t_2=52/50<2$，假设正确。因此，冷却水的出口温度为 $t_2=58℃$。

从附录查得 (30+58)/2=44℃下，水的比热容为 4.174kJ/(kg·K)，则逆流时冷却水用量为：

$$W_c=\frac{Q}{c_{pc}(t_2-t_1)}=\frac{400\times3600}{4.174\times(58-30)}=1.232\times10^4(kg/h)$$

思考题

查询姆潘巴的问题：开水比凉水先结冰的奥秘。

课后任务

对比三种求取热量的方法，写出其优缺点。

三、测定热导率

热量传输有多种方式，热传导是热量传输的重要方式之一。热导率是反映材料导热性能的重要参数之一，它不仅是评价材料热学特性的依据，也是材料在设计应用时的一个依据。热导率大、导热性能好的材料可作换热器材质，热导率小、导热性能差的材料可作保温材料。一般来说，金属的热导率比非金属的要大，固体的热导率比液体的要大，气体的热导率最小。由于热导率与物质成分、微观结构、温度、压力及杂质含量密切相关，所以在科学实验和工程设计中材料的热导率常常需要由实验来具体测定。

测量热导率的实验方法一般分为稳态法与动态法两类。在稳态法中，先利用热源对样品加热，样品内部的温差使热量从高温处向低温处传导，样品内部各点的温度将随加热快慢和传热快慢的影响而变动。当适当控制实验条件和实验参数，使加热和传热过程达到平衡状态时，待测样品内部就能形成稳定的温度分布，与参照黄铜盘一起进行稳定热传导，用热电偶测出其温度，可求出物质热导率。

通常使用热导率测定仪（如 FD-TC-Ⅱ型或 YBF-2 型热导率测试仪），具体步骤可参照测定仪说明书。也可用两种材料在同一条件下测定，其中一种材料的热导率是已知的，通过比较，可测取热导率，这种方法简便，尤其对一些复杂混合物热导率的测定，结果较好，在生产中得以广泛应用。

在上面的测定中，物系内部的温度在空间和时间上的分布称为温度场。若温度场内传热过程中各点的温度不随时间而变，此过程称为稳定传热（稳态传热或稳态温度场）；若过程中各点的温度随时间变化，称为不稳定传热（非稳态温度场）。在稳定传热时，通过温度场中各处的传热速率必定相等。传热速率是在温度场中单位时间传递的热量，W。

1. 平壁的稳定热传导

（1）单层平壁稳定热传导（图 2-11）

$$q=\frac{Q}{A}=\frac{t_1-t_2}{\frac{b}{\lambda}}=\frac{\Delta t}{R'} \tag{2-12}$$

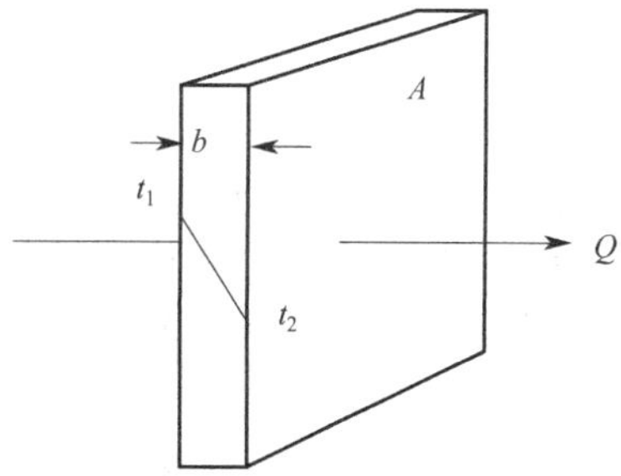

图 2-11　单层平壁的导热

式中　q——热通量，W/m^2；

Q——导热速率，W；

A——平壁导热面积，m^2；

b——平壁厚度，m；

$\Delta t=t_1-t_2$——平壁两侧的温度差，导热推动力，K；

$R'=\frac{b}{\lambda}$——单位传热面积的导热热阻，$m^2\cdot K/W$。

对于导热，壁面越厚，导热面积和热导率越小，其热阻越大。

【例 2-6】 普通砖厚度为 500mm，一侧温度为 300℃，另一侧为 30℃，已知平壁的平均热导率为 0.9W/(m·K)，试求：（1）通过平壁的导热通量；（2）平壁内距离高温侧 300mm 处的温度。

解　（1）由式(2-12）有：

$$q=\frac{Q}{A}=\frac{t_1-t_2}{\frac{b}{\lambda}}=\frac{300-30}{\frac{0.5}{0.9}}=486(W/m^2)$$

（2）由式(2-12）可得：

$$t=t_1-q\frac{b}{\lambda}=300-486\times\frac{0.3}{0.9}=138(℃)$$

（2）多层平壁稳定热传导　工程上常常遇到多层不同材料组成的平壁，例如工业用的窑炉，其炉壁通常由耐火砖、保温砖以及普通建筑砖由里向外构成，其导热称为多层平壁导热。以图 2-12 所示的三层平壁为例，说明多层平壁导热的计算。由于是平壁，各层壁面面积相同为 A，各层壁面厚度分别为 b_1、b_2 和 b_3，热导率分别为 λ_1、λ_2 和 λ_3，假设层与层之间接触良好，即互相接触的两表面温度相同。各表面温度分别为 t_1、t_2、t_3 和 t_4，且 $t_1>t_2>t_3>t_4$，在稳态导热时，通过各层平壁的导热速率必定相等，即：$Q_1=Q_2=Q_3=Q$。

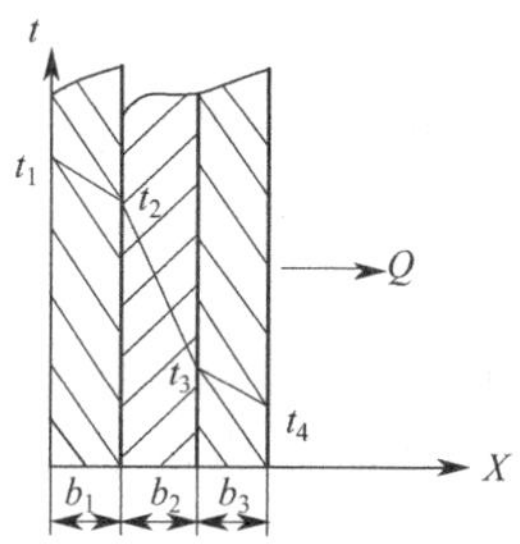

图 2-12　三层平壁的导热

$$Q=\frac{\Delta t_1}{R_1}=\frac{\Delta t_2}{R_2}=\frac{\Delta t_3}{R_3}=\frac{\Delta t_1+\Delta t_2+\Delta t_3}{R_1+R_2+R_3}$$

即：

$$Q=\frac{t_1-t_4}{\frac{b_1}{\lambda_1 A}+\frac{b_2}{\lambda_2 A}+\frac{b_3}{\lambda_3 A}} \tag{2-13}$$

式(2-13）表明，某层的热阻越大，则该层两侧的温度差也越大，换言之，温度差与相应的热阻成正比。三层壁面的导热，可看成是三个热阻串联导热，导热速率等于任一分热阻的推动力与对应的分热阻之比，也等于总推动力与总热阻之比，总推动力等于各分推动力之和，总热阻等于各分热阻之和。

对 n 层平壁，其导热速率方程式为：

$$Q=\frac{\sum_{i=1}^{n}\Delta t_i}{\sum_{i=1}^{n}R_i}=\frac{t_1-t_{n+1}}{\sum_{i=1}^{n}\frac{b_i}{\lambda_i A}} \tag{2-14}$$

式中，下标 i 为平壁的序号。

【例 2-7】 某平壁燃烧炉由一层 100mm 厚的耐火砖和 80mm 厚的普通砖砌成，其热导率分别为 1.0W/(m·℃) 和 0.8W/(m·℃)。操作稳定后，测得炉内壁温度 700℃，外表面温度为 100℃。为减少热损，在普通砖的外表面增加一层厚为 30mm，热导率为 0.03W/(m·℃) 的保温材料，操作稳定后，又测得炉内壁温度为 800℃，外表面温度为 70℃。试求：(1) 加保温层后热损比原来减少的百分数；(2) 加保温层后各层的温度差和热阻。设材料的热导率不变。

解 (1) 加保温层前，为双层平壁的导热，单位面积的热损，即热通量为：

$$q=\frac{Q}{A}=\frac{t_1-t_3}{\frac{b_1}{\lambda_1}+\frac{b_2}{\lambda_2}}=\frac{700-100}{\frac{0.10}{1.0}+\frac{0.08}{0.8}}=3000(\mathrm{W/m^2})$$

加保温层后，为三层平壁导热，单位面积的热损，即热通量为：

$$q'=\frac{Q'}{A}=\frac{t_1-t_4}{\frac{b_1}{\lambda_1}+\frac{b_2}{\lambda_2}+\frac{b_3}{\lambda_3}}=\frac{800-70}{\frac{0.10}{1.0}+\frac{0.08}{0.8}+\frac{0.03}{0.03}}=608(\mathrm{W/m^2})$$

加保温层后热损减少了： $\frac{3000-608}{3000}\times 100\%=79.73\%$

(2) 加保温层后的温度差和热阻

$$\Delta t_1=\frac{b_1}{\lambda_1}(Q'/A)=\frac{0.1}{1.0}\times 608=61(℃) \qquad R_1=\frac{b_1}{\lambda_1}=\frac{0.1}{1.0}=0.1(\mathrm{m^2\cdot K/W})$$

$$\Delta t_2=\frac{b_2}{\lambda_2}(Q'/A)=\frac{0.08}{0.8}\times 608=61(℃) \qquad R_2=\frac{b_2}{\lambda_2}=\frac{0.08}{0.8}=0.1(\mathrm{m^2\cdot K/W})$$

$$\Delta t_3=\frac{b_3}{\lambda_3}(Q'/A)=\frac{0.03}{0.03}\times 608=608(℃) \qquad R_3=\frac{b_3}{\lambda_3}=\frac{0.03}{0.03}=1(\mathrm{m^2\cdot K/W})$$

2. 圆筒壁的稳定热传导

(1) 单层圆筒壁的热传导 化工生产中，经常遇到圆筒壁的导热问题，它与平壁导热的不同之处在于圆筒壁的传热面积和热通量随半径而变，温度也随半径而变，但传热速率在稳态时依然是常量。

如图 2-13 所示，设圆筒壁的内、外半径分别为 r_1 和 r_2，长度为 L，内、外表面温度分别为 t_1 和 t_2，且 $t_1>t_2$。若在圆筒壁半径 r 处的导热速率可表示为：

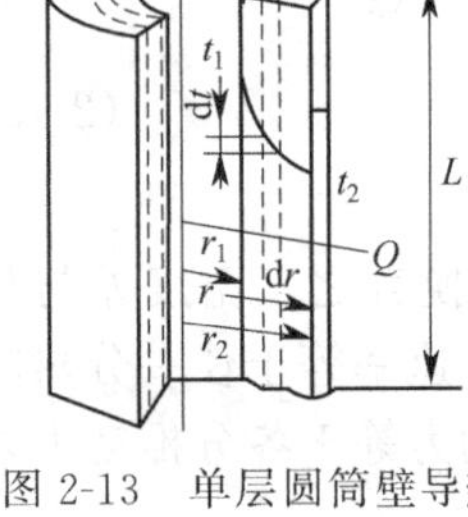

图 2-13 单层圆筒壁导热

$$Q=\frac{2\pi L\lambda(t_1-t_2)}{\ln\frac{r_2}{r_1}}=\frac{t_1-t_2}{\frac{\ln(r_2/r_1)}{2\pi L\lambda}}=\frac{\Delta t}{R} \tag{2-15}$$

式中，$R=\frac{\ln(r_2/r_1)}{2\pi L\lambda}$为圆筒壁的导热热阻，K/W。

上式即为单层圆筒壁的导热速率方程式，该式也可以写成与平壁导热速率方程式相类似的形式，即：

$$Q=\frac{A_m\lambda(t_1-t_2)}{b}=\frac{A_m\lambda(t_1-t_2)}{r_2-r_1} \tag{2-16}$$

将式(2-15)和式(2-16)对比，可知：

$$A_m=2\pi L\frac{r_2-r_1}{\ln\frac{r_2}{r_1}}=2\pi r_m L \tag{2-17}$$

$$r_m=\frac{r_2-r_1}{\ln\frac{r_2}{r_1}} \tag{2-18}$$

式中 A_m——圆筒壁的对数平均面积，m^2；

r_m——圆筒壁的对数平均半径，m。

当 $r_2/r_1\leqslant 2$ 时，对数平均值可用算术平均值代替。

(2) 多层圆筒壁的热传导 在高温或低温管道的外部包上一层乃至多层保温材料，以减少热损（或冷损）；在换热器内换热管的内、外表面形成污垢等都是多层圆筒壁的导热。

以三层圆筒壁为例，如图 2-14 所示，假设各层之间接触良好，各层的热导率分别为 λ_1、λ_2 和 λ_3，厚度分别为 $b_1=r_2-r_1$，$b_2=r_3-r_2$ 和 $b_3=r_4-r_3$，根据串联过程的规律，可写出三层圆筒壁的导热速率方程式为：

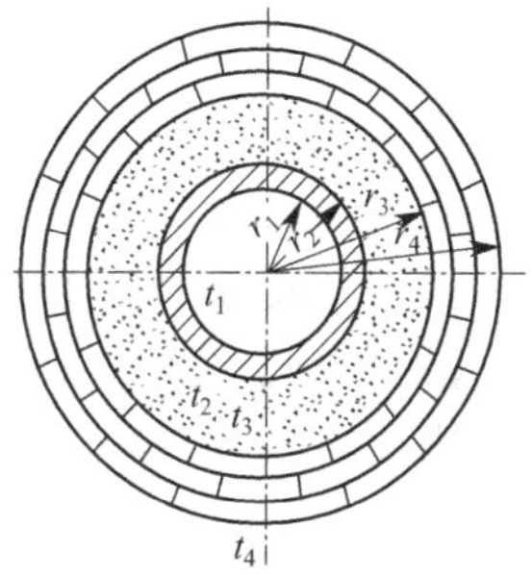

图 2-14 三层圆筒壁导热

$$Q=\frac{\Delta t_1+\Delta t_2+\Delta t_3}{R_1+R_2+R_3}=\frac{t_1-t_4}{\frac{\ln(r_2/r_1)}{2\pi L\lambda_1}+\frac{\ln(r_3/r_2)}{2\pi L\lambda_2}+\frac{\ln(r_4/r_3)}{2\pi L\lambda_3}} \tag{2-19}$$

或

$$Q=\frac{2\pi L(t_1-t_4)}{\frac{1}{\lambda_1}\ln\frac{r_2}{r_1}+\frac{1}{\lambda_2}\ln\frac{r_3}{r_2}+\frac{1}{\lambda_3}\ln\frac{r_4}{r_3}} \tag{2-19a}$$

对 n 层圆筒壁：

$$Q=\frac{2\pi L(t_1-t_{n+1})}{\sum_{i=1}^{n}\frac{1}{\lambda_i}\ln\frac{r_{i+1}}{r_i}} \tag{2-20}$$

或

$$Q=\frac{t_1-t_{n+1}}{\sum_{i=1}^{n}\frac{b_i}{\lambda_i A_{mi}}} \tag{2-20a}$$

【例 2-8】 外径为 426mm 的蒸汽管道，其外包上一层厚度为 200mm 的保温层，保温层材料的热导率为 0.50W/(m·℃)。若蒸汽管道与保温层交界面处温度为 180℃，保温层的外表面温度为 40℃，试求每米管长的热损和保温层的温度分布。假定层间接触良好。

解 已知 $r_2=0.426/2=0.213$(m)　　$t_2=180$℃

$r_3=0.213+0.2=0.413$(m)　　$t_3=40$℃

则

$$\frac{Q}{L}=\frac{2\pi\lambda(t_2-t_3)}{\ln\frac{r_3}{r_2}}=\frac{2\pi\times0.50\times(180-40)}{\ln\frac{0.413}{0.213}}=664(\text{W/m})$$

设保温层内半径为 r 处的温度为 t，代入上式，有：

$$\frac{2\pi\times0.50\times(180-t)}{\ln\frac{r}{0.213}}=664$$

整理，得：$t=211.36\ln r-146.86$

计算结果表明，圆筒壁内温度分布不是直线而是曲线。

【例 2-9】 燃烧炉的内层为 460mm 厚的耐火砖，外层为 230mm 厚的绝缘砖。若炉的内表面温度 t_1 为 1400℃，外表面温度 t_3 为 100℃。试求导热的热通量及两砖间的界面温度。设两层砖接触良好，已知耐火砖的热导率为 $\lambda_1=0.9+0.0007t$，绝缘砖的热导率为 $\lambda_2=0.3+0.0003t$。两式中 t 可分别取为各层材料的平均温度，单位为℃。λ 单位为 W/(m·℃)。

解

$$q_1=\frac{\lambda_1}{b_1}(t_1-t_2)=q_2=\frac{\lambda_2}{b_2}(t_2-t_3)$$

热通量 $q=q_1=q_2$

已知 $\lambda_1=0.9+0.0007t$，$\lambda_2=0.3+0.0003t$，$t_1=1400℃$，$t_3=100℃$，$b_1=460\text{mm}$，$b_2=230\text{mm}$。

代入联立解之得：$t_2=949(℃)$

代入 q 式得：$q=1689(\text{W/m}^2)$

【例 2-10】 蒸汽管道外包扎有两层热导率不同而厚度相同的绝热层，设外层的平均直径为内层的两倍。其热导率也为内层的两倍。若将两层材料互换位置，假定其他条件不变，试问每米管长的热损失将改变多少？说明在本题情况下，哪一种材料包扎在内层较为适合？

解 厚度相同：$r_2-r_1=r_3-r_2$

平均直径：$\bar{d}_3=2\bar{d}_2$ $\quad\quad$ $\bar{r}_3=2\bar{r}_2$

$$\bar{r}_3=\frac{r_3-r_2}{\ln\dfrac{r_3}{r_2}}=2\times\frac{(r_2-r_1)}{\ln\dfrac{r_2}{r_1}}$$

$r_3-r_2=r_2-r_1$ $\quad\quad$ 则 $2\ln\dfrac{r_3}{r_2}=\ln\dfrac{r_2}{r_1}$

原管道每米管长的热损失 q 为：

$$q=\frac{Q}{L}=\frac{2\pi(t_1-t_3)}{\dfrac{1}{\lambda}\ln\dfrac{r_2}{r_1}+\dfrac{1}{2\lambda}\ln\dfrac{r_3}{r_2}}=\frac{2\pi(t_1-t_3)}{\dfrac{2}{\lambda}\ln\dfrac{r_3}{r_2}+\dfrac{1}{2\lambda}\ln\dfrac{r_3}{r_2}}$$

更换材料以后，每米管长热损失 q' 为：

$$q'=\frac{Q}{L}=\frac{2\pi(t_1-t_3)}{\dfrac{1}{2\lambda}\ln\dfrac{r_3}{r_2}+\dfrac{1}{\lambda}\ln\dfrac{r_3}{r_2}}$$

$\dfrac{q'}{q}=1.25$ $\quad\quad$ 即：$q'=1.25q$

故原保温好。

思考题

1. 热导率小的材料一定保温吗？
2. 保温材料越厚越保温吗？

课后任务

1. 对比铝、铜、钢等金属，哪一种适合做换热器的材质？
2. 查询污垢的热导率，分析其值的大小对换热器有何意义。

四、测定对流传热系数

（一）测定对流传热系数

在反应和混合的生产中，往往采用釜式设备，换热方式主要有两种：夹套传热或内置盘管，而盘管换热器因其结构简单，制造容易且成本较低，成为最常用的热交换设备之一；使用盘管换热器测定对流传热系数，可选用带有夹套的5L反应器，其中装有螺旋盘管与搅拌器，盘管内为流动的水，管外为搅动的水，夹套中装有导热油，并用电阻丝加热，热量通过导热油传递到釜内水，使釜内水温达到设定的温度后，测定不同条件下（管内水流量、釜内水温、搅拌速度）的强制对流的相关数据，计算出对流传热系数。

有时使用化工生产中应用较广泛的套管式换热器测定对流传热系数，通过空气-水蒸气实验，测定空气一侧在强制湍流状态下的数据，求取其传热膜系数，将计算数据绘图回归，根据所测数据，进行整理，在双对数坐标纸上以 Nu 为纵坐标，Re 为横坐标，作出 Nu-Re 图线，再整理成有关传热速率实验公式。

（二）对流传热分析

热量从热流体到固体壁面一侧以及从固体壁面另一侧到冷流体则是通过对流传热进行传递。为了探索对流传热的基本规律，下面对对流传热机理进行简要分析。

当流体沿壁面作湍流流动时，在靠近壁面处总有一层流内层存在。图2-15表示了壁面两侧流体的流动情况以及和流动方向垂直的某一截面上流体的温度分布情况。在湍流主体内，由于流体质点湍动剧烈，所以在传热方向上，流体的温度差极小，各处的温度基本相同，热量传递主要依靠对流进行，传导所起作用很小。在层流内层中，流体仅沿壁面平行流动，在传热方向上没有质点位移，所以热量传递主要依靠传导进行，由于流体的热导率很小，使层流内层中的导热热阻很大，因此在该层内流体温度差较大。

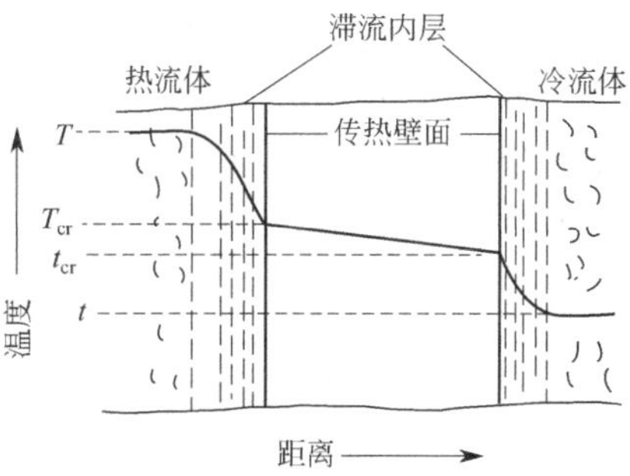

图2-15　对流传热过程分析

由以上分析可知，在对流传热（或称给热）时，热阻主要集中在层流内层，因此，减薄层流内层的厚度是强化对流传热的重要途径。

（三）对流传热基本方程

由前面分析可知，对流传热是一个相当复杂的传热过程。为简便起见，将对流传热速率表达成如下形式：

$$Q=\alpha A\Delta t=\frac{\Delta t}{1/(\alpha A)} \tag{2-21}$$

或

$$\frac{Q}{A}=\frac{\Delta t}{1/\alpha}=\alpha\Delta t \tag{2-21a}$$

式中　Q——对流传热（或给热）速率，W；

A——对流传热面积，m^2；

Δt——流体与壁面（或反之）间温度差，K；

α——对流传热膜系数（或给热系数），$W/(m^2\cdot K)$；

$1/(\alpha A)$——对流传热热阻，K/W；

$1/\alpha$——单位传热面积的对流传热热阻，$m^2\cdot K/W$。

式(2-21) 又称为牛顿冷却定律。当流体被加热时，$\Delta t = t_w - t$；当流体被冷却时，$\Delta t = T - T_w$。

必须注意，对流传热膜系数一定要和传热面积及温度差相对应，例如，若热流体在换热器的管内流动，冷流体在换热器的管外流动，它们的对流传热膜系数分别为：

$$Q = \alpha_i A_i (T - T_w) \tag{2-22}$$

$$Q = \alpha_o A_o (t_w - t) \tag{2-22a}$$

式中 A_i，A_o——换热器的管内、外表面积，m^2；

α_i，α_o——换热器管内侧、管外侧流体的对流传热膜系数，$W/(m^2 \cdot K)$。

牛顿冷却定律是将复杂的对流传热问题，用一简单的关系式来表达，实质上是将矛盾集中在对流传热膜系数 α 上，因此，研究对流传热膜系数的影响因素及其求取方法，便成为解决对流传热问题的关键。

（四）对流传热膜系数

牛顿冷却定律也是对流传热膜系数的定义式，即：

$$\alpha = \frac{Q}{A \Delta t} \tag{2-23}$$

由上式可知，对流传热膜系数表示在单位传热面积上，流体与壁面（或反之）的温度差为 1K 时，单位时间以对流传热方式传递的热量。它反映了对流传热的强度，对流传热膜系数越大，说明对流强度越大，对流传热热阻越小。

对流传热膜系数 α 不同于热导率 λ，它不是物性，而是受诸多因素影响的一个参数，下面将讨论有关的影响因素。表 2-1 列出了几种对流传热情况下的 α 值，从中可以看出，气体的 α 值最小，载热体发生相变时的 α 值最大，且比气体的 α 值大得多。

表 2-1 α 值的范围

对流传热类型(无相变)	$\alpha/[W/(m^2 \cdot K)]$	对流传热类型(有相变)	$\alpha/[W/(m^2 \cdot K)]$
气体加热或冷却	5～100	有机蒸气冷凝	500～2000
油加热或冷却	60～1700	水蒸气冷凝	5000～15000
水加热或冷却	200～15000	水沸腾	2500～25000

1. 影响对流传热膜系数的因素

通过理论分析和实验证明，影响对流传热的因素有以下方面。

(1) 流体的种类及相变情况 流体的状态不同，如液体、气体和蒸气，它们的对流传热膜系数各不相同。流体有无相变，对传热有不同的影响，一般流体有相变时的对流传热膜系数较无相变时的大。

(2) 流体的性质 影响对流传热膜系数的物性有热导率、比热容、黏度和密度等。对同一种流体，这些物性又是温度的函数，有些还与压力有关。

(3) 流体的流动状态 当流体呈湍流时，随着 Re 的增大，层流内层的厚度减薄，对流传热膜系数增大。当流体呈滞流时，流体在传热方向上无质点位移，其对流传热膜系数比湍流时的小。

(4) 流体流动的原因 自然对流与强制对流的流动原因不同，其传热规律也不相同。一般强制对流传热时的对流传热膜系数比自然对流传热时的大。

(5) 传热面的形状、位置及大小 传热面的形状（如管内、管外、板、翅片等）、方位、布置（如水平或垂直放置、管束的排列方式等）及尺寸（如管径、管长、板高等）都对对流传热膜系数有直接的影响。

2. 对流传热膜系数特征数关联式

由于影响对流传热膜系数的因素很多，要建立一个通式来求各种条件下的对流传热膜系数是不可能的。目前，常采用量纲分析法，将众多的影响因素（物理量）组合成若干无量纲数群（特征数），再通过实验确定各特征数之间的关系，即得到各种条件下的 α 关联式。

表 2-2 列出了各特征数的名称、符号及意义，供使用 α 关联式时参考。

表 2-2　特征数的名称、符号及意义

特征数名称	符号	特征数	意　　义
努塞尔数	Nu	$\alpha l/\lambda$	表示对流传热膜系数的特征数
雷诺数	Re	$lu\rho/\mu$	确定流动状态的特征数
普兰特数	Pr	$c_p\mu/\lambda$	表示物性影响的特征数
格拉斯霍夫数	Gr	$\dfrac{gl^3\rho^2\beta\Delta t}{\mu^2}$	表示自然对流影响的特征数

3. 流体无相变时的对流传热膜系数关联式

应予指出，在传热中，滞流、湍流的 Re 值区间为：滞流 $Re<2300$；湍流 $Re>10000$。

流体在换热器内作强制对流时，为提高传热膜系数，流体多呈湍流流动，较少出现滞流状态。因此，下面只介绍湍流的对流传热膜系数关联式。

(1) 流体在圆形直管内作强制湍流

① 低黏度（小于 2 倍常温水的黏度）流体。

$$Nu=0.023Re^{0.8}Pr^{n} \tag{2-24}$$

或

$$\alpha=0.023\frac{\lambda}{d_i}\left(\frac{d_iu\rho}{\mu}\right)^{0.8}\left(\frac{c_p\mu}{\lambda}\right)^{n} \tag{2-24a}$$

式中 n 值的取值方法是：当流体被加热时，$n=0.4$；当流体被冷却时，$n=0.3$。

应用范围：$Re>10000$，$0.7<Pr<120$；管长与管径比 $l/d_i\geqslant60$。若 $l/d_i<60$，需将式(2-24a) 算得的 α 乘以 $1+(d_i/l)^{0.7}$ 加以修正。

特征尺寸：Nu、Pr 特征数中的 l 取管内径 d_i。

定性温度：取流体进、出口温度的算术平均值。

② 高黏度流体。

$$Nu=0.023Re^{0.8}Pr^{0.33}\varphi_w \tag{2-25}$$

应用范围和特征尺寸与式(2-24) 相同。

定性温度：取流体进、出口温度的算术平均值。

φ_w 为校正系数，当流体被加热时，$\varphi_w=1.05$；当流体被冷却时，$\varphi_w=0.95$。

【例 2-11】 常压空气在内径为 50mm、长度为 3m 的管内由 20℃加热到 80℃，空气的平均流速为 15m/s，试求其对流传热膜系数。

解　定性温度　$$t_m=\frac{t_1+t_2}{2}=\frac{20+80}{2}=50(℃)$$

在附录中查得 50℃下空气的物性为：$\mu=1.96\times10^{-5}$ Pa·s，$\lambda=2.83\times10^{-2}$ W/(m·K)，$\rho=1.093$ kg/m^3，$Pr=0.698$。

$$Re=\frac{d_iu\rho}{\mu}=\frac{0.05\times15\times1.093}{1.96\times10^{-5}}=41824$$

$$\frac{l}{d_i}=\frac{3}{0.05}=60$$

Pr、Re及l/d_i值均在式(2-24)应用范围内，可用该式计算α。气体被加热，取$n=0.4$，则：

$$\alpha=0.023\frac{\lambda}{d_i}Re^{0.8}Pr^n$$
$$=0.023\times\frac{2.83\times10^{-2}}{0.05}\times41824^{0.8}\times0.698^{0.4}=56.1[\text{W}/(\text{m}^2\cdot\text{K})]$$

(2) 流体在弯管内作强制对流 流体在弯管内流动时，由于受惯性离心力的作用，流体的湍动程度增大了，使对流传热膜系数值较直管内的大，此时，可按下式计算：

$$\alpha'=\alpha\left(1+1.77\frac{d}{R}\right) \tag{2-26}$$

式中 α'——弯管中的对流传热膜系数，W/(m^2·K)；

α——直管内的对流传热膜系数，W/(m^2·K)；

d——管内径，m；

R——弯管轴的曲率半径，m。

(3) 流体在非圆形管内作强制对流 当流体在非圆形管内作强制对流时，对流传热膜系数的计算仍可用上述关联式，只将式中管内径换成当量直径即可。但Nu的特征尺寸需要采用传热当量直径，传热当量直径定义为：

$$d_{e'}=\frac{4\times\text{流体流动截面积}}{\text{被流体润湿的传热周边长度}}$$

例如，在套管换热器环隙内传热时，其传热当量直径为：

$$d_{e'}=\frac{4\times\frac{\pi}{4}(d_1^2-d_2^2)}{\pi d^2}=\frac{d_1^2-d_2^2}{d_2}$$

(4) 流体在管外作强制对流

① 流体横向流过管束。流体横向流过管束时，由于管与管之间的影响，情况较为复杂。管束的几何条件，如管径、管间距、管子排数以及排列方式等都对对流传热膜系数有影响。管子的排列方式通常有直列和错列两种，错列又分为正三角形错列和正方形错列，如图2-16所示。流体横向流过管束时的对流传热膜系数计算方法较多，下面介绍一种较为简单的方法。

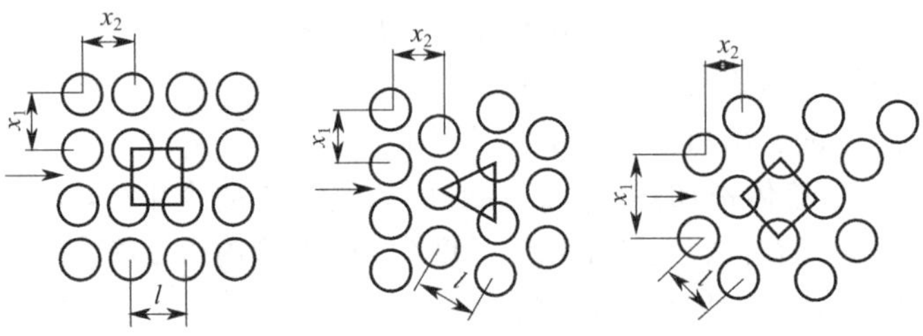

图 2-16 换热管排列方式示意图

流体横向流过直列管束时，对流传热膜系数可用下式计算：

$$Nu=0.26Re^{0.6}Pr^{0.33} \tag{2-27}$$

流体横向流过错列管束时，对流传热膜系数可用下式计算：

$$Nu=0.33Re^{0.6}Pr^{0.33} \tag{2-28}$$

式(2-27)、式(2-28)的应用条件如下。

应用范围：$Re>3000$。

特征尺寸：Nu、Re 中的 l 取管外径 d_o，流速取流体通过每排管子最窄处的速度。

定性温度：取流体的进、出口算术平均值。

② 流体在换热器管间流动。对于常用的列管换热器，由于壳体是圆筒，管束中各列管子数目并不相等，而且大多装有折流挡板，使得流体的流向和流速不断变化，因而当 $Re>100$ 时，即可达到湍流。此时对流传热膜系数的计算，要视具体结构选用相应的计算公式。

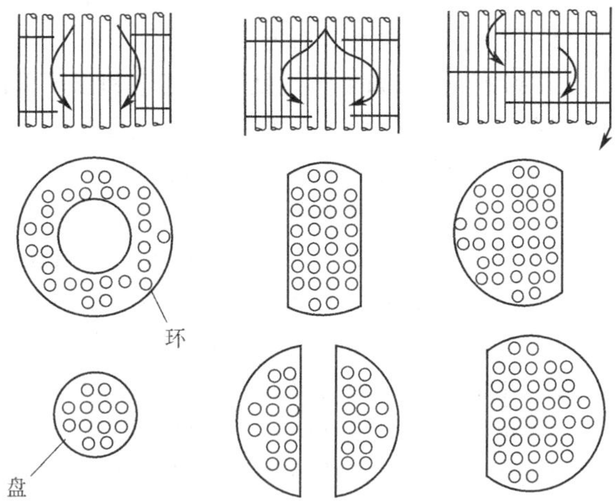

(a) 盘环形　　(b) 分流形　　(c) 弓形

图 2-17　折流挡板的形式

列管换热器折流挡板的形式较多，如图 2-17 所示，其中以弓形（圆缺型）挡板最为常见。当换热器内装有圆缺形挡板（缺口面积约为 25%壳体内截面积）时，壳程流体的对流传热膜系数可用下式计算：

$$Nu=0.36Re^{0.55}Pr^{1/3}\varphi_w \quad (2\text{-}29)$$

或
$$\alpha=0.36\frac{\lambda}{d_o}\left(\frac{d_e u\rho}{\mu}\right)^{0.55}\left(\frac{c_p\mu}{\lambda}\right)^{1/3}\varphi_w \quad (2\text{-}29a)$$

应用范围：$Re=2\times10^3\sim1\times10^6$。

定性温度：取流体进、出口算术平均值。

对液体，校正系数 φ_w 取值与式(2-25) 相同，对气体，无论是被加热还是被冷却，$\varphi_w=1$。

当量直径 d_e 根据管子的排列方式的不同，分别采用不同的公式进行计算。

管子为正方形排列：

$$d_e=\frac{4\left(t^2-\frac{\pi}{4}d_o^2\right)}{\pi d_o} \quad (2\text{-}30)$$

管子为正三角形排列：

$$d_e=\frac{4\left(\frac{\sqrt{3}}{2}t^2-\frac{\pi}{4}d_0^2\right)}{\pi d_o} \quad (2\text{-}31)$$

式中　t——相邻两管的中心距，m；

d_o——管外径，m。

式(2-29)、式(2-29a) 中的流速根据流体流经管间最大截面积 A 计算，即：

$$A=hD\left(1-\frac{d_o}{t}\right) \quad (2\text{-}32)$$

式中　h——两挡板间的距离，m；

D——换热器壳体内径，m。

若换热器的管间无挡板，则管外流体将沿管束平行流动，此时，可用管内强制对流的关联式进行计算，只需将式中的直径换为当量直径即可。

4. 流体有相变时的对流传热

在化工生产中，流体在换热过程中发生相变的情况很多，如在蒸发过程中，作为加热剂的蒸气会冷凝成液体，被加热的物料则会沸腾汽化；在蒸馏操作中，一方面通过再沸器将物料加热汽化，另一方面则通过冷凝器将蒸馏过的物料进行冷凝等。但就其本质而言，无非是两种情况：一种是液体的沸腾汽化，另一种是蒸气的冷凝。由于流体在对流传热过程中伴随有相态变化，因此，比无相变时的对流传热过程更为复杂。目前，对有相变时的对流传热研究还不充分，尽管迄今已有一些经验公式可供使用，但其可靠程度并不高。

(1) 蒸气冷凝过程的对流传热

① 冷凝传热。如果蒸气处于比其饱和温度低的环境中，将出现冷凝现象。在换热器内，当饱和蒸气与温度较低的壁面接触时，蒸气将释放出潜热，并在壁面上冷凝成液体，发生在蒸气冷凝和壁面之间的传热称为冷凝对流传热，简称为冷凝传热。冷凝传热速率与蒸气的冷凝方式密切相关。蒸气冷凝主要有两种方式：膜状冷凝和滴状冷凝（或珠状冷凝）。如果冷凝液能够润湿壁面，则会在壁面上形成一层液膜，称之为膜状冷凝；如果冷凝液不能润湿壁面，则会在壁面上杂乱无章地形成许多小液滴，称之为滴状冷凝。

在膜状冷凝过程中，壁面被液膜所覆盖，此时蒸气的冷凝只能在液膜的表面进行，即蒸气冷凝放出的潜热必须通过液膜后才能传给壁面。液膜成为膜状冷凝的主要热阻。液膜在重力作用下沿壁面向下流动时，其厚度不断增加，所以壁面越高或水平放置的管子管径越大，则整个壁面的平均对流传热膜系数也就越小。

在滴状冷凝过程中，壁面的大部分直接暴露在蒸气中，由于在这些部位没有液膜阻碍热流，故对流传热膜系数很大，是膜状冷凝的十倍左右。

尽管如此，要保持滴状冷凝还是很困难的。即使在开始阶段为滴状冷凝，但经过一段时间后，由于液滴的聚集，大部分都要变成膜状冷凝。为了保持滴状冷凝，可采用各种不同的壁面涂层和蒸气添加剂，但这些方法还处于研究和实验中。故进行冷凝计算时，一般总是按膜状冷凝来处理。

② 影响冷凝传热的因素。蒸气冷凝时，往往在壁面形成液膜，液膜的厚度及其流动状态是影响冷凝传热的关键，凡有利于减薄液膜厚度的因素都可以提高冷凝传热系数。

对流体的物性而言，影响冷凝传热的物性有冷凝液的密度、黏度、热导率及汽化潜热等。若蒸气中含有空气或其他不凝性气体，由于气体的热导率小，气体聚集成薄膜附着在壁面后，将大大降低传热效果。研究表明，当蒸气中含有1%的不凝性气体时，对流传热膜系数将下降60%。

另外，蒸气运动时和液膜产生摩擦力，若蒸气和液膜同向流动，则摩擦力将使液膜加速，厚度变薄，使 α 增大；若两者逆向流动，则 α 减小，但是如果摩擦力超过液膜重力，蒸气会将液膜吹离壁面，此时，随着蒸气速度的增加，反而使 α 急剧增大。

对水平放置的管子，冷凝液从上部各排管子流下，使下部管子液膜变厚，则 α 变小；在垂直方向上管子排得越多，α 下降越大。因此，应减小垂直方向上管子排数，同时采用错列。此外，若冷凝壁面不平或有氧化层，也会使液膜厚度增加，使 α 下降。

(2) 液体沸腾过程的对流传热

① 沸腾传热。将液体加热到操作条件下的饱和温度时，整个液体内部将会有气泡产生，这种现象称为液体沸腾。发生在沸腾液体与固体壁面之间的传热称为沸腾对流传热，简称为沸腾传热。

工业上液体沸腾的方法主要有两种：一种是将加热壁面浸没在液体中，液体在壁面处受热沸腾，称为池内沸腾；另一种是液体在管内流动时受热沸腾，称为管内沸腾。后者机理更为复杂，下面主要讨论池内沸腾。

图 2-18 为实验得到的常压下水的沸腾曲线，它表示了水在池内沸腾时对流传热膜系数 α

与传热壁面和液体的温度差 Δt 之间的关系。

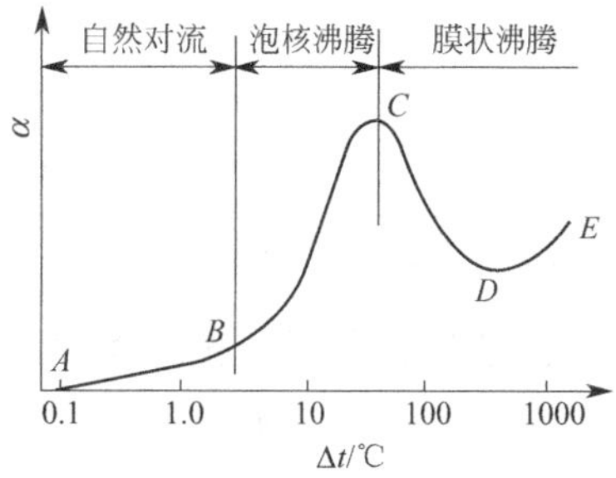

图 2-18　水的沸腾曲线

实验表明，当传热壁面与液体的温度差较小时，只有少量气泡产生，传热以自然对流为主，对流传热膜系数和传热速率都比较小，如图中 AB 段；随着温度差的增大，液体在传热壁面受热后生成的气泡数量增加很快，并向上浮动，对液体产生剧烈的扰动，对流传热膜系数上升很快，这个阶段称为泡核沸腾，如图中 BC 段；当温度差增大到一定程度，气泡生成速度大于气泡脱离壁面的速度时，气泡将在传热壁面上聚集并形成一层不稳定的气膜，这时热量必须通过这层气膜才能传到液相主体中去，由于气体的热导率比液体的小得多，对流传热膜系数反而下降，如图中 CD 段；当温度差再增大到一定程度，产生的气泡在传热壁面形成一层稳定的气膜，此后，温度差再增大时，对流传热膜系数变化不大，这个阶段称为膜状沸腾，如图中 DE 段。实际上一般将 CDE 段称为膜状沸腾。

由泡核沸腾向膜状沸腾过渡的转折点 C 称为临界点。临界点下温度差和传热膜系数分别称为临界温度差和临界传热膜系数。由于泡核沸腾的传热膜系数比膜状沸腾的大，工业上总是设法控制在泡核沸腾下操作，因此确定不同液体在临界点下的临界参数具有实际意义。

② 影响沸腾传热的因素。由于液体沸腾要产生气泡，所以凡影响气泡生成、长大和脱离壁面的因素对沸腾传热都有影响。对液体的性质而言，影响沸腾传热的物性主要有液体的热导率、密度、黏度及表面张力等。一般情况下，α 随热导率、密度的增加而增大，随黏度、表面张力的增加而减小。

其次，温度差是影响沸腾传热过程的重要因素，在设计和操作中，要控制好温度差，使传热尽可能在泡核沸腾下进行。提高操作压力，将提高液体的汽化温度，使液体的黏度和表面张力减小。

另外，新的或清洁的壁面，α 较大，若壁面被油脂等沾污，因油脂的导热性能较差，会使 α 急剧下降。此外，壁面越粗糙，气泡核心越多，越有利于沸腾传热。加热面的布置情况对沸腾传热也有明显的影响。

5. 提高对流传热膜系数的措施

提高对流传热膜系数，即减小对流传热热阻，是强化对流传热的关键。

(1) 无相变时的对流传热　由式(2-24) 可以看出，在流体一定、温度一定的情况下，流体的物性均为定值，此时，式(2-24) 可以写成：

$$\alpha=B\frac{u^{0.8}}{d^{0.2}} \tag{2-33}$$

式中，B 为一常数。上式表明，α 与流体的流速 $u^{0.8}$ 成正比，与管子的管径 $d^{0.2}$ 成反比。即增大流速和减小管径都能增大对流传热系数，但以增大流速更为有效。这一规律对流体无相变时的其他情况也基本适用。此外，不断改变流体的流动方向，也能使 α 得到提高。

目前，在列管换热器中，为了提高 α，对管程而言，采用多程结构，可使流速成倍增加，流动方向不断改变，从而大大提高了 α，但当程数增加时，流动阻力会随之增大，故需全面权衡。对于壳程，广泛采用折流挡板，这样，不仅可以局部提高流体在壳程内的流速，而且迫使流体多次改变流向，从而强化了对流传热。

(2) 有相变时的对流传热　对于冷凝传热，除了及时排除不凝性气体外，还可以在管壁上开一些纵向沟槽或装金属网，以阻止液膜的形成。对于沸腾传热，设法使表面粗糙化，或在液体中加入如乙醇、丙酮等添加剂，均能有效地提高对流传热膜系数。

【例 2-12】 96%的硫酸在套管换热器中从90℃冷却至30℃。硫酸在直径为ϕ25mm×2.5mm、长度为3m的内管中流过，流率为800kg/h。已知在管内壁平均温度下流体的黏度为9.3cP。试求硫酸对管壁的传热膜系数α_i。

解 硫酸的定性温度$=\dfrac{90+30}{2}=60(℃)$

在定性温度下硫酸的物性常数为：比热容$c_p=1.6\times10^3$J/(kg·℃)；热导率$\lambda=0.36$W/(m·℃)；黏度$\mu=8$cP；密度$\rho=1836$kg/m^3。

$$u=\frac{800}{3600\times\dfrac{\pi}{4}(0.2)^2\times1836}=0.385(\text{m/s})$$

$$Re=\frac{du\rho}{\mu}=\frac{0.02\times0.385\times1836}{8\times10^{-3}}=1767 \qquad (层流)$$

$$Pr=\frac{c_p\mu}{\lambda}=\frac{1.6\times10^3\times8\times10^{-3}}{0.36}=35.6$$

由于管子很细，液体黏度较大，故可忽略自然对流的影响，α_i可用下式计算：

$$\alpha_i=1.86\frac{\lambda}{d_i}(RePr\frac{d_i}{l})^{1/3}\left(\frac{\mu}{\mu_w}\right)^{0.14}$$

$$=1.86\times\frac{0.36}{0.02}\times\left(1767\times35.6\times\frac{20}{3000}\right)^{1/3}\left(\frac{8}{9.3}\right)^{0.14}=245[\text{W/(m}^2\cdot℃)]$$

思考题

1. 影响对流传热系数的因素有哪些？
2. 为什么有相变时对流传热系数值比无相变时要大？

课后任务

1. 设计一种测定对流传热系数的实验方案。
2. 设计一种测定热传导系数的实验方案。

五、测定换热器总传热系数

在装有套管换热器的实训装置中，热流体为饱和蒸汽，走管外，是壳程流体；冷流体为空气，走管内，是管程流体。空气由风机产生输送，经喷嘴孔板流量计测定其流量，调节阀调节风量，再经套管换热器排空；启动风机，调节风量至稳定值；打开蒸汽阀，通入蒸汽，排除不凝性气体，使蒸汽压力稳定；在传热稳定后测出蒸汽压力、蒸汽温度、冷凝液温度，测出空气流量和进出口温度等数据，计算出Q、A、Δt_m，由传热基本方程$K=\dfrac{Q}{A\Delta t_m}$得出总传热系数K。

也可使用板式、列管式换热器测定总传热系数，原理与套管换热器相同。实测K值的意义，不仅可以为换热器计算提供依据，而且可以分析了解换热器的性能，寻求提高换热器传热能力的途径。

由换热器的总传热速率方程可知，传热系数在数值上等于单位传热面积、热流体与冷流体温度差为1K时，换热器的传热速率。传热系数是评价换热器传热性能的重要参数，也是对传热设备进行工艺计算的依据。影响传热系数K值的因素很多，主要有换热器的类型、流体的种类和性质以及操作条件等。

工业中常常选取工艺条件相仿、设备类似而又比较成熟的经验数据，表2-3列出了列管换热器对于不同流体在不同情况下的传热系数的大致范围，可供参考。

表 2-3　列管换热器中 K 值的大致范围　　　　单位：$W/(m^2 \cdot K)$

热流体	冷流体	传热系数 K	热流体	冷流体	传热系数 K
水	水	850～1700	水蒸气冷凝	水沸腾	2000～4250
轻油	水	340～910	水蒸气冷凝	轻油沸腾	455～1020
重油	水	60～280	水蒸气冷凝	重油沸腾	140～425
气体	水	17～280	高沸点烃类蒸气冷凝(减压)	水	60～170
水蒸气冷凝	水	1420～4250	低沸点烃类蒸气冷凝(常压)	水	455～1140
水蒸气冷凝	气体	30～300			

传热系数 K 的计算公式可由总推动力等于各分推动力之和，总阻力等于各分阻力之和得到，如下式：

$$Q=\frac{\Delta t_m}{\dfrac{1}{KA}}=\frac{(T-T_w)_m+(T_w-t_w)_m+(t_w-t)_m}{\dfrac{1}{\alpha_i A_i}+\dfrac{b}{\lambda A_m}+\dfrac{1}{\alpha_o A_o}}$$

可知

$$\frac{1}{KA}=\frac{1}{\alpha_i A_i}+\frac{b}{\lambda A_m}+\frac{1}{\alpha_o A_o} \tag{2-34}$$

式(2-34) 即为计算 K 值的基本公式，具体计算时，等式左边的传热面积 A 可选传热面(管壁面) 的外表面积 A_o 或内表面积 A_i 或平均表面积 A_m，但传热系数 K 必须与所选传热面积相对应。

A 取 A_o：

$$\frac{1}{K_o A_o}=\frac{1}{\alpha_i A_i}+\frac{b}{\lambda A_m}+\frac{1}{\alpha_o A_o} \tag{2-35}$$

即

$$\frac{1}{K_o}=\frac{A_o}{\alpha_i A_i}+\frac{bA_o}{\lambda A_m}+\frac{1}{\alpha_o} \tag{2-35a}$$

或

$$K_o=\frac{1}{\dfrac{A_o}{\alpha_i A_i}+\dfrac{bA_o}{\lambda A_m}+\dfrac{1}{\alpha_o}} \tag{2-35b}$$

A 取 A_i：

$$K_i=\frac{1}{\dfrac{1}{\alpha_i}+\dfrac{bA_i}{\lambda A_m}+\dfrac{A_i}{\alpha_o A_o}} \tag{2-36}$$

A 取 A_m：

$$K_m=\frac{1}{\dfrac{A_m}{\alpha_i A_i}+\dfrac{b}{\lambda}+\dfrac{A_m}{\alpha_o A_o}} \tag{2-37}$$

式中　A_o，A_i，A_m——管壁的外表面积、内表面积、平均表面积，m^2；

K_o，K_i，K_m——基于 A_o、A_i、A_m 的传热系数，$W/(m^2 \cdot K)$。

应予指出，在传热计算中，选择何种面积作为计算基准，结果完全相同。但工程上，大多以外表面积为基准，除了特别说明外，手册中所列 K 值都是基于外表面积的传热系数，换热器标准系列中的传热面积也是指外表面积。因此，传热系数 K 的通用计算式为：

$$\frac{1}{K}=\frac{A_o}{\alpha_i A_i}+\frac{bA_o}{\lambda A_m}+\frac{1}{\alpha_o} \tag{2-38}$$

或

$$K=\frac{1}{\dfrac{A_o}{\alpha_i A_i}+\dfrac{bA_o}{\lambda A_m}+\dfrac{1}{\alpha_o}} \tag{2-38a}$$

换热器在使用过程中，传热壁面常有污垢形成，对传热产生附加热阻，该热阻称为污垢热阻。通常，污垢热阻比传热壁面的热阻大得多，因而在传热计算中应考虑污垢热阻的影响。影响污垢热阻的因素很多，主要有流体的性质、传热壁面的材料、操作条件、清洗周期等。由于污垢热阻的厚度及热导率难以准确地估计，因此通常选用经验值，表 2-4 列出了一些常见流体的污垢热阻的经验值。

表 2-4 常见流体的污垢热阻 R_s 单位：$m^2 \cdot K/kW$

流体	R_s	流体	R_s
蒸馏水	0.09	优质不含油	0.052
海水	0.09	劣质不含油	0.09
未处理的凉水塔用水	0.58	盐水	0.172
已处理的凉水塔用水	0.26	有机物	0.172
已处理的锅炉用水	0.26	熔盐	0.086
硬水、井水	0.58	植物油	0.52
空气	0.26～0.53	重油	0.86
溶剂蒸气	0.172	焦油	1.72

设管内、外壁面的污垢热阻分别为 R_{si}、R_{so}，根据串联热阻叠加原理，式(2-38) 变为：

$$\frac{1}{K}=\frac{A_o}{\alpha_i A_i}+R_{si}+\frac{bA_o}{\lambda A_m}+R_{so}+\frac{1}{\alpha_o} \tag{2-39}$$

或

$$K=\frac{1}{\frac{A_o}{\alpha_i A_i}+R_{si}+\frac{bA_o}{\lambda A_m}+R_{so}+\frac{1}{\alpha_o}} \tag{2-39a}$$

式(2-39) 表明，换热器的总热阻等于间壁两侧流体的对流热阻、污垢热阻及壁面导热热阻之和。

若传热壁面为平壁或薄管壁时，A_o、A_i、A_m 相等或近似相等，则式(2-39) 可简化为：

$$\frac{1}{K}=\frac{1}{\alpha_i}+R_{si}+\frac{b}{\lambda}+R_{so}+\frac{1}{\alpha_o} \tag{2-40}$$

【例 2-13】 在逆流换热器中，用初温为 20℃的水将 1.25kg/s 的液体［比热容为 1.9kJ/(kg·℃)、密度为 850kg/m³］由 80℃冷却到 30℃，换热器的列管直径为 φ25mm×2.5mm，水走管外。水侧和液体侧的对流传热系数分别为 0.85kW/(m²·℃) 和 1.70kW/(m²·℃)，污垢热阻可忽略。若水的出口温度不能高于 50℃，试求换热器的传热面积。

解 热负荷：$Q=W_1 c_{p1}(T_1-T_2)=1.25\times1.9\times10^3\times(80-30)=1.2\times10^5$(W)

传热温度差：$\Delta t_m=\frac{\Delta t_2-\Delta t_1}{\ln(\Delta t_2/\Delta t_1)}=\frac{(80-50)-(30-20)}{\ln(30/10)}=18.2$(℃)

总传热系数：

$$\frac{1}{K_o}\approx\frac{d_o}{\alpha_i d_i}+\frac{1}{\alpha_o}=\frac{25\times10^{-3}}{0.85\times10^3\times20\times10^{-3}}+\frac{1}{1.7\times10^3}=2.06\times10^{-3}(m^2\cdot℃/W)$$

解得：$K_o=485.44$[W/(m²·℃)]

故 $A=Q/(K_o\Delta t_m)=13.9$(m²)

思考题

1. 换热器中热量是如何传递的?
2. 影响换热器传热的因素有哪些?

课后任务

查询换热器中流体流动阻力的计算方法，并说明为什么要计算阻力?

任务三 传热系统的操作

实训装置中的换热器分别为单管程列管换热器、板式换热器和套管式换热器，通过逆流间壁式接触来达到换热的目的。热流体以汽化潜热的方式将热量传递给换热器壁，之后热量以热传导方式由器壁的外侧传递至内侧，传递至内侧的热量又以对流方式传递给冷流体。操作稳定之后，在整个换热器中，在单位时间内，热流体放出的热量等于冷流体吸收的热量。

一、绘制传热装置管道仪表流程简图

管道仪表流程图是借助统一规定的图形符号和文字代号，用图示的方法把某种化工产品生产过程所需的全部设备、仪表、管道、阀门及主要管件，按其各自功能，为满足工艺要求和安全、经济目的而组合起来，以起到描述工艺装置的结构和功能的作用。管道仪表流程图不仅是设计、施工的依据，也是企业管理、试运转、操作、维修和开停车等方面所需的技术资料的一部分。管道仪表流程图有助于简化承担该工艺装置的开发、工程设计、施工、操作和维修等任务的各部门之间的交流。

工艺管道仪表流程图是一种示意性展开图，通常以工艺装置的主项（工段或工序）为单元绘制，也可以装置为单元绘制，按工艺流程次序把设备、管道流程自左至右展开画在同一平面上。

工艺管道仪表流程图绘制时注意用规定的图形符号和文字代号表示设计装置的各工序中工艺过程的全部设备，包括全部管道、阀门、主要管件、公用工程站和隔热，全部工艺分析取样点和检测、指示、控制功能仪表，供货和设计单位设计的要求进行标注和编号；对安全生产、试车、开停车和事故处理在图上需要说明事项的进行标注；对设备、机械等的技术选择性数据进行标注。还要有完整的备注栏、详图、表格、标题栏和修改栏。

管道仪表流程图按管道中物料类别划分，通常分为工艺管道仪表流程图（简称工艺PI或PID图）、辅助物料和公用物料管道仪表流程图（简称公用物料系统流程图）两类。

PI图上所有设备和机械都要标注位号和名称，标注的设备位号在整个车间内不得重复，两台或两台以上相同设备并联时，在位号尾部加注A、B、C等字样作为设备的尾号。一般要在两个地方标注设备位号，第一处在设备内或设备旁，用粗实线画一水平位号线，在位号线的上方标注设备位号，但应注意，此处不标注设备名称。第二处在设备相对应位置图纸上方或下方，由设备位号、设备位号线和设备名称组成，要求水平排列整齐，并尽可能正对设备，用粗实线画出设备位号线，在位号线的上方标注设备位号，在位号线的下方标注设备名称，设备名称用汉字标注。若在垂直方向排列设备较多时，它们的位号和名称也可由上而下按序标注。

每台设备均有相应的位号。设备位号由两部分组成，第一部分用大写英文字母表示设备类别，第二部分用阿拉伯数字表示设备所在位置（工序）及同类设备的顺序。管道及仪表流程图上需用细实线在相应的管道上用符号将仪表及控制点正确地绘出。符号包括图形符号和表示被测变量、仪表功能的字母代号。细圆直径为10mm，并用细实线连到工艺设备的轮廓线或工艺管道上的测量点。

通过绘制管道仪表流程简图，可理解传热装置的控制方案和操作要点，有助于掌握操作技能。

思考题

操作中单管程列管换热器、板式换热器和套管式换热器有何区别？

课后任务

绘制传热装置管道仪表流程简图。

二、操作传热实训装置

实训装置是由单管程列管换热器、板式换热器和套管式换热器构成，换热介质是高温蒸汽、空气、高压空气、冷水和热水。冷流体空气由旋涡气泵提供，经过换热器加热之后放空。热流体水蒸气由蒸汽发生器提供，在蒸汽分配器内缓冲之后分别进入套管式和列管式换热器，与空气换热之后冷凝成液体，通过疏水器阀组排污。冷水和热水分别贮存于不同的贮罐，经过离心泵输送在板式换热器逆流接触，换热后流出换热器。

1. 操作列管式换热器（水蒸气-空气换热系统）

检查公用工程（水蒸气、电）是否处于正常供应状态；检查流程中各阀门是否处于正常开车状态；设备上电，检查各仪表状态是否正常，动设备试车。

启动仪表柜总电源。空气流量通过涡轮流量计测量，变频器输出适宜的电源频率来调节旋涡气泵的转速，从而控制空气流量。启动旋涡气泵，空气由旋涡气泵吹出，空气压力由压力表显示，空气由支路控制阀分别进入套管换热器和列管换热器。通过入口阀门进入套管或管程，与蒸汽呈并流流动，通过出口阀门排出。空气入口温度由入口温度显示仪显示，出口温度由出口温度显示仪显示。

缓慢打开蒸汽分配器上的蒸汽总管进汽阀门，使水蒸气进入蒸气分配器，当其稳定后通过支路控制阀分别进入套管式换热器和列管式换热器。蒸汽流量由电动阀通过调节控制仪的设定值来调节。蒸汽通过入口阀门进入套管式换热器和列管式换热器的壳程，与管程空气呈逆流接触。通入蒸汽 2min 后，关闭不凝汽阀门。通过换热，蒸汽变为冷凝水，从换热器的另一端通过出口阀门和疏水器排出。通过换热，空气温度升高。

正常操作时要检查流体的流量是否在正常范围内；检查水蒸气和空气的压力变化，尤其是水蒸气的压力变化，避免出现因压力变化而造成的温度变化，还应避免水蒸气压力过高造成的危险，出现异常现象要及时查明原因，排除故障；检查或定期测定水蒸气和空气进出口温度的变化，每 5min 记录一次数据；在操作过程中，应定时排除不凝性气体和冷凝液；定时检查换热器有无渗漏，有无振动现象，注意及时排除异常现象。

如果空气出口温度突然变化，原因可能有空气流量、换热器蒸汽压力、空气入口温度发生变化，或加热蒸汽漏入空气。当换热过程稳定 20min 后，准备停车。

停车时先关闭蒸汽分配器上的蒸汽总管进汽阀门。待蒸汽分配器的放空口没有蒸汽逸出后，关闭换热器蒸汽入口阀门。等空气出口温度降至常温后，关闭旋涡气泵电源。

再依次关闭换热器空气入口阀门、空气出口阀门和总电源。检查停车后各设备、阀门、蒸汽分配器的状态。

值得注意的是，实际生产的升温过程，要根据设备特点制定升温方案，保持一定的升温速率，不宜忽冷忽热；所加热温度接近物料自燃点时常采用惰气保护；加热温度在 100℃以下，可用热水循环加热；100～140℃可用蒸汽加热；140℃以上可用加热油加热，密切防止泄漏事故发生；蒸汽使用后，会在设备低处积存冷凝水，如不及时除去，冬天会冻坏设备或影响蒸汽流动速率。

【例 2-14】 在一单程列管换热器中，用饱和蒸汽加热原料油。温度为 160℃的饱和蒸汽在壳程冷凝（排出时为饱和液体），原料油在管程流动，并由 20℃加热到 106℃。列管换热器尺寸：列管直径 $\phi 19\text{mm}\times 2\text{mm}$，管长为 4m，共有 25 根管子。若换热器的传热量为 125kW，蒸汽冷凝传热系数为 $7000\text{W}/(\text{m}^2\cdot℃)$，油侧污垢热阻可取为 $0.0005(\text{m}^2\cdot℃)/\text{W}$，管壁热阻和蒸汽侧垢层热阻可忽略，试求管内油侧对流传热系数。又若油的流速增加一倍，此时若换热器的总传热系数为原来总传热系数的 1.75 倍，试求油的出口温度。假设油的物性不变。

解

$$\Delta t_m=\frac{\Delta t_1-\Delta t_2}{\ln\dfrac{\Delta t_1}{\Delta t_2}}=\frac{(160-20)-(160-106)}{\ln\dfrac{(160-20)}{(160-106)}}=90.3(℃)$$

$$A=n\pi DL=25\times\pi\times0.019\times4=5.97(m^2)$$

$$K_o=Q/(A\Delta t_m)=125\times10^3/(5.97\times90.3)=231.87[W/(m^2\cdot℃)]$$

(1) 由式(2-39)，且 $A_o=n\pi d_o L$，$A_i=n\pi d_i L$，$A_m=n\pi d_m L$，可直接代入直径。

由题意可知：
$$\frac{1}{K_o}=\frac{d_o}{\alpha_i d_i}+R_{si}+\frac{1}{\alpha_o}$$

$$\frac{1}{\alpha_i}=\frac{d_i}{d_o}\left(\frac{1}{K_o}-R_{si}-\frac{1}{\alpha_o}\right)=\frac{0.015}{0.019}\times\left(\frac{1}{231.87}-0.0005-\frac{1}{7000}\right)=0.002897$$

$$\alpha_i=345.2[W/(m^2\cdot℃)]$$

(2) 由式(2-5a) 可知：

流速增加前 $$Q=Wc_p(t_2-t_1)=K_oA\Delta t_m=125kW \quad (1)$$

流速增加后 $$Q'=2Wc_p(t_2'-t_1)=1.75K_oA\Delta t_m' \quad (2)$$

(1)、(2) 两式相除，可得：

$$\frac{Wc_p(t_2-t_1)}{2Wc_p(t_2'-t_1)}=\frac{K_oA\Delta t_m}{1.75K_oA\Delta t_m'}$$

则：$$\frac{(t_2-t_1)}{2(t_2'-t_1)}=\frac{\Delta t_m}{1.75\Delta t_m'}$$ 代入数据：$$\frac{(106-20)}{2(t_2'-20)}=\frac{90.3}{1.75\Delta t_m'}$$

展开：$$\Delta t_m'=\frac{\Delta t_1-\Delta t_2}{\ln\dfrac{\Delta t_1}{\Delta t_2}}=\frac{(t_2'-20)-(160-106)}{\ln\dfrac{(t_2'-20)}{(160-106)}}=\frac{90.3\times2\times(t_2'-20)}{1.75\times(106-20)}$$

得：$$\frac{(t_2'-20)-(160-106)}{\ln\dfrac{(t_2'-20)}{(160-106)}}=\frac{90.3\times2\times(t_2'-20)}{1.75\times(106-20)}$$

由数值试差可解得： $$t_2'=99.2(℃)$$

思考题

1. 高温蒸汽操作中应注意什么？
2. 开启风机送空气时应注意什么？

课后任务

1. 设计换热装置操作的记录日志。
2. 查询各种列管式换热器结构和技术发展应用情况，提交调研报告。

2. 操作套管式换热器（冷水-空气换热系统）

检查公用工程（水蒸气、电）是否处于正常供应状态；检查流程中各阀门是否处于正常开车状态；设备上电，检查各仪表状态是否正常，动设备试车。

启动仪表柜总电源。空气流量通过涡轮流量计测量，变频器输出适宜的电源频率来调节旋涡气泵的转速，从而控制空气流量。启动旋涡气泵，空气由旋涡气泵吹出，空气压力由压力表显示，空气由支路控制阀分别进入套管换热器和列管换热器。通过入口阀门进入套管或管程，与蒸汽呈并流流动，通过出口阀门排出。空气入口温度由入口温度显示仪显示，出口温度由出口温度显示仪显示。打开冷水贮槽出口阀，启动冷水泵，打开出口阀，观察转子流量计的流量，调节稳定流量值。观察冷水出口温度的变化。

正常操作时要经常检查流体的流量是否在正常范围内。检查空气进出口温度的变化，每

5min 记录一次数据。定时检查换热器有无渗漏，有无振动现象，注意及时排除异常现象。当换热过程稳定 20min 后，准备停车。

正常停车时先关旋涡气泵电源；关闭冷水泵、换热器空气入口阀门、空气出口阀门；关闭总电源。检查停车后各设备、阀门、蒸汽分配器的状态。设备关闭前一定要降温且清空滞留水，防止腐蚀设备。

【例 2-15】 有一列管换热器，热水走管内，冷水在管外，逆流操作。经测定热水的流量为 200kg/h，热水进出口温度分别为 323K、313K，冷水的进出口温度分别为 283K、296K，换热器的传热面积为 1.85m^2。试求该操作条件的传热系数 K 值。

解 水的平均比热容取 4.18kJ/(kg·K)。

换热器的热负荷为：$Q=Wc_p(T_1-T_2)=(200/3600)\times4.18\times(323-313)=2.32(\text{kW})$

传热温度差

T	323→313
$-t$	296←283
Δt	27　30

因 $\Delta t_1=30$，$\Delta t_2=27$，$(\Delta t_1/\Delta t_2)<2$

所以 $\Delta t_m=(\Delta t_1+\Delta t_2)/2=(30+27)/2=28.5(℃)$

传热系数为：$K=\dfrac{Q}{A\Delta t_m}=\dfrac{2.32\times10^3}{1.85\times28.5}=44[\text{W}/(\text{m}^2\cdot℃)]$

思考题

操作套管式换热器应注意哪些事项？

课后任务

查询各种套管式换热器结构和技术发展应用情况，提交调研报告。

3. 操作板式换热器（热水-冷水换热系统）

检查公用工程（水蒸气、电）是否处于正常供应状态；检查流程中各阀门是否处于正常开车状态；设备上电，检查各仪表状态是否正常，动设备试车。

启动仪表柜总电源。将蒸汽通入热水贮罐，等待热水升温到设定值。打开冷水贮槽出口阀，启动冷水泵，打开出口阀，使冷水进入换热器，观察转子流量计的流量，调节稳定流量值，观察冷水出口温度的变化；打开热水泵进口阀门，启动热水泵，让热水进入换热器，通过出口阀门调节热水流量到规定值。观察冷热流体进出口温度的变化。

正常操作时要经常检查流体的流量是否在正常范围内。检查冷热流体进出口温度的变化，每 5min 记录一次数据。定时检查换热器有无渗漏，有无振动现象，注意及时排除异常现象。当换热过程稳定 20min 后，准备停车。

正常停车时先关闭热水泵出口阀，停泵，关进口阀；再关闭冷水泵；关闭总电源。检查停车后各设备、阀门、蒸汽分配器的状态。

注意换热器两头的温差不宜过大，否则换热器材质内部应力不同会扭曲泄漏，引起事故。

【例 2-16】 板式换热器中用水蒸气冷凝来加热轻油，已知水蒸气冷凝的传热膜系数 α_1 为 10000W/(m^2·K)，轻油加热的传热膜系数 α_2 为 200W/(m^2·K)。(1) 若钢板厚度为 2.5mm，其热导率为 46.5W/(m·K)，求传热系数 K。(2) 若考虑污垢热阻，已知水蒸气冷凝一侧的污垢热阻 R_{s1} 为 0.09m^2·K/kW，轻油一侧的污垢热阻 R_{s2} 为 1.06m^2·K/kW，求传热系数 K。

解 (1) $\dfrac{1}{K}=\dfrac{1}{\alpha_1}+\dfrac{b}{\lambda}+\dfrac{1}{\alpha_2}=\dfrac{1}{10000}+\dfrac{0.0025}{46.5}+\dfrac{1}{200}=0.0052$

$$K=194[\mathrm{W/(m^2 \cdot K)}]$$

(2) 若考虑污垢热阻

$$\frac{1}{K}=\frac{1}{\alpha_1}+R_{s1}+\frac{b}{\lambda}+R_{s2}+\frac{1}{\alpha_2}=\frac{1}{10000}+0.09\times10^{-3}+\frac{0.0025}{46.5}+1.06\times10^{-3}+\frac{1}{200}=0.0063$$

$$K=158.7[\mathrm{W/(m^2 \cdot K)}]$$

思考题

操作板式换热器应注意哪些事项？

课后任务

查询各种板式换热器结构和技术发展应用情况，提交调研报告。

三、编制基础操作规程

换热器的操作要按照规程严格执行，开始运行操作时，如两种介质压力不一样，应先缓慢打开低压侧阀门，然后开入高压侧阀门。停车运行时应缓慢切断高压侧流体，再切断低压流体，这样做将大大有助于保证设备的使用寿命。设备应在产品规定的工作温度、压力范围下操作。超温超压可能破坏密封性能，造成泄漏，操作时禁止猛烈冲击设备。

对于板式换热器，清洗和维护非常重要，一般情况可不解体清洗，用水以与介质流动反方向冲洗，可冲出杂物，但压力不得高于工作压力，也可用对不锈钢无腐蚀性的化学清洗剂清洗。如长时间使用，板片会有一定的沉积物结垢而影响换热效果，因此须定期拆洗。拆洗时将换热器解体，用棕刷洗刷板片表面污垢，也可用无腐蚀性的化学清洗剂洗刷。注意不得用金属刷洗刷，以免损伤板片，影响防腐能力。拆装时，对于普通板式换热器，松开压紧螺栓，按顺序解体清洗后，严格按图纸流程顺序用工艺螺栓组装压紧，再换上定位螺栓均匀压紧到不泄漏。对于悬挂板式换热器，松开螺栓后，将活动压紧板向支架一端移去。然后将每块板片移开分别洗刷后照原样装回压紧至不泄漏。换热器使用一定时间后，如有松动泄漏，可再均匀压紧螺栓或对密封垫进行更换。更换密封垫时，取下旧垫片，用汽油浸泡密封槽内剩余胶水，清洗干净，干燥后，再在槽内和密封垫背面薄薄涂上一层强力胶，将密封垫嵌入槽内，四周均匀压紧，两天后方可组装使用。

对于管壳式换热器，要按周期维护；每年清洗换热器列管，要求无结垢。每个月检查管束与管板的胀接是否腐蚀；检查挡板与管束接触是否紧密，壳侧流体有无短路现象，挡板与管束接触应紧密，壳侧流体无短路现象；检查换热管内外结垢现象，应无严重结垢现象；检查水室与管板封闭是否严密，有无泄漏，管束是否有穿孔或破裂、水室与管板封闭严密，无泄漏，管束无穿孔或破裂；检查温度和压力指示表是否完好。

思考题

基础操作规程包括哪些内容？

课后任务

编制单管程列管换热器、板式换热器和套管式换热器的基础操作规程。

任务四　换热系统的仿真实训

换热器是进行热交换操作的通用工艺设备，广泛应用于化工、石油、石油化工、动力、冶金等工业部门，特别是在石油炼制和化学加工装置中，占有重要地位。换热器的操作技术培训在整个操作培训中尤为重要。

本单元设计采用管壳式换热器。来自系统外的冷物流由泵输送至换热器的壳程被流经管程的热物流加热，并部分被汽化。冷物流流量由流量控制器控制。来自另一设备的热物流经泵送至该换热器与流经壳程的冷物流进行热交换，热物流出口温度由温度控制仪表控制。

为保证热物流的流量稳定，温度控制仪表采用分程控制，分别调节流经换热器和副线的流量，如图 2-19 所示。

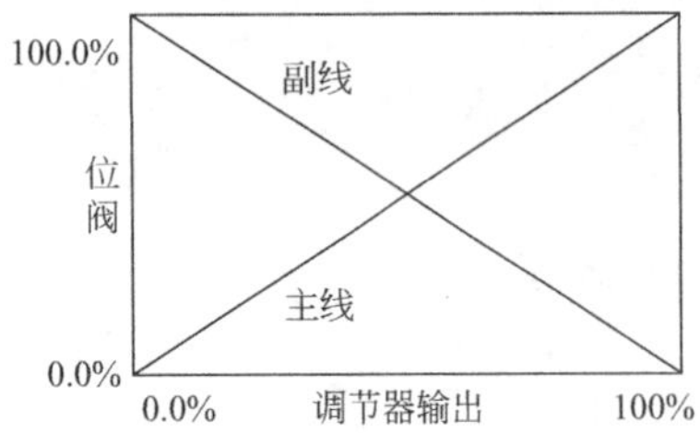

图 2-19　调节器阀位图

一、开车操作

装置的开工状态为换热器处于常温常压下，各调节阀处于手动关闭状态，各手操阀处于关闭状态，可以直接进冷物流。

冷物流进料时，先开换热器壳程排气阀，打开泵的前阀，再启动冷物流进料泵，当进料压力达到指标值时，打开泵的出口阀。打开冷流体流量控制阀的前后手阀，然后打开主阀，观察壳程排气阀的出口，当有液体溢出时，标志着壳程已无不凝性气体，关闭壳程排气阀，壳程排气完毕。控制冷流体流量，较稳定时投自动。

热物流进料时，开管程放空阀，开热物流进料泵的泵前阀，启动热物流进料泵，当热物流进料压力达到指标值时，全开泵的出口阀。全开热物流温度控制阀的前后手阀，给换热器管程注液，观察管程排气阀出口，当有液体溢出时，标志着管程已无不凝性气体，此时关管程排气阀，管程排气完毕。打开热物流的换热器出口阀，手动调节管程温度控制阀，使其出口温度达到指标值，较稳定时投自动。

正常操作时，记录工况操作参数，包括冷物流流量、出口温度、汽化率、热物流流量、出口温度。练习备用泵的切换操作。

二、停车操作

停热物流进料时，先关闭热物流进料泵的出口阀，停热物流进料泵，待压力指示小于规定值时，关闭热物流进料泵入口阀。将热物流温度控制阀置手动，关闭热物流温度控制阀的前、后阀；关闭热物流温度控制阀。

停冷物流进料时，关闭冷物流进料泵的出口阀，停冷物流进料泵，待压力指示小于规定值时，关闭冷物流进料泵入口阀；将物料流量控制主阀置手动，关闭其前、后阀；关闭换热器冷物流出口阀。

打开管程泄液阀，观察管程泄液阀的出口，当不再有液体泄出时，关闭泄液阀；打开壳程泄液阀，观察壳程泄液阀的出口，当不再有液体泄出时，关闭泄液阀。

三、事故处理操作

冷物料流量控制阀故障，主要现象是流量减小、泵出口压力升高、冷物流出口温度升高。处理方法是关闭前后阀，打开旁路阀，调节流量使其达到正常值。

冷物料进料泵故障，主要现象是泵出口压力急骤下降、流量急骤减小、冷物流出口温度升高，汽化率增大。处理方法是切换泵。

热物料进料泵故障，主要现象是泵出口压力急骤下降、冷物流出口温度下降，汽化率降低。处理办法是切换泵。

热流体温度控制阀故障，主要现象是热物流经换热器换热后的温度降低、冷物流出口温度降低。处理办法是关闭前后阀，打开的旁路阀，调节流量使其达到正常值。

换热器列管部分管堵，主要现象是热物流流量减小、冷物流出口温度降低，汽化率降低，热物流泵出口压力略升高。事故处理方法是停车拆换热器清洗。

换热器结垢严重，主要现象是热物流出口温度高，处理办法是停车拆换热器清洗。

思考题

1. 冷态开车是先送冷物料，后送热物料；而停车时又要先关热物料，后关冷物料，为什么？

2. 开车时不排出不凝气会有什么后果？如何操作才能排净不凝气？

3. 为什么停车后管程和壳程都要高点排气、低点泄液？

4. 你认为本系统热流体温度调节器的设置合理吗？如何改进？

课后任务

1. 绘制带控制点的流程图。

2. 分析操作控制指标。

任务五　换热器设计与选型

一、换热器设计

列管换热器是目前化工生产中应用最广泛的传热设备，与前述的各种换热器相比，主要优点是单位体积所具有的传热面积较大以及传热效果较好。此外，由于其结构简单、制造的材料范围较广、操作弹性也较大等，因此在高温高压和大型装置上多采用列管式换热器。

列管式换热器中，由于两流体的温度不同，使管束和壳体的温度也不相同，因此它们的热膨胀程度也有差别。若两流体的温度差较大（50℃）时，就可能由于热应力而引起设备的变形，甚至弯曲或破裂，因此必须考虑这种热膨胀的影响，慎重选择流体的流动形式。

1. 列管式换热器设计时应考虑的问题

(1) 流体流径的选择　哪一种流体流经换热器的管道，哪一种流体流经壳程，下列各点可供选择时参考（以固定管板式换热器为例）。

① 不洁净和易结垢的流体宜走管内，因为管内清洗比较方便。

② 腐蚀性的流体走管内，以免壳体和管子同时受腐蚀，而且管子也便于清洗和检修。

③ 压力高的流体宜走管内，以免壳体受压，可节省壳程金属消耗量。

④ 饱和蒸气宜走管间，以便于及时排除冷凝液，且蒸气较洁净，它对清洗无要求。

⑤ 有毒流体宜走管内，使泄漏机会较少。

⑥ 被冷却的流体宜走管间，可利用外壳向外的散热作用，以增强冷却效果。

⑦ 黏度大的液体或流量较小的流体，宜走管间，因流体在有折流挡板的壳程流动时，由于流速和流向的不断改变，在低 Re 值（$Re>100$）下即可达到湍流，以提高对流传热系数。

⑧ 对于刚性结构的换热器，若两流体的温度差较大，对流传热系数较大者宜走管间，因壁面温度与大的流体温度相近，可以减少热应力。

在选择流体流径时，上述各点常不能同时兼顾，应视具体情况抓住主要矛盾。例如首先考虑流体的压力、防腐蚀和清洗等要求，然后再校核对流体传热系数和压力降，以便作出较恰当的选择。

(2) 流体流速的选择　增加流体在换热器中的流速，将加大对流传热系数，减少污垢在管子表面上沉积的可能性，即降低了污垢热阻，使总传热系数增大，从而可减少换热器的传热面积。但是流速增加，又使流体阻力增大，动力消耗就增多。所以适宜的流速要通过经济衡算才能确定。

此外在选择流速时，还需考虑结构上的要求。例如，选择高的流速，使管子的数目减少，对一定的传热面积，不得不采用较长的管子或增加程数。管子太长不易清洗，且一般管子都有一定标准；单程变成多程使平均温度差下降。这些也是选择流速时应考虑的问题。

表 2-5～表 2-7 列出了常用的流速范围，可供设计时参考。所选择的流速，应尽可能避免在滞流下流动。

表 2-5　列管换热器中常用的流速范围

流体的种类		一般流体	易结垢液体	气体
流速/(m/s)	管程	0.5～3	>1	5～30
	壳程	0.2～1.5	>0.5	3～15

表 2-6　列管换热器中易燃、易爆液体的安全允许速度

液体名称	乙醚、二氧化硫、苯	甲醇、乙醇、汽油	丙酮
安全允许速度/(m/s)	<1	2～3	<10

表 2-7　列管换热器中不同黏度液体的常用流速

液体黏度/mPa·s	>1500	1500～500	500～100	100～35	35～1	<1
最大流速/(m/s)	0.6	0.75	1.1	1.5	1.3	2.4

(3) 流体两端温度的确定　若换热器中冷、热流体的温度都由工艺条件所规定，就不存在确定两端温度的问题。若其中一个流体已知进口温度，则出口温度应由设计者来确定。例如冷水冷却某热流体，冷水的进口温度可能根据当地的气温条件做出估计，从而换热器出口的冷水温度，便需要根据经济衡算来决定。为了节省水量，可让水的出口温度提高些，但传热面积就需要加大；反之，为了减小传热面积，则要增加水量。两者是相互矛盾的。一般来说，设计时冷却水两端温度差可取 5～10℃。缺水地区选用较大的温度差，水源丰富地区选用较小的温度差。

(4) 管子的规格和排列方法　选择管径时，应尽可能流速高些，但一般不应超过前面介绍的流速范围。易结垢或黏度较大的液体宜采用较大的管径。我国目前使用的列管式换热器系列标准中为 ϕ25mm×2.5mm 及 ϕ19mm×2mm 两种规格的管子。

管长的选择是以清洗方便及合理使用管材为原则。长管不便于清洗，且易弯曲。一般出厂的标准管长为 6m，则合理的换热器管长应为 1.5m、2m、3m 和 6m。系列标准中也采用这四种管长。此外管长和管径应相适应，一般取 L/D 为 4～6（对直径小的换热器可取大些）。

如前所述，管子在管板上的排列方法有等边三角形、正方形直列和正方形错列等。等边三角形排列的优点有管板的强度高；流体走短路的机会少，且管外流体扰动较大，因而对流传热系数较高；相同壳程内可排列更多的管子。正方形直列排列的优点是便于清洗列管的外壁，适于壳程流体易产生污垢的场合；但其对流传热系数较正三角形排列时低。正方形错列排列则介于上述两者之间，与直列排列相比，对流传热系数可适当提高。

管子在管板上排列的间距 t（指相邻两根管子的中心距），随管子与管板的连接方法不同而异。通常，胀管法取 $t=(1.3\sim1.5)d_o$，且相邻两外壁间距不应小于 6mm，即 $t\geqslant(d_o+6)$。焊接法取 $t=1.25d_o$。

(5) 管程和管壳数的确定 当流体的流量较小或传热面积较大而需管数很多时，有时会使管内流速较低，因而对流传热系数较小。为了提高管内流速，可采用多管程。但是程数过多，导致管程流体阻力加大，增加动力费用；同时多程会使平均温度差下降；此外多程隔板使管板上可利用的面积减少。设计时应考虑这些问题。列管换热器的系列标准中管程数有1、2、4和6程四种。

管程数可按下式计算：

$$m=\frac{u}{u'} \tag{2-41}$$

式中，u为管程内流体的适宜速度，m/s；u'为管程内流体的实际速度，m/s。

当温度差校正系数低于0.8时，可以采用壳方多程。如壳体内安装一块与管束平行的隔板，流体在壳体内流经两次，称为两壳程。但由于壳程隔板在制造、安装和检修等方面都有困难，故一般不采用壳方多程的换热器。如果需要壳方两程时，即将总管数等分为两部分，分别安装在两个内径相同而直径较小的外壳中，然后把这两个换热器串联使用。

(6) 折流挡板 安装折流挡板的目的，是为了加大壳程流体的速度，使湍动程度加剧，以提高壳程对流传热系数。最常用的为圆缺型挡板，切去的弓形高度为外壳内径的10～40，一般取5～20，过高或过低都不利于传热。

两相邻挡板的距离（板间距）h为外壳内径D的0.2～1倍。系列标准中采用的板间距值为：固定管板式的有150mm、300mm和600mm三种；浮头式的有150mm、200mm、300mm、480mm和600mm五种。板间距过小，不便于制造和检修，阻力也较大。板间距较大，流体就难以垂直地流过管束，使对流传热系数下降。

(7) 外壳直径的确定 换热器壳体的内径应等于或稍大于（对浮头式换热器而言）管板的直径。根据计算出的实际管数、管径、管中心距及管子的排列方法等，可作图确定壳体的内径。但是，当管束较多又要反复计算时，作图太繁琐。一般在初步设计中，可先分别选定两流体的流速，然后计算所需的管程和壳程的流通截面积，于系列标准中查出外壳的直径。待全部设计完成后，仍应用作图法画出管子排列图。为了使管子排列均匀，防止流体走"短流"，可以适当增减一些管子。

另外，初步设计中也可用下式计算壳体的内径，即：

$$D=t(n_c-1)+2b' \tag{2-42}$$

式中 D——壳体内径，m；

t——管中心距，m；

n_c——横过管束中心线的管数；

b'——管束中心线上最外层管的中心至壳体内壁的距离，一般取$b'=(1\sim1.5)d_o$，m。

n_c值可由下面公式估算，即：

管子按正三角形排列 $$n_c=1.1\sqrt{n} \tag{2-43}$$

管子按正方形排列 $$n_c=1.19\sqrt{n} \tag{2-43a}$$

式中，n为换热器的总管数。

按上述方法计算得到的壳内径应圆整，标准尺寸查表2-8。

表2-8 壳体标准尺寸

壳体内径/mm	325	400	500	600	700	800	900	1000	1100	1200
最小壁厚/mm	8	10				12			14	

(8) 主要附件 主要附件包括封头、缓冲挡板、导流筒、放气孔、排液孔和接管等。封头有方形和圆形两种，方形用于直径小（一般小于 400mm）的壳体，圆形用于大直径的壳体。为防止壳程流体进入换热器时对管束的冲击，可在进料管口装设缓冲挡板。壳程流体的进、出口和管板间必存在一段流体不能流动的空间（死角），为了提高传热效果，常在管束外增设导流筒，使流体进、出壳程时必然经过这个空间。换热器的壳体上常安有放气孔和排液孔，以排除不凝气体和冷凝液等。换热器中流体进、出口的接管直径按下式计算，即：

$$d=\sqrt{\frac{4V_s}{\pi u}} \tag{2-44}$$

式中 V_s——流体的体积流量，m^3/s；

u——流体在接管中的流速，m/s。

流速 u 的经验值可取为：对液体，$u=1.5\sim2m/s$；对蒸气，$u=20\sim50m/s$；对气体，$u=(0.15\sim0.2)p/\rho$（p——kPa；ρ——kg/m^3）。

(9) 材料选用 列管换热器的材料应根据操作压力、温度及流体的腐蚀性等来选用。在高温下，一般材料的机械性能及耐腐蚀性能都要下降，同时具有耐热性、高强度及耐腐蚀性的材料是很少有的。目前常用的金属材料有碳钢、不锈钢、低合金钢、铜和铝等；非金属材料有石墨、聚四氟乙烯和玻璃等。不锈钢和有色金属虽然抗腐蚀性能好，但价格高且较稀缺，应尽量少用。

(10) 流体流动阻力（压力降）的计算

① 管程流体阻力。一般来说，液体流经换热器的压力降为 $10^4\sim10^5$Pa，气体为 $10^3\sim10^4$Pa。

管程阻力可按一般摩擦阻力公式求得。对于多程换热器，总阻力 $\sum\Delta p_i$ 等于各程直管阻力、回弯阻力及进、出口阻力之和。一般进、出口阻力可忽略不计，故管程总阻力的计算公式为：

$$\sum\Delta p_i=(\Delta p_1+\Delta p_2)F_tN_sN_p \tag{2-45}$$

式中 Δp_1，Δp_2——直管及回弯管中因摩擦阻力引起的压降差，Pa；

F_t——结垢校正因数，无量纲（对 ϕ25mm×2.5mm 的管子，取 1.4，对 ϕ19mm×2mm 的管子，取 1.5）；

N_p——管程数；

N_s——串联的壳程数。

上式中直管压力降 Δp_1 可按管中流动阻力计算公式计算；回弯管的压力降 Δp_2 由下面的经验公式估算，即：

$$\Delta p_2=3\left(\frac{\rho u^2}{2}\right) \tag{2-46}$$

② 壳程流体阻力。现已提出的壳程流体阻力的计算公式虽然较多，但是由于流体的流动状况比较复杂，因此使计算得到的结果相差很多。下面介绍埃索法计算壳程压力降 Δp_o 的公式，即：

$$\sum\Delta p_o=(\Delta p_{1'}+\Delta p_{2'})F_sN_s \tag{2-47}$$

式中 $\Delta p_{1'}$——流体横过管束的压力降，Pa；

$\Delta p_{2'}$——流体通过折流板缺口的压力降，Pa；

F_s——壳程压力降的结垢校正因数，无量纲（对液体可取 1.15，对气体可取 1.0）。

而

$$\Delta p_1'=Ff_on_c(N_B+1)\frac{\rho u_o^2}{2} \tag{2-48}$$

$$\Delta p_2'=N_B\left(3.5-\frac{2h}{D}\right)\frac{\rho u_o^2}{2} \tag{2-49}$$

式中 F——管子排列方法对压力降的校正因数（正三角形排列，$F=0.5$；正方形错列，$F=0.4$；正方形排列，$F=0.3$）；

f_o——壳程流体的摩擦系数，当 $Re_o>500$ 时，$f_o=5Re_o^{-0.228}$；

n_c——横过管束中心线的管子数，可按式(2-43）或式(2-43a）计算；

N_B——折流挡板数；

h——折流挡板间距，m；

u_o——按壳程流通截面积 A_o 计算的流速，m/s，而 $A_o=h(D-n_cd_c)$。

一般来说，液体流经换热器的压力降为 10～100kPa。设计时换热器的工艺尺寸应在压力降与传热面积之间予以权衡，使既能满足工艺要求，又经济合理。

2. 列管换热器的设计计算步骤

(1) 试算并初选设备规格

① 确定流体在换热器中的流动途径。

② 根据传热任务计算热负荷 Q。

③ 确定流体在换热器两端的温度，选择列管换热器的形式；计算定性温度，并确定在定性温度下的流体物性。

④ 计算平均温度差，并根据温度差校正系数不应小于 0.8 的原则，决定壳程数。

⑤ 依据总传热系数的经验值范围，或按生产实际情况，选定传热系数 K 值。

⑥ 由总传热速率方程 $Q=KA\Delta t_m$，初步算出传热面积 A，并确定换热器的基本尺寸（如 d、L、n 及管子在管板上的排列等）。

(2) 计算管、壳程压力降 根据初定的设备规格，计算管、壳程流体的流速和压力降。检查计算结果是否合理或满足工艺要求。若压力降不符合要求，要调整流速，再确定管程数或折流板间距，重新计算压力降直至满足要求为止。

(3) 核算总传热系数 计算管、壳程对流传热系数，确定污垢热阻 R_{si}、R_{so}，再计算总传热系数 K'，比较初设值 K 和计算值 K'，若 $K'/K=1.1\sim1.25$，则初选的换热器合适。否则需另设 K 值，重复以上计算步骤。

通常，进行换热器的选择和设计时，应在满足传热要求的前提下，再考虑其他各项的问题。它们之间往往是相互矛盾的。例如，若设计换热器的总传热系数较大，将导致流体通过换热器的压力降（阻力）增大，相应地增加了动力费用；若增加化热器表面积，可能使总传热系数或压力降减小，但却又要受到换热器所能允许的尺寸的限制，且换热器的造价也提高了。此外，其他因素（如加热和冷却介质的用量、换热器的检修和操作等）也不可忽视。总之，设计者应综合分析考虑上述因素，给予细心的判断，以便做出一个适宜的设计。

【例 2-17】 欲用工艺冷却水将 15000kg/h 的煤油从 140℃冷却到 40℃，冷却水进、出口温度分别为 30℃和 40℃。若要求换热器的管程压力降不大于 30kPa，请选择合适型号的列管式换热器。假设管壁热阻和热损失可以忽略。

定性温度下流体物性列于下表中。

项目	密度/(kg/m³)	比热容/[J/(kg·℃)]	黏度/Pa·s	热导率/[W/(m·℃)]
煤油	810	2.3	0.91×10^{-3}	0.13
水	994	4.187	0.727×10^{-3}	0.626

解 本题为两流体均不发生相变的传热过程，根据两流体的情况，因水的对流传热系数一般较大，且易结垢，故选择冷却水走换热器的管程，煤油走壳程。

(1) 试算和初选换热器的规格

① 计算热负荷和冷却水流量。

$$Q=W_h c_{ph}(T_1-T_2)=15000\times 2.3\times 10^3\times(140-40)/3600=958333(\text{W})$$

$$W_c=\frac{Q}{c_{pc}(T_1-T_2)}=\frac{958333\times 3600}{4.187\times 10^3\times(40-30)}=82398(\text{kg/h})$$

② 计算两流体的平均温度差（暂按单壳程、多管程进行计算）。

逆流时平均温度差为：

$$\Delta t'_m=\frac{\Delta t_2-\Delta t_1}{\ln\dfrac{\Delta t_2}{\Delta t_1}}=\frac{(140-40)-(40-30)}{\ln\dfrac{140-40}{40-30}}=39.1(℃)$$

而

$$P=\frac{t_2-t_1}{T_1-t_1}=\frac{40-30}{140-30}=0.09$$

$$R=\frac{T_1-T_2}{t_2-t_1}=\frac{140-40}{40-30}=10$$

由图 2-10 查得： $\varphi_{\Delta t}=0.85$

所以 $\Delta t_m=\varphi_{\Delta t}\Delta t'_m=0.85\times 39.1=33.24(℃)$

③ 初选换热器规格。根据两流体的情况，设定 $K=300\text{W}/(\text{m}^2\cdot℃)$

故

$$A=\frac{Q}{K\Delta t_m}=\frac{958333}{300\times 33.24}=96(\text{m}^2)$$

由于 $T_m-t_m=\frac{140+40}{2}-\frac{40+30}{2}=55℃\geqslant 50℃$，因此需考虑热补偿。据此，由换热器系列标准中选定 FB-600-95-16-2 型换热器，有关参数如下。

壳径/mm	600	管长/m	6
公称压力/at	16	管子总数	208
公称面积/m²	95	管子排列顺序	正方形斜转 45°
管程数	2	管子中心距/mm	32
管子尺寸/mm	$\phi 25\times 2.5$		

实际传热面积 $A_0=n\pi dL=208\times 3.14\times 0.025\times(6-0.1)=96(\text{m}^2)$

若采用此传热面积的换热器，则要求过程的总传热系数为 $300\text{W}/(\text{m}^2\cdot℃)$

(2) 核算压降

① 管程压降： $\sum\Delta p_i=(\Delta p_1+\Delta p_2)F_t N_p$

其中 $F_t=1.4$ $N_p=2$

管程流通面积： $A_i=\frac{\pi}{4}d_i^2\frac{n}{N_p}=\frac{\pi}{4}\times 0.02^2\times\frac{208}{2}=0.0327(\text{m}^2)$

$$u_i=V_s/A_i=82398/(3600\times 994\times 0.0327)=0.704(\text{m/s})$$

$$Re_i=(d_i u_i\rho)/\mu=(0.02\times 0.704\times 994)/0.00727=19250 \quad (湍流)$$

设管壁粗糙度 $\varepsilon=0.1\text{mm}$，$\varepsilon/d=0.1/20=0.005$，由摩擦因数图 λ-Re 中查得：$\lambda=0.035$

故：

$$\Delta p_1=\lambda\frac{L}{d}\times\frac{\rho u^2}{2}=0.035\times\frac{6}{0.02}\times\frac{994\times 0.704^2}{2}=2600(\text{Pa})$$

$$\Delta p_2=3\times\frac{\rho u^2}{2}=3\times\frac{994\times 0.704^2}{2}=740(\text{Pa})$$

则 $\sum\Delta p_i=(2600+740)\times 1.4\times 2=9350(\text{Pa})$

② 壳程压降： $\sum\Delta p_o=(\Delta p'_1+\Delta p'_2)F_s N_s$

其中 $F_s=1.15,N_s=1,\Delta p'_1=Ff_o n_c(N_B+1)\frac{\rho u_o^2}{2}$

管子为正方形斜角 45°排列，$F=0.4$

$$n_c=1.19\sqrt{n}=1.19\sqrt{208}=17$$

取折流挡板间距，$h=0.15\text{m}$　$N_B=(L/h)-1=(6/0.15)-1=39$

壳程流通面积　$A_o=h(D-n_c d_o)=0.15\times(0.6-17\times0.025)=0.0263(\text{m}^2)$

$$u_o=15000\div(3600\times810\times0.0263)=0.2(\text{m/s})$$

$$Re_o=(d_o u_o \rho)/\mu=(0.025\times0.2\times810)/0.00091=4450, Re_o>500$$

$$f_o=5Re_o^{-0.228}=5\times4450^{-0.228}=0.74$$

故
$$\Delta p_1'=0.4\times17\times(39+1)\times\frac{810\times0.2^2}{2}=3260(\text{Pa})$$

$$\Delta p_2'=N_B\left(3.5-\frac{2h}{D}\right)\frac{\rho u_o}{2}=39\times\left(3.5-\frac{2\times0.15}{0.6}\right)\times\frac{810\times0.2^2}{2}=1900(\text{Pa})$$

$$\sum\Delta p_o=(3260+1900)\times1.15=5930(\text{Pa})$$

计算表明，压降均小于 30kPa，故管程和管程压力降都能满足题设的要求。

(3) 核算总传热系数

① 管程对流传热系数 α_i

$$Re_i=19250\ (\text{湍流})Pr_i=\frac{c_p\mu}{\lambda}=\frac{4.187\times10^3\times0.727\times10^{-3}}{0.626}=4.86$$

$$\alpha_i=0.023\frac{\lambda}{d_i}Re_i^{0.8}Pr_i^{0.4}=0.023\times\frac{0.062}{0.02}\times(19250)^{0.8}\times(4.86)^{0.4}=3630[\text{W/(m}^2\cdot\text{℃)}]$$

② 壳程对流传热系数 α_o

$$\alpha_o=0.36\frac{\lambda}{d_e}(Re_o)^{0.55}(Pr_o)^{1/3}\left(\frac{\mu}{\mu_w}\right)^{0.14}$$

取换热器管子中心距 $t=32\text{mm}$

流体通过管间最大截面积为：$A=hD(1-d_o/t)=0.15\times0.6(1-25/32)=0.020(\text{m}^2)$

$$u_o=V_s/A=15000/(3600\times810\times0.020)=0.17(\text{m/s})$$

$$d_e=\frac{4\times\left(t_2-\frac{\pi}{4}d_o^2\right)}{\pi d_o}=\frac{4\times\left(0.032^2-\frac{\pi}{4}\times0.025^2\right)}{\pi\times0.025}=0.027(\text{m})$$

$$Re_o=\frac{d_e u_o \rho}{u}=\frac{0.027\times0.26\times810}{0.91\times10^{-3}}=6251$$

$$Pr_o=\frac{c_p\mu}{\lambda}=\frac{2.3\times10^{-3}\times0.91\times10^{-3}}{0.13}=16.1$$

壳程中煤油被冷却，取 $(\mu/\mu_w)^{0.14}=0.95$

故
$$\alpha_0=0.36\times\frac{0.13}{0.027}\times(6251)^{0.55}(16.1)^{1/3}\times0.95=511[\text{W/(m}^2\cdot\text{℃)}]$$

③ 污垢热阻，可查取管内、外侧污垢热阻分别为：

$$R_{si}=0.00035\text{m}^2\cdot\text{℃/W}\qquad R_{so}=0.00017\text{m}^2\cdot\text{℃/W}$$

④ 总传热系数 K

管壁热阻可忽略时，总传热系数为：

$$K_o=\left(\frac{1}{\alpha_o}+R_{so}+R_{si}\frac{d_o}{d_i}+\frac{d_o}{\alpha_i d_i}\right)^{-1}$$

$$=\left(\frac{1}{511}+0.00017+\frac{0.00035\times25}{20}+\frac{25}{3630\times20}\right)^{-1}=344.11[\text{W/(m}^2\cdot\text{℃)}]$$

由前面的计算可知，选用该型号换热器时设定的总传热系数为 300W/(m^2·℃)，在规定的流动下，计算出的 K_o 为 344.11W/(m² · ℃)，(344.11－300)/300＝14.70%，故所选择的换热器是合适的。

应予指出，上例仅说明换热器工艺设计的一般原则。实际设计时要求设计者进行多次计算，对各次结果进行比较后，从中定出较适宜的或最优的设计。故设计中尚需考虑成本、设备的尺寸和压力降等。

二、换热器选型

进行列管式换热器选型计算，首先由传热任务计算换热器的热流量（热负荷）。按选定的流动方式，计算温差修正系 φ，平均推动力 Δt_m。φ 值应大于 0.8，据一般经验 Δt_m 不宜小于 10℃。

初选传热系数 K，由传热基本方程 $Q=KA\Delta t_m$ 计算传热面积 A，并参考换热器系列选择标准换热器。根据选用的标准换热器尺寸，进行传热系数 K 的校核和压降计算。应使换热面积留有 10%～25%的裕度，使 $A/A_{计}=1.1\sim1.25$，否则需重新估计一个 K 值。K 值的大致范围见表 2-3。换热器内流体压降的计算可参照设计内容，若压降大于规定值，则必须调整流体流速或管程数和折流板间距，或选择另一规格的换热器，重新计算。

思考题

1. 管壳式换热器的设计方法能否运用到板式换热器的设计中？

2. 一般情况下，换热器的强化传热方式有哪些？

课后任务

1. 查询热管换热器的设计方法。

2. 采集相关操作和设备基础数据，核算并分析实训装置中的各类换热器。

练 习 题

1. 求下列情况下载热体的传热量：(1) 1500kg/h 的硝基苯从 80℃冷却到 20℃；(2) 50kg/h、400kPa 的饱和蒸汽冷凝后又冷却至 60℃。

2. 在换热器中，欲将 2000kg/h 的乙烯气体从 100℃冷却至 50℃，冷却水进口温度为 30℃，进出口温度差控制在 8℃以内，假定没有热损失，试求该过程冷却水的消耗量。

3. 某精馏塔的塔顶冷凝器中，用 30℃的冷却水将 100kg/h 的乙醇-水蒸气（饱和状态）冷凝成饱和液体，其中，乙醇含量为 92%（质量分数），水为 8%，冷却水的出口温度为 40℃，试求该过程的冷却水消耗量。

4. 用一列管换热器来加热某溶液，加热剂为热水。拟定水走管程，溶液走壳程。已知溶液的平均比热容为 3.05kJ/(kg · K)，进出口温度分别为 35℃和 60℃，其流量为 600kg/h；水的进出口温度分别为 90℃和 70℃。若热损为热流体放出热量的 5%，试求热水的消耗量和该换热器的热负荷。

5. 在一釜式列管换热器中，用 280kPa 的饱和水蒸气加热并汽化某液体（水蒸气仅放出冷凝潜热）。液体的比热容为 4.0kJ/(kg · K)，进口温度为 50℃，其沸点为 88℃，汽化潜热为 2200kJ/kg，液体的流量为 1000kg/h。忽略热损，求加热蒸汽消耗量。

6. 在一列管换热器中，两流体呈并流流动，热流体进出口温度分别为 130℃和 65℃，冷流体进出口温度分别为 32℃和 48℃，求换热器的平均温度差。若将两流体改为逆流，维持两流体的流量和进口温度不变，求此时换热器的平均温度差及两流体的出口温度。

7. 用一双壳程四管程的列管换热器来加热某溶液，使其从 30℃加热至 50℃，加热剂则从 120℃下降至 45℃，试求换热器的平均温度差。

8. 在一石油热裂装置中，所得热裂物的温度为 300℃。今拟设计一换热器，用来预热石油，

它的温度 $t_{进}=25℃$，拟预热到 $t_{出}=180℃$，热裂物的终温 $T_{出}$ 不得低于 200℃，试分别计算热裂物与石油在换热器中采用逆流与并流时的平均温差 Δt_m。

9. 接触法硫酸生产中用氧化后的高温 SO_3 混合气（走管程）预热原料气（SO_2 及空气混合物）。已知：列管换热器的传热面积为 $90m^2$，原料气进口温度为 300℃，出口温度为 430℃，SO_3 混合气进口温度为 560℃，两种流体的流量均为 10000kg/h，热损失为原料气所得热量的 6%，设两种气体的比热容均可取 1.05kJ/(kg·K)，且两流体可近似作为逆流处理，求：(1) SO_3 混合气的出口温度；(2) 传热系数。

10. 有一稳态导热的平壁炉墙，墙厚 240mm，热导率 $\lambda=0.2W/(m\cdot K)$，若炉墙外壁温度为 45℃，为测得炉墙内壁温度，在由外壁向墙内 100mm 处插入温度计，测得该处温度 100℃，试求炉墙内壁温度。

11. 某平壁工业炉的耐火砖厚度为 0.213m，炉墙热导率 $\lambda=1.038W/(m\cdot K)$。其外用热导率为 $0.07W/(m\cdot K)$ 的绝热材料保温。炉内壁温度为 980℃，绝热层外壁温度为 38℃，如允许最大热损失量为 $950W/m^2$。求：(1) 绝热层的厚度；(2) 耐火砖与绝热层的分界处温度。

12. 有一 ϕ108mm×4mm 的管道，内通以 200kPa 的饱和蒸汽。已知其外壁温度为 110℃，内壁温度以蒸汽温度计。试求每米管长的导热量。

13. 已知一外径为 75mm、内径为 55mm 的金属管，输送某一热的物流，此时金属管内壁温度为 120℃，外壁温度为 115℃，每米管长的散热速率为 4545W/m，求该管材的热导率。为减少热损，外加一层石棉层，其热导率为 $0.15W/(m\cdot K)$。此时石棉层外壁温度为 10℃，而每米管长的散热速率减少为原来的 3.87%，求石棉层厚度及金属管和石棉层接触面处的温度。

14. 水以 1m/s 的速度在长为 2m、管径为 ϕ25mm×2.5mm 的管内由 25℃加热至 50℃，试求水与管壁之间的对流传热系数。

15. 水在一圆形直管内呈强制湍流时，若流量及物性均不变，现将管内径减半，则管内对流传热系数为原来的多少倍？

16. 常压空气在壳程装有弓形挡板的列管换热器的壳程流过。已知管子为 ϕ38mm×3mm，正方形排列，管间距为 51mm，挡板间距为 1.45m，换热器壳体内径为 2.8m，空气流量为 $4\times10^4 m^3/h$，平均温度为 140℃。试求空气的对流传热系数。

17. 在某列管换热器中，管子为 ϕ25mm×2.5mm 的钢管，管内外流体的对流传热系数分别为 $200W/(m^2\cdot K)$ 和 $2500W/(m^2\cdot K)$，不计污垢热阻，试求：(1) 此时的传热系数；(2) 将 α_i 提高一倍时（其他条件不变）的传热系数；(3) 将 α_o 提高一倍时（其他条件不变）的传热系数。

18. 在上题中，换热器使用一段时间后，产生了污垢，两侧污垢热阻均为 $1.72\times10^{-3}m^2\cdot K/W$，若仍维持对流传热系数为 $200W/(m^2\cdot K)$ 和 $2500W/(m^2\cdot K)$ 不变，试求传热系数下降的百分数。

19. 100℃的饱和水蒸气在列管换热器的管外冷凝，总传热系为 $2039W/(m^2\cdot K)$，传热面积为 $12.75m^2$，15℃的冷却水以 $2.25\times10^3 kg/s$ 的流量在管内流过，设平均温差可以用算术平均值计算，试求水蒸气的冷凝量（kg/h）。

20. 为了测定套管式甲苯冷却器的传热系数，测得实验数据如下：冷却器传热面积为 $2.8m^2$，甲苯的流量为 2000kg/h，由 80℃冷却到 40℃。冷却水从 20℃升高到 30℃，两流体呈逆流流动，试求所测得的传热系数为多少？水的流量为多少？

项目三 过滤设备的操作与控制

能力目标： 能够熟练操作各类过滤设备，运用化工总控工的相关技能，包括测定过滤参数、操作各类过滤设备、核算过滤能力，完成物料的过滤任务。

知识目标： 掌握过滤设备的计算方法，包括过滤设备、过滤过程、过滤机理、过滤常数等基本知识和过滤基本方程、生产能力等基本理论。

情境设计： 某公司粗产品过滤系统的认识、测量、操控、设计。按照车间组织构成，分为若干班组，由组长协调组员进行项目化的工作和学习，完成任务，模拟企业绩效考核方式进行过程考核。

任务一　认识过滤装置

过滤是以某种多孔物质为介质来处理悬浮液以达到固、液分离的一种操作过程，即在外力的作用下，悬浮液中的液体通过固体颗粒层（即滤渣层）及多孔介质的孔道而固体颗粒被截留下来形成滤渣层，从而实现固、液分离。因此，过滤操作本质上是流体通过固体颗粒层的流动，而这个固体颗粒层（滤渣层）的厚度随着过滤的进行而不断增加，故在恒压过滤操作中，过滤速率不断降低。过滤速率 U 定义为单位时间单位过滤面积内通过过滤介质的滤液量。影响过滤速率的主要因素除过滤推动力（压力差）Δp、滤饼厚度 L 外，还有滤饼和悬浮液的性质、悬浮液温度、过滤介质的阻力等。

一、辨识过滤设备

过滤设备按过滤方式不同，可分为深层过滤与饼层过滤。过滤介质的作用是使滤液通过，截留固体颗粒并支撑滤饼。要求其具有多孔性、耐腐蚀性及足够的机械强度。

工业常用的过滤介质有织物介质、多孔性固体介质及堆积的粒状介质等。

滤饼可分为可压缩滤饼和不可压缩滤饼两种，对于不可压缩滤饼，为了减少过滤阻力可加入一些助滤剂。助滤剂是能形成多孔饼层的刚性颗粒，具有良好的物理、化学性质；使用的方法多为预涂法和渗滤法。

常见的化工过滤设备有板框压滤机、叶滤机、真空转鼓压滤机、离心分离机等。

板框压滤机的操作是间歇的，每个操作循环由过滤、洗涤、卸渣、整理和组装四个阶段组成。用泵将滤浆压入机内，从小孔道进入框内。滤液穿过滤布到达板侧，经板面沟槽流集下方，经排液孔口排出，固体物则积存于框内形成滤饼，直到整个框的空间都填满为止。滤饼的洗涤液沿着与滤液相同的通道通过滤饼，进行洗涤。洗涤阶段结束后，松开板框，进入泄渣、整理阶段，如图 3-1 所示。

叶滤机亦是间歇操作设备。滤浆由泵压入，在压力差的作用下，滤液穿过滤布进入滤叶内部，再从排出管引出，滤饼沉积在滤液外部表面。过滤完毕后，机壳内改充洗涤液，洗液沿着与滤液相同的通道通过滤饼，进行洗涤。滤饼可用振动器使其脱落，或用压缩空气吹下，排出。

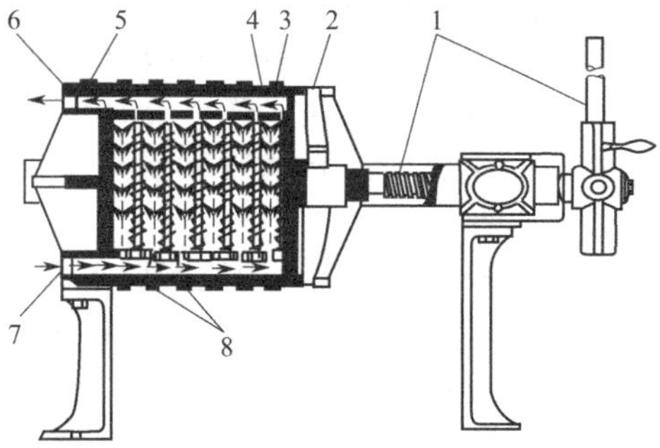

图 3-1　板框压滤机

1—压紧装置；2—可动头；3—滤框；4—滤板；5—固定头；6—滤液出口；7—滤浆进口；8—滤布

真空转鼓压滤机是一种连续操作的真空过滤设备。它的主要部件为一水平转筒，安装在真空转轴上，其长度与直径之比为0.5～2，滤布蒙在筒外壁上，浸没在滤浆中的过滤面积占全部面积的30%～40%。筒壁按周边平分为若干段，各段均有导管通至轴心处，但各段在筒内并不相通。中空转轴的一段有分配头，与从筒壁各段引来的连通管相接。通过分配头，圆筒旋转时其壁面的每一段，可以依次与处于真空下的滤液罐或鼓风机（正压下）相通。每旋转一周，对任何一部分表面来说，都顺次经历过滤、洗涤、吹干、吹松、卸渣等阶段。因此，每旋转一周，对任何一部分表面来说，都经历了一个操作循环。

离心分离机是一种人工卸料的间歇式离心机。料液加入转鼓后，滤液穿过转鼓于机座下部排出，滤渣沉积于转鼓内壁。待一批料液过滤完毕，或转鼓内的滤渣量达到设备允许值时，可停止加料，继续运转一段时间，使滤饼压干或沥干滤液。

无机膜分离器是以对组分具有选择性透过功能的膜为分离介质，通过在膜两侧施加（或存在）一种或多种推动力，使原料中的某组分选择性地优先透过膜，从而达到混合物的分离，并实现产物的提取、浓缩、纯化等目的的一种新型分离过程。其推动力可以为压力差（也称跨膜压差）、浓度差、电位差、温度差等。膜分离过程有多种，不同的过程所采用的膜及施加的推动力不同，通常称进料液流侧为膜上游、透过液流侧为膜下游。

二、绘制过滤装置流程图（辅助物料管道、公用物料管道仪表）

辅助物料是指燃料气、燃料油、润滑系统（水、油等）、密封系统（水、油等）、液压系统（水、油等）、冲洗系统（水、油等）、稀释油、顶料用油、淬冷系统（水、油等）、化学污水、系统放空、尾气排放系统、火炬系统等。

公用物料是指非工艺用压缩空气、工厂空气、仪表空气、置换系统用氮气、导热油（用于加热、冷却）、加热蒸汽及冷凝液、生活用水、冷却水、冷冻盐水、制冷系统、保温用热水、软水、锅炉水、除盐水等。

辅助物料管道、公用物料管道仪表流程图是管道仪表流程图的补充和完善，也是装置中全部辅助管道实际安装体系的表示，是辅助管道施工安装的主要依据。

辅助管道、公用物料管道仪表流程图与管道仪表流程图的表示方法相似，一般按装置或主项为单元，按辅助物料、公用物料类型不同根据辅助物料的相关性进行绘制。如循环上水与循环回水、水蒸气与冷凝液可以画在一张图纸上，流程简单时各类介质的管道流程图可以绘在一张图上；如果流程较长、设备较多、介质又有多类型时，应该分开绘制。各种辅助物料、公用物料流程图无论是单张还是分开绘制，在图纸编号和图名确定时一定要清楚，便于识别与区分。

辅助物料、公用物料主管分配、支管连接及其管段编号、管径、材质等要与工艺流程图中的一致。辅助管道系统管道仪表流程图的内容包括设备、附件和标注三个方面。

管道仪表流程图上各辅助物料使用的设备或机器，如画循环上水、循环回水管道流程图时，所有需要循环水冷却的设备或机器均需按管道仪表流程图中要求的画法按设备布置中的高低关系及辅助物料总管通过的先后顺序在图纸中表示出来；并画出使用辅助物料的设备上辅助物料接管管口；设备外形可不按比例，相对高度也不按比例，但大体与实际应相符。

辅助物料管道系统上的所有设备、管道、管件、阀门、管道附件等均应按管道仪表流程图的绘制要求表示。支管与总管的连接关系及顺序号尽量与实际布置一致。

标注时应标注出所有设备位号及名称和所有辅助物料总管及支管的管段号、管径、材质、保温（保冷）情况；标注出所有的检测仪表、控制系统、分析取样点等；标注出特殊要求如坡向、坡度、最小高差等。另外对热力管道要根据计算设置必要的热补偿器。最后注出辅助物料的来源及去向。

辅助物料管道及仪表流程图的主管走向、支管分出的顺序与实际配管相同，主管用粗实线绘制，总管上全部阀门和控制点应按规定用细实线画出其符号，并注明代号。支管也用粗实线绘制，支管上管件、阀门及控制点等除与设备或工艺物料管道连接处需画在管道仪表流程图上外，其余应在本图全部画出。支管引向设备处，则画一细线长方框，框内注明设备位号（或工艺物料管道的管段号），必要时还要注明该设备（或管道）所在的管道仪表流程图的图号。

识读时应该注意使用该种辅助物料的所有设备或机器的名称、数量；掌握两台或两台以上相同设备其工艺物料及辅助物料的串联、并联或既可串联又可并联的关系，这样可以在设备出现故障情况时，正确做出处理决定。同时要了解辅助物料支管上的控制、限流、开闭管件的设置情况，有无备用辅助物料；还需注意辅助物料的检测仪表、分析取样点的设置情况，并结合其他资料如工艺规程、初步设计、设计计算书等掌握辅助物料的控制指标，做到心中有数，以便更准确无误地进行操作和指导生产。

思考题

1. 过滤的目的是什么？
2. 过滤的推动力是什么？
3. 滤饼对过滤速率有何影响？

课后任务

1. 将本装置作为辅助系统绘制辅助物料管道、公用物料管道仪表流程。
2. 查询过滤新技术，写出调研报告。

任务二　测定过滤参数

用板框压滤机测定恒压过滤常数，板框压滤机的操作是间歇的，每个操作循环由过滤、洗涤、卸渣、整理和组装四个阶段组成。用泵将滤浆压入机内，从小孔道进入框内。滤液穿过滤布到达板侧，经板面沟槽流集下方，经排液孔口排出，固体物则积存于框内形成滤饼，直到整个框的空间都填满为止。滤饼的洗涤液沿着与滤液相同的通道通过滤饼，进行洗涤。洗涤阶段结束后，松开板框，进入泄渣、整理阶段。

本实训装置由空压机、配料槽、压力贮槽、板框压滤机（板框厚度 25mm，每个框过滤面积 0.024m^2，框数 2 个）等组成，其流程如图 3-2 所示。

实训操作时，首先在配料槽内配制含 $CaCO_3$ 约 10%（质量分数）的水悬浮液，作为过

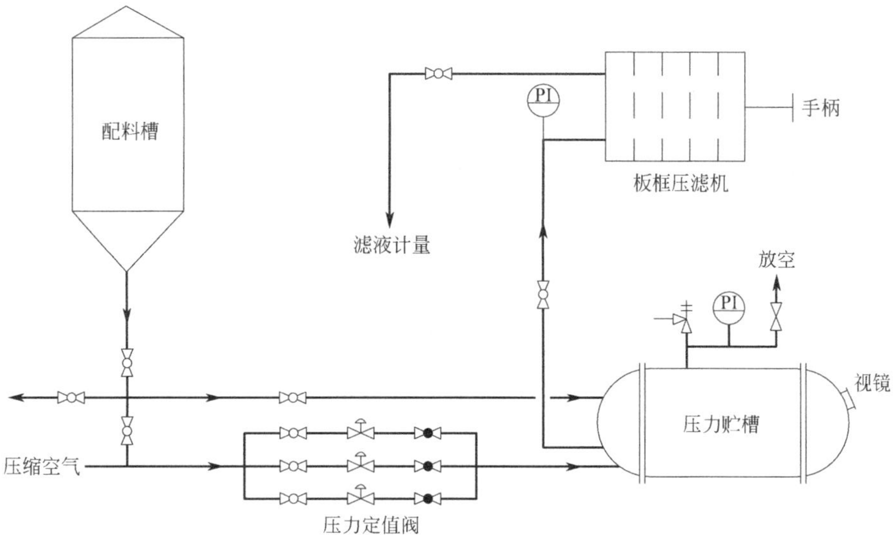

图 3-2 过滤实训流程简图

滤介质，可将水加至搅拌罐 1/4 液位处，开启搅拌，加入 $CaCO_3$ 粉末，继续从下方往上方通水直至 1/2 液位处，配成 $CaCO_3$ 10%～30%（质量分数）的水悬浮液，碳酸钙事先由天平称重，水位至规定液位后，关闭进水，启动空压机，调节出口压力，打开空压机与搅拌釜之间的阀门，促进搅拌效果。然后盘车，检查装置是否处于开车状态。

一切就绪后，开启空压机，将压缩空气通入配料槽，使 $CaCO_3$ 悬浮液搅拌均匀。正确装好滤板、滤框及滤布。滤布使用前用水浸湿，滤布要绷紧，不能起皱（注意：用螺旋压紧时，千万不要把手指压伤，先慢慢转动手轮使板框合上，然后再压紧）。

在压力料槽排气阀打开的情况下，打开进料阀门，使料浆自动由配料槽流入压力贮槽至其视镜 1/2 处左右，关闭进料阀门。通压缩空气至压力贮槽，使容器内料浆不断搅拌。压力料槽的排气阀应不断排气，但又不能喷浆。

调节压力贮槽的压力到需要的值（从小到大依次设定 5 个值，不超过 0.3MPa）。先设定最小压力值，仔细调节阀门来维持恒定的压力（一旦调定压力不要再动），再开启相应的电磁阀，通过调节贮槽上方排气阀开度的大小进行压力细调。每次实验，应有专人调节压力并保持恒压。

随后打开过滤机的进料阀及滤液出口阀，开始过滤，可使用准备好的秒表和量筒，滤液从汇集管中流出时开始用秒表计时，同时用量筒计量滤液量，每隔一定时间间隔 Δt，记录相应的滤液量 ΔV 和累计滤液量 V。注意秒表不要中断。第一个压力下的实验做完后，卸料、清洗、重新装合，开启相应的电磁阀进行下一个压力下的实验。

结束后关闭仪表电源、总电源，将滤液及滤饼重新倒入配料槽内，清洗滤框、滤板、滤布，注意滤布不要折，最后清理现场。

处理数据，可知 $\Delta V/A=\Delta q$，$V/A=q$。以 $\Delta t/\Delta q$ 为纵坐标，q 为横坐标，绘成一直线，由直线的斜率和截距求出过滤常数 K 和 q_e。因为恒压过滤方程的另一种形式为：

$$\frac{\Delta t}{\Delta q}=\frac{2}{K}q+\frac{2q_e}{K} \tag{3-1}$$

恒压过滤的特点是过滤操作的总压差恒定，随着过滤时间的延长，滤饼厚度增大，过滤阻力增加，过滤速率降低。恒压过滤基本方程式如下：

$$V^2+2V_eV=KA^2t \tag{3-2}$$

式中　V——滤液体积，m^3；

V_e——虚拟滤液体积，m^3；

K——恒压过滤常数，m^2/s；

A——过滤面积，m^2；

t——过滤时间，s。

除以 A^2，可写成：

$$q^2+2q_eq=Kt \tag{3-3}$$

式中　q——单位过滤面积所得滤液体积，m^3/m^2；

q_e——反映过滤介质阻力的常数，m^3/m^2。

间歇过滤机生产能力为：

$$Q=\frac{3600V}{T} \tag{3-4}$$

式中　Q——生产能力，m^3/h；

V——一个操作周期内所获得的滤液体积，m^3；

T——操作周期，即一个操作循环的总时间，包括周期内过滤时间 t、洗涤时间 t_w 和清理辅助时间 t_D，s。

【例 3-1】 有一过滤面积为 $0.093m^2$ 的小型板框压滤机，恒压过滤含有碳酸钙颗粒的水悬浮液。过滤时间为 50s 时，共得到 $2.27\times10^{-3}m^3$ 的滤液；过滤时间为 100s 时，共得到 $3.35\times10^{-3}m^3$ 的滤液。试求当过滤时间为 200s 时，可得到多少滤液？

解　已知 $A=0.093m^2$，$t_1=50s$，$V_1=2.27\times10^{-3}m^3$，$t_2=100s$，$V_2=3.35\times10^{-3}m^3$，$t_3=200s$。

由于

$$q_1=\frac{V_1}{A}=\frac{2.27\times10^{-3}}{0.093}=24.41\times10^{-3}$$

$$q_2=\frac{V_2}{A}=\frac{3.35\times10^{-3}}{0.093}=36.02\times10^{-3}$$

根据式(3-3) 有：

$$\begin{cases}q_1^2+2q_eq_1=Kt_1\\ q_2^2+2q_eq_2=Kt_2\end{cases} \Rightarrow \begin{cases}(24.41\times10^{-3})^2+2\times24.41\times10^{-3}q_e=50K\\ (36.02\times10^{-3})^2+2\times36.02\times10^{-3}q_e=100K\end{cases}$$

联立解之：$q_e=4.14\times10^{-3}$ (m^3/m^2)　　$K=1.596\times10^{-5}$ (m^2/s)

因此　$q_3^2+2\times4.14\times10^{-3}q_3=200\times1.596\times10^{-5}$

$q_3=0.0525$ (m^3/m^2)

所以　$V_3=q_3A=0.0525\times0.093=4.88\times10^{-3}$ (m^3)

思考题

1. 板框过滤机的优缺点是什么？板框过滤机的操作一般分哪几个阶段？

2. 料桶中为什么要安装搅拌器？

课后任务

设计一种测定过滤参数的方案。

任务三　过滤设备的操作

一、操作过滤实训装置

配料：将水加至搅拌罐 1/4 液位处，开启搅拌，加入豆腐渣，继续从下方往上方通水直至 1/2 液位处，配成豆腐渣 10%（质量分数）的凝聚物，水位至规定液位后，关闭进水，启动空压机，调节出口压力，打开空压机与搅拌釜之间的阀门，促进搅拌效果。实训中离心分离机、真空转鼓压滤机和叶滤机过滤介质是豆腐渣凝聚物。

1. 真空转鼓压滤机

真空转鼓压滤机是一种连续操作的真空过滤设备。它的主要部件为一水平转筒。安装在真空转轴上，滤布蒙在筒外壁上，浸没在滤浆中的过滤面积占全部面积的 30%～40%。筒壁按周边平分为若干段，各段均有导管通至轴心处，但各段在筒内并不相通。中空转轴的一段有分配头，与从筒壁各段引来的连通管相接。通过分配头，圆筒旋转时其壁面的每一段，可以依次与处于真空下的滤液罐或鼓风机（正压下）相通。每旋转一周，对任何一部分表面来说，都顺次经历过滤、洗涤、吹干、吹松、卸渣等阶段。因此，每旋转一周，对任何一部分表面来说，都经历了一个操作循环。

运转前检查：贮液槽、转鼓、滤布、洗涤槽内及其他部位不应有无关的杂物，电动机接线正确，转鼓转动方向与标示相同。

启动转鼓传动电动机（由低到高直至所需的转速），检查空运转情况，无异常现象后开启离心泵，开启离心泵出口阀，开启进料阀门，关闭排污阀门，调节流量均匀地注入物料，调节供料速度，将液面维持到溢流口有悬浮液流出为准。开启水环真空泵，调节真空度的高低，使其保持在最佳水平，真空度一般保持在 0.02～0.04MPa（切记：真空度不能超过 0.05MPa）。开启空压机，调节压力，开启滤液出口阀门，开启压缩空气进口阀门，进行过滤实验，转鼓每旋转一周，转筒表面的每一部分都顺次经历过滤、洗涤、吸干、吹散、卸渣等阶段。实验结束后，关闭离心泵，关闭电机，开启排污阀门，将剩余料液排到溢流水槽内，溢流水槽液位较高时，开启溢流水槽至滤液槽的阀门，将水槽内水抽入滤液罐。用自来水清洗滤布及过滤机。要注意传动部位应设置防护罩，避免刮擦绞卷，设备停稳后才可清理。

连续过滤机（真空转筒）生产能力可用下式：

$$Q=60n\sqrt{\frac{60\psi KA^2}{n}+V_e^2}-V_e \tag{3-5}$$

式中　Q——生产能力，m^3/h；

ψ——浸没度，即浸没角度除以 360°；

K——过滤常数，m^2/s；

V_e——虚拟滤液体积，m^3；

n——转筒转速，r/min。

【例 3-2】 有一直径为 1.75m、长 0.9m 的转筒真空过滤机。操作条件下浸没角度为 126°，转速为 1r/min，滤布阻力可以忽略，过滤常数 K 为 $5.15\times10^{-6}m^2/s$，求其生产能力。

解　因为过滤面积　$A=\pi DL=3.14\times1.75\times0.9=4.95\ (m^2)$

浸没度 $\psi=126°/360°=0.35$

由式(3-5)：$Q=60A\sqrt{60n\psi K}=60\times4.95\times\sqrt{60\times1\times0.35\times5.15\times10^{-6}}=3.09$ (m^3 滤液/h)

2. 叶滤机

叶滤机亦是间歇操作设备。滤浆由泵压入，在压力差的作用下，滤液穿过滤布进入滤叶内部，再从排出管引出，滤饼沉积在滤液外部表面。过滤完毕后，机壳内改充洗涤液，洗液沿着与滤液相同的通道通过滤饼，进行洗涤。滤饼可用振动器使其脱落，或用压缩空气吹下，排出。

操作时，先检查管路，保证阀门处于关闭状态；然后启动离心泵，开启进料阀门，开启叶滤机溢流口阀门，叶滤机被物料充满后，关闭溢流口阀门，开启过滤机至浓浆槽的阀门，不断地进料进行预涂层过程，数次之后开启取样阀，检查滤液是否合格，如果合格关闭取样阀门，关闭叶滤机至浓浆槽的阀门，开启滤液出口阀门，开始过滤，过滤压力较大后（大于0.3MPa）关闭离心泵，停止进料。关闭进料、出料阀门，开启压缩机，调节出口压力，开启压缩空气进口阀门，让部分气流通过滤饼，这样能维持滤饼不易脱落，开启料液进口管路至滤液出口管路中的阀门，将过滤机内的料液全部排出。

实训结束后，开启机壳，清洗机体，做好个人防护，防静电，避免发生接触伤害。

3. 离心分离机

离心分离机是一种人工卸料的间歇式离心机。料液加入转鼓后，滤液穿过转鼓于机座下部排出，滤渣沉积于转鼓内壁。待一批料液过滤完毕，或转鼓内的滤渣量达到设备允许值时，可停止加料，继续运转一段时间，使滤饼压干或沥干滤液。

运转前首先检查各零部件安装是否正确，紧固件不得松动，机壳、转鼓内无异物，用手盘动转鼓，转动应灵活，制动装置灵活可靠，瞬时启动电动机，转鼓转动无异常，注意转鼓旋转方向应与标牌上箭头指示方向一致。先启动离心分离机，在离心机正常运转后，再开启离心泵，打开离心泵出口至离心分离机的阀门，调节流量（控制在500L/h），加料量不能超过装料限重，加料速度一定不能过快，不然会导致过滤液体从转鼓中溢出进入外壳内壁，不但不能过滤液体，而且会产生漏液现象。边加料边过滤，过滤时间视加料速度而定，过滤完后，停离心泵，关闭进口阀门，离心分离机继续转动，甩干一段时间。离心机停止转动后，开启自来水进水阀门，开启洗涤水进口阀，控制好就水量，进行滤饼洗涤，洗涤结束，关闭进水阀，继续甩干一段时间，关掉离心分离机，关闭洗涤水出口阀门，停止转动后开启机壳，清洗滤布，待下次使用。

在离心机运转后加料发生严重振动时，可考虑瞬时启动离心机后立即切断电源，在转鼓转速较低的情况下加料，既要防止剧烈振动引发事故，也要严防杂物混入，严禁不停车清理。

4. 无机膜分离器

无机膜分离是以对组分具有选择性透过功能的膜为分离介质，通过在膜两侧施加（或存在）一种或多种推动力，使原料中的某组分选择性地优先透过膜，从而达到混合物的分离，并实现产物的提取、浓缩、纯化等目的的一种新型分离过程。其推动力可以为压力差（也称跨膜压差）、浓度差、电位差、温度差等。膜分离过程有多种，不同的过程所采用的膜及施加的推动力不同，通常称进料液流侧为膜上游、透过液流侧为膜下游。

无机膜分离器过滤介质使用 $CaCO_3$ 的水的悬浮液，操作时首先开启离心泵，打开泵出口阀门、回流阀门及无机膜分离器进料阀门，调解进料流量，打开滤液出口阀门、浓液出口阀门（控制好浓液出口阀门开度，不能完全打开，这样滤液出口压力太大，料也会直接从浓液出口流出），进行过滤，过滤结束后，停离心泵，完成过滤实验。开启自来水进口阀门，进行反清洗，开启进水阀门和浓液出口阀门，关闭进料阀门和滤液出口阀门，进行滤膜清洗。如果水压不够，就只有开启进料阀门，开启浓液出口阀门进行滤膜清洗，清洗结束后，关闭上述两个阀门，开启清洗阀门和滤液出口阀门，进行滤膜清洗，清洗结束后关闭自来水，关闭所有阀门。

对可燃物料仍然要注意防静电和防泄漏，以免造成人身伤害。

二、编制过滤机基础操作规程

按照大型化工企业规范，操作规程由生产班组执行。操作人员执行具体操作前，由车间（装置）技术人员准备好完成审批手续的岗位操作卡片。

班组长下达操作指令，运行工程师监督操作规程的执行，遇有问题及时向监督指导责任人汇报。操作过程中，内操指挥外操，严格按照操作步骤执行操作，外操执行完成的操作必须汇报给内操，由内操在卡片上做出标记，标记符号为“√”或签字。

使用后的操作卡由车间（装置）收回，按记录或“失效”文件处理。对于操作规程未包括的特殊情况，按照操作规程的总体要求，装置可以编制临时操作卡。临时操作卡由车间（装置）主任签字生效，班组执行。使用后的临时操作卡由车间（装置）收回，按记录或“失效”文件处理。车间（装置）根据实际需求确定临时操作是否纳入正常操作规程的管理。

板框压滤机和真空过滤机的操作也要遵照上述规范，过滤岗位的主要工作包括：

① 操作机泵，将固、液混合物送入压滤机或离心分离机；

② 调节控制设备的压力、流量、固液比等工艺参数；

③ 定时对分离后的固体取样，分析含量；

④ 检查维护每个过滤分离装置的运转情况；

⑤ 发现并处理过滤过程中的异常现象和事故；

⑥ 填写生产记录报表，要做到操作有监控，步步有确认。

使用和维护板框式压滤机时，应注意停止使用时，清洗干净，转动机构保持整洁。避免滤渣堵塞滤孔。对电器做防潮保护。局部泄漏或滤液浑浊时更换滤布；压紧程度不够时清除障碍物。板框式压滤机是加压过滤，操作时应注意防静电，压滤机应有良好的接地装置；注意防泄漏，避免液体泄漏，尤其是有危险性的液体，以免造成腐蚀及火灾等事故。

对于真空转鼓过滤机，滤饼厚度达不到要求时，增加进料量；真空度过低时，须检修真空泵和管路。清除滤槽内沉淀和杂物，备用过滤机定时转动一次。操作时应注意防静电，抽滤开始时，速率要慢，经过一段时间后，再慢慢提高速率。真空过滤机还应有良好的接地装置。还需防止滤液蒸气进入真空系统，因为抽滤时，滤液在真空下可能会大量蒸发，被抽进真空泵，会影响其运转，进而引发事故。因此，在真空泵前应设置蒸气冷凝回收装置。

常用的是三足离心机。操作时应防止剧烈振动，离心机过滤操作中，当负荷不均匀时会发生剧烈振动，造成轴承磨损、转鼓撞击外壳引发事故；注意离心机无盖时，工具和其他杂物容易落入其中，并可能以高速飞出，造成人员伤害。在不停车或未停稳情况下进行器壁清理，工具会脱手飞出，使人致伤。

思考题

1. 真空转鼓过滤机的优缺点是什么？如何操作？

2. 为什么过滤开始时，滤液常常有点浑浊，而过段时间后才变清？

3. 影响过滤速率的主要因素有哪些？过滤压力提高一倍，K、q_e 如何变化？

课后任务

编制过滤机基础操作规程。

任务四　过滤系统综合实训

过滤操作中常用所获得的滤液量来表示滤饼厚度，若每获得 $1m^3$ 滤液所形成的滤饼体积为 νm^3，则滤饼厚度 L 与获得的滤液体积 V 之间的关系为：

$$LA=V\nu \tag{3-6}$$

式中　ν——滤饼体积与滤液体积之比。

生产能力是指过滤机单位时间内获得的滤液量。间歇操作循环是由过滤、洗涤、卸渣、整理和组装四个阶段组成，生产能力的计算，应以整个操作周期为基准。而连续操作的真空过滤设备每旋转一周，对任何一部分表面来说，都顺次经历过滤、洗涤、吹干、吹松、卸渣等阶段。因此，每旋转一周，对任何一部分表面来说，都经历了一个操作循环。

一、核算板框压滤机生产能力

【例 3-3】 某板框压滤机，滤框尺寸为 810mm×810mm×25mm，共 36 个框，现用来恒压过滤某悬浮液。操作条件下的过滤常数为 $K=2.72\times10^{-5}m^2/s$，$q_e=3.45\times10^{-3}m^3/m^2$。每滤出 $1m^3$ 滤液的同时，生成 $0.148m^3$ 的滤渣。求滤框充满滤渣所需时间。若洗涤时间为过滤时间的 2 倍，辅助时间 15min，其生产能力为多少？

解　滤框总容积　$V_0=0.81^2\times0.025\times36=0.590\ (m^3)$

过滤面积　$A=0.81^2\times2\times36=47.2\ (m^2)$

$$q=\frac{V}{A}=\frac{V_0}{\nu A}=\frac{0.590}{0.148\times47.2}=0.0845\ (m^3/m^2)$$

$$t=\frac{q^2+2q_eq}{K}=\frac{0.0845^2+2\times3.45\times10^{-3}\times0.0845}{2.72\times10^{-5}}=283\ (s)$$

生产总周期为　$T=283+2\times283+15\times60=1749\ (s)$

一个周期滤液量为　$V=\dfrac{V_0}{\nu}=\dfrac{0.590}{0.148}=3.99\ (m^3)$

所以生产能力为　$Q=\dfrac{3600V}{T}=\dfrac{3600\times3.99}{1749}=8.21$ （m^3 滤液/h）

二、核算转筒真空过滤机生产能力

【例 3-4】 某转筒真空过滤机每分钟转 2 转，每小时可得滤液 $4m^3$。若过滤介质阻力可以忽略，每小时获得 $6m^3$ 滤液时转鼓转速应为多少？此时转鼓表面滤饼的厚度为原来的多少倍？操作中所用的真空度维持不变。

解　已知　$Q_1=4m^3/h$，$n_1=2r/min$，$Q_2=6m^3/h$，$V_e=0$

由式(3-5) 两边平方，得

$$Q_1^2=(60A)^2\times60\psi Kn_1 \tag{1}$$

$$Q_2^2=(60A)^2\times60\psi Kn_2 \tag{2}$$

(2)/(1) 可得：

$$\frac{n_2}{n_1}=\frac{Q_2^2}{Q_1^2}\qquad 所以\quad n_2=\left(\frac{6}{4}\right)^2\times2=4.5\ (r/min)$$

由式(3-6) 得

$$\nu_1=\frac{L_1 A}{V_1} \qquad \nu_2=\frac{L_2 A}{V_2}$$

而 $\nu_1=\nu_2$　　又因为 A 不变，以 1h 为计算基准，则 $Q_1=V_1$　$Q_2=V_2$

故 $\frac{L_1}{V_1}=\frac{L_2}{V_2}$　　$L_2=\left(\frac{V_2}{V_1}\right)L_1=\left(\frac{6}{4}\right)L_1=1.5L_1$

思考题

1. 板框过滤机与真空转鼓过滤机有何区别？操作中应注意什么事项？

2. 影响过滤生产能力的主要因素有哪些？

课后任务

1. 核算叶滤机、离心分离机、无机膜分离器的生产能力。

2. 查询非均相物系分离新技术。

练 习 题

1. 某生产过程每年需生产滤液 $3800m^3$，年工作时间 5000h，采用间歇式过滤机，在恒压下每一操作周期为 2.5h，其中过滤时间为 1.5h，将悬浮液在同样操作条件下测得过滤常数为 $K=4\times10^{-6}m^2/s$，$q_e=2.5\times10^{-2}m^3/m^2$。滤饼不洗涤，试求：(1) 所需过滤面积；(2) 今有过滤面积 $8m^2$ 的过滤机，需要几台？

2. 某转筒真空过滤机每分钟转 2 转，每小时可得滤液 $6m^3$。若过滤介质阻力可以忽略，每小时获得 $8m^3$ 滤液时转鼓转速应为多少？此时转鼓表面滤饼的厚度为原来的多少倍？操作中所用的真空度维持不变。

项目四 干燥设备的操作与控制

能力目标： 能够熟练操作干燥设备，运用化工总控工的相关技能，包括绘制物料流程图、测定干燥过程中的参数、测绘干燥速率曲线、操作干燥实训装置、编制基础操作规程、核算干燥器的干燥参数和热效率，完成干燥任务。

知识目标： 掌握干燥器的核算方法，包括基本概念如湿球温度、湿度、相对湿度、平衡水分、自由水分、干燥速率、平衡湿含量、湿基含水量、干基含水量等，包括基本理论如湿度图应用、热量衡算、物料衡算及通风量、干燥产品量、热效率的计算。

情境设计： 某公司产品干燥系统的认识、测量、操控、设计；按照车间组织构成，分为若干班组，选出组长，由组长协调组员进行项目化的工作和学习，完成任务，技能比赛，汇报演讲，模拟企业绩效考核方式进行过程考核。

任务一 认识干燥装置

干燥是利用热能除去固体物料中湿分（水分或其他液体）的单元操作。在化工、食品、制药、纺织、采矿、农产品加工过程中，常常需要将湿固体物料中的湿分除去，以便于运输、贮藏或达到生产规定的要求。物料的干燥可分为机械去湿法、物理去湿法。干燥方法有传导干燥、对流干燥、辐射干燥、介电加热干燥等。热能以传导的方式传给湿物料称作传导干燥；热能以对流方式由热气体传给与其直接接触的湿物料称作对流干燥；热能以电磁波的形式由辐射器发射的称作辐射干燥；由高频电场的交变作用使物料加热而达到干燥的目的叫介电加热干燥。

工业上广泛应用的是对流干燥，过程中传热与传质相伴进行，干燥介质既是载热体又是载湿体。

一、辨识干燥设备

工业中常用的干燥器有盘式干燥器、洞道式干燥器、气流干燥器、流化床干燥器等。

盘式干燥器又称作厢式干燥器，如图 4-1 所示，是一种间歇式的干燥器，可以同时干燥多种不同的物料，一般为常压操作，也有在真空下操作的，它主要由外壁为砖胚或包以绝热材料的钢板结构的厢形干燥室和放在小车支架上的物料盘组成。操作时，将需要干燥的湿物料堆放在物料盘中，将小车一起推入厢内。新鲜空气由入口进入干燥器与废气混合后进入风机，通过风机后的混合气一部分由废气出口排出干燥器，大部分经加热器加热后沿挡板均匀地掠过各层盘内物料表面，将其热量传递给湿物料，并带走湿物料所汽化的水汽，增湿降温后的废气循环进入风机。湿物料经干燥达到质量要求后，打开厢门，取出干燥的产品。这种设备一般生产强度小，但构造简单，设备投资少，而洞道干燥器是厢式干燥器的自然发展。带式干燥器为一长方形干燥器，内有透气的传送带，物料置于带上，热气体穿过物料层，物料与气体形成复杂的错流。

转筒干燥器如图 4-2 所示，它的主体是一个略呈倾斜的旋转圆筒，物料从较高一端进入干燥器，热空气可以与物料呈逆流或并流。物料在圆筒中一方面被安装在内壁的抄板升举起来，在升举到一定高度后又抛洒下来与空气密切接触，另一方面由于圆筒是倾斜的，物料逐渐由进口端运动至出口端；如果被干燥的物料含水量较大，允许快速干燥，干燥后的物料又不耐高温，且吸湿性很小，可以采用并流操作。当处理不允许快速干燥而产品能耐高温的物料时，宜采用逆流干燥。

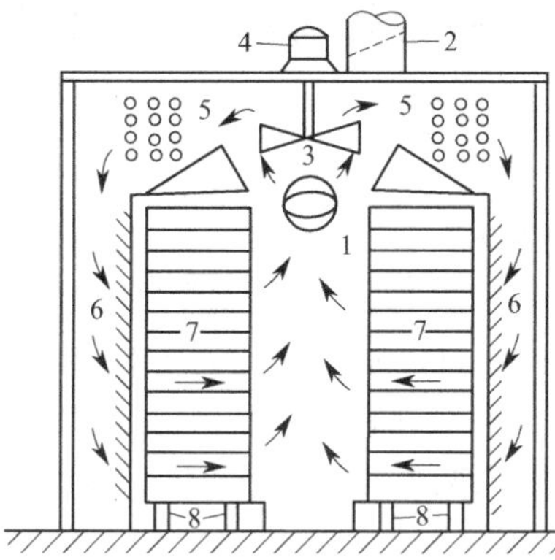

图 4-1　盘式干燥器

1—空气入口；2—空气出口；3—风扇；4—电动机；5—加热器；6—挡板；7—盘架；8—移动轮

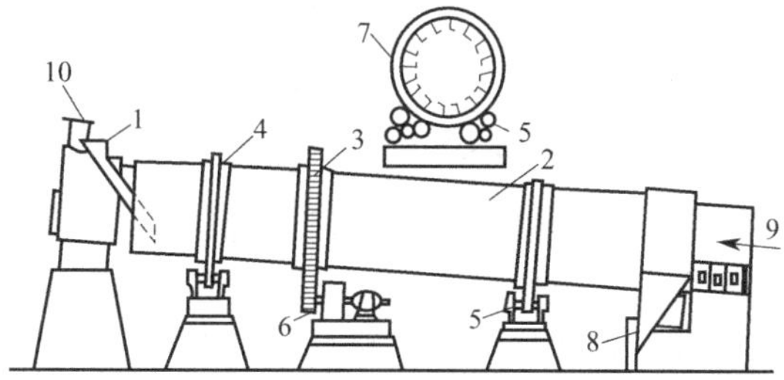

图 4-2　转筒干燥器

1—湿物料出口；2—转筒；3—腰齿轮；4—滚圈；5—托轮；6—变速箱；7—抄板；8—干物料出口；9—热空气进口；10—废气出口

其优点是生产能力大，操作稳定可靠，流体阻力小；缺点是结构复杂，传动部分需要经常维修，生产强度低（与气流和流化干燥比较）。

气流干燥器如图 4-3 所示，主体是气流干燥管，湿物料由管的底部加入，高速的热气体也由底部进入，物料受到气流的冲击，以粉粒状分散于气流之中呈悬浮状态，被气流输送而向上运动，并在输送过程中进行干燥。其优点是生产强度高、热能利用好、干燥时间短、设备简单、操作方便；缺点是流体阻力大、物料对器壁的磨损较大、细粉物料收尘比较困难。

流化床干燥器中，粒子运动激烈，气固相接触良好，因而传质速率高。床层内温度均匀，便于准确控制，不致发生局部过热。流化干燥器结构简单、紧凑、容易连续化，所以应用比较广泛。

喷雾干燥器是一种处理液状物料，将物料喷成细雾，分散在热气流中，使水分蒸发而得粉状产品的一种干燥方法。优点是能处理多种液态物料，由料液直接得到粉粒产品；干燥面积极大；干燥过程进行很快；干燥成品质量好。缺点是干燥设备庞大，容积汽化强度小，热效率较低，介质及能量的消耗也较大。雾化器一般有三种：压力式、离心式、气流式。

喷雾干燥器是用喷雾器将含水量在 70%～80%以上的溶液、悬浮液、浆状液或熔融液等喷成直径小于 10～60μm 的雾滴，分散于热空气气流之中，使水分迅速汽化，而达到干燥目的。

图 4-4 是一种喷雾干燥器。操作时，高压溶液从喷嘴中呈雾状喷出，由于喷嘴能随十字管转动，雾滴能均匀地分布于热空气中。热空气从干燥器上端进入，废气从干燥器下端送出，通过袋滤器回收其中带出的物料，再排入大气。

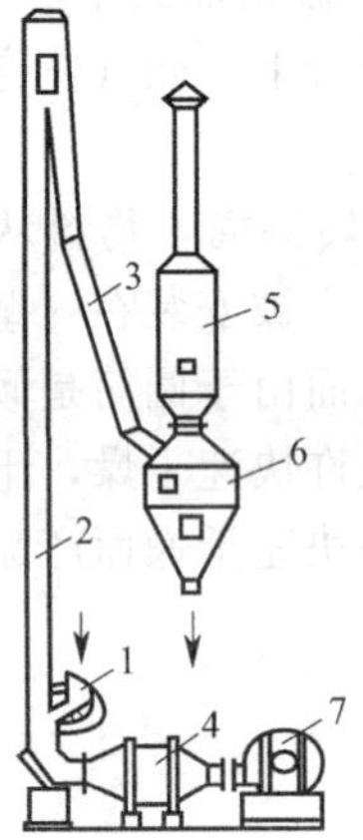

图 4-3　气流干燥器

1—加料器；2—直立管；3—物料下降管；
4—空气预热器；5—过滤器；
6—旋风分离器；7—风机

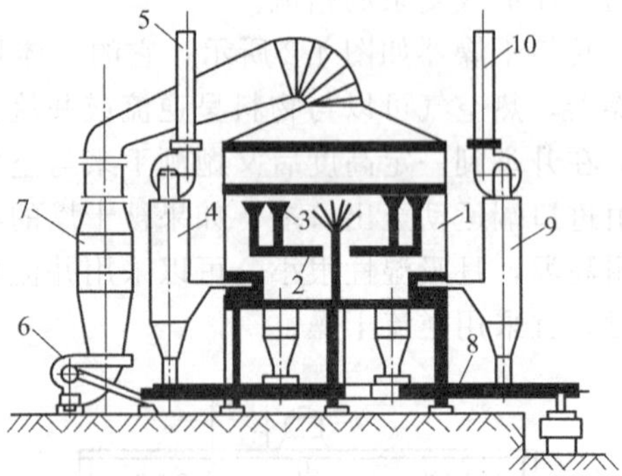

图 4-4　喷雾干燥器

1—干燥室；2—旋转十字管；3—喷嘴；
4,9—袋滤器；5,10—废气排出管；6—送风机；
7—空气预热器；8—螺旋卸料器

喷雾干燥器的干燥过程进行很快，一般只需 3～30s；可以从料液直接得到粉末产品，能避免干燥操作中的粉末飞扬，改善了劳动条件；适用于热敏性物料；操作稳定，容易实现连续化和自动化操作。缺点是：设备庞大，能量消耗大，热效率低。它常用于洗涤粉、乳粉、染料、抗生素的干燥。

二、绘制干燥装置物料流程图

物料流程图是在工艺过程设计阶段，完成物料衡算和热量衡算后绘制的工艺简图，如图 4-5 所示。在绘制时需了解工艺流程中主要设备或装置的形式，物料的走向，原材料、辅助

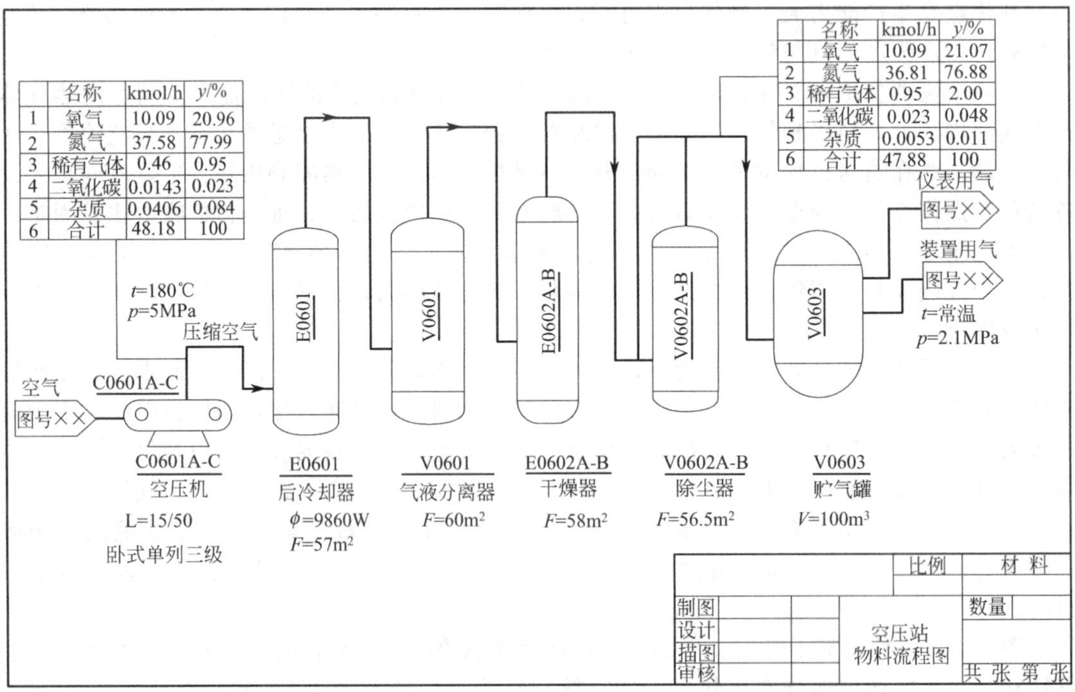

图 4-5　空压站物料流程图

材料、产品、副产品的情况。还要了解物料进入各装置或设备前后的组成、流量、温度、压力、状态的变化情况，了解需用的水、蒸汽、空气、燃气等公用物料要求，正常或最大、最小使用量及使用后的特性、去向等。

物料流程图有时将同类型设备只画出一台，但绘制管道仪表流程图时，根据物料平衡表的结果进行选型设计，可能会出现数台设备并联使用或留有备用机组的情况。故物料流程图只表示物料通过这类设备或装置的物料量，而不能表明设备或装置的数量；物料流程图上物料流量或其他参数指的都是正常工艺控制指标。

识读时从标题栏可以了解流程图的图名、图号、设计阶段、签名等；从标注可以了解设备的位号、名称；从流程图中可以了解到生产过程所用设备；从流程图中可以看到各物料的来龙去脉；从所列物料表格可以看出物料变化情况。

对图 4-5 所示的物料流程图，可以识读出如下信息。

① 图纸名称——空压站物料流程图。

② 空压站物料流程图包括卧式单列三级空压机 3 台，其位号为 C0601；后冷却器 1 台，其位号为 E0601，面积为 57m^2；气液分离器 1 台，位号为 V0601，面积为 60m^2；干燥器 2 台，位号为 E0602，面积为 58m^2；除尘器 2 台，位号为 V0602，面积为 56.5m^2；贮气罐 1 个，位号为 V0603，容积为 100m^3。

③ 主要物料工艺流程：空气→空压机→后冷却器→气液分离器→干燥器→除尘器→贮气罐→仪表及装置用气。

④ 物料表格所得信息：空压机压缩后空气以及净化后空气的组成为 O_2、N_2、稀有气体、CO_2、杂质，对应各气体的流量及组成见图中表格。

思考题

1. 干燥的目的是什么？
2. 盘式干燥器、洞道式干燥器、气流干燥器、流化床干燥器有何异同？

课后任务

1. 查询其他干燥新技术。
2. 绘制实训装置的物料流程图。

任务二　测定干燥过程中的参数

在对流干燥过程中，干燥介质（如热空气）将热量以对流方式从气相主体传递到固体表面，物料表面上的湿分立即汽化，水汽由固体表面向气相扩散；与此同时，由于物料表面上湿分汽化，使得物料内部和表面间产生湿分差，因此物料内部的湿分以气态或液态的形式向表面扩散。可见对流干燥过程是传质和传热同时进行但传递方向相反的过程。干燥介质既是载热体又是载湿体。

干燥进行的必要条件是干燥介质的温度大于物料表面温度，具备传热推动力；物料表面水汽的压力必须大于干燥介质中水蒸气的分压，在其他条件相同的情况下，两者差值越大，干燥操作进行得越快。所以干燥介质应及时地将产生的水汽带走，以维持一定的传质推动力。若干燥介质为水汽所饱和，则推动力为零，干燥操作即停止进行。由此可见，干燥速率是由传热速率和传质速率所决定。

图 4-6 为对流干燥流程示意图。空气经预热器加热到适当温度后，进入干燥器，与进入干燥器的湿物料以并流、逆流或错流方式接触，干燥介质将热量以对流方式传递给湿物料，

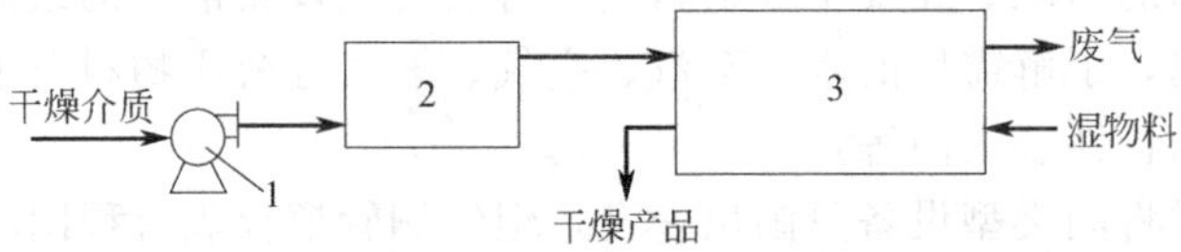

图 4-6　对流干燥流程示意图

1—鼓风机；2—预热器；3—干燥器

湿物料中湿分被加热汽化为蒸汽进入干燥介质中，使得干燥介质中湿分含量增加，最后以废气的形式排出。

化工生产中以连续操作的对流干燥应用最为普遍，干燥介质可以是不饱和热空气、惰性气体及烟道气，要除的湿分为水或其他化学溶剂。本单元重点介绍以不饱和热空气为干燥介质，湿分为水分的对流干燥过程。

干燥过程中，经常分别使用干球温度和湿球温度表示温度高低，可用干湿球温度计来测量，它是由两个温度计构成，其中暴露于空气中的温度计称为干球，测空气的环境温度，即干温值；另一温度计的传感器则需用蒸馏水浸湿的纱布裹住，纱布下端浸入蒸馏水中，称为湿球温度计，测湿温值；测量的湿温值一定低于干温值，因为湿润的纱布中的水分不断地向周围空气中蒸发并带走热量，则湿球温度下降。因水分蒸发速率与周围空气含水量有关，空气湿度越低，水分蒸发速率越高，导致湿球温度越低。由此可见，干球和湿球温度存在温度差，而此温度差又与湿度值呈一定函数关系，可通过干温与湿温间的温度差，得出湿度值。

一、测定湿球温度、湿度、相对湿度

（一）测定湿球温度

用普通温度计测得的湿空气温度为其真实温度，称为干球温度，用符号 t 表示，单位为℃或 K。玻璃温度计感温体（水银球）用湿纱布包裹，纱布下端浸在水中，以保证纱布一直处于充分润湿状态，这样测得的温度为湿空气的湿球温度，用 t_w 表示，单位为℃或 K。

湿球温度 t_w 实质上是湿空气与湿纱布之间传质和传热达到稳定时湿纱布中水的温度，t_w 与 t 差距愈小，表明空气中的水分含量愈接近饱和。湿球温度的工程意义是在干燥过程中恒速干燥阶段时湿球温度即是湿物料表面的温度。

使用湿球温度计测湿球温度，要选择吸水性好的纱布及用纯净的蒸馏水来润湿纱布以使其准确，因为在干湿球表面要有良好蒸发和热量交换。

① 选择吸水性能良好的纱布，一般要求 15min 内至少吸水 7～8cm。纱布应保持清洁、柔软、无灰尘。一般一周更换一次纱布。如遇大风、沙暴天气，应随时更换纱布，换布时把手洗干净，用清水将表的球部洗净，再把长 10cm 左右的纱布在蒸馏水中浸湿，然后把它缠在水银球部，纱布在球部上重叠的部分，不得超过球部表面积的 1/4，再用纱线将球的上部和下部做好活扣扎紧。

② 湿球纱布要用蒸馏水浸湿。因含有杂质的水湿润纱布会使蒸发量减少，湿球示度偏高，所以规定用蒸馏水。纱布下的水杯，应经常装满水。如因空气过于干燥，纱布吸水不及时，则应在观测前巡视仪器时用水将纱布浸湿，以保证观测正常进行。

③ 在湿球纱布结冰时，应该用一杯和室温相同的蒸馏水，将湿球球部全部浸入水杯内，使球部原有冰全溶化。观测时，应在读数前，先看湿球示度是否稳定不变。如果稳定不变，即进行读数；如果观测时，湿球示度还在变动时，只读干球，不读湿球，等数分钟后再读一次干湿球读数以算湿度。而气温则以第一次干球读数为准。湿球温度一般比干球温度低或者

相等。

（二）测定湿度、相对湿度

空气湿度通常用水汽压、绝对湿度、相对湿度、饱和差和露点温度表示。湿度观测方法主要有两种：干、湿球温度表测湿法和毛发湿度表测湿法。

当湿球因蒸发所消耗的热量和从周围空气中获得热量相平衡时，湿球温度就不再继续下降，结果干、湿球温度示度出现了一个差值。这个差值的大小取决于蒸发的快慢程度，而蒸发的快慢又取决于空气的湿度大小以及当时的气压和风速。空气湿度愈小，湿球水分蒸发快，湿球温度降得愈多，干湿球温差就愈大；反之，湿度大，湿球水分蒸发得慢，湿球温度降低得少，干湿球温度差值就小。因此可以利用干湿球温度差来测定空气的湿度。

人的头发经过脱脂后会随着空气相对湿度变化而有改变长度的特性。利用这一特性可以制成毛发湿度表和毛发湿度计。毛发湿度表观测读数时，要使视线垂直于刻度盘，并对准指针的尖端，读取指针所指的数值，只读整数，小数四舍五入。指针超过刻度线 100 以外，应用外推法读数，利用 90%～100%刻度间距，从 100%推延出去，然后估计读数，照常记录。

下面介绍湿空气的性质，湿空气是绝干空气和水蒸气的混合物。对流干燥操作中，常采用一定温度的不饱和空气作为干燥介质。因此先讨论湿空气的性质。在干燥过程中，湿空气中水蒸气的含量不断增加，而绝干空气质量始终不变，因此湿空气的许多相关性质常以单位质量的绝干空气为基准。

1. 湿度（湿含量）*H*

湿空气中所含的水蒸气的质量与绝干空气的质量之比，称为空气的湿度，又称湿含量或绝对湿度，简称湿度，以符号 H 表示，它可表示为：

$$H=\frac{\text{湿空气中水蒸气的质量}}{\text{湿空气中绝干空气的质量}}=\frac{M_v n_v}{M_g n_g}=\frac{18n_v}{29n_g} \tag{4-1}$$

式中 H——湿空气的湿度，kg(水蒸气)/kg(绝干空气)；

M_v——水蒸气的摩尔质量，kg/kmol；

M_g——绝干空气的摩尔质量，kg/kmol；

n_g——绝干空气的物质的量，kmol；

n_v——水的物质的量，kmol。

常压下湿空气可视为理想气体混合物，根据道尔顿分压定律，理想气体混合物中各组分的摩尔比等于分压比，则式(4-1) 可表示为：

$$H=\frac{18p_w}{29(p-p_w)}=0.622\frac{p_w}{p-p_w} \tag{4-2}$$

式中 p_w——水蒸气的分压，Pa；

p——湿空气的总压，Pa。

由式(4-2) 可知湿度是总压和水汽分压的函数。当总压一定时，则湿度仅由水蒸气分压所决定，湿度随水蒸气分压的增加而增大。

当湿空气的水蒸气分压等于同温度下水的饱和蒸气压时，表明湿空气呈饱和状态，此时空气的湿度称为饱和湿度 H_s，即：

$$H_s=0.622\frac{p_s}{p-p_s} \tag{4-3}$$

式中 H_s——湿空气的饱和湿度，kg(水蒸气)/kg(绝干空气)；

p_s——同温度下水的饱和蒸气压，Pa。

2. 相对湿度 φ

在一定总压下，湿空气中的水蒸气分压与同温度下水的饱和蒸气压 p_s 之比的百分数，称为相对湿度百分数，简称相对湿度，符号为 φ，即：

$$\varphi=\frac{p_w}{p_s}\times100\% \tag{4-4}$$

相对湿度值反映了湿空气的不饱和程度。$\varphi=100\%$时，湿空气中水蒸气分压等于同温度下水的饱和蒸气压，湿空气中的水蒸气已达到饱和，不能再吸收水分；$\varphi=0$ 时，理论上表示湿空气不含水蒸气，称为绝干空气，此时的空气具有最大的吸水能力；φ 值愈小，表明湿空气偏离饱和程度越远，吸收水蒸气的能力越强。由此可见，空气的湿度 H 仅表示空气中水蒸气的含量，而相对湿度 φ 值则可以用来衡量湿空气吸收水蒸气的能力大小。

若将式(4-4) 代入式(4-2)，可得：

$$H=0.622\frac{\varphi p_s}{p-\varphi p_s} \tag{4-5}$$

$$\varphi=\frac{pH}{(0.622+H)p_s} \tag{4-5a}$$

由上式可知，在一定的总压下，相对湿度 φ 与湿度 H 及饱和蒸气压 p_s 有关，而 p_s 又与温度有关，因此，只要知道湿空气的温度和湿度，就可以计算出相对湿度。

3. 湿空气的比容 V_H

单位质量绝干空气中所具有的空气及水蒸气的总体积称为湿空气的比容或湿容积，用符号 V_H 表示，单位为 m^3/kg(绝干空气)，常压下：

$$\begin{aligned}V_H&=\left(\frac{1}{29}+\frac{H}{18}\right)\times22.4\times\frac{t+273}{273}\\&=(0.773+1.244H)\times\frac{t+273}{273}\end{aligned} \tag{4-6}$$

式中　V_H——湿空气的比容，m^3/kg(绝干空气)；

H——湿空气的湿度，kg(水蒸气)/kg(绝干空气)；

t——湿空气的温度，℃。

由式(4-6) 可知，常压下湿空气的比容随湿度 H 和温度 t 的增大而增大。

4. 湿空气的比热容 c_H

常压下将绝干空气和其中的水蒸气的温度提高 1℃所需要的热量，称为湿空气的比热，又称湿热，以符号 c_H 表示，单位为 kJ/[kg(绝干空气)·℃]，即：

$$c_H=c_g+Hc_v=1.01+1.88H \tag{4-7}$$

式中　c_H——湿空气的比热容，kJ/[kg(绝干空气)·℃]；

c_g——绝干空气的比热容，1.01kJ/[kg(绝干空气)·℃]；

c_v——水蒸气的比热容，1.88kJ/[kg(绝干空气)·℃]。

5. 湿空气的焓 I_H

湿空气的焓为单位质量绝干空气的焓及所含水蒸气的焓之和，用符号 I_H 表示，单位为 kJ/kg(绝干空气)，即：

$$I_H=I_g+HI_v \tag{4-8}$$

式中　I_H——湿空气的焓，kJ/kg(绝干空气)；

I_g——绝干空气的焓，kJ/kg(绝干空气)；

I_v——水蒸气的焓，kJ/kg(绝干空气)。

上述焓值是以干空气和液态水在 0℃时的焓为零作为基准。绝干空气的焓就是其显热，而水蒸气的焓则应包括水在 0℃时的汽化潜热及水蒸气在 0℃以上的显热。

对于温度为 t、湿度为 H 的空气，其焓值计算如下，即：

$$I_H=c_g t+H(r_0-c_v t)=c_H t+Hr_0=(1.01+1.88H)t+2490H \tag{4-9}$$

式中　r_0——0℃时的水蒸气的潜热，其值为2490kJ/kg。

6. 露点 t_d

将不饱和的空气在总压和湿度不变的情况下冷却至饱和状态时对应的温度，称为该空气的露点，以符号 t_d 表示，单位为℃或K。在露点时，原湿空气的水汽分压等于露点下饱和水汽压，此时空气的湿度为饱和湿度。由式(4-3) 可得：

$$H_s=0.622\frac{p_s}{p-p_s} \tag{4-10}$$

整理上式可得：

$$p_s=\frac{H_s p}{0.622+H_s}=\frac{Hp}{0.622+H} \tag{4-11}$$

式中　H_s——湿空气的饱和湿度，kg(水蒸气)/kg(绝干空气)；

p_s——露点下水的饱和蒸气压，Pa。

在确定湿空气的露点 t_d 时，将湿空气的湿度及总压代入式(4-11) 求得饱和蒸气压，由饱和水蒸气表查出的对应温度即为该湿空气的露点 t_d。

7. 绝热饱和温度 t_{as}

绝热饱和温度是不饱和的湿空气与大量水分相接触，在绝热条件下空气被水蒸气所饱和时空气的温度，称为绝热饱和温度，以符号 t_{as} 表示，单位为℃或K，在空气绝热增湿过程中，空气的降温增湿过程是一等焓过程。

绝热饱和温度 t_{as} 和湿球温度 t_w 是两个完全不同的概念，但两者都是湿空气状态（t 和 H）的函数。实验测定证明，对空气-水系统，可以近似认为绝热饱和温度 t_{as} 与湿球温度 t_w 数值相等，而湿球温度比较容易测定。

由以上讨论可知，湿空气的湿度 H 主要通过测定干球温度 t、湿球温度 t_w、露点温度 t_d 后计算得到。三个温度之间的关系如下：对于不饱和湿空气，$t>t_w>t_d$；对于饱和湿空气，$t=t_w=t_d$。

【例 4-1】 已知湿空气的总压为101.325kPa，相对湿度为50%，干球温度为20℃。试求：(1) 湿度；(2) 水蒸气分压 p_w；(3) 露点 t_d；(4) 焓 I_H；(5) 如将500kg/h 干空气预热至117℃，求所需热量 Q；(6) 每小时送入预热器的湿空气体积 V_s。

解　$p=101.325$kPa，$t=20$℃，由饱和水蒸气表查得，水在20℃时的饱和蒸气压为 $p_s=2.34$kPa。

(1) 湿度 H

$$\begin{aligned}H&=0.622\frac{\varphi p_s}{p-\varphi p_s}\\&=0.622\times\frac{0.50\times2.34}{101.3-0.50\times2.34}\\&=0.007268[\text{kg(水蒸气)/kg(绝干空气)}]\end{aligned}$$

(2) 水蒸气分压 p_w

$$p_w=\varphi p_s=0.50\times2.34=1.17\ (\text{kPa})$$

(3) 露点 t_d

露点是空气在湿度 H 或水蒸气分压 p_w 不变的情况下，冷却达到饱和时的温度。所以可由 $p_w=1.17$kPa 查饱和水蒸气表，得到对应的饱和温度 $t_d=9$℃即为露点。

(4) 焓 I_H

$$
\begin{aligned}
I_H &= (1.01+1.88H)t+2490H \\
&= (1.01+1.88\times 0.00727)\times 20+2490\times 0.00727 \\
&= 38.6[\text{kJ/kg(绝干空气)}]
\end{aligned}
$$

(5) 热量 Q

$$
\begin{aligned}
Q &= 500\times 1.01\times (117-20) \\
&= 48985\ (\text{kJ/h}) = 13.6\ (\text{kW})
\end{aligned}
$$

(6) 湿空气体积 V

$$
\begin{aligned}
V = 500V_H &= 500\times (0.773+1.244H)\times \frac{t+273}{273} \\
&= 500\times (0.773+1.244\times 0.00727)\times \frac{20+273}{273} \\
&= 419.7\ (\text{m}^3/\text{h})
\end{aligned}
$$

8. 湿空气的湿度图

当总压一定时，表明湿空气性质的各项参数，只要规定其中任意两个相互独立的参数，湿空气的状态就被确定。工程上为方便起见，将各参数之间的关系制成湿度图。常用的湿度图由湿度-温度图（H-t）和焓-湿度图（I-H）构成，本单元介绍焓-湿度图的构成和应用。

在总压为 101.3kPa 情况下，以湿空气的焓为纵坐标，湿度为横坐标所构成的湿度图，称为湿空气的 I-H 图，如图 4-7 所示。为使各种关系曲线分散开，采用两坐标轴夹角为 135°的斜角坐标系。为了便于读取湿度数据，将横轴上湿度 H 的数值投影到与纵轴正交的辅助水平轴上。图中共有五种关系曲线，图上任何一点都代表一定温度 t 和湿度 H 的湿空气状态。

现将图中各种曲线分述如下。

(1) 等湿线（即等 H 线） 等湿线是一组与纵轴平行的直线，在同一条等 H 线上不同的点都具有相同的湿度，其值在辅助水平轴上读出。

(2) 等焓线（即等 I 线） 等焓线是一组与横轴平行的直线。在同一条等 I 线上不同的点所代表的湿空气的状态不同，但都具有相同的焓，其值可以在纵轴上读出。

(3) 等温线（即等 t 线） 由式 $I=1.01t+(1.88t+2490)H$ 可知，当空气的干球温度 t 不变时，I 与 H 成直线关系，因此在 I-H 图中对应不同的 t，可作出许多条等温线。上式为线性方程，等温线的斜率为 $1.88t+2490$，是温度的函数，直线斜率随温度升高而增大，故等温线相互之间不平行。

(4) 等相对湿度线（即等 φ 线） 等相对湿度线是一组从原点出发的曲线。根据式(4-5)，可知当总压 p 一定时，对于任意规定的 φ 值，上式可简化为 H 和 p_s 的关系式，而 p_s 又是温度的函数，因此对应一个温度 t，可查到相应的 p_s 值，从而计算出相应的湿度 H，将上述各点 (H,t) 连接起来，就构成等相对湿度 φ 线。根据上述方法，可绘出一系列的等 φ 线群。

$\varphi=100\%$的等 φ 线为饱和空气线，此时空气完全被水汽所饱和。饱和空气以上 φ（$<100\%$）为不饱和空气区域。当空气的湿度 H 为一定值时，其温度 t 越高，则相对湿度 φ 值就越低，其吸收水汽能力就越强。故湿空气进入干燥器之前，必须先经预热以提高其温度 t。目的除提高湿空气的焓值，还降低其相对湿度而提高吸湿力。$\varphi=0$ 时的等 φ 线为纵坐标轴。

(5) 水蒸气分压线 该线表示空气的湿度 H 与空气中水蒸气分压 p_w 之间的关系曲线，式(4-2) 表示 H 与空气中水蒸气分压 p_w 之间关系，因 p_w 远小于 p，水蒸气分压线近似于一条直线。

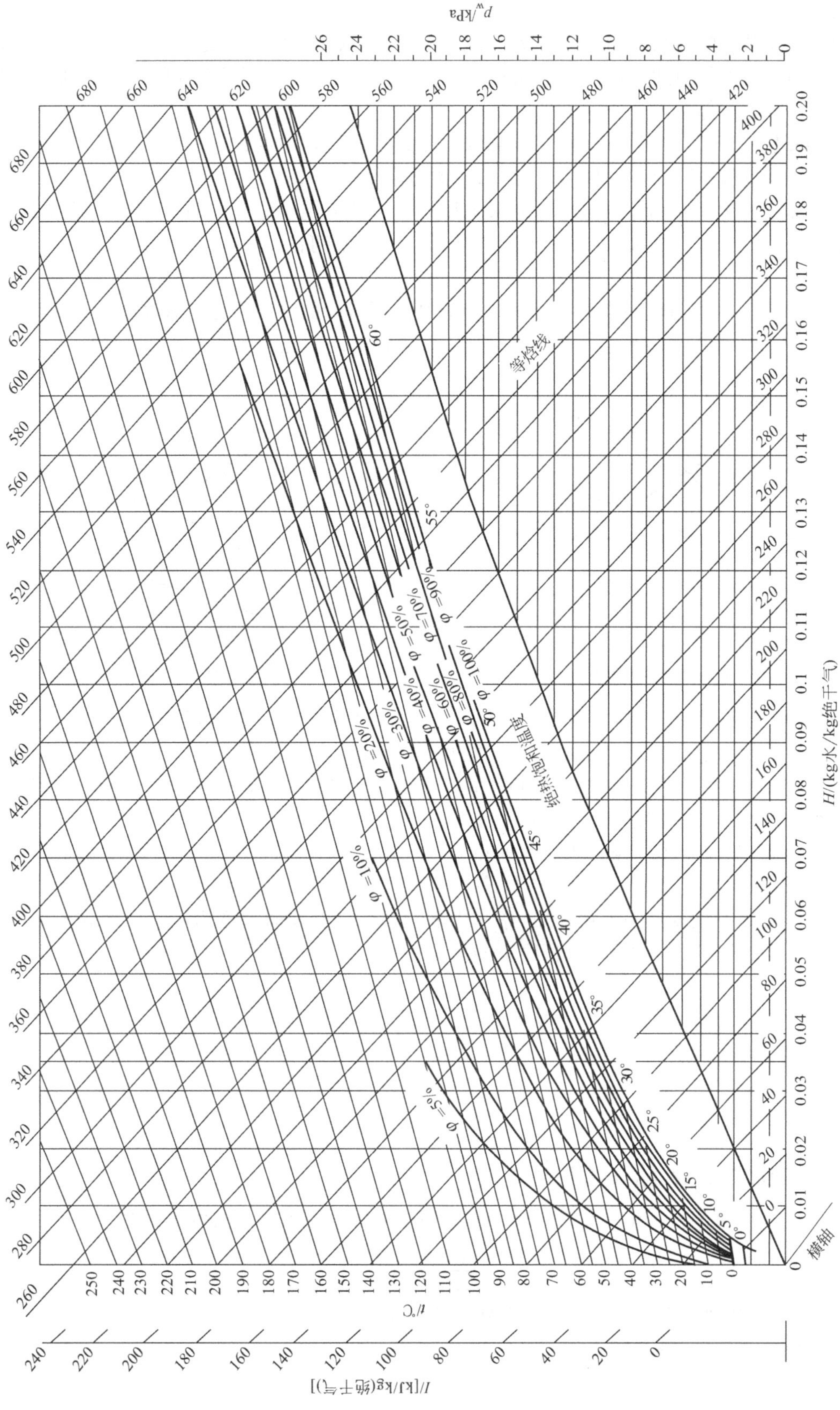

图 4-7 湿空气的 I-H 图

利用 I-H 图查取湿空气的各项参数非常方便。只要已知表示湿空气性质的各项参数中任意两个相互独立的参数，如 t-t_w、t-t_d、t-φ 等，就可以在 I-H 图上定出一个交点，此点即为湿空气的状态点，由此点可查得其他各项参数。若用两个彼此不是独立的参数，则不能确定状态点，因它们都在同一条等 I 线或等 H 线上。

【例 4-2】 已知湿空气总压为 101.3kPa，温度为 40℃，湿度为 0.02kg(水汽)/kg(绝干空气)，试用湿度图求取相对湿度 φ、焓 I_H、湿球温度 t_w 和露点 t_d。

解 温度为 40℃的等 t 线与湿度为 0.02kg(水汽)/kg(绝干空气) 的等 H 线，在 I-H 图中的交点 A，即为空气的状态点，如图 4-8 所示。由 A 点可读得 $\varphi=43\%$，$I_H=92$kJ/kg(绝干空气)。

由 A 点沿等焓线与饱和空气线交于 B 点，B 点所对应的温度即为湿球温度，$t_w=28$℃。

由 A 点引垂直线与饱和空气线交于 C 点，C 点所对应的温度为露点，$t_d=25$℃。

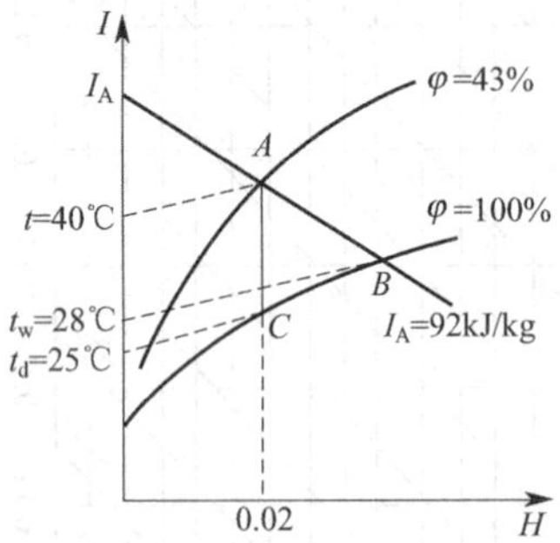

图 4-8 ［例 4-2］附图

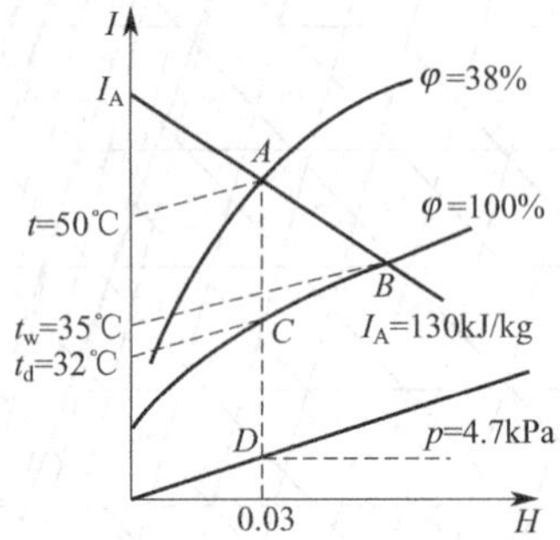

图 4-9 ［例 4-3］附图

【例 4-3】 已知湿空气的总压 101.3kPa，干球温度为 50℃，湿球温度为 35℃，试求此时湿空气的湿度 H、相对湿度 φ、焓 I_H、露点 t_d 及水蒸气分压 p_w。

解 由 $t_w=35$℃的等 t 线与 $\varphi=100\%$的等 φ 线之交点 B，作等 I_H 线与 $t=50$℃的等 t 线相交，交点 A 为空气的状态点，如图 4-9 所示。

由 A 点可读：$H=0.03$kg(水蒸气)/kg(绝干空气)，$\varphi=38\%$，$I_H=130$kJ/kg(绝干空气)；

由 A 点沿等 H 线交于 $\varphi=100\%$的等 φ 线上 C 点，C 点处的温度为湿空气的露点，$t_d=32$℃；由 A 点沿等湿线交水蒸气分压线于 D 点，即可读得 D 点的水蒸气分压值 $p_w=4.7$kPa。

思考题

1. 测定相对湿度应该注意什么事项？
2. 湿度图中各种曲线有何意义？

课后任务

测定实训室中湿空气的湿球温度、湿度、相对湿度等性质。

二、测绘干燥速率曲线

干燥速率 U 等于每秒钟从每单位被干燥物料的面积上除去水分的质量，即：

$$U=\frac{\Delta W}{A\Delta\tau}=\frac{G_cX}{A\Delta\tau} \tag{4-12}$$

式中 ΔW——从被干燥物料中除去的水分质量，kg；

A——干燥面积，m^2；

$\Delta\tau$——干燥时间，s；

G_c——湿物料中绝对干料的质量，kg；

X——湿物料含水量，kg(水)/kg(干料)。

影响干燥的因素很多，它与物料及干燥介质（空气）的情况都有关系，在干燥条件不变（即空气的温度、湿度及速度恒定）时，对于同类物料，当厚度和形状一定时，U 是物料湿含量 X 的函数。$U=f(X)$ 表示此函数的曲线，称为干燥速率曲线。

干燥实验流程如图 4-10 所示，空气由风机输送，经孔板流量计、电加热器流入干燥室，然后入风机，循环使用，电加热器由晶体管继电器控制，使空气温度恒定，干燥室前方装有干湿球温度计，干燥室后也装有温度计，用以测量干燥室内的空气状况，风机出口端的温度计用于测量流经孔板时的空气温度，这温度是计算流量的一个参数。空气流量由阀调节，任何时候此阀都不允许全关，否则电加热器就会因空气不流动而过热，引起损坏。除了全开两个片式阀门以外，一般情况下风机进口端的片式阀门用以控制系统所吸入的空气量，而出端的片式阀门则用于调节系统向外界排出的废气量。如试样数量较多，可适当打开这两个阀门，使系统内空气温度恒定，若试样数量不多，也可以不开启。

测定方法是定时测定物料质量的变化，即记录每一时间间隔内物料的质量变化及物料的表面温度，实验进行到物料的质量恒定为止，此时物料与空气达到平衡，物料中所含水分量即为平衡水分。将物料再放入烘箱烘干，可测得绝干物料的质量。

实训操作时，先将试样放在电热干燥箱内，用 90℃左右的温度烘约 2h，冷却后称量，得出试样绝干质量（G_c）。将试样加水，稍候片刻，让水分均匀扩散至整个试样，然后称取湿试样质量。检查天平是否灵活，并配平衡，往湿球温度计加水，通电启动风机，调节阀门至预定风速值，开加热器，调节温度至预定值，待温度稳定后，才开干燥室门将湿试样放入。

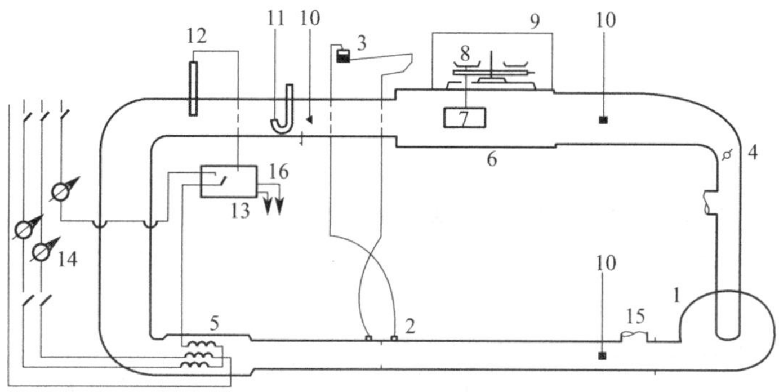

图 4-10　干燥实验流程简图

1—风机；2—孔板流量计；3—孔板压差计；4—风速调节器；5—电加热器；
6—干燥室；7—试样；8—天平；9—防护罩；10—干球温度计；11—湿球温度计；
12—导电温度计；13—晶体管继电器；14—片式阀门；15—接地保护线

立即加砝码使天平接近平衡，但砝码稍轻，待水分干燥至天平指针平衡时开动第一个秒表，并记录空气的干燥温度和倾斜压差计的读数。减去 3g 砝码，待水分再干燥至天平指针平衡时，停第一个秒表，同时开动第二个秒表。以后再减 2g 砝码，如此往复进行，至试样接近平衡水分时为止。

最后关闭加热器和风机电门。

数据处理：干燥速率 $U=\dfrac{\Delta G_i}{(A\Delta\tau_i)}\times10^4$；平均湿重 $G_{mi}=\dfrac{G_i+G_{i+1}}{2}$；平均湿含量 $X_{mi}=$

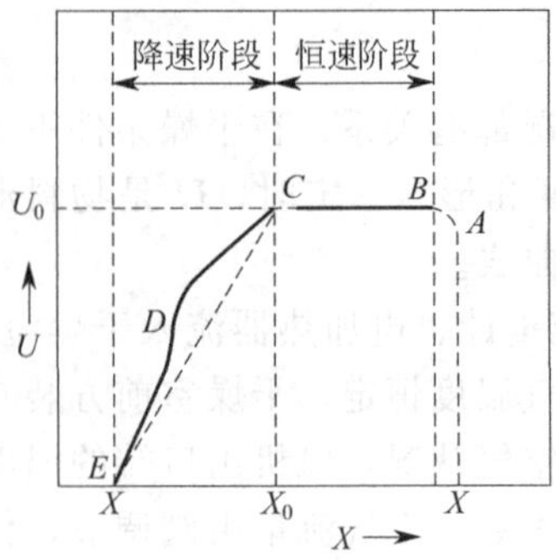

图 4-11　恒定干燥条件下干燥速率曲线

$\frac{G_{mi}-G_c}{G_c}$ [kg(水)/kg(干料)]。将物料湿含量 X 与干燥速率 U 在坐标纸上进行标绘，可得图 4-11 所示曲线。

图中 AB 段：A 点代表时间为零时的情况，AB 为湿物料不稳定的加热过程，在该过程中，物料的含水量及其表面温度均随时间而变化。物料含水量由初始含水量降至与 B 点相应的含水量，而温度则由初始温度升高（或降低）至与空气的湿球温度相等的温度。一般该过程的时间很短，在分析干燥过程中常可忽略，将其作为恒速干燥的一部分。

BC 段：在 BC 段内干燥速率保持恒定，称为恒速干燥阶段。在该阶段，湿物料表面温度为空气的湿球温度 t_w。

C 点：由恒速阶段转为降速阶段的点称为临界点，所对应湿物料的含水量称为临界含水量，用 X_0 表示。

CDE 段：随着物料含水量的减少，干燥速率下降，CDE 段称为降速干燥阶段。

干燥速率主要取决于水分在物料内部的迁移速率。不同类型物料结构不同，降速阶段速率曲线的形状不同。

E 点：E 点的干燥速率为零，X_0 即为操作条件下的平衡含水量。

在恒速干燥和降速干燥阶段，物料干燥的机理不同，恒速干燥的前提条件是湿物料表面全部润湿。即湿物料水分从物料内部迁移至表面的速率大于水分在表面汽化的速率。

若物料最初潮湿，在物料表面附着一层水分，这层水分可认为全部是非结合水分，物料在恒定干燥条件下干燥时，物料表面的状况与湿球温度计湿纱布表面状况相似，物料表面温度 θ 即为 t_w。

若维持恒速干燥，必须使物料表面维持润湿状态，水分从湿物料到空气中实际经历两步：首先由物料内部迁移至表面，然后再从表面汽化到空气中。若水分由物料内部迁移至表面的速率大于或等于水分从表面汽化的速率，则物料表面保持完全润湿。由于此阶段汽化的是非结合水分，故恒速干燥阶段的干燥速率的大小取决于物料表面水分的汽化速率。因此，恒速干燥阶段又可称为表面控制阶段。恒速干燥的特点：$U=U_c$；物料表面温度为 t_w；在该阶段除去的水分为非结合水分；恒速干燥阶段的干燥速率只与空气的状态有关，而与物料的种类无关。

由图可知，到达临界点以后，即进入降速干燥阶段，随着干燥过程的进行，物料内部水分迁移到表面的速率已经小于表面水分的汽化速率。物料表面不能再维持全部润湿，而出现部分“干区”即实际汽化表面减少。因此，以物料总面积为基准的干燥速率下降。去除的水分为结合、非结合水分。当物料全部表面都成为干区后，水分的汽化面逐渐向物料内部移动，传热是由空气穿过干料到汽化表面，汽化的水分又从湿表面穿过干料到空气中，降速干燥阶段又称为物料内部迁移控制阶段。显然，固体内部的热、质传递途径加长，阻力加大，造成干燥速率下降。降速干燥阶段特点是随着干燥时间的延长，干基含水量 X 减小，干燥速率降低；物料表面温度大于湿球温度；去除的水分为非结合、结合水分；降速干燥阶段的干燥速率与物料种类、结构、形状及尺寸有关，而与空气状态关系不大。

恒速干燥阶段与降速干燥阶段分界点处所对应的物料含水量称为临界含水量。物料在干燥过程中经历了预热、恒速、降速干燥阶段，用临界含水量 X_0 加以区分，X_0 越大，越早地进入降速阶段，使完成相同的干燥任务所需的时间越长，X_0 的大小不仅与干燥速率和时间的计算有关，同时由于影响两个阶段的因素不同，因此确定 X_0 对强化干燥过程也有重要意义。临界含水量不仅与物料本身的结构、分散程度有关，也受干燥条件的影响。无孔吸水性物料的 X_0 比多孔物料大；物料分散越细、堆积厚度越薄，X_0 值也就越低。

干燥过程的速率和干燥程度，与湿空气性质、流动状况及湿物料中的水分性质有关。在一定的干燥条件下，根据湿物料中水分能否除去或除去的难易程度，可确定湿物料中水分的性质。当物料与一定状态的空气接触后，物料将释出或吸收水分，直到物料表面的水蒸气分压与空气中的水汽分压相等为止，此时物料中的水分与空气中的水分处于动态平衡。只要空气状态恒定，物料含水量不会发生改变，这种恒定的含水量称为该物料在一定空气状态下的平衡水分，又称平衡湿含量或平衡含水量，单位为 kg(水)/kg(绝干物料)。平衡水分是一定干燥条件下物料可能干燥的最大限度。湿物料中所含的水分大于平衡水分时，其含水量与平衡水分的差值称为自由水分。自由水分是在一定的空气状态下能用干燥的方法去除的水分。

物料中的水分还可根据其去除的难易程度，将其分为结合水分和非结合水分。结合水分包括物料细胞壁内的水分及小毛细管中的水分，这些水分与物料的结合力较强，其蒸气压都小于同温度下纯水的饱和蒸气压，致使干燥过程的传质推动力降低，所以结合水分较纯水更难除去。非结合水分包括物料中吸附的水分和孔隙中的水分，这些水分与物料是机械结合，结合力小。其蒸气压都与同温度下纯水的饱和蒸气压相同，因此非结合水分与纯水一样，在干燥过程中极易除去。

平衡水分与自由水分，结合水分与非结合水分是两种概念不同的区分方法。自由水分是在干燥中可以除去的水分，而平衡水分是不能除去的，自由水分和平衡水分的划分除与物料有关外，还与空气的状态有关。非结合水分是在干燥中容易除去的水分，而结合水分较难除去。是结合水还是非结合水仅取决于固体物料本身的性质，与空气状态无关。

思考题

1. 在两个阶段如何分别提高干燥速度？说明理由。
2. 如何利用干湿球温度确定干燥空气的湿度？

课后任务

对比氯化钠、绿豆、铁粉的干燥速率曲线。

任务三　干燥设备的操作

一、操作干燥实训装置

1. 工艺说明

图 4-12 为干燥实训装置示意图。空气由冷气鼓风机送到空气加热炉，经加热后分别进入流化床干燥器的三个气体分配室，然后进入流化床床体将热能提供给固体湿物料，同时移走物料中的水汽，经流化床上部扩大部分沉降分离固体物后，经旋风分离器、布袋分离器分级除尘后放空或由循环鼓风机提高压力后送入流化床干燥器的三个气体分配室，以补充气体和回收热能。

固体湿物料由星型下料器加入，控制流量后进入干燥器流化床体，经热空气流化干燥后由出料口排入产品料仓。

2. 开车

首先检查系统，开冷气鼓风机鼓入新鲜空气，经电加热炉、流化床干燥器、旋风分离器从放空阀排空，再开循环鼓风机鼓入新鲜空气，经过流量计与冷气鼓风机来的空气混合。开

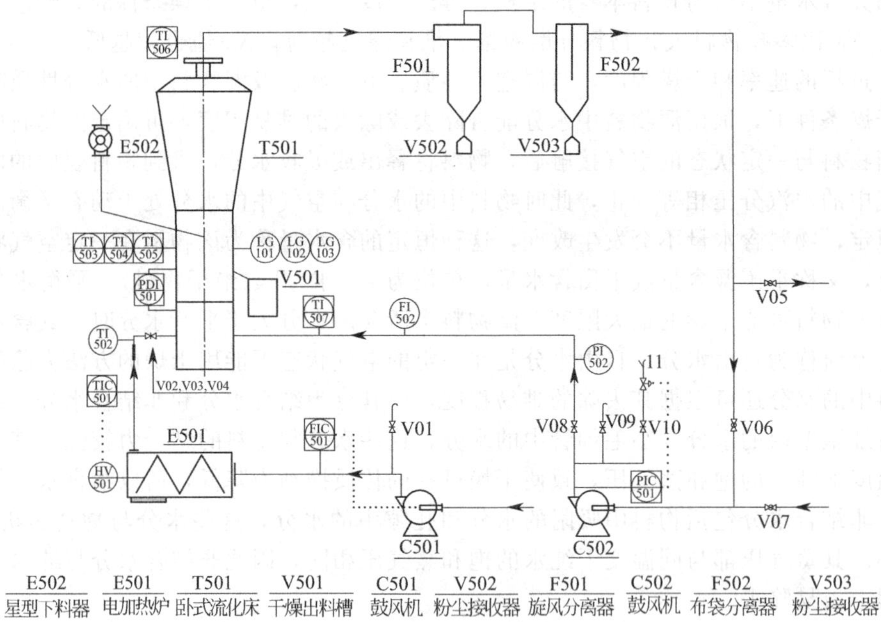

图 4-12　干燥实训装置

循环气阀，关闭放空，通过肥皂泡逐个检测各个元器件连接处是否密封。

其次进行设备试车，启动冷气鼓风机，检查运转状况，开启新鲜空气系统各阀，调节新鲜空气流量至指标值，开启电加热炉，控制加热功率在40%左右，检查新鲜空气系统各检测点参数是否符合要求。然后启动循环鼓风机，控制循环空气流量在指标值，检查循环空气系统各检测点参数是否符合要求。启动下料器，调节变换下料器转速，检查下料器运转是否正常。试车过程中若发现不正常的声响或其他异常情况时，应停车检查原因。

然后检查所有仪表、设备是否处于正常状态；检查外部供电系统，确保控制柜上所有开关均处于关闭状态；开启外部供电系统总电源开关；打开控制柜上空气开关；打开直流电源开关以及空气开关，打开仪表电源开关；查看所有仪表是否上电，指示是否正常；将各阀门顺时针旋转操作到关的状态。检查孔板流量计出口阀是否在开启状态（保持开启）；原料可以是相对密度为1.0～1.2、粒径1～2mm的固体物料，比如小米（湿含量20%～30%）5～10kg。

开车步骤为：依次打开各床层闸阀和放空阀；启动冷气鼓风机，调节新鲜空气流量至指标值；开启电加热炉加热开关，缓慢增加加热功率至80%；开启循环气阀和循环风机抽风阀；开启循环鼓风机，开循环风机出口放空调节阀，开启循环风机出口放空电动调节阀，放空阀的开度依流化程度进行调节。

全开循环气体流量调节阀，调节玻璃转子流量计的流量达到指标值；回流气体流量稳定后，手动控制电加热器功率，调节流化床进气温度达到指标值后切换至自动调节，使其温度稳定；将配制好的物料加入下料斗，开启下料机电源开关，控制加料速度，并调节控制好流化床层物料厚度。应该注意，物料进流化床体初期应根据物料被干燥状况控制出料。

调节床层闸阀的开度，使三个床层的温度稳定在指标值；调节电动调节阀开度，使床层压差不超过指标值；观察流化状态，记录操作数据；打开收料袋，取料至收料槽。

3. 停车

关闭下料器，停止向流化床内进料；当流化床体内物料排净后，关闭电加热炉电源；开系统放空阀，关闭循环风机进口阀、出口阀，停循环鼓风机。

当流化床进气温度降到50℃以下时，关闭流化床进气阀，停冷气鼓风机；清理干净流化床干燥器、旋风分离器、布袋分离器内的残留物。

依次关闭直流电源开关、仪表电源开关、报警电源开关以及空气开关；关闭控制柜空气开关；切断总电源；场地清理。

各项工艺操作指标如下。

物料配制：小米（湿含量20%～30%）或相对密度为1.0～1.2，粒径1～2mm的其他固体物料。干燥床进气温度：70～80℃。干燥床内温度：50～80℃。干燥床层压降：≤0.3kPa。新鲜空气流量：80～120m³/h。循环空气流量：60～100m³/h。下料器转速：200～400r/min。尾气放空量：适量（由物料湿度决定）。

4. 异常现象及处理

表 4-1 异常现象、原因及处理方法

异常现象	原　　因	处理方法
床层温度突然升高	空气流量过大或加热过猛	调节空气流量，调低加热电流
	系统加料量过少	加大加料量
床层压降过高	流化床内加料过多	减少加料量
旋风分离器跑料	抽风量太大	关小抽风机开启度
	旋风分离器被物料堵住	停车处理旋风分离器

表4-1为实训装置常见的异常现象、原因及处理方法。在冷气鼓风机和电加热炉加热功率之间设置了连锁，只有在冷气鼓风机开启的情况下电加热炉加热功率才可以开启；除了连锁，还要注意控制干燥温度和干燥气流速度，避免局部高温和静电起火，定期清理死角积料，防止有害杂质混入干燥物料中。

5. 理论计算

湿基含水量 w 指湿物料中所含水分的质量分数。

$$w=\frac{\text{湿物料中水分的质量}}{\text{湿物料总质量}} \tag{4-13}$$

湿物料中的水分的质量与绝对干料质量之比，称为湿物料的干基含水量。

$$X=\frac{\text{湿物料中水分的质量}}{\text{湿物料中绝干物料的质量}} \tag{4-14}$$

两者的关系为：

$$X=\frac{w}{1-w} \quad \text{或} \quad w=\frac{X}{1+X} \tag{4-15}$$

工业生产中物料含水量常以湿基含水量表示，但由于干燥过程中湿物料的总质量因干燥失去水分而不断减少，而绝干物料的质量不变，因此，在干燥计算中，以干基含水量表示较为方便。

通过对干燥系统作物料衡算，可以计算出：从物料中除去水分的质量（即水分蒸发量）；空气的消耗量；干燥产品的产量。

图4-13为干燥系统物料流程示意图。以干燥器为衡算范围，对水分进行物料衡算，则

$$LH_1+G_cX_1=LH_2+G_cX_2 \tag{4-16}$$

或

$$W=L(H_2-H_1)=G_c(X_1-X_2) \tag{4-16a}$$

式中　W——单位时间内水分的蒸发量，kg/s；

L——单位时间内消耗的绝干空气量，kg/s；

G_c——单位时间内绝干物料的流量，kg/s；

H_1，H_2——分别为空气进、出干燥器时的湿度，kg(水蒸气)/kg(绝干空气)；

X_1，X_2——分别为湿物料进、出干燥器时的干基含水量，kg(水蒸气)/kg(绝干物料)。

注意：基准与物料必须相匹配，即干基必须是干物料。

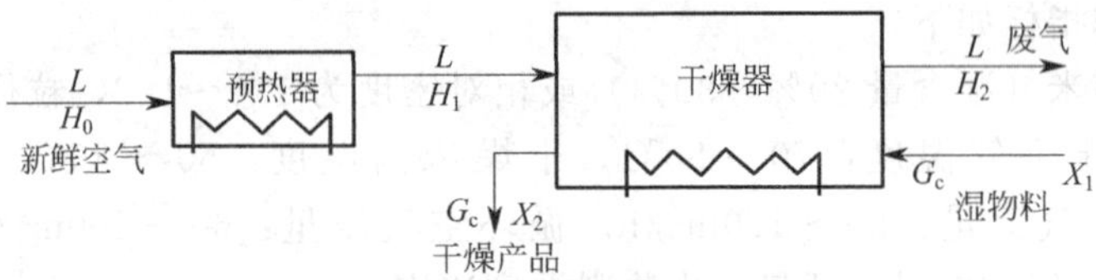

图 4-13　干燥系统物料流程示意图

(1) 绝干空气量

$$L=\frac{G_c(X_1-X_2)}{H_2-H_1}=\frac{W}{H_2-H_1} \tag{4-17}$$

式中　L——单位时间消耗的绝干空气量，kg(绝干空气)/s。

(2) 单位空气消耗量

$$l=\frac{L}{W}=\frac{1}{H_2-H_1} \tag{4-18}$$

式中　l——单位空气消耗量，即蒸发 1kg 水消耗的绝干空气量，kg(绝干空气)/kg(水分)。

若以 H_0 表示空气预热前的湿度，而空气经预热器后，其湿度不变，故 $H_0=H_1$，则有

$$l=\frac{L}{W}=\frac{1}{H_2-H_0} \tag{4-19}$$

由此可见，单位空气消耗量仅与 H_2、H_0 有关，与路径无关。湿度 H_0 与气候条件有关，夏季湿度大，消耗的空气量最多，因此在选择输送空气的通风机时，应以全年中最大空气消耗量为依据，通风机的通风量 V 计算如下。

(3) 通风量

$$V=LV_H=L(0.773+1.244H)\frac{t+273}{273} \tag{4-20}$$

式中，湿度 H 和温度 t 为通风机所在安装位置的空气湿度和温度。

因为

$$G_c=G_2(1-w_2)=G_1(1-w_1) \tag{4-21}$$

出干燥器的绝干物料＝入干燥器的绝干物料

(4) 干燥产品量

$$G_2=\frac{G_c}{1-w_2}=G_1\,\frac{1-w_1}{1-w_2} \tag{4-22}$$

式中　G_1——干燥前湿物料量，kg/h；

G_2——干燥后产品量，kg/h；

w_1，w_2——物料进、出干燥器时湿基含水量，kg(水)/kg(湿物料)。

【例 4-4】 用空气干燥某含水量为 40％（湿基）的物料，每小时处理湿物料量为 1000kg，干燥后产品含水量为 5％（湿基）。空气的初温为 20℃，相对湿度为 60％，经加热至 120℃后进入干燥器，离开干燥器时的温度为 40℃，相对湿度为 80％。试计算：(1) 水分蒸发量；(2) 绝干空气消耗量和单位空气消耗量；(3) 如鼓风机安装在进口处，风机的风量是多少？(4) 干燥产品的产量。

解　(1) 水分蒸发量

$$G_1=1000\text{kg/h}，w_1=0.4，w_2=0.05$$

水分蒸发量为：

$$W=G_1\,\frac{w_1-w_2}{1-w_2}=1000\times\frac{0.4-0.05}{1-0.05}=368.42\ (\text{kg/h})$$

(2) 又知 $\varphi_0=60\%$，$t_0=20℃$，$\varphi_2=80\%$，$t_2=40℃$

查饱和水蒸气表得：20℃时，$p_{s1}=2.334\text{kPa}$；40℃时，$p_{s2}=7.375\text{kPa}$，则

$$H_0=0.622\frac{\varphi p_{s1}}{p-\varphi p_{s1}}=0.622\times\frac{0.60\times2.334}{100-0.60\times2.334}=0.009\ [\text{kg(水汽)/kg(绝干空气)}]$$

$$H_2=0.622\frac{\varphi p_{s2}}{p-\varphi p_{s2}}=0.622\times\frac{0.80\times7.375}{100-0.80\times7.375}=0.039\ [\text{kg(水汽)/kg(绝干空气)}]$$

$$L=\frac{W}{H_2-H_0}=\frac{368.42}{0.039-0.009}=12280.67\ [\text{kg(绝干空气)/h}]$$

$$l=\frac{1}{H_2-H_0}=\frac{1}{0.039-0.009}=33.33\ [\text{kg(绝干空气)/kg(水蒸气)}]$$

(3) 鼓风机的风量

因风机装在预热器进口处，输送的是新鲜空气，其温度 $t_0=20℃$，$H_0=0.009\text{kg}$(水蒸气)/kg(绝干空气)，则湿空气的体积流量为：

$$\begin{aligned}V&=V_H L=(0.773+1.244H)\frac{t+273}{273}L\\&=(0.773+1.244\times0.009)\times\frac{20+273}{273}\times12280.67\\&=10335.98\ (\text{m}^3/\text{h})\end{aligned}$$

(4) 干燥产品的量

$$G_2=G_1\frac{1-w_1}{1-w_2}=1000\times\frac{1-0.40}{1-0.05}=631.58\ (\text{kg/h})$$

二、编制安全技术规程

对于对流干燥，空气由预热器加热至一定温度后进入干燥器，与进入干燥器的湿物料相接触，空气将热量以对流传导的方式传给湿物料，湿物料表面水分被加热汽化成蒸汽，然后扩散进入空气，最后由干燥器的另一端排出。空气与湿物料在干燥器内的接触可以是并流、逆流或其他方式。对流干燥设备操作时应注意以下几点。

① 严格控制干燥温度。为防止出现局部过热造成物料分解以及易燃蒸气逸出或粉尘逸出，引起燃烧爆炸，干燥操作时要严格控制温度。

② 严格控制气流温度。在对流干燥中，由于物料相互运动发生碰撞、摩擦易产生静电，容易引起干燥过程所产生的易燃气体和粉尘与空气混合发生爆炸。因此，干燥操作时应严格控制气流速度，并安装设置良好的接地装置。

③ 严格控制有害杂质。对于干燥物料中可能含有的自燃点很低或其他有害杂质，在干燥前应彻底清除，防止在干燥时发生危险。

④ 定期清理死角积料。为防止积料长时间受热发生变化引起事故，应定期对干燥设备中的死角进行清理。清理时应在停车状态下进行，并按检修要求进行安全清理。

对于传导干燥，其设备主要有滚筒干燥器和真空干燥器。滚筒干燥器操作时要适当调整刮刀与筒壁间隙，牢牢固定刮刀，防止产生撞击火花；用烟道气加热的干燥过程中，应注意加热均匀，不可断料，不可中途停止运转。

真空干燥器消除真空时，一定要先降低温度后才能放进空气，以免引起火灾事故。

思考题

1. 实训开车前应注意什么事项？
2. 干燥后物料应如何放置？

课后任务

1. 编制某干燥器的安全技术规程。
2. 对干燥装置进行物料衡算。

任务四　干燥系统综合实训

一、核算干燥器的干燥参数

通过干燥系统的热量衡算，可以求出预热器消耗的热量、向干燥器补充的热量和干燥过程消耗的总热量。可作为计算预热器传热面积、加热介质用量、干燥器尺寸以及干燥系统热效应等计算的依据。干燥系统的热流图如图 4-14 所示。

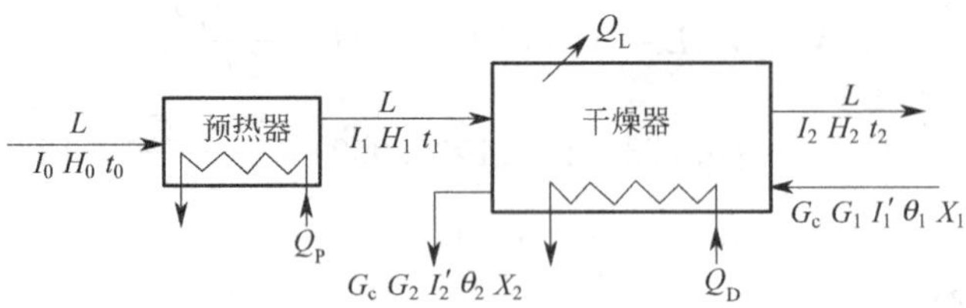

图 4-14　干燥系统的热量衡算

图中　X_1，X_2——分别为湿物料进、出干燥器的干基含水量，kg(水)/kg(绝干物料)；

H_0，H_1，H_2——分别为空气进、出预热器及离开干燥器的湿度，kg(水蒸气)/kg(绝干空气)；

I_0，I_1，I_2——分别为空气进、出预热器及离开干燥器的焓，kJ/kg(绝干空气)；

t_0，t_1，t_2——分别为空气进、出预热器及离开干燥器的温度，℃；

L——绝干空气的流量，kg(绝干空气)/s；

Q_P——单位时间内预热器消耗的热量，kW；

G_1，G_2——分别为湿物料进、出干燥器的流量，kg(湿物料)/s；

I_1'，I_2'——分别为湿物料进、出干燥器的焓，kJ/kg(湿物料)；

θ_1，θ_2——分别为湿物料进、出干燥器的温度，℃；

Q_D——单位时间内向干燥器补充的热量，kW；

Q_L——干燥器的热损失，kW。

1. 预热器的热量衡算

若忽略预热器的热损失，以 1s 为基准，对图 4-14 中的预热器进行热量衡算，得：

$$LI_0+Q_P=LI_1 \tag{4-23}$$

$$I_1=(1.01+1.88H_1)t_1+2490H_1$$

$$I_0=(1.01+1.88H_0)t_0+2490H_0$$

故单位时间内预热器消耗的热量为：

$$Q_P=L(I_1-I_0)=L(1.01+1.88H_0)(t_1-t_0) \tag{4-24}$$

2. 干燥器的热量衡算

对图 4-14 中的干燥器进行热量衡算，以 1s 为基准，得：

$$LI_1+G_cI_1'+Q_D=LI_2+G_cI_2'+Q_L \tag{4-25}$$

故单位时间内向干燥器补充的热量为：

$$Q_D = L(I_2 - I_1) + G_c(I_2' - I_1') + Q_L \tag{4-26}$$

联立式(4-24)、式(4-26)，单位时间内向干燥系统补充的总热量为：

$$Q = Q_P + Q_D = L(I_2 - I_0) + G_c(I_2' - I_1') + Q_L \tag{4-27}$$

式(4-24)、式(4-26)、式(4-27) 为连续干燥系统中热量衡算的基本方程式。为了便于分析和应用，将式(4-27) 作如下处理：假设新鲜空气中水汽的焓等于离开干燥器废气中水汽的焓；湿物料进出干燥器时的比热容取平均值 C_m，C_m 可由绝干物料比热容 C_g 及纯水的比热容 C_w 求得。

$$C_m = C_g + XC_w$$

$$\begin{aligned} Q &= Q_P + Q_D = L(I_2 - I_0) + G_c(I_2' - I_1') + Q_L \\ &= 1.01L(t_2 - t_1) + W(2490 + 1.88t_2 - 4.187\theta_1) + G_cC_m(\theta_2 - \theta_1) + Q_L \end{aligned} \tag{4-28}$$

干燥器的热量衡算是计算干燥器尺寸及干燥效率的基础。

【例 4-5】 常压下空气的温度为 20℃，湿度为 0.01kg(水)/kg(干空气) 的状态下，被预热至 120℃后进入理论干燥器，废气出口湿度为 0.03kg(水)/kg(干空气)。物料的含水量由 3.7%干燥至 0.5%（均为湿基），干空气的流量为 8000kg 水/h。试求：(1) 每小时加入干燥器的湿物料量；(2) 废气出口温度。

解 (1) $W = V(H_2 - H_1) = 8000 \times (0.03 - 0.01) = 160$ [kg(水)/h]

物料衡算：$G_c = G_1(1 - w_1) = G_2(1 - w_2)$ $G_1 - G_2 = W$

$G_1 = W(1 - w_2)/(w_1 - w_2) = 160 \times (1 - 0.005)/(0.037 - 0.005) = 4975$ [kg(湿物料)/h]

(2) 理论干燥器中，$I_1 = I_2$

$(1.01 + 1.88 \times 0.01) \times 120 + 2490 \times 0.01 = (1.01 + 1.88 \times 0.03)t_2 + 2492 \times 0.03$

解得 $t_2 = 68$ (℃)

二、核算干燥器热效率

干燥系统的热效率定义为：

$$\eta = \frac{\text{蒸发水分所需的热量}}{\text{向干燥系统输入的总热量}} \times 100\% \tag{4-29}$$

蒸发水分所需热量为：$Q_v = W(2490 + 1.88t_2) - 4.178\theta_1 W$，水从 0～20℃平均比热容为 4.178kJ/(kg·K)，若忽略湿物料中水分带入系统中的焓，上式简化为：

$$Q_v \approx W(2490 + 1.88t_2)$$

$$\eta = \frac{W(2490 + 1.88t_2)}{Q} \times 100\% \tag{4-30}$$

η 衡量干燥过程的经济程度，η 越高表示热利用率愈好，一般为 40%～50%。若空气离开干燥器的温度较低，而湿度较高，则水分汽化量大，可提高干燥操作的热效率。

但如果空气湿度增加，使物料与空气间的推动力下降，一般来说，对于吸水性物料的干燥，空气出口温度应高些，而湿度应低些，即相对湿度要低些。在实际干燥操作中，空气离开干燥器的温度 t_2 需比进入干燥器时的绝热饱和温度高 20～50℃，这样才能保证在干燥系统后面的设备内不致析出水滴，否则可能使干燥产品返潮，且易造成管路的堵塞和设备材料的腐蚀。在干燥操作中，废气中热量的回收对提高干燥操作的热效率有实际意义，此外还应注意干燥设备和管道的保温隔热，减少热损失，提高热效率。

【例 4-6】 某湿物料的初始含水量为 5%，干燥后的含水量为 1%（即为湿基），湿物料处理量为 0.5kg/s，空气的初始温度为 20℃，初始湿含量为 0.005kg(水)/kg(干空气)。假设所有水分皆在表面汽化阶段除去，干燥设备保温良好，空气的出口温度选定为 70℃，试求：

(1) 将空气预热至 150℃进入干燥器，此干燥过程所需供热量及热效率各为多少？

(2) 将空气预热至 130℃进入干燥器，此干燥过程所需供热量及热效率有何变化？

解 (1) 当出口气体温度选定为 $t_2=70℃$时，

$$H_2=\frac{(1.01+1.88H_1)t_1+2500H_1-1.01t_2}{2500+1.88t_2}$$

$$=\frac{(1.01+1.88\times0.005)\times150+2500\times0.005-1.01\times70}{2500+1.88\times70}=0.036\ [\text{kg(水)/kg(干空气)}]$$

所需空气量可由物料衡算式求出：

$$G_c(X_1-X_2)=V(H_2-H_1)$$

$$V=\frac{G_c(X_1-X_2)}{H_2-H_1}=\frac{0.5\times(1-0.05)\times\left(\frac{0.05}{1-0.05}-\frac{0.01}{1-0.01}\right)}{0.036-0.005}=0.652\ [\text{kg(干空气)/s}]$$

所需供热量和热效率分别为：

$$Q=V(1.01+1.88H_0)(t_1-t_2)$$

$$=0.652\times(1.01+1.88\times0.005)\times(150-20)=86.3\ (\text{kJ/s})$$

$$\eta=\frac{t_1-t_2}{t_1-t_0}=\frac{150-70}{150-20}=0.615$$

(2) 将空气预热至 130℃时，空气出口湿度为：

$$H_2=\frac{(1.01+1.88H_1)t_1+2500H_1-1.01t_2}{2500+1.88t_2}$$

$$=\frac{(1.01+1.88\times0.005)\times130+2500\times0.005-1.01\times70}{2500+1.88\times70}=0.0282$$

所需空气量为：

$$V=\frac{G_c(X_1-X_2)}{H_2-H_1}$$

$$=\frac{0.5\times(1-0.05)\times\left(\frac{0.05}{1-0.05}-\frac{0.01}{1-0.01}\right)}{0.028-0.005}=0.869\ [\text{kg(干空气)/s}]$$

所需供热和热效率分别为：

$$Q=V(1.01+1.88H_0)(t_1-t_0)$$

$$=0.869\times(1.01+1.88\times0.005)\times(130-20)=97.4\ (\text{kJ/s})$$

$$\eta=\frac{t_1-t_2}{t_1-t_0}=\frac{130-70}{130-20}=0.545$$

思考题

1. 干燥器的热效率能说明什么问题？

2. 如何衡量干燥器的干燥能力和效果？

课后任务

对实训装置进行热量衡算，并计算热效率。

练 习 题

1. 已知空气的干球温度为 60℃，湿球温度为 30℃，试计算空气的湿含量、相对湿度、焓和露点温度。

2. 湿空气 [$t_0=20℃$，$H_0=0.02$kg(水)/kg(干空气)] 经预热后送入常压干燥器。试求：(1) 将空气预热到 100℃所需热量；(2) 将该空气预热到 120℃时相应的相对湿度值。

3. 湿度为0.018kg(水)/kg(干空气)的湿空气在预热器中加热到128℃后进入常压等焓干燥器中，离开干燥器时空气的温度为49℃，求离开干燥器时露点温度。

4. 干球温度为293K、湿球温度为289K的空气，经过预热器温度升高到323K后送至干燥器内。空气在干燥器中的变化为绝热冷却增湿过程，离开时相对湿度为80%。总压力为1.0133×10^5Pa。求：(1) 原湿空气的湿度和焓；(2) 空气离开预热器时的湿度和焓；(3) $100m^3$原湿空气在预热过程中焓的变化；(4) 空气离开干燥器时的湿度和焓；(5) $100m^3$原湿空气绝热冷却增湿时所获得的水分量。

5. 湿物料从湿含量50%干燥至25%时，从1kg原湿物料中除去的湿分量，为湿物料从湿含量2%干燥至1%（以上均为湿基）时的多少倍？

6. 用内直径为1.2m的转筒干燥器干燥粒状物料，水分自30%干燥至2%（湿基）。所用空气进入干燥器时干球温度为383K，湿球温度为313K，空气在干燥器内的变化为等焓过程，离开干燥器时干球温度为318K。规定空气在转筒内的质量速度不超过0.833kg(干空气)/$(s\cdot m^2)$，以免颗粒被吹出。试求每小时最多能向干燥器加入多少千克湿物料。

7. 某干燥系统的操作条件如下：进入预热器的湿空气湿度H_0为0.01kg/kg(干空气)；温度t_0为293K。离开干燥器的湿空气湿度H_2为0.028kg/kg(干空气)、温度t_2为307K。物料进入干燥器时的湿基湿含量w_1为50%，离开时w_2为13%。以干物料表示的干燥器的生产能力G_c为0.278kg(干物料)/s。干燥器内各项热量损失（包括物料带走的热量$G_{c(im_2-im_1)}$、损失于周围环境的热量Q_{LD}、物料输送装置带走的热量Q_T）之和$\sum Q$等于向系统内所加入的总热量的15%。假设预热器的热损失可忽略。求干燥器所需要的空气流率和空气预热器中热量消耗速率。假设向干燥器输入的热量Q_D为零。

8. 某湿物料10kg，均匀地平摊在长0.8m、宽0.6m的平底浅盘内，并在恒定的空气条件下进行干燥，物料的初始含水量为15%，干燥4h后含水量降为8%，已知在此条件下物料的平衡含水量为1%，临界含水量为6%（皆为湿基），并假定降速阶段的干燥速率与物料的自由含水量（干基）呈线性关系，试求：

(1) 将物料继续干燥至含水量为2%，所需要总干燥时间为多少？

(2) 现将物料均匀地平摊在两个相同的浅盘内，并在同样空气条件下进行干燥，只需4h便可将物料的水分降至2%，问物料的临界含水量有何变化？恒速干燥阶段的时间为多少？

项目五 精馏系统的操作与控制

能力目标：能够熟练操作各类蒸馏设备，运用化工总控工的相关技能，包括测定相组成、绘制相图、操作各种情况下的精馏塔（不同进料温度，不同进料位置，不同回流比），绘制物料流程图、编制技术规程和全塔效率核算等，完成相应的精馏分离任务。

知识目标：掌握精馏塔理论塔板数的设计计算和核算方法。包括基本概念如气液相平衡、拉乌尔定律、挥发度、回流比、恒摩尔流假定、气液相负荷、液泛等，基本理论如精馏原理、操作线方程、进料线方程、图解法、逐板法和能量衡算等。

情境设计：某公司精制车间粗乙醇精馏回收系统的认识、测量、操控、核算。按照公司组织结构，分为若干项目组，选出组长，由组长协调成员进行项目化的工作和学习，完成生产任务，技能比赛，汇报演讲，模拟企业绩效考核方式进行过程考核。

任务一 认识精馏塔

蒸馏操作是工业生产中应用最为广泛的一种单元操作，实际生产中的蒸馏操作过程可根据溶液性质、生产目的与要求而采用不同的方法。当物质比较容易分离或分离要求不高时，可采用简单蒸馏或闪蒸，较难分离的物质可采用精馏，很难分离的物质或用普通精馏方法不能分离的则可采用特殊精馏。其中应用最为广泛的是精馏。

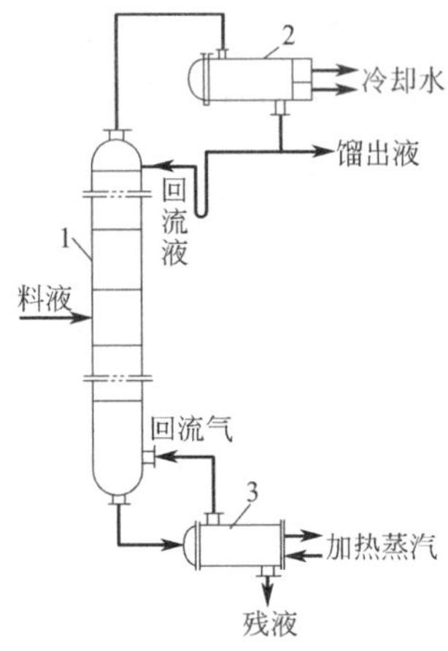

图 5-1 乙醇水溶液连续精馏生产流程

1—精馏塔；2—冷凝器；3—再沸器

精馏操作一般在塔设备内完成。图 5-1 即为连续精馏分离乙醇水溶液的生产流程。稀乙醇水溶液（料液）由塔中部加入，液体在塔内处于沸腾状态，产生的蒸气沿塔上升，从塔顶引出后进入冷凝器冷凝，冷凝液一部分作为塔顶产品（又称馏出液），一部分回流至塔内作液相回流，液相沿塔下降至塔底引出，进入再沸器（加热釜）被间接加热沸腾汽化，所产生的蒸气由再沸器引入塔内气相回流，沿塔上升，没汽化的液相作为塔底产品（又称为残液）。由此可知，塔内所进行的精馏过程可视为一股上升的气流与一股下降液流在塔内逆流流动，直接接触，在两股流体间实现了热量、质量的传递。

蒸馏操作是利用液体混合物中各组分挥发性的差异而将其分离的。任何液体均具有挥发成为蒸气的能力，液体的这种特性称为挥发性。不同液体在相同条件下的挥发性不同，同一液体在不同条件下的挥发性也不相同。

常压下，纯乙醇的沸点为78℃，纯水的沸点为100℃，由于乙醇的挥发性能比水强（乙醇的沸点比水低），故乙醇较水易于从液相中汽化出来。若将乙醇水溶液加热使之部分汽化，气相中乙醇的浓度将高于液相中乙醇的浓度。若将上述所得的蒸气冷凝，即可得到乙醇浓度比原来高的冷凝液，从而使乙醇和水得到初步的分离。通常沸点低的组分称为易挥发组分，用 A 表示；沸点高的组分称为难挥发组分，用 B 表示。

在图 5-1 所示的流程中，上升气流与下降液流在塔内直接接触，易挥发组分由液相转移到气相，而难挥发组分由气相转移到液相，这样，塔内上升气流中乙醇浓度越来越高，而下降的液流中水的浓度也越来越高。只要塔有足够的高度，塔顶引出的蒸气中主要含乙醇，而再沸器引出的溶液则基本是水，这个过程就是精馏。

精馏操作所处理的溶液如果仅由两个组分组成，则称为双组分（或二元）精馏。如果溶液中含两个以上的组分，则称为多组分（或多元）精馏。工业生产中也根据操作压的大小将精馏分为常压、加压和真空精馏三种。按操作流程的特征则可分为间歇精馏和连续精馏。

一、辨识精馏设备和塔板

（一）板式塔

塔设备是实现分离操作的气液传质设备，广泛地应用于化工、石油化工、石油等工业生产中。按结构可分为板式塔和填料塔两大类，都能用于蒸馏操作和吸收操作。在工业生产中，当处理量大时多采用板式塔，而当处理量小时多采用填料塔。对于一个具体的工艺过程，选用何种塔型为宜，需根据两类塔型各自的特点和工艺本身的要求而定。

板式塔为逐级接触式的气液传质设备。以筛板塔为例，其结构简图如图 5-2 所示。

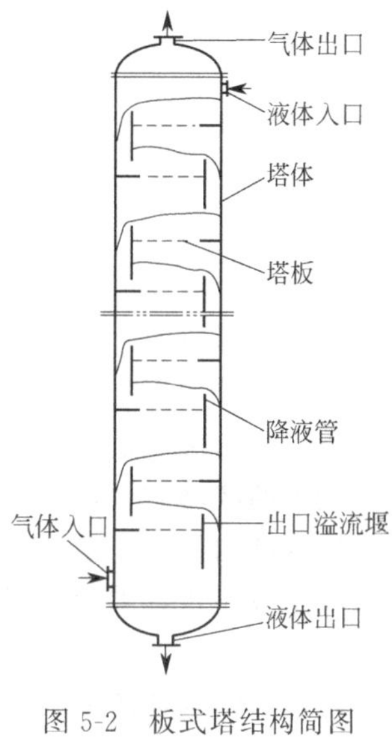

图 5-2　板式塔结构简图

在一个圆筒形的壳体内装有若干层按一定间距放置的水平塔板，塔板上开有很多筛孔，每层塔板靠壁处设有降液管。操作时，液体靠重力作用由上层塔板经降液管流至下层塔板，并横向流过塔板至另一降液管逐板下流，最后由塔底流出，塔板上的出口溢流堰能使板面上维持一定厚度的流动液层。气体从塔底送到最下层板的下面，靠压力差推动，逐板由下向上穿过筛孔及板上液层而流向塔顶，气体通过每层板上液层时，形成气泡与液沫，泡沫层为两相接触提供足够大的相际接触面，有利于相间传质。气液两相在板式塔内进行逐板接触，两相的组成沿塔高呈阶梯式变化。

板式塔的空塔速度较高，因而生产能力较大，塔板效率稳定，造价低，检修、清理方便，为工业上所广泛采用。

（二）塔板类型

按照塔内气液流动的方式，可将塔板分为错流塔板和逆流塔板两类。

图 5-2 所示的筛板塔为错流塔板类型之一。塔内气液两相成错流流动，即液体横向流过塔板，而气体垂直穿过液层，但对整个塔来说，两相基本上成逆流流动。通过调整错流塔板降液管的设置方式及堰高可以控制板上液体流径与液层厚度，以期获得较高的效率。但是降液管占去一部分塔板面积，影响塔的生产能力；而且，液体横过塔板时要克服各种阻力，因

而使板上液层出现位差，此位差称为液面落差。液面落差大时，能引起板上气体分布不均，降低分离效率。错流塔板广泛用于蒸馏、吸收等传质操作中。

逆流塔板亦称穿流板，板间不设降液管，气液两相同时由板上孔道逆向穿流而过。栅板、淋降筛板等都属于逆流塔板。这种塔板结构虽简单，板面利用率也高，但需要较高的气速才能维持板上液层，操作范围较小，分离效率也低，工业上应用较少。

1. 泡罩塔板

泡罩塔是应用最早的气液传质设备之一，长期以来，人们在工业生产实践中积累了丰富的经验，并对泡罩塔板的性能作了较充分的研究。

泡罩塔板结构如图 5-3 所示。每层塔板上开有若干个孔，孔上焊有短管作为上升气体的通道，称为升气管。升气管上覆以泡罩，泡罩下部周边开有许多齿缝。泡罩在塔板上作等边三角形排列。

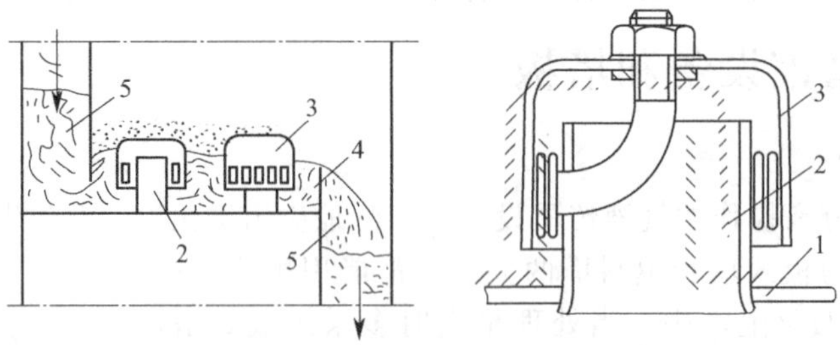

(a) 泡罩塔板的结构　　(b) 圆形泡罩

图 5-3　泡罩塔板

1—塔板；2—升气管；3—泡罩；4—溢流堰；5—降液管

操作时，液体横向流过塔板，靠溢流堰保持塔板上有一定厚度的流动液层，齿缝浸没于液层之中而形成液封。上升气体通过齿缝进入液层时，被分散成许多细小的气泡或流股，在板上形成了鼓泡层和泡沫层，为气液两相提供了大量的传质界面。

泡罩塔的优点是：因升气管高出液层，不易发生漏液现象，有较好的操作弹性，即当气液有较大的波动时，仍能维持几乎恒定的板效率；塔板不易堵塞，适于处理各种物料。缺点是：塔板结构复杂，金属耗量大，造价高；板上液层厚，气体流径曲折，塔板压降大，雾沫夹带现象较严重，限制了气速的提高，致使生产能力及板效率均较低。

2. 筛板

筛板塔结构如图 5-4 所示。塔板上开有许多均匀分布的筛孔，孔径一般为 3～8mm，筛孔在塔板上作正三角形排列。塔板上设有溢流堰，使板上能维持一定厚度的液层。操作时，上升气流通过筛孔分散成细小的流股，在板上液层中鼓泡而出，气液间密切接触而进行传质。

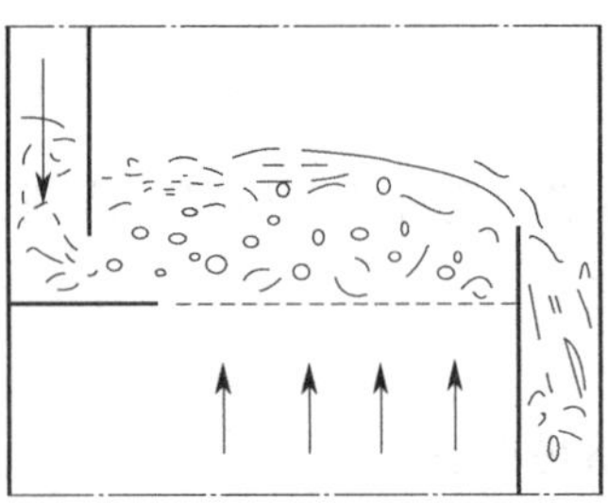

图 5-4　筛孔塔板

筛板塔的优点是结构简单，造价低廉，气体压降小，板上液面落差也较小，生产能力及板效率均较泡罩塔高。主要缺点是操作弹性小，易泄漏，筛孔小时容易堵塞，近年来采用大孔径（直径 10～25mm）筛孔，可避免堵塞，而且由于气速的提高，生产能力增大。

3. 浮阀塔板

浮阀塔板是在塔板上开有若干大孔（标准孔径 39mm），每个孔上装有一个可以上下浮动的阀片。浮阀的型式很多，目前国内已采用的浮阀有五种。但最常见的浮阀型式为 F-1 和 V-4 型。F-1 型浮阀（国外称为 V-1 型）如图 5-5(a) 所示。

阀片本身有三条“腿”，插入阀孔后将各腿底脚板转 90°角，用以限制操作时阀片在板上升起的最大高度（8.5mm）；阀片周边又冲出三块略向下弯的定距片，当气速很低时，靠这三个定距片使阀片与塔板呈点接触而坐落在阀孔上，阀片与塔板间始终保持 2.5mm 的开度供气体均匀地流过，避免了阀片启闭不匀的脉动现象。阀片与塔板的点接触也可防止停工后阀片与塔面粘结。操作时，上升气流经过阀片与塔板间的间隙而与板上横流的液体接触，浮阀开度随气体负荷而变。当气量很小时，气体仍能通过静止开度的缝隙而鼓泡。

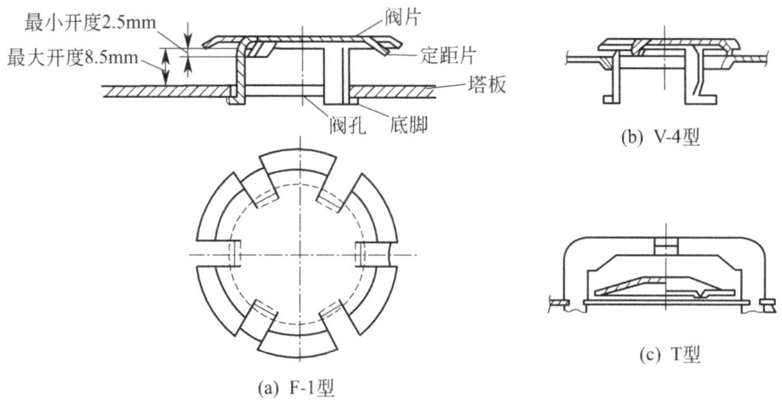

图 5-5　几种浮阀型式

F-1 型浮阀的结构简单，制造方便，节省材料，性能良好，广泛用于化工及炼油生产中，现已列入部颁标准内。F-1 型浮阀又分轻阀和重阀两种，阀的质量直接影响塔内气体的压力降，轻阀压力降虽小，但操作稳定性较差，低气速时易漏液。因此，一般情况下都采用重阀，只在处理量大并且要求压力降很低的系统（如减压塔）中，才用轻阀。

V-4 型浮阀如图 5-5(b) 所示。其特点是阀孔冲成向下弯曲的文丘里形，以减少气体通过塔板时的压力降。阀片除脚部相应加长外，其余结构尺寸与 F-1 型轻阀无异。V-4 型阀适用于减压系统。

T 型浮阀如图 5-5(c) 所示。拱形阀片的活动范围由固定于塔板上的支架来限制。其性能与 F-1 型浮阀相近，但结构较复杂，适于处理含颗粒或易聚合的物料。

浮阀塔具有下列优点：

① 生产能力大，由于浮阀塔板具有较大的开孔率，故其生产能力大；

② 操作弹性大，由于阀片可以自由升降以适应气量的变化，因此操作弹性大；

③ 塔板效率高，因上升气体以水平方向吹入液层，气液接触时间较长且雾沫夹带量较小，故板效率较高；

④ 气体压力降及液面落差较小，因为气液流过浮阀塔板时所遇到的阻力较小，故气体的压力降及板上的液面落差都小；

⑤ 塔的造价低，因构造简单，易于制造。

浮阀塔不宜处理易结焦或黏度大的系统，但对于黏度稍大及有一般聚合现象的系统，浮阀塔也能正常操作。

4. 喷射型塔板

上述泡罩、筛板及浮阀塔板都属于气体为分散型的塔板，在这类塔板上，气体分散于板上流动液层中，在鼓泡或泡沫状态下进行气液接触。为防止严重的雾沫夹带，操作气速不可能很高，故生产能力的进一步提高受到限制。近年发展起来的喷射型塔板克服了这个弱点。在喷射型塔板上，气体喷出的方向与液体流动的方向一致，因此可以充分利用气体的动能来促进两相间的接触。气体不再通过较深的液层而鼓泡，因而塔板压力降降低，雾沫夹带量减小，不仅提高了传质效果，而且可采用较大的气速，从而提高了生产能力。

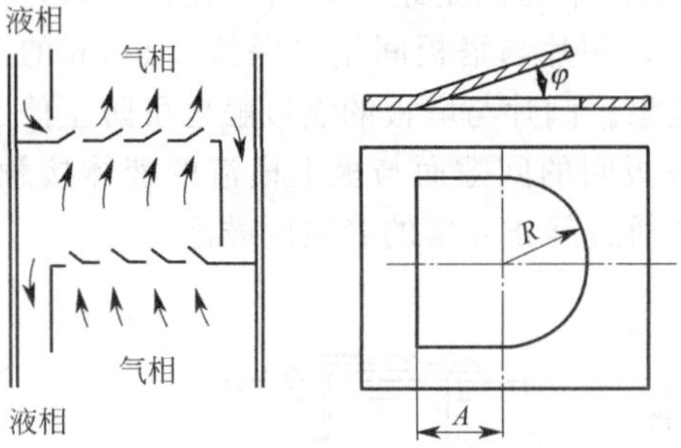

图 5-6 舌形塔板示意图

(1) 舌形塔板 舌形塔板是喷射型塔板的一种，其结构如图 5-6 所示。塔板上冲出许多舌形孔，舌片与板面成一定角度，向塔板的溢流出口侧张开。图中标示出舌形孔的典型尺寸，即：$\varphi=20°$，$R=25\text{mm}$，$A=25\text{mm}$。舌孔按正三角形排列，塔板的液流出口侧不设溢流堰，只保留降液管，降液管截面积要比一般塔板设计得大些。

上升气液穿过舌孔后，以较高的速度（20～30m/s）沿舌片的张角向斜上方喷出。从上层塔板降液管流出的液体，流过每排舌孔时，即为喷出的气流强烈扰动而形成泡沫体，并有部分液滴被斜向喷射到液层上方，喷射的液流冲至降液管上方的塔壁后流入降液管中。

舌形塔板的开孔率较大，可采用较高的空塔气速，故生产能力大。气体通过舌孔斜向喷出时，有一个推动液体流动的水平分力，使液面落差减小，又因雾沫夹带量减小，板上无返混现象，从而强化了两相间的传质，能获得较高的塔板效率。板上液层较薄，塔板压力降小。

由于舌形塔板的气流截面积是固定的，故舌形塔板对负荷波动的适应能力差，操作弹性小。此外，被气体喷射的液流在通过降液管时，会夹带气泡到下层塔板，气相夹带现象严重，使板效率明显下降。

(2) 浮动喷射塔板 这种塔板由一系列平行的浮动板组成，浮动板支承在支架的三角槽内，可在一定角度内转动。为防止相邻两板的粘结，浮动板的前缘制成向下弯曲形，有时也将前缘做成锯齿形，结构如图 5-7 所示。

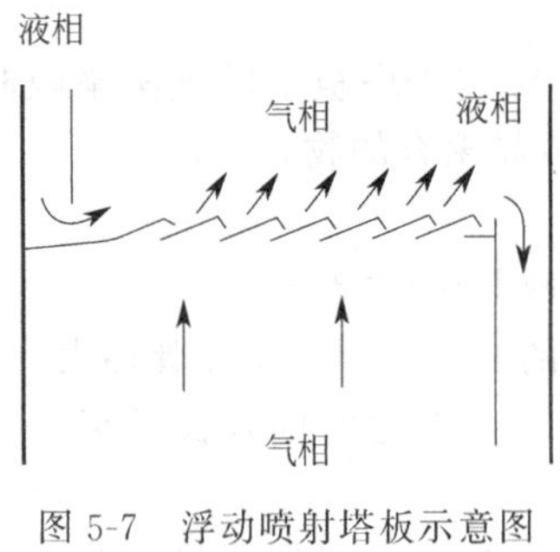

图 5-7 浮动喷射塔板示意图

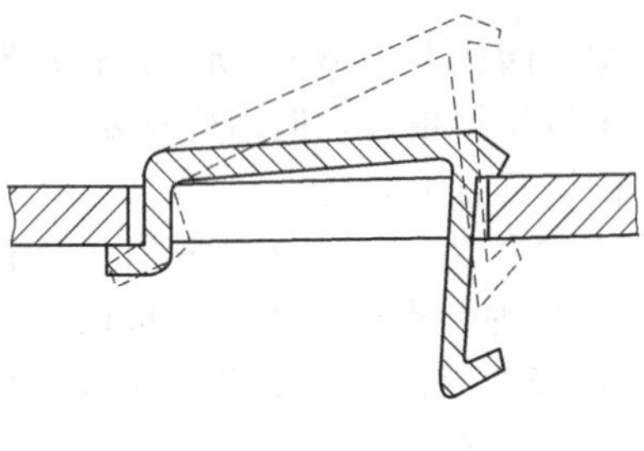

图 5-8 浮舌塔板示意图

由上层塔板降液管流下来的液体，在百叶窗式的浮动板上面流过，上升气流则沿浮阀塔板间的缝隙喷出，喷出方向与液流方向一致。

浮动喷射塔允许较高的气流喷射速度，故生产能力大；由于浮动板的张开程度能随上升气体的流量而变化，使气流的喷出速度保持高的适宜值，因而操作弹性大；此外，还有压力降小，液面落差小等优点。缺点是有漏液及“吹干”现象，影响传质效果，使板效率降低；塔板结构较复杂。

(3) 浮舌塔板 浮舌塔板的结构如图 5-8 所示。仅将固定舌形板的舌片改成浮动舌片。

其特点为：操作弹性大，负荷变动范围甚至可超过浮阀塔；压力降小，特别适宜于减压蒸馏；结构简单，制造方便；效率也较高，介于浮阀塔板与固定舌形塔板之间。

二、绘制精馏装置物料流程图

物料流程图是在初步设计阶段，完成物料衡算和热量衡算时绘制的。它是在方案流程图的基础上，采用图形与表格相结合的形式反映设计中物料衡算和热量衡算结果的图样。物料流程图为设计审查提供资料，又是进一步设计的依据和实际生产操作的参考。图 5-9 为 C_8 工段的物料流程图。从图中可以看出，物料流程图的内容、画法和标注与方案流程图基本一致，只是增加了以下一些内容。

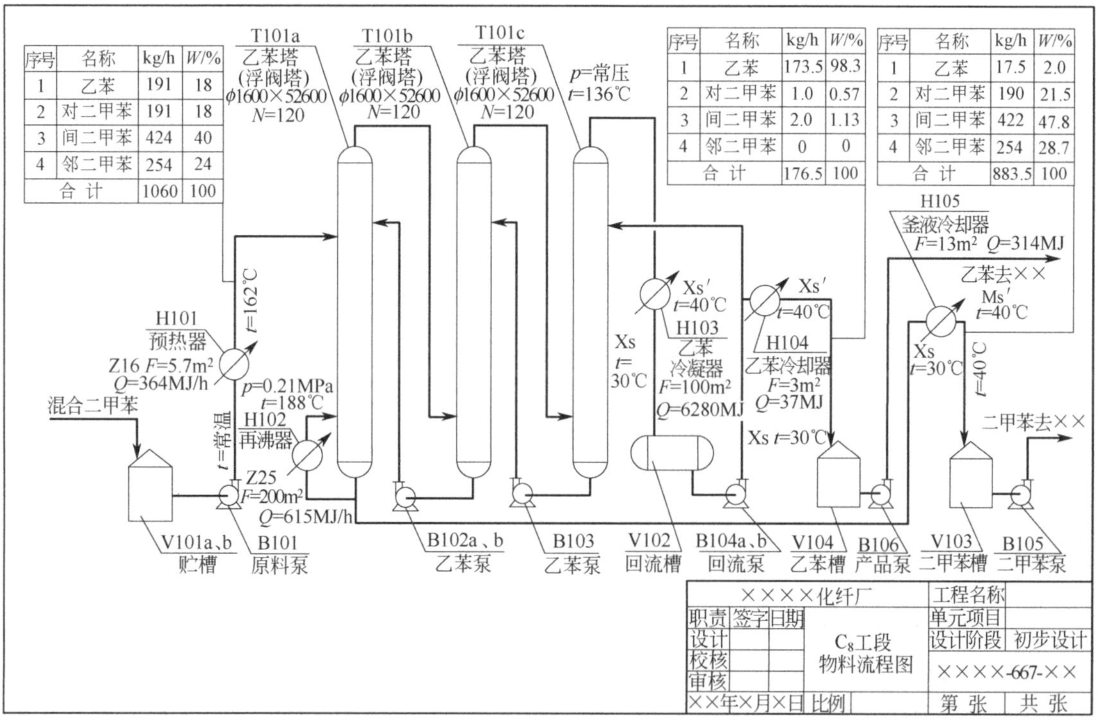

图 5-9　物料流程图

设备的位号、名称下方，注明了一些特性数据或参数。如换热器的换热面积、塔设备的直径与高度、贮罐的容积、机器的型号等。

流程的起始部位和物料产生变化的设备之后，列表注明物料变化前后组分的名称、千摩尔流量（kmol/h）、摩尔分数（$y\%$）等参数和每项的总和。具体书写时按项目依具体情况增减。表格线和引线都用细实线绘制。

物料在流程图中的某些工艺参数（如温度、压力等），可以在流程线旁注出。

物料流程图由带箭头的物料线与若干表示生产装置区、工段（或设备、装置）的简单的外形图构成。图中需标注装置或工段的名称及位号、特性参数、带流向的物料线和物料表，对物料发生变化的设备，要从物料管线上引线列表表示该处物料的种类、流量、组成等，每项均应标出其总和数。

物料流程图绘制时，设备外形不一定按比例绘制，可采用加长 2 号或 3 号幅面的长边，特殊流程也可以采用其他图幅。

物料流程图一般以车间或装置为单元进行绘制。

物料流程图的绘制步骤如下：

① 按照确定的工艺路线和设备形式从左至右先用细实线画出设备及装置方块轮廓，设备之间留有适当空隙，以布置物料流程线；

② 用细实线绘制物料流程线，并对物料的流向用箭头表示；

③ 再用细实线标注物料变化的引线列表，设备引线及表格；

④ 对物料管线用粗实线，辅助物料线用中粗线表示。

当物料组分复杂、变化多，在流程图中列表有困难时，如列表太挤或者流程图延长较多时，也可在流程图的下部，按流程图的顺序自左至右列表，并编排顺序号。

根据所编物料代号的数量及物料所涉及成分的数量在物料流程图的设备引线处列表，或在物料流程图的下方或右方画出物料平衡表。表格内容应包括流量、组成及合计等。

思考题

1. 精馏的目的和依据是什么？
2. 塔板的类型有哪些？各有何作用和特点？

课后任务

1. 查询精馏技术新进展，并提交报告。
2. 绘制实训室精馏装置物料流程图。

任务二　测量混合液浓度

本项目中采用的乙醇-水溶液是常见的混合液，乙醇与水都是极性液体，混合后体积有所变化。如果混合前后无体积变化，无热量交换，分子之间力相等，这样的混合溶液称作理想溶液，比如苯-甲苯溶液。乙醇-水溶液具有最低共沸点，是正偏差的非理想溶液；如硝酸-水溶液，具有最高共沸点，是负偏差的非理想溶液。

一、测定混合液浓度

1. 气相色谱法

样品在气相色谱仪中通过色谱柱时，由于在气固两相中吸附系数不同，而使乙醇与其他组分分离，利用氢火焰离子化检测器进行鉴定，用内标法定量。

首先配制乙醇标准溶液，用 5 个 10mL 容量瓶分别准确量取 10.00mL 不同浓度的乙醇溶液标准，再分别加入 0.50mL 正丁醇内标溶液，混匀。该溶液用于标准曲线的绘制。其次将样品准确稀释 4 倍（或根据浓度适当稀释），然后吸取 10.00mL 于 10mL 容量瓶中，准确加入 0.50mL 正丁醇内标溶液，混匀。以标样峰面积和内标峰面积比值对乙醇浓度做标准曲线。用试样组分峰面积与内标峰面积的比值查标准曲线得出的值，乘以稀释倍数，即为溶液中的乙醇含量（mg/L）。

2. 比重计法

比重计是根据阿基米德定律制造的，是将比重计放入被测溶液中，使比重计处于平衡状态，根据浸没于液体的深度读取数据。测定时先准备好乙醇水溶液，用二手指拿住洗净并吹干后的比重计分度线以上部分缓缓放入液体中，慢慢松手，使比重计在自身重量作用下在读数点上下三个分度内浮动，但不能与筒壁、搅拌器接触，插入温度计，稳定 1～3min 后才能读数。读数按弯月面下缘读数，观察者的眼睛应稍低于液面，使看到的液面成椭圆形，然后慢慢抬高眼睛位置直至椭圆形变成一条直线为止，将比重计示值加上计量部门出具的检定证书上的修正值，得出修正后的示值。比重计读数前后需分别测量液体的温度，取其平均值作为测量溶液时的液体温度。根据测得的液体温度和修正后的酒精计示值查比重计温度换算表，换算成20℃时值后查取比重值。同一乙醇水溶液要测量三次，取平均值。

3. 折射率法

使用阿贝折射仪，首先配制不同浓度的标准溶液，用折射仪测定已知浓度乙醇溶液在20℃时的折射率，并对数据进行线性拟合处理，绘乙醇溶液的标准折射曲线。然后对样品恒温，控制在20℃，用折射仪测定折射率，并利用标准折射曲线反查出被测溶液的浓度。

4. 混合溶液的相组成表示

(1) 质量分数 混合物中某组分的质量与混合物的总质量之比，称为该组分的质量分数，用符号 x_w 表示。若混合物的总质量为 m，而其中所含组分 A 和 B 的质量分别为 m_A 和 m_B，则各组分的质量分数分别为：

$$x_{wA}=\frac{m_A}{m} \qquad x_{wB}=\frac{m_B}{m} \tag{5-1}$$

显然，任一组分的质量分数都小于1，各组分质量分数之和等于1。

即：$m_A+m_B=m$ 或 $x_{wA}+x_{wB}=1$

(2) 摩尔分数 混合物中某组分的物质的量与混合物的总物质的量之比，称为该组分的摩尔分数，用符号 x 表示。若混合物的总物质的量为 n，而其中所含组分 A 和 B 的物质的量分别为 n_A 和 n_B，则各组分的摩尔分数分别为：

$$x_A=\frac{n_A}{n} \quad 或 \quad x_B=\frac{n_B}{n} \tag{5-2}$$

式中 x_A，x_B——混合物中A、B组分的摩尔分数。

显然，任一组分的摩尔分数都小于1，各组分摩尔分数之和等于1。

即：$n_A+n_B=n$ 或 $x_A+x_B=1$

质量分数和摩尔分数之间的换算关系如下。

① 由摩尔分数求质量分数。

$$x_{wA}=\frac{x_A M_A}{x_A M_A+x_B M_B} \quad 或 \quad x_{wB}=\frac{x_B M_B}{x_A M_A+x_B M_B} \tag{5-3}$$

式中 M_A，M_B——混合物中A、B组分的摩尔质量，kg/kmol；

x_{wA}，x_{wB}——混合物中A、B组分的质量分数。

式(5-3)的分母为混合物的平均摩尔质量，即

$$M_m=x_A M_A+x_B M_B$$

② 由质量分数求摩尔分数。

$$x_A=\frac{\dfrac{x_{wA}}{M_A}}{\dfrac{x_{wA}}{M_A}+\dfrac{x_{wB}}{M_B}} \quad 或 \quad x_B=\frac{\dfrac{x_{wB}}{M_B}}{\dfrac{x_{wA}}{M_A}+\dfrac{x_{wB}}{M_B}} \tag{5-4}$$

为了区别气液两相中各组分摩尔分数，习惯上常以 x 表示液相中各组分摩尔分数，y 表示气相中各组分摩尔分数。

(3) 压力分数 混合物气体中某组分的物质的分压与混合物的总压之比，称为该组分的压力分数，用符号 x_{pi} 表示。若混合物的总压为 p，而其中所含组分 A 和 B 的分压分别为 p_A 和 p_B，则各组分的压力分数分别为：

$$x_{pA}=\frac{p_A}{p} \quad 或 \quad x_{pB}=\frac{p_B}{p} \tag{5-5}$$

显然，任一组分的压力分数都小于1，各组分压力分数之和等于1。即：

$$x_{pA}+x_{pB}=1$$

(4) 体积分数 混合物中某组分的物质的体积与混合物的总物质的量之比，称为该组分的体积分数，用符号 x_{Vi} 表示。若混合物的总体积为 V，而其中所含组分A和B的体积分别为 V_A 和 V_B，则各组分的体积分数分别为：

$$x_{VA}=\frac{V_A}{V} \quad 或 \quad x_{VB}=\frac{V_B}{V} \tag{5-6}$$

对于理想液体来讲各组分体积之和等于总体积，对于理想气体来讲体积分数等于摩尔分数和压力分数，通过密度及分子量实现摩尔分数、质量分数、体积分数之间的换算，根据定义进行摩尔分数、比摩尔分数、质量分数、比质量分数之间的换算。浓度的表示方法还有很多种，但全部可以通过一定的关系进行换算。在精馏操作中，使用摩尔分数进行计算比较方便。

5. 双组分理想物系

而对于理想溶液，双组分理想物系的气液相平衡遵循拉乌尔定律，即在一定温度下平衡时溶液上方蒸汽中任一组分的分压，等于此纯组分在该温度下饱和蒸气压乘以其在溶液中的摩尔分数。

$$p_A=p_A^\circ x_A \tag{5-7}$$

$$p_B=p_B^\circ x_B=p_B^\circ(1-x_A) \tag{5-8}$$

式中 p_A，p_B——溶液上方A、B两组分的蒸气分压，kPa；

p_A°，p_B°——在溶液温度（t）下纯组分A、B的饱和蒸气压，kPa；

x_A，x_B——液相中A、B两组分的浓度，摩尔分数。

理想物系气相服从道尔顿分压定律，即：

$$p=p_A+p_B \tag{5-9}$$

$$p=p_A^\circ x_A+p_B^\circ(1-x_A)$$

式中 p——气相总压，kPa。

于是

$$x_A=\frac{p-p_B^\circ}{p_A^\circ-p_B^\circ} \tag{5-10}$$

式(5-10) 称为泡点方程，该式表示平衡物系的温度和液相组成的关系。在一定压力下，液体混合物开始沸腾产生第一个气泡的温度，称为泡点温度（简称泡点）。

当物系的总压不太高（一般不高于 10^4kPa）时，平衡的气相可视为理想气体。气相组成可表示为：

$$y_A=\frac{p_A}{p}=\frac{p_A^\circ x_A}{p}=\frac{p_A^\circ x_A}{p_A^\circ x_A+p_B^\circ(1-x_A)} \tag{5-11}$$

式(5-11) 称为露点方程。该式表示平衡物系的温度与气相组成的关系。在一定的压力下，混合蒸气冷凝时出现第一个液滴时的温度，称为露点温度（简称露点）。

在一定压力下，已知溶液沸点，可根据纯组分的饱和蒸气压直接计算出液相组成，通过式(5-11) 又可由液相组成求出气相组成。对于双组分体系，$x_B=1-x_A$，$y_B=1-y_A$。

表5-1所列为通过计算得到的在一定温度下沸腾汽化达到气、液平衡时苯-甲苯混合液的液相组成与气相组成数据。其中，不同温度下的 p_A°、p_B° 系由实验测定，一般手册中均可查到。此计算结果与实验测得的数据相差不大。通过这些数据不难看出，将苯-甲苯混合液加热沸腾汽化时，由于二者的饱和蒸气压不同，其在液相中和气相中的组成是不同的，易挥

发的苯在气相中的组成总是大于其在液相中的组成，若将这样的蒸气全部冷凝，所得冷凝液与原液相比，其中易挥发组分——苯的浓度增加了，则难挥发组分——甲苯的浓度却降低了，这正是通过精馏分离苯-甲苯混合液的依据。

表 5-1　苯-甲苯混合液的相平衡组成（总压 $p=101.3$kPa）

沸点/℃	p_A°/kPa	p_B°/kPa	x_A	y_A
80.2	101.3	39.9	1.0	1.0
84.0	113.3	44.3	0.826	0.924
88.0	127.3	50.5	0.661	0.831
92.0	143.4	57.5	0.509	0.721
96.0	160.1	65.5	0.378	0.597
100.0	178.8	74.3	0.258	0.454
104.0	198.8	83.1	0.157	0.308
108.0	220.6	93.7	0.059	0.128
110.4	232.5	101.3	0.0	0.0

【例 5-1】 某苯-甲苯混合液在 45℃时沸腾，外界压力为 20.3kPa。已知在 45℃时纯态苯的饱和蒸气压 $p_A^\circ=22.7$kPa，纯态甲苯的饱和蒸气压 $p_B^\circ=7.6$kPa。试求其液相的平衡组成。

解　由式(5-10) 可求在平衡时苯的液相组成：

$$x_{苯}=\frac{p-p_B^\circ}{p_A^\circ-p_B^\circ}=\frac{20.3-7.6}{22.7-7.6}=\frac{12.7}{15.1}=0.84$$

由式(5-11) 可求得与 $x_{苯}$ 平衡时苯的气相组成：

$$y_{苯}=\frac{p_A}{p}=\frac{p_A^\circ x_A}{p}=\frac{22.7\times 0.84}{20.3}=0.94$$

平衡时，甲苯在液相和气相的组成分别为：

$$x_{甲苯}=1-x_{苯}=1-0.84=0.16$$

$$y_{甲苯}=1-y_{苯}=1-0.94=0.06$$

思考题

1. 对同一试样，用两种方法测定，对比分析其测定结果。
2. 气相组成 x 和液相组成 y 相加等于 1 吗?

课后任务

查询其他测定混合液浓度的方法。

二、测绘乙醇-水溶液 *t-x-y* 相图和 *y-x* 相图

在总压为恒定值的条件下，二组分混合液的气（液）相组成与温度的关系可表达成曲线：横坐标表示液相（或气相）组成（摩尔分数 x、y），纵坐标表示温度 t。常称为溶液的 t-x-y 图。实际生产中的精馏操作总是在操作压力一定的设备内进行的，因此，总压一定的 t-x-y 图是分析精馏过程的基础。

（一）测绘 *t-x-y* 相图和 *y-x* 相图

如图 5-10 所示的实验装置可测定气液相平衡数据。实验料液（比如乙醇水溶液）在加热釜中加热沸腾，气泡裹着沸腾液体沿着提升管上升，从喷嘴喷向温度计套管，在内筒的内部气液两相分离，液相沿筒内壁和温度计套管落入杯形收集器，再由液相回流管回到釜，完成液相循环；气相则从筒的上、下开口进入外筒。由于空气的冷却作用，有一部分蒸气被冷凝，大部分蒸气则进入气相冷凝器。冷凝下来的液体进入冷凝液收集器，溢流经气相回流管

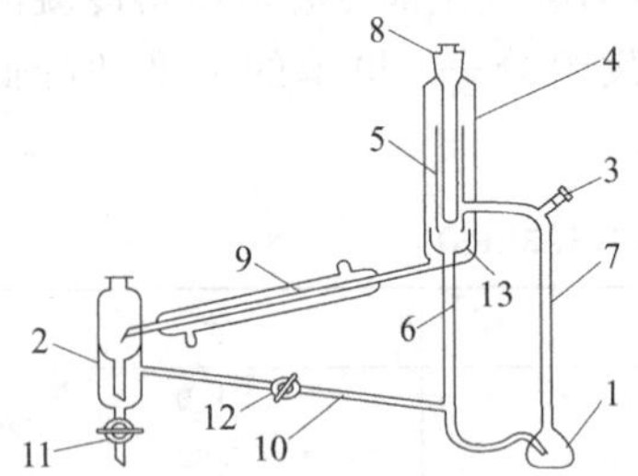

图 5-10 气液平衡实验装置

1—加热釜；2—冷凝液收集器；3—加料口；4—外筒；5—内筒；6—液相回流管；7—提升管；8—温度计套管；9—气相冷凝器；10—气相回流管；11,12—旋钮；13—杯形收集器

进入釜中构成气相循环。当系统达到稳定以后，记录下此时的温度值，取样分析气液两相的组成，即得该大气压力，及所在温度下的气液平衡组成。

具体步骤是从加料口加入少量沸石至加热釜，再加入准备好的乙醇-水混合物。注意将料液充满加热釜，以保证沸腾液体正常上喷。然后打开电加热套电源开关，调节电压，加热电压大小应控制既能使沸腾液体正常上喷进入温度计套管，又不至使釜中的液体过热引起爆沸。注意观察温度计读数，当读数稳定时，即可认为系统达到平衡（从开始沸腾起计时约 25min）。

随后取样：取气相成分时打开冷凝收集器的取样旋钮 11，用采样瓶取样。取液相液时，将温度计套管拔出，用塑料移液管取样，放入采样瓶，并密封好。将气、液相样品的取样瓶放入 20℃的恒温浴中，保持 15min。最后分析：用阿贝折射仪分析气、液样品的折射率，由折射率查出浓度值。

重复上述操作步骤，可得出另一温度下的气、液平衡组成。如此重复，测出 10 组数据，做出如图 5-11 和图 5-12 所示的相图。

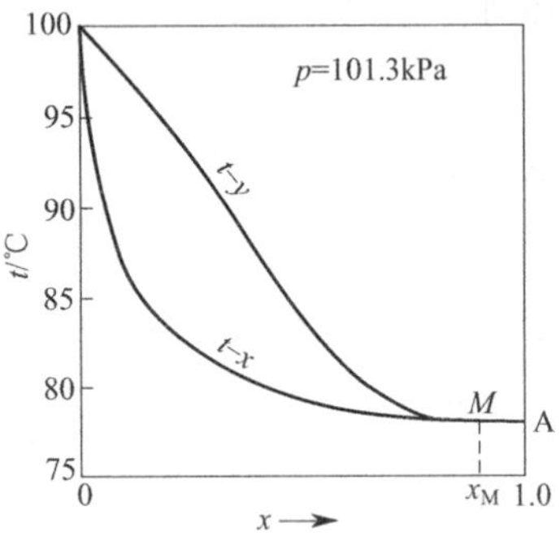

图 5-11 常压下乙醇-水溶液的 t-x-y 图

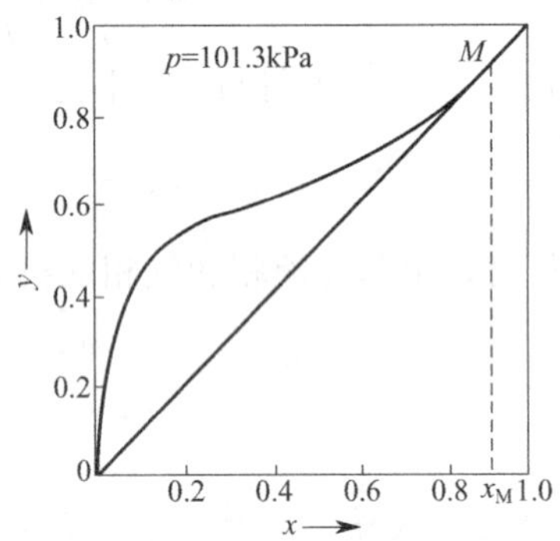

图 5-12 常压下乙醇-水溶液的 y-x 图

实际生产中的蒸馏过程，随着较多的易挥发组分不断汽化，溶液的组成在不断地变化，其沸点也在不断地变化。

图 5-13 为苯-甲苯混合液的 t-x-y 图。图上有两条曲线，上方曲线为 t-y 线，表示露点 t 与气相组成 y 之间的关系，此曲线称为饱和蒸气线、露点线或气相线；下方曲线为 t-x 线，表示泡点 t 与液相组成 x 之间的关系，此曲线称为饱和液体线、泡点线或液相线。两条曲线将图分成三个区域，t-x 线下方表示尚未沸腾的液体，称为液相区；t-y 线上方表示过热蒸气，称为过热蒸气区或气相区；两曲线包围的区域表示气液共存，称为气液共存区。

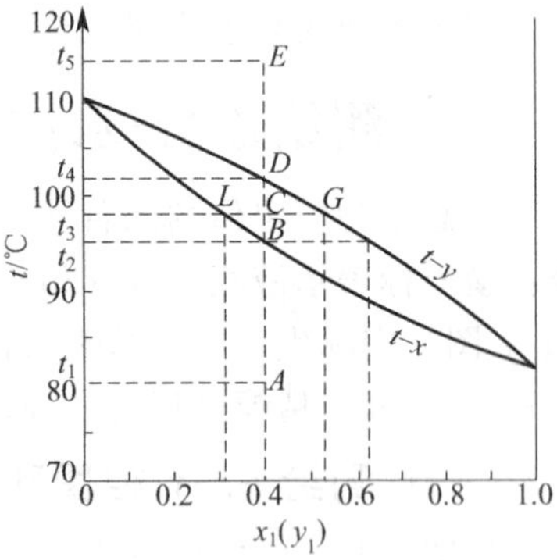

图 5-13 苯-甲苯混合液的 t-x-y 图

如图 5-13 所示，组成为 x_1、温度为 t_1 的混合液被加热至 t_2 时有第一个气泡产生，溶液开始沸腾。t_2 即为该溶液的泡点。若将其继续加热，该溶液已部分汽化，当加热至 t_3 则全部汽化为饱和蒸气，其组成 $y_1=x_1$。继续加热则变成过

热蒸气。反之，若将温度为 t_5、组成为 y_1 的过热蒸气降温，则当温度降至 t_4 时蒸汽开始冷凝产生第一个液滴，故 t_4 称为该混合气体的露点。

蒸馏计算中广泛应用的不是 t-x-y 图，而是一定总压下的 y-x 图。图 5-14 所示为苯-甲苯混合液在总压一定时的 y-x 图。该图以 x 为横坐标，y 为纵坐标，曲线表示达到平衡时气、液组成间的关系，称为平衡曲线。曲线上任一点 D 表示组成为 x_1 的液相与组成为 y_1 的气相互成平衡。对角线则为 $y=x$ 的直线。对于易挥发组分，达到气液平衡时，y 总是大于 x，其平衡线总是位于对角线的上方。而且，平衡线偏离对角线愈远，表示该溶液愈易分离。

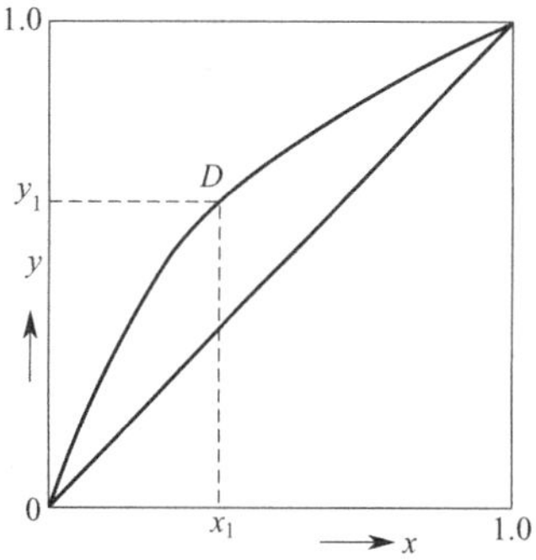

图 5-14 双组分理想溶液的 y-x

（二）相对挥发度与气液平衡方程

挥发度是表示物质（组分）挥发的难易程度。纯液体的挥发度可以用一定温度下该液体的饱和蒸气压表示。例如，乙醇在 25℃时饱和蒸气压为 78.6kPa，而水在 25℃时饱和蒸气压为 31.7kPa，所以乙醇的挥发度比水大。在同一温度下，蒸气压愈大，表示挥发性愈大。对混合液，因组分间的相互影响，使其中各组分的蒸气压要比纯组分的蒸气压要低，故混合液组分的挥发度可用该组分在气相中平衡分压与其在液相中组成（摩尔分数）之比表示，即：

$$\nu_A=\frac{p_A}{x_A} \quad 或 \quad \nu_B=\frac{p_B}{x_B} \tag{5-12}$$

式中 ν_A，ν_B——组分 A、B 的挥发度；

x_A，x_B——组分 A、B 在平衡液相中的摩尔分数；

p_A，p_B——组分 A、B 在平衡气相中的分压，kPa。

对于理想溶液，因服从拉乌尔定律，则

$$\nu_A=\frac{p_A}{x_A}=\frac{p_A^\circ x_A}{x_A}=p_A^\circ \quad 或 \quad \nu_B=\frac{p_B}{x_B}=\frac{p_B^\circ x_B}{x_B}=p_B^\circ \tag{5-13}$$

式(5-13) 说明对于理想溶液，可以用纯组分的饱和蒸气压来表示它在溶液中的挥发度。

混合液中两组分挥发度之比称为该两组分的相对挥发度，用 α 表示。对两组分物系，习惯上用易挥发组分的挥发度与难挥发组分的挥发度之比表示，即：

$$\alpha=\frac{\nu_A}{\nu_B}=\frac{p_A/x_A}{p_B/x_B} \tag{5-14}$$

当操作压不高，气体服从道尔顿分压定律时，则上式改写为：

$$\alpha=\frac{py_A/x_A}{py_B/x_B}=\frac{y_Ax_B}{y_Bx_A} \tag{5-15}$$

$$\frac{y_A}{y_B}=\alpha\frac{x_A}{x_B} \tag{5-16}$$

或

$$\frac{y_A}{1-y_A}=\alpha\frac{x_A}{1-x_A}$$

由上式解出 y_A，并略去下标可得：

$$y=\frac{\alpha x}{1+(\alpha-1)x} \tag{5-17}$$

式(5-17) 是用相对挥发度表示的气液相平衡关系。若 α 为已知时，即可利用式(5-17)

求得 y-x 平衡关系，故式(5-17) 称为气液平衡方程。

从式(5-16) 可以看出：若 $\alpha>1$，则 $y>x$。α 值愈大，表示平衡时的 y 比 x 大得愈多，故愈有利于分离。若 $\alpha=1$，则 $y=x$，即表示平衡时气相组成等于液相组成，说明这种混合液不能用普通蒸馏方法分开。故相对挥发度 α 值的大小，可以用来判断某种混合液能否用普通蒸馏方法分开及其被分离的难易程度。

（三）蒸馏

1. 简单蒸馏

简单蒸馏是一种单级蒸馏操作，常以间歇方式进行，装置如图 5-15 所示。混合液在蒸馏釜中受热后部分汽化，产生的蒸气随即进入冷凝器中冷凝，冷凝液不断流入接收器中，作为馏出液产品。由于气相组成 y 大于液相组成 x，因此随着过程的进行，釜中液相组成不断下降，使得与之平衡的气相组成（馏出液组成）亦随时降低，而釜内液体的沸点逐渐升高。通常当馏出液平均组成或釜残液组成降至某规定值后，即停止蒸馏操作。在一批操作中，馏出液可分批收集，以分别得到不同组成的馏出液。简单蒸馏用于混合液的初步分离。

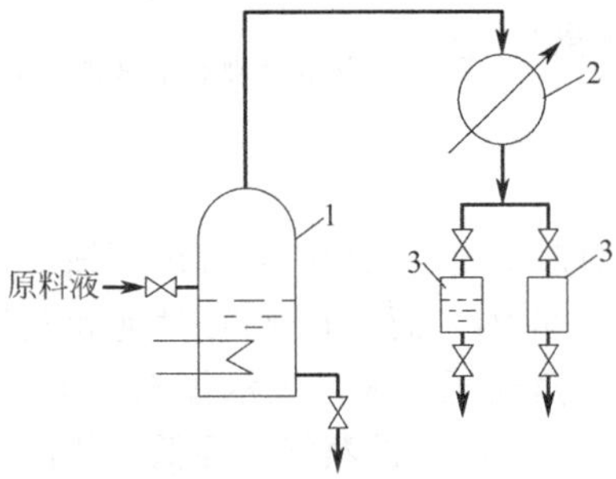

图 5-15　简单蒸馏装置

1—蒸馏釜；2—冷凝器；3—接收器

2. 平衡蒸馏

平衡蒸馏又称闪蒸，是将原料液预热至要求温度，经减压阀减压至规定压力进入分离器。在分离器内，部分料液汽化并引入塔顶冷凝，未汽化的液体为底部产品。在 t-x-y 图两相区内，当某混合物系的总组成与温度位于某点时，可被分成互成平衡的汽液两相，两相的量由杠杆规则确定。其特点是分离质量只与平衡温度有关，只能实现一次分离，只适用于分离要求不高的任务。

3. 精馏

由简单蒸馏的讨论可知，其分离的程度很低，不可能满足高纯度的分离要求。工程中有效的手段是精馏，即进行多次部分汽化和多次部分冷凝的过程，可使混合液达到较高的分离程度。

(1) 精馏分析　图 5-16 所示是苯-甲苯溶液在 101.3kPa 下的 t-x-y 图，设有一组成为 x_F、温度为 t_0（A 点）的混合液要求分离成两个较纯的组分苯和甲苯。

① 部分汽化。将混合物自 A 点加热到 t_1 气、液共存区内的 B 点，使其部分汽化，并将气相与液相分开，所得的气相组成为 $y_1>x_F$，液相组成为 $x_1<x_F$；再将组成为 x_1 的饱和液体加热至 C 点，使其在 C 点温度 t_2 下部分汽化，又出现新的平衡，获得组成为 x_2（$x_2<x_1$）的液相及与之平衡的组成为 y_2（$y_2>x_1$）的气相；再将组成为 x_2 的饱和液体加热至 D 点，使其在 D 点温度 t_3 下部分汽化，又获得组成为 x_3（$x_3<x_2$）的液相及与之平衡的组成为 y_3（$y_3>x_2$）的气相；依此类推，最终可以得到易挥发组分苯含量很低的液相，即近于纯净的甲苯。

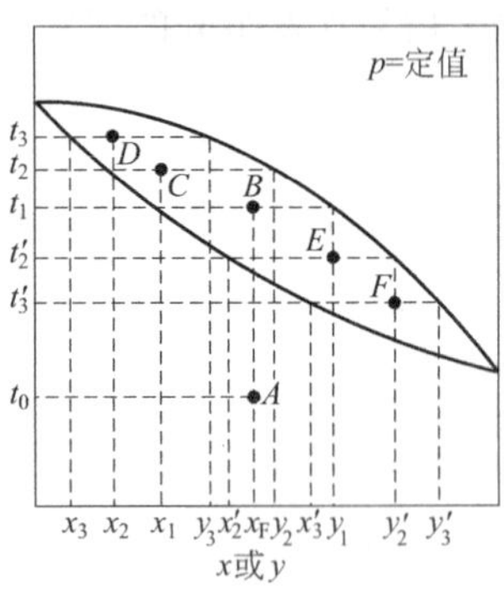

图 5-16　多次部分汽化和部分冷凝的 t-x-y

② 部分冷凝。将得到组成为 y_1 的蒸气冷凝至 t_2'，即部分冷凝至 E 点，可以得到组成为 $y_2'>y_1$ 的气相及组成为 x_2' 的液相；再将组成为 y_2' 的饱和蒸气冷凝至 t_3'，即部分冷凝至 F 点，又可得到组成为 $y_3'>y_2$ 的气相及组成为 x_3' 的液相；依

此类推，最终可得到近于纯净易挥发组分苯。

如果将上述多次部分汽化和多次部分冷凝分别是在若干个加热釜和分凝器中进行，则溶液的分离过程不仅需要庞大的设备，而且要消耗很大的能量，部分冷凝时产生的中间馏分不加利用，势必大大降低目的产物的收率。实际上，使部分汽化产生的温度较高的蒸气与相应的部分冷凝时所产生的温度较低的液体直接混合，进行换热，利用高温蒸气的热量加热低温度液体并使其部分汽化，而蒸气自身则被部分冷凝，部分汽化与部分冷凝同时进行的过程可以克服上述各种缺点。精馏就是多次而且同时运用部分汽化与部分冷凝，使混合液得到分离的过程，由图 5-16 可以看到，该过程形成了温度梯度和与之对应的浓度梯度，进行物质和能量的交换。

(2) 精馏塔和精馏操作流程

① 塔板的作用。用于工业生产的精馏装置称精馏塔，塔内装有塔板或填料。由塔板逐板下降的回流液体与由塔底逐板上升的蒸气在塔板上接触，同时进行部分汽化和部分冷凝，即在每一块塔板上同时进行传热与传质作用，如果气、液两相在同一块塔板上接触良好，并有足够长的时间，气液两相可达到平衡。

在精馏塔内自下而上上升的蒸气，每经一块塔板与板上液层接触一次，就部分冷凝一次，蒸气中易挥发组分必然增加，上升蒸气中易挥发组分的含量逐板增大。而从塔顶下降的回流液体，在每块塔板上与上升的蒸气接触一次就部分汽化一次，下降的回流液中易挥发组分含量逐板减少。

由此可见，全塔各板中，易挥发组分在气相中的浓度自下而上逐板增加，液相中浓度自上而下逐板减少；温度自下而上逐板降低。在塔板数足够的情况下，蒸气经过自下而上多次增浓，最后从塔顶引出的蒸气冷凝后，可得到几乎纯净的易挥发组分。

② 精馏段与提馏段的作用。通常，将原料液进入的那层板称为加料板，加料板以上的塔段称为精馏段，加料板以下的塔段（包括加料板）称为提馏段。

分析精馏塔内的气液接触和分布情况，可知精馏段的作用是自下而上逐步增浓气相中的易挥发组分，即浓缩轻组分，以提高塔顶产品中易挥发组分的浓度；提馏段的作用是自上而下逐步提浓液相中的难挥发组分，即浓缩重组分，以提高塔釜产品中难挥发组分的浓度。对轻组分来说，精馏段提高它的浓度，提馏段是增大它的收率；对重组分来说，正好相反。这样，便可不断地从塔顶获得较纯净的易挥发组分的同时，不断从蒸馏釜中抽出较纯净的难挥发组分。

③ 回流的作用。从精馏塔引出蒸气的冷凝液，一部分作为塔顶产品，另一部分则回流塔顶第一块塔板称回流液，回流液量与塔顶馏出产品量的比值称为回流比。

在精馏操作中，每块塔板上升蒸气中易挥发组分的量由下而上逐板增加，这个逐板增加的易挥发组分的量是从塔板上溶液部分汽化而来，如不加以补充，则塔板上液体的组成和数量就会减少，导致精馏操作无法进行下去。回流的作用就是补充塔板上易挥发组分，使塔板上液相组成保持稳定；塔顶回流液是作为塔顶第一块塔板的回流；对于其余各板，由于上一板液体中易挥发组分的含量较下一板为多，因此，各板所需回流液分别可从上一板的降液管引入。由此可见，回流的引入是维持精馏操作连续稳定的必要条件。

④ 塔釜的作用。为了使精馏操作连续稳定地进行，还必须不断地向上一块塔板供应一定含量的蒸气，逐板上升，作为各板上液相部分汽化的加热蒸气。最简便的方法是在精馏塔塔底设置一个加热釜称为再沸器，用水蒸气间接加热从最下一块塔板回流下来的液体，并使之部分汽化，产生的蒸气回流至塔底，这部分回流至塔底的气体称回流气。

由精馏操作分析可知，为实现精馏分离操作，除了具有足够数量的塔板外，还必须从塔顶引入下降液流（即回流液）和从塔底产生上升蒸气流（即回流气），以建立气液两相体系。因此，塔底蒸气回流和塔顶液体回流是精馏操作过程连续进行的必要条件。回流是精馏与普通蒸馏的本质区别。

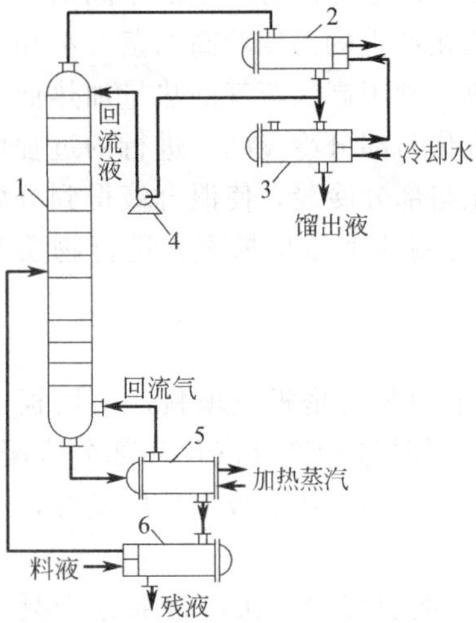

图 5-17　连续精馏操作流程
1—精馏塔；2—全凝器；3—冷却器；4—回流液泵；5—再沸器；6—原料预热器

⑤ 精馏操作流程。根据精馏原理可知，仅有精馏塔是不能完成精馏操作的，而必须同时有塔底再沸器和塔顶冷凝器，有时还要配有原料液预热器、回流液泵等附属设备，才能实现整个过程。再沸器的作用是提供一定量的上升蒸气流，冷凝器的作用是提供塔顶液相产品及保证有适宜的液相回流，因而使精馏能连续稳定地进行。

典型的连续精馏操作流程如图 5-17 所示。由图可见，原料经预热器加热到指定温度后，送入精馏塔的进料板，在进料板上与自塔上部下降的回流液体汇合后，逐板溢流，最后流入塔底再沸器中。在每层板上，回流液体与上升蒸气互相接触，进行热和质的传递过程。操作时，塔底液体流入再沸器进行加热，部分汽化产生的蒸气回流至塔底，依次通过各层塔板，没汽化的液体作为塔底产品（釜残液）。塔顶蒸气进入冷凝器中被全部冷凝，并将部分冷凝液用泵送回塔顶作为回流液体，其余部分经进一步冷却后被送出作为塔顶产品（馏出液）。

思考题

1. 蒸馏操作如何分类？
2. 相对挥发度变化，平衡线与对角线相对位置如何变化？
3. 何为理论板？

课后任务

1. 在 t-x-y 相图中表示简单蒸馏、闪蒸、精馏过程。
2. 论述精馏塔中气液相接触、传质机理。

任务三　精馏系统的操作

典型的连续精馏流程是原料液经预热器加热到指定温度后，送入精馏塔的进料板，在进料板上与自塔上部下降的回液体汇合后，逐板溢流，最后流入塔底再沸器中。在每层板上，回流液体与上升蒸气互相接触，进行热和质的传递过程。操作时，连续地从再沸器取出部分液体作为塔底产品（釜残液），部分液体汽化，产生上升蒸气，依次通过各层塔板。塔顶蒸气进入冷凝器中被全部冷凝，并将部分冷凝液用泵送回塔顶作为回流液体，其余部分经冷却器后被送出作为塔顶产品（馏出液）。

本项目是将为含 15%乙醇（质量分数）的乙醇水溶液精馏制取高浓度的乙醇（90%以上）。

一、操作精馏实训装置

以板式塔为例，原料液预热至指定的温度后从塔的中段适当位置进入精馏塔，与塔上部下降的液体汇合，然后逐板下流，最后流入塔底，部分液体作为塔底产品，其主要成分为难挥发组分，另一部分液体在再沸器中被加热，产生蒸气，蒸气逐板上升，最后进入塔顶冷凝器中，经冷凝器冷凝为液体，进入回流罐，一部分液体作为塔顶产品，其主要成分为易挥发组分，另一部分回流作为塔中的下降液体。

（一）全回流及其操作

1. 全回流

塔顶上升蒸气经冷凝后全部流回塔内，这种回流方式称为全回流。全回流时回流比趋向无穷大，塔顶产品量为零，进料量及塔釜产品量也均为零，即既不向塔内进料，也不从塔内取出产品。此时生产能力为零。

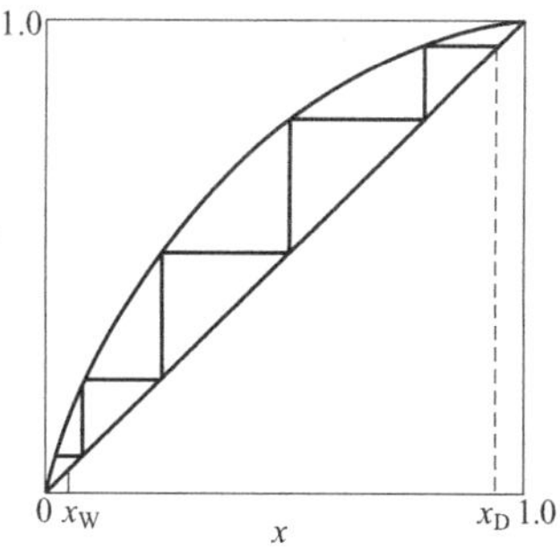

图 5-18　全回流时的最少理论板数

全回流时全塔无精、提馏段之分，操作线方程 $y=x$，操作线与对角线重合，如图 5-18 所示。

操作线离平衡线的距离最远，完成一定的分离任务所需的理论塔板数最少，称为最少理论板数，记作 N_{min}。

最小理论板数 N_{min} 也可采用芬斯克方程计算：

$$N_{min}=\frac{\lg\left[\left(\frac{x_D}{1-x_D}\right)\left(\frac{1-x_W}{x_W}\right)\right]}{\lg\alpha_m}-1 \tag{5-18}$$

式中　x_D，x_W——塔顶和塔釜易挥发组分的摩尔分数；

N_{min}——全回流时的最小理论板数（不包括再沸器）；

α_m——全塔平均相对挥发度，一般可取塔顶、塔底或塔顶、塔底、进料的几何平均值。

实际生产中，在装置调试、操作过程异常、开车或短期停料时多采用全回流，以便有充裕的时间进行调整，一般来说，回流比大的高纯度塔或过冷液进料的塔适合采用全回流开车，而对于塔釜温度下发生副反应或有积存有害物质的隐患时，常常不采用全回流开车。

2. 全回流操作

检查精馏装置的水、电、阀等是否已经准备好开车操作；从原料取样点取样分析原料组成。选择进料板位置，打开相应进料管线上的阀门；启动快速进料泵。

当塔釜液位指示计达到控制值时，关闭进料泵。打开再沸器的电加热开关，调节电压，加热塔釜内原料液。观察液体加热情况。当液体开始沸腾时，注意观察塔内气液接触状况。

当塔顶观测段出现蒸气时，打开塔顶冷凝器冷却水调节阀，使塔顶蒸气冷凝为液体，流入塔顶冷凝液罐。

当凝液罐中的液位达到规定值后，启动回流液泵进行全回流操作，适时调节回流流量，使塔顶冷凝罐的液位稳定在控制值范围内；随时观测塔内各点温度、压力、流量和液位值的变化情况，每 5min 记录一次数据。当各塔板上温度、塔釜液位及回流量稳定时，可以判断精馏达到全回流状态。

当塔顶温度稳定一段时间（15min）后，在塔釜和塔顶的取样点位置分别取样分析，并记录每层塔板的温度，在 y-x 相图上做出理论塔板数的数目。

数据记录完毕，可进行停车操作，首先停止再沸器加热，待没有蒸气上升后，关闭回流液泵。依次关闭塔顶冷凝器的冷却水，恢复各阀门到初始状态，关仪表电源和总电源。整理操作记录数据。清理装置，打扫卫生。

高温蒸馏过程中，要注意防腐和密闭，关注泡点腐蚀区域，防止泄漏事故；塔压控制要设置预警且联锁保护，塔顶冷却水不能中断，减少不凝气排除，避免事故发生。

3. 全塔物料衡算

通过对精馏塔的全塔物料衡算，可以确定馏出液及釜液的流量和组成。稳定连续操作的精馏塔作全塔物料衡算，如图5-19 所示，并以单位时间为基准。

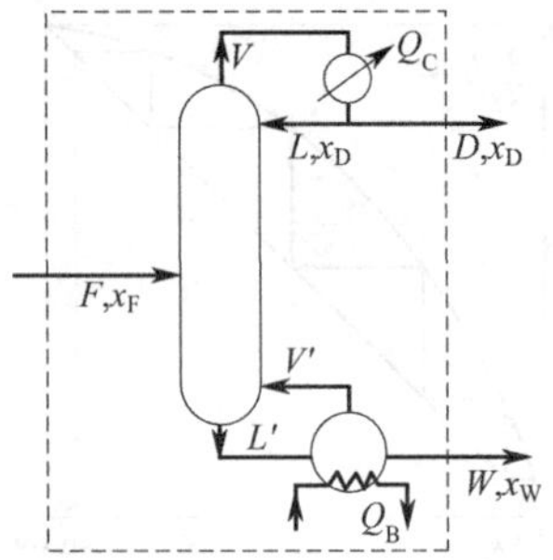

图 5-19　全塔物料衡算

总物料衡算：　　　$F=D+W$　　(5-19)

易挥发组分衡算：　$Fx_F=Dx_D+Wx_W$　　(5-20)

式中　F，D，W——分别为原料、塔顶产品和塔底产品的流量，kmol/h 或 kmol/s；

x_F，x_D，x_W——分别为原料、塔顶产品和塔底产品中易挥发组分的摩尔分数。

式(5-19)、式(5-20) 称为全塔物料衡算式。应用全塔物料衡算式可确定产品流量及组成。

一般称$\frac{D}{F}\times100\%$为馏出液的采出率，$\frac{Dx_D}{Fx_F}\times100\%$为易挥发组分的回收率。

【例 5-2】 每小时将 15000kg，含苯 40%和含甲苯 60%的溶液，在连续精馏塔中进行分离，要求将混合液分离为含苯 97%的馏出液和釜残液中含苯不高于 2%（以上均为质量分数)。操作压力为 101.3kPa。试求馏出液及釜残液的流量及组成，以千摩尔流量及摩尔分数表示。

解　将质量分数换算成摩尔分数

$$x_F=\frac{\frac{0.4}{78}}{\frac{0.4}{78}+\frac{0.6}{92}}=0.44$$

$$x_W=\frac{\frac{0.02}{78}}{\frac{0.02}{78}+\frac{0.98}{92}}=0.0235$$

$$x_D=\frac{\frac{0.97}{78}}{\frac{0.97}{78}+\frac{0.03}{92}}=0.974$$

原料液平均摩尔质量：$M_F=0.44\times78+0.56\times92=85.8$（kmol/h)

原料液的摩尔流量：　$F=\frac{15000}{85.8}=175$（kmol/h)

由全塔物料衡算式

$$\begin{cases}F=D+W\\Fx_F=Dx_D+Wx_W\end{cases}$$

代入数据

$$\begin{cases}175=D+W\\175\times0.44=0.974D+0.0235W\end{cases}$$

解出：$\begin{cases}D=76.7\ (\text{kmol/h})\\W=98.3\ (\text{kmol/h})\end{cases}$

思考题

1. 回流比的意义是什么？

2. 什么叫全回流？此时操作线有什么特点？全回流操作有什么实用价值？

3. 精馏塔的理论板如何定义？

课后任务

由课堂数据做出精馏塔的温度梯度图和与之对应的浓度梯度图。

（二）产品产量、质量与回流操作

1. 回流操作

部分回流操作是在全回流稳定后才可以进行，首先要开车，与全回流时相同，稳定后将原料罐、进料泵和进料口管线上的相关阀门全部打开，使进料管路通畅。

在加料口进行加料，将进料流量调至指标值，然后开启进料泵、塔顶出料泵，在回流罐液位上升时逐渐开启塔顶产品出料阀，切换至部分回流，保持回流罐液位和回流比，可适时调节回流泵和采出泵的流量，以使塔顶冷凝液罐液位稳定。

观测塔顶回流液位变化，以及回流和出料流量计值的变化。在此过程中可根据情况小幅增大塔釜加热电压值和塔顶冷却水流量。稳定后，分别在不同的回流量下进行操作，设定5～10个回流比，由小到大依次操作，每一个回流比设定后稳定操作10min，测定并记录塔顶产品产量和浓度值。同时观测塔内各点温度、压力、流量和液位值的变化情况。

测量完成后，可正常停车，首先停止进料，关闭进料阀，关闭进料泵；依次停止再沸器加热，回流罐液位为零时，停止塔顶采出，停止回流；等塔顶温度缓慢降至40℃以下时，停冷却水；最后将塔内所有物料泄至原料罐，用惰气置换泄压，填写操作日志。

操作中，冷却水流量变小、温度升高、塔顶采出量减小时，塔压会升高。塔顶温度受到冷却水用量和回流液的影响，塔釜温度主要受到再沸器负荷和塔压的影响。

操作中要严格控制温度和压力，防止冲料，定期验看安全阀，同时保持系统的密闭性良好。

2. 精馏段操作线

塔顶产品的质量和精馏段的气液相接触情况、塔板数密切相关，而气液相接触情况用操作线方程来描述；操作线方程是精馏塔内任意板下降液相组成 x_n 及由其下一层板上升的蒸气组成 y_{n+1} 之间的函数关系，即为操作关系，描述精馏塔内操作关系的方程称为操作线方程。由于精馏过程既涉及传热又涉及传质，影响因素很多，为了简化精馏过程，得到操作关系，进行恒摩尔假定。精馏操作时，在精馏塔的精馏段内，每层板的上升蒸气摩尔流量都是相等的，$V_1=V_2=V_3=\cdots=V=$常数，在提馏段内也是如此，$V'_1=V'_2=V'_3=\cdots=V'=$常数；每层板下降的液体摩尔流量都是相等，$L_1=L_2=L_3=\cdots=L=$常数，在提馏段内也是如此，提馏段 $L'_1=L'_2=L'_3=\cdots=L'=$常数。

对图5-20中虚线范围（包括精馏段的第 $n+1$ 层板以上塔段及冷凝器）作物料衡算，以单位时间为基准，即

总物料衡算： $V=L+D$

易挥发组分衡算： $Vy_{n+1}=Lx_n+Dx_D$

式中 V——精馏段上升蒸气的摩尔流量，kmol/h；

L——精馏段下降液体的摩尔流量，kmol/h；

y_{n+1}——精馏段第 $n+1$ 层板上升蒸气中易挥发组分的摩尔分数；

x_n——精馏段第 n 层板下降液体中易挥发组分的摩尔分数。

整理：

$$y_{n+1}=\frac{L}{L+D}X_n+\frac{D}{L+D}x_D \tag{5-21}$$

令回流比 $R=L/D$ 并代入上式，得精馏段操作线方程：

$$y_{n+1}=\frac{R}{R+1}x_n+\frac{x_D}{R+1} \tag{5-22}$$

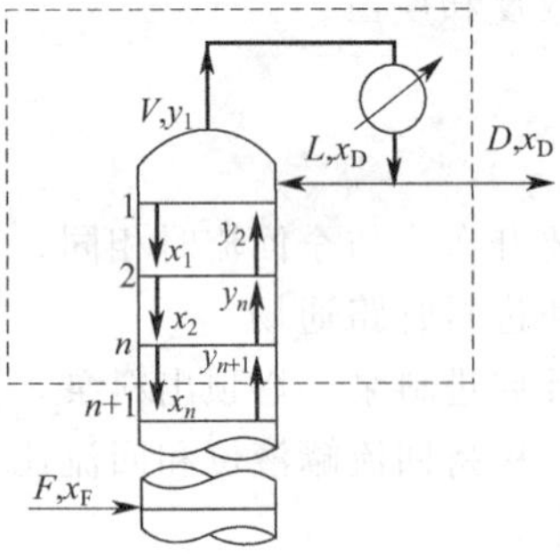

图 5-20 精馏段操作线方程推导

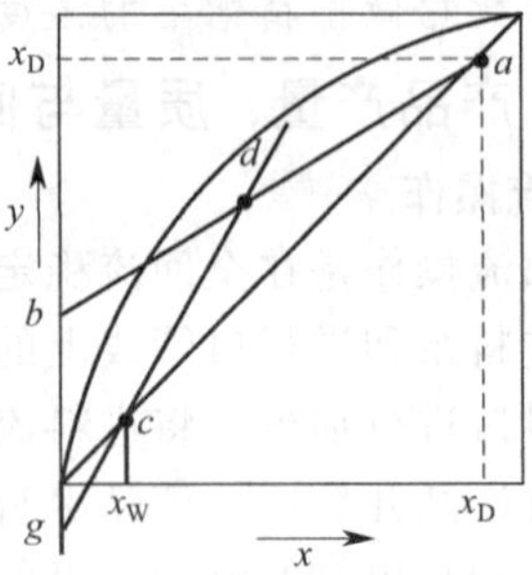

图 5-21 精馏段的操作线

精馏段操作线方程反映了一定操作条件下精馏段内的操作关系，即精馏段内自任意第 n 层板下降的液相组成 x_n 与其相邻的下一层板（第 $n+1$ 层板）上升气相组成 y_{n+1} 之间的关系。在稳定操作条件下，精馏段操作线方程为一直线。斜率为$\frac{R}{R+1}$，截距为$\frac{x_D}{R+1}$。由式(5-22) 可知，当 $x_n=x_D$ 时，$y_{n+1}=x_D$，即该点位于 y-x 图的对角线上，如图 5-21 中的点 a；又当 $x_n=0$ 时，$y_{n+1}=x_D/(R+1)$，即该点位于 y 轴上，如图 5-21 中点 b，则直线 ab 即为精馏段操作线。

3. 提馏段操作线

按图 5-22 虚线范围（包括提馏段第 m 层板以下塔板及再沸器）作物料衡算，以单位时间为基础，即

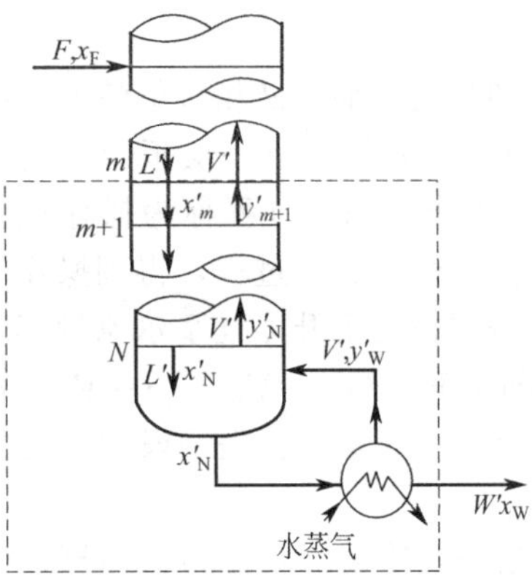

图 5-22 提馏段操作线方程推导

总物料衡算： $L'=V'+W$

易挥发组分衡算：$L'x'_m=V'y'_{m+1}+Wx_W$

提馏段操作线方程：

$$y'_{m+1}=\frac{L'}{L'-W}x'_m-\frac{W}{L'-W}x_W \tag{5-23}$$

式中 L'——提馏段下降液体的摩尔流量，kmol/h；

V'——提馏段上升蒸气的摩尔流量，kmol/h；

x'_m——提馏段第 m 层板下降液相中易挥发组分的摩尔分数；

y'_{m+1}——提馏段第 $m+1$ 层板上升蒸气中易挥发组分的摩尔分数。

提馏段操作线方程反映了一定操作条件下，提馏段内的操作关系。在稳定操作条件下，提馏段操作线方程为一直线。斜率为$\frac{L'}{L'-W}$，截距为$\frac{W}{L'-W}$。由式(5-23) 可知，当 $x'_m=x_W$ 时，$y'_{m+1}=x_W$，即该点位于 y-x 图的对角线上，如图 5-21 中的点 c；当 $x'_m=0$ 时，$y'_{m+1}=-Wx_W/(L'-W)$，该点位于 y 轴上，如图 5-21 中点 g，则直线 cg 即为提馏段操作线。由图 5-21 可见，精馏段操作线和提馏段操作线相交于点 d。

应予指出，提馏段内液体摩尔流量 L'不仅与精馏段液体摩尔流量 L 的大小有关，而且它还受进料量及进料热状况的影响。

4. 回流比

（1）回流比的影响与选择 回流是保证精馏塔连续定态操作的基本条件，因此回流比是精馏过程的重要参数，它的大小影响精馏的投资费用和操作费用。对一定的料液和分离要求，如回流比增大，精馏段操作线的斜率增大，截距减小，精馏段操作线向对角线靠近，提馏段操作线也向对角线靠近，相平衡线与操作线之间的距离增大，从 x_D 到 x_W 作阶梯时，每个阶梯的水平距离与垂直距离都增大，即每一块板的分离程度增大，分离所需的理论塔板数减少，塔设备费用减少；但回流比增大，使塔内气、液相量增大，操作费用提高。反过来，对于一个固定的精馏塔，增加回流比，每一块板的分离程度增大，提高了产品质量。因此，在精馏塔的设计中，对于一定的分离任务而言，应选定适宜的回流比。

回流比有两个极限，上限为全回流时的回流比，下限为最小回流比。适宜的回流比介于两极限之间。

（2）最小回流比 精馏过程中，当回流比逐渐减小时，精馏段操作线的斜率减小、截距增大，精、提馏段操作线皆向相平衡线靠近，操作线与相平衡线之间的距离减小，气液两相间的传质推动力减小，达到一定分离要求所需的理论塔板数增多。当回流比减小至两操作线的交点落在相平衡线上时，交点处的气液两相已达平衡，传质推动力为零，图解时无论绘多少阶梯都不能跨过点 d，则达到一定分离要求所需的理论塔板数为无穷多，此时的回流比称为最小回流比，记作 R_{min}，如图 5-23 所示。

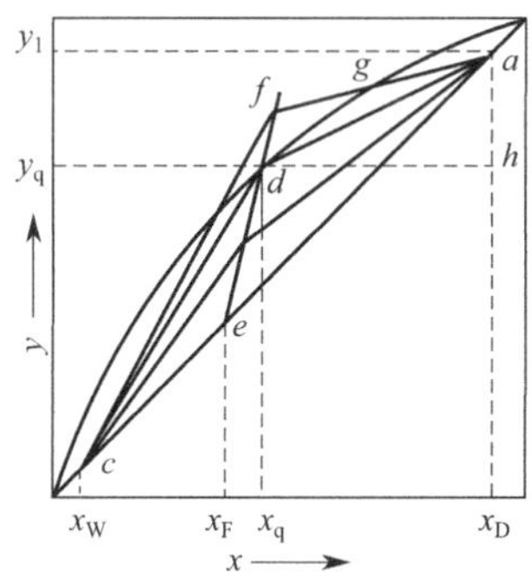

图 5-23 最小回流比的确定

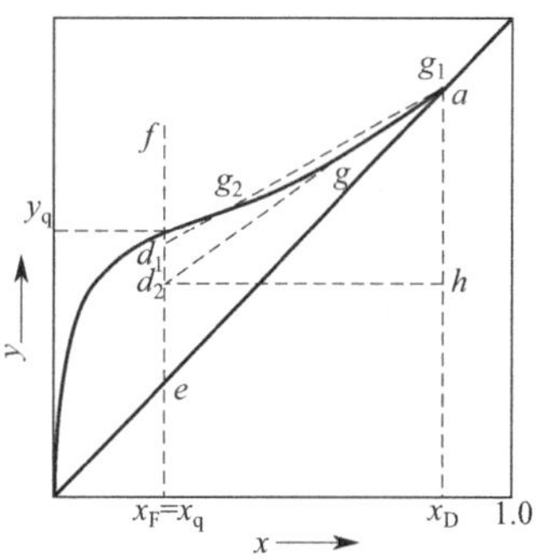

图 5-24 不正常的相平衡曲线 R_{min} 的确定

在最小回流比下，两操作线与平衡线的交点称为夹紧点，其附近（通常在加料板附近）各板之间气、液相组成基本上没有变化，即无增浓作用，称为恒浓区。

最小回流比可用图解法或解析法求得。

当回流比为最小时精馏段操作线的斜率为：

$$\frac{R_{min}}{R_{min}+1}=\frac{ah}{dh}=\frac{y_1-y_q}{x_D-x_q}=\frac{x_D-y_q}{x_D-x_q}$$

整理得：

$$R_{min}=\frac{x_D-y_q}{y_q-x_q} \tag{5-24}$$

式中 x_q，y_q——相平衡线与进料线交点坐标（互为平衡关系）。

若如图 5-24 所示的乙醇-水物系的平衡曲线，具有下凹的部分，当操作线与 q 线的交点落到平衡线上之前，操作线已与平衡线相切，如图中点 g 所示。点 g 附近已出现恒浓区，相应的回流比便是最小回流比。对于这种情况下的 R_{min} 的求法是由点（x_D，x_D）向平衡线作切线，再由切线的截距或斜率求之。可按下式计算：

$$\frac{R_{min}}{R_{min}+1}=\frac{ah}{d_2h} \tag{5-25}$$

应予指出，最小回流比 R_{min} 的值对于一定的原料液与规定的分离程度（x_D、x_W）有关，同时还和物系的相平衡性质有关。

(3) 适宜回流比的选择 实际操作回流比应根据经济核算确定，以期达到完成给定任务所需设备费和操作费的总和为最小。设备费是指精馏塔、再沸器、冷凝器等设备的投资费，此项费用主要取决于设备的尺寸；操作费主要取决于塔底再沸器加热剂用量及塔顶冷凝器中冷却剂的用量。

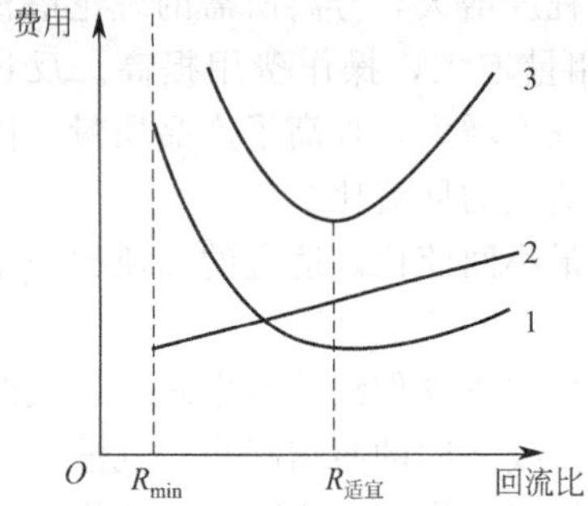

图 5-25 适宜回流比的确定

1—设备费；2—操作费；3—总费用

当回流比增大时，所需塔板数急剧减少，设备费减少，但回流液量和上升蒸气量增加，操作费增大；当回流比增大至某一值时，由于塔径增大，再沸器和冷凝器的传热面积也要增加，设备费又上升，总费用为设备费及操作费之和，如图 5-25 所示。总费用中的最低值所对应的回流比为适宜回流比，即实际生产中的操作回流比。通常情况下，适宜回流比为最小回流比的 1.1～2.0 倍，即：

$$R=(1.1\sim2)R_{min} \tag{5-26}$$

实际生产中操作回流比应视具体情况选择。对于难分离体系，相对挥发度接近 1，此时应采用较大的回流比，以降低塔高并保证产品的纯度；对于易分离体系，相对挥发度较大，可采用较小的回流比，以减少加热蒸气消耗量，降低操作费用。

【例 5-3】 用某精馏塔分离丙酮-正丁醇混合液。料液含 35%的丙酮，馏出液含 96%的丙酮（均为摩尔分数），加料量为 14.6kmol/h，馏出液量为 5.14kmol/h。进料为沸点状态。回流比为 2。求精馏段、提馏段操作线方程。

解 精馏段操作线方程

$$y=\frac{R}{R+1}x+\frac{x_D}{R+1}=\frac{2}{2+1}x+\frac{0.96}{2+1}$$

$$=0.67x+0.32$$

全塔物料衡算 $F=D+W$ $\quad$ $14.6=5.14+W$

$Fx_F=Dx_D+Wx_W$ $\quad$ $14.6\times0.35=0.96\times5.14+x_WW$

上两式联立解得：$W=9.46$（kmol/h） $\quad x_W=0.019$

$$L'=L+F=2\times5.14+14.6=24.88 \text{（kmol/h）}$$

则可得提馏段操作线方程：$y'=0.67x'-0.012$

思考题

1. 精馏塔的操作线方程表达何意？
2. 回流比的大小对塔顶和塔釜的温度有何影响？
3. 什么叫最小回流比？此时操作线有什么特点？

课后任务

由实训数据说明回流比与塔顶产品产量、质量的关系。

（三）不同进料热状况下的精馏操作

在前面的实训中，原料液为质量分数为 15%的乙醇水溶液，查表 5-2 可知，16.57%的乙醇水溶液的泡点温度为 89℃，对于一般的精馏实训装置，进料温度高有一定难度，但可以做不同温度下的冷液进料实训。

1. 不同进料温度下的操作

基于对一般实训装置的分析，可设计在40℃、50℃、60℃、70℃下进料，保持其他操作参数不变，随时观测塔内各点温度、压力、流量和液位值的变化情况，每5min记录一次数据；待精馏塔操控板上温度稳定30min后，在塔釜和塔顶出料口取样分析产品浓度。

表5-2 乙醇水溶液气液相平衡数据（101.3kPa）

温度/℃	液相浓度		气相浓度	
	x(摩尔分数)	x_W(质量分数)	y(摩尔分数)	y_W(质量分数)
95.5	0.019	0.0472	0.1700	0.3436
89	0.0721	0.1657	0.3891	0.6194
86.7	0.0966	0.2146	0.4375	0.6653
85.3	0.1238	0.2653	0.4704	0.6942
84.1	0.1661	0.3373	0.5089	0.7259
82.7	0.2337	0.4380	0.5445	0.7534
82.3	0.2608	0.4741	0.558	0.7634
81.5	0.3273	0.5542	0.5826	0.7810
80.7	0.3965	0.6267	0.6122	0.8014
79.8	0.5079	0.7251	0.6564	0.8300
79.7	0.5198	0.7345	0.6599	0.8322
79.3	0.5732	0.7744	0.6481	0.8248
78.74	0.6763	0.8423	0.7385	0.8783
78.41	0.7472	0.8831	0.7815	0.9014
78.15	0.8943	0.9558	0.8943	0.9558

做出曲线或列表，分析进料温度变化对精馏操作的影响，列出能量衡算表，比较塔釜和塔顶产品浓度和产量。如果设备允许，也可做出不同温度下的过热蒸气进料，列出能量衡算表。

操作中，如果塔内出现液体积聚，会使得压降急剧升高、塔釜液位下降和产品质量下降，可判断有液泛发生。液泛是不正常操作产生的现象，可通过改变进料的热状况、减少塔釜供热量、降低塔的负荷来调控，也可改变加料板位置来调节。

精馏操作中塔釜处于高温状态，密切注意是否过热，防止干烧和爆沸；必须掌握物料的热稳定性和不稳定副产物的累积含量，做到防患于未然。

2. 进料状况

在生产中，加入精馏塔中的原料可能有以下五种热状态，如图5-26所示。

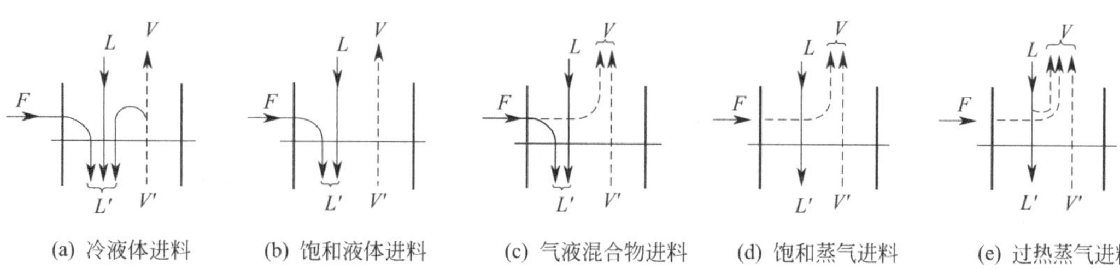

(a) 冷液体进料　(b) 饱和液体进料　(c) 气液混合物进料　(d) 饱和蒸气进料　(e) 过热蒸气进料

图5-26 进料热状况对进料板上、下各流股的影响

① 冷液体进料。$t<t_{泡}$。

② 饱和液体进料。$t=t_{泡}$。

③ 气液混合物进料。$t_{泡}<t<t_{露}$。

④ 饱和蒸气进料。$t=t_{露}$。

⑤ 过热蒸气进料。$t>t_{露}$。

$$q=\frac{将\ 1\text{kmol}\ 原料加热并汽化为饱和蒸气所需热量}{原料液的千摩尔汽化潜热}=\frac{c_{pm}\Delta t+r_m}{r_m} \tag{5-27}$$

式中 r_m——原料的汽化潜热，kJ/kg；

c_{pm}——原料的平均比热容，kJ/(kg·℃)。

q 称为进料热状况参数。对于泡点、露点、混合进料，q 值相当于进料中饱和液相所占的分数。

3. 进料线方程

对于各种进料状态，由 $F=Fq+F(1-q)$ 可知，对于易挥发组分 $Fx_F=Fqx+F(1-q)y$，可得：

$$y=\frac{q}{q-1}x-\frac{x_F}{q-1} \tag{5-28}$$

上式即为进料线方程，也可由精、提馏段操作线方程联立得到，是精馏段操作线与提馏段操作线交点的轨迹方程，也称 q 线方程。在进料热状况及进料组成确定的条件下，q 及 x_F 为定值，进料方程为一直线方程。将式(5-28) 与对角线方程联立，则交点坐标为 $x=x_F$，$y=x_F$，如图 5-27 中 e 点，过 e 点作斜率为 $q/(q-1)$ 的直线，ef 线，即为 q 线。q 线与提馏段操作线交于 d 点，d 点即是两操作线交点，连接 $c(x_W,x_W)$、d 两点可得提馏段操作线 cd。

q 线方程还可分析进料热状态对精馏塔设计及操作的影响。进料热状况不同，q 线位置不同，从而提馏段操作线的位置也相应变化。

根据不同的 q 值，将五种不同进料热状况下的 q 线斜率值及其方位标绘在图 5-28 上，并列于表 5-3 中。

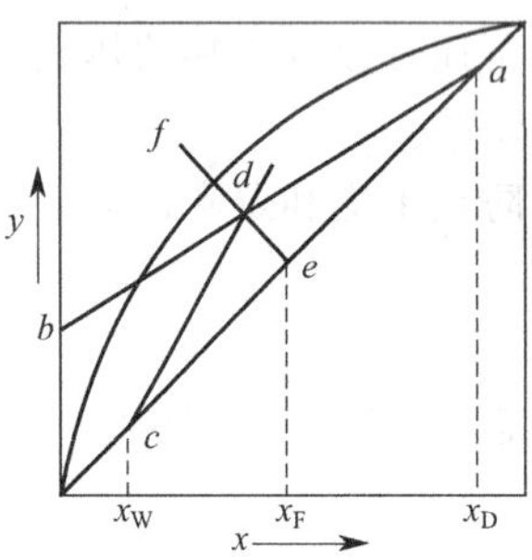

图 5-27 q 线与操作线

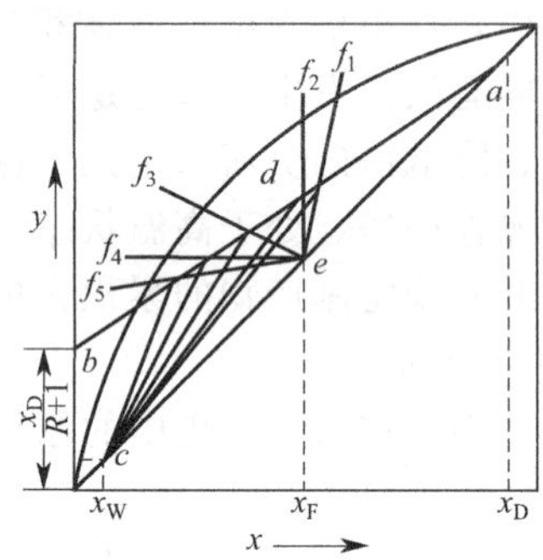

图 5-28 进料热状况对操作线的影响

表 5-3 进料热状况对 q 线的影响

进料热状况	进料的焓 I_F	q 值	$q/(q+1)$	q 线在 y-x 图上的位置
冷液体	$I_F>I_L$	>1	+	ef_1(↗)
饱和液体	$I_F=I_L$	1	∞	ef_2(↑)
气液混合物	$I_L<I_F<I_V$	$0<q<1$		ef_3(↖)
饱和蒸气	$I_F=I_V$	0	0	ef_4(←)
过热蒸气	$I_F>I_V$	<0	+	ef_5(↙)

【例 5-4】 某常压精馏塔的进料为 $x_F=0.44$（摩尔分数）的苯-甲苯混合液，进料为

20℃。试求该料液的 q 值及 q 线方程。

解 查常压下苯-甲苯混合物的 t-x-y 图，当 $x_F=0.44$ 时，其泡点为93℃。

查相关资料知，泡点温度下苯的汽化潜热 $r_1=390\text{kJ/kg}$，甲苯的汽化潜热 $r_2=360\text{kJ/kg}$，原料液在93℃下的平均汽化潜热为：

$$r_m=0.44\times390\times78+0.56\times360\times92=31932\ (\text{kJ/kmol})$$

查本书附录知，在平均温度 $=\dfrac{93+20}{2}=56.5$℃下，苯和甲苯的比热容为1.84kJ/(kg·℃)，故原料液的平均比热容为：

$$c_{pm}=1.84\times78\times0.44+1.84\times92\times0.56=158\ [\text{kJ/(kmol·℃)}]$$

由 q 值的定义：

$$q=\frac{c_{pm}\Delta t+r_m}{r_m}=\frac{158\times(93-20)+31932}{31932}=1.36$$

其 q 线方程为：

$$y=\frac{q}{q-1}x-\frac{1}{q-1}x_F$$

$$=\frac{1.36}{1.36-1}x-\frac{1}{1.36-1}\times0.44$$

$$y=3.78x-1.22$$

思考题

1. 塔内上升蒸气的速度的波动对精馏操作有什么影响？
2. 冷液回流（低于泡点温度）对精馏塔的操作有什么影响？
3. 什么是灵敏板？如何确定其位置？

课后任务

试用两种方法推导出进料线方程。

（四）不同进料位置的精馏操作

1. 不同进料位置的精馏操作

如前所述，对精馏实训装置（具有上、中、下三个进料口）开车，进入全回流，稳定后，在中间加料口进料，调节回流比，出料。维持进料量和产出量，稳定生产。记录所有操作指标和数据，包括各处温度、压力、流量和塔顶产量与浓度，还有塔底产量与浓度。

稳定30min后，保持其他操作参数不变，加料口上移，进料切换至上部进料口；随时观测塔内各点温度、压力、流量和液位值的变化情况，每5min记录一次数据。

待精馏塔操控板上温度稳定30min后，取样分析塔顶浓度和塔底浓度。

稳定30min后，保持其他操作参数不变，加料口下移，进料切换至下部进料口；随时观测塔内各点温度、压力、流量和液位值的变化情况，每5min记录一次数据。

待精馏塔操控板上温度稳定30min后，取样分析塔顶浓度和塔底浓度。

常压蒸馏中一般不采用明火做热源，而采用过热蒸汽来加热。需要强调的是，减压精馏操作中，必须注意停车安全，强调应先冷却塔体，然后通入氮气吹扫置换，最后再停抽真空设施，避免吸入空气和可燃性物料接触后燃烧爆炸；在开车时，先启动抽真空系统，然后打开塔顶冷却水，最后再开通塔釜蒸汽进行加热，否则塔内液体可能会被吸入真空系统，引起事故。

2. 分析加料口位置对精馏操作的影响

最优的进料位置一般应在塔内液相或气相组成与进料组成相近或相同的塔板上。当采用图解法计算理论板层数时，适宜的进料位置应为跨越两操作线交点所对应的阶梯。对于一定的分离任务，如此作图所需理论板数为最少，跨过两操作线交点后继续在精馏段操作线与平衡线之间作阶梯，或没有跨过交点过早更换操作线，都会使所需理论板层数增加。

对于已有的精馏装置，在适宜进料位置进料，可获得最佳分离效果。在实际操作中，如果进料位置不当，将会使馏出液和釜残液不能同时达到预期的组成。进料位置过高，使馏出液的组成偏低（难挥发组分含量偏高）；反之，进料位置偏低，使釜残液中易挥发组分含量增高，从而降低馏出液中易挥发组分的收率。

3. 理论板数的计算

在上面的操作中，进料口位置的变化可能会引起理论板数的改变，从而影响精馏的分离效果，下面介绍理论板数的计算方法。

(1) 逐板计算法 对于理论塔板，离开塔板的气液相组成满足相平衡关系方程；而相邻两块塔板间相遇的气液相组成之间属操作关系，满足操作线方程。这样，交替地使用相平衡关系和操作线方程逐板计算每一块塔板上的气液相组成，所用相平衡关系的次数就是理论塔板数。

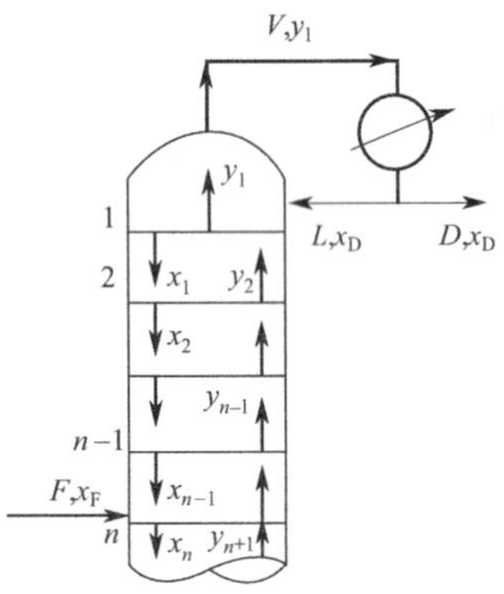

图 5-29 逐板计算法示意图

如图 5-29 所示，连续精馏塔，泡点进料，塔顶采用全凝器，泡点回流，塔釜采用间接蒸气加热。从塔顶开始计算。自塔顶第一块上升的蒸气组成等于塔顶产品组成，即 $y_1=x_D$。

自第一块塔板下降的液体组成 x_1 与 y_1 互成平衡关系，可用平衡线方程由 y_1 计算 x_1。自第二块塔板上升蒸气组成 y_2 与 x_1 遵循操作线方程，可用精馏段操作线方程由 x_1 计算 y_2。

如此交替地使用方程进行逐板计算，直至计算到 $x_n \leqslant x_d$（x_d 为两操作线交点坐标值）。则第 n 层理论板是加料板，精馏段所需理论塔板数为 $n-1$。

此后，交替使用方程平衡线方程、精馏段操作线按照上述方法继续进行逐板计算，直至计算到 $x_m \leqslant x_W$ 为止。第 m 块塔板即为再沸器，提馏段所需理论塔板数为 $m-1$。

通常用 N_T 表示精馏塔的理论塔板数，由上述计算知：$N_T=n+m-1$。在计算过程中，每使用一次平衡关系，表示需要一层理论塔板。

(2) 图解计算法 图解法求取理论塔板数的基本原理与逐板计算法相同，只不过用简便的图解来代替繁杂的计算而已。图解的步骤如下，参见图 5-30。

① 在直角坐标图上绘出待分离物系的 y-x 关系曲线、对角线。

② 根据已知条件在 x 轴上标出 x_D、x_F、x_W，并作出相应的垂线与对角线分别交于 a、e、c 三点。

③ 根据已知条件分别作出精馏段操作线 ab、q 线 ed、提馏段操作线 cd，d 为三条直线的交点，d 点的纵、横坐标为 y_d、x_d。

④ 从 a 开始，在精馏段操作线与平衡线间作水平线与垂直线所组成的梯级 1、2、3、…，当梯级跨过操作线交点 d 后，改在平衡线与提馏段操作线间作梯级，直至梯级的终点所对应的 $x \leqslant x_W$ 为止，所作梯级即为 N_T（包括再沸器），图解过程中将跨过操作线交点 d 的梯级定为加料板。

图解法简单直观，但计算精确度较差，尤其是对相对挥发度较小而所需理论塔板数较多的场合更是如此。

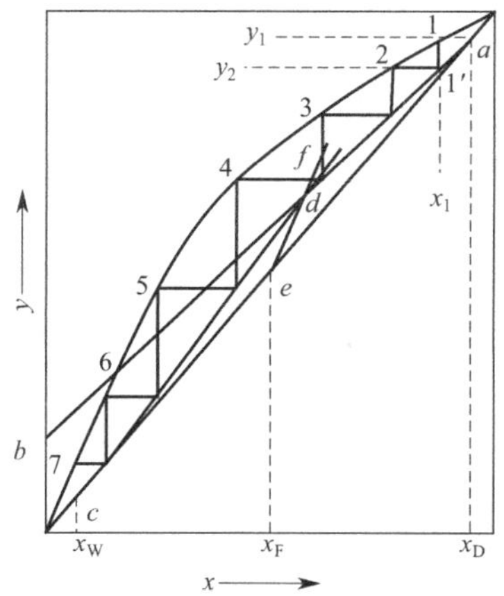

图 5-30　图解法求取理论塔板数

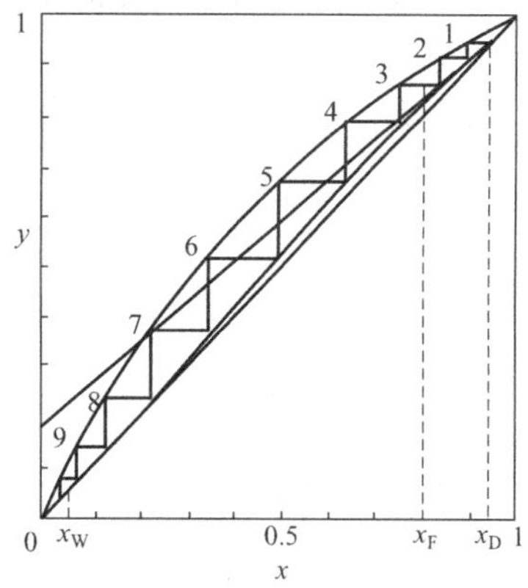

图 5-31　例题 5-5 附图

【例 5-5】 某理想混合液用常压精馏塔进行分离。进料组成含 A 81.5%，含 B 18.5%（摩尔分数，下同），饱和液体进料，塔顶为全凝器，塔釜为间接蒸气加热。要求塔顶产品为含 A 95%，塔釜为含 B 95%，此物系的相对挥发度为 2.0，回流比为 4.0。试用图解法分别求出所需的理论板层数及进料板位置。

解　逐板计算法

由于塔顶为全凝器，所以 $y_1=x_D=0.95$

由相平衡方程式及精馏段操作线方程式：

$$y=\frac{\alpha x}{1+(\alpha-1)x}=\frac{2x}{1+x}$$

$$y_{n+1}=\frac{R}{R+1}x_n+\frac{x_D}{R+1}=0.8x+0.19$$

由 $\frac{x_D}{R+1}=0.19$ 在图中做精馏段操作线，因为 $q=1$，故 q 线为一垂直线并与精馏段操作线相交，交点与（0.05,0.05）点连接，得到提馏段操作线。然后在操作线与平衡线之间绘阶梯，如图 5-31 所示，得到 $N_T=10-1=9$ 层（不包括塔釜），第三块为进料板。

思考题

1. 设计一精馏塔，其物料性质、进料量及组成、馏出液及釜液组成、馏出液及釜液组成、回流比、冷却水温度、加热蒸汽压力均固定。当进料状态由泡点改为饱和蒸气，塔板数是否相同？再沸器所需加热蒸汽量是否改变？

2. 有一连续操作的精馏塔分离某混合液。假设其他条件保持不变，塔板效率不变，若改变下列因素，问馏出液及釜液组成将有何变化？(1) 回流比下降；(2) 原料中易挥发组分浓度上升。

3. 精馏操作中出现液泛现象如何处理？

4. 用不同加料口位置测得的数据比较分离效率，最佳加料板位置是哪一块板？

课后任务

1. 总结理论塔板数计算方法，并对比分析。

2. 用不同加料口位置测得的数据分别计算全塔效率，分析加料口位置对全塔效率有何影响。

二、编制工艺技术操作规程

操作规程包括工艺技术规程、操作指南、开停工规程、基础操作规程、事故处理预案等。在企业核心负责人的组织下，各装置成立操作规程编制小组，每一个小组必须包括管理、技术、操作三个层次的编制人员至少由四人组成。车间（装置）主任具体组织，经验丰富的技术人员及操作人员（班长、运行工程师和岗位操作人员）参加；操作规程编制过程中，必须坚持集体讨论，在讨论过程中不断修改，最大限度地吸收不同层次的知识和工作经验，保证操作规程正确和可操作。

工艺技术操作规程的内容包括以下几方面。

① 装置概况：生产规模、能力、建成的时间和历年改造情况。

② 原理与流程：该装置的生产原理与工艺流程描述。

③ 工艺指标：包括原料指标，半成品、成品指标，公用工程指标，主要操作条件，原材料消耗、公用工程消耗及能耗指标，污染物产生、排放控制指标。

④ 生产流程图：工艺原则流程图、工艺管线和仪表控制图、工艺流程图、装置污染物排放流程图说明。流程图的画法及图样中的图形符号应符合国家标准或行业标准的规定。

⑤ 装置的平面布置图：必须标出危险点、排污点、报警器、灭火器、其他应急设备位置。必要时可单独画出危险点、报警器、灭火器位置图。

⑥ 设备、仪表明细：将设备、仪表分类列表，注明名称、代号、规格型号、主要设计性能参数等。

思考题

1. 组成操作规程编制小组的要求是什么？

2. 工艺技术规程包括哪些内容？

课后任务

编制精馏装置的工艺技术操作规程。

任务四　精馏塔仿真系统实训

精馏是将液体混合物部分汽化，利用其中各组分相对挥发度的不同，通过液相和气相间的质量传递来实现对混合物分离。本装置中将脱丙烷塔釜混合物部分汽化，由于丁烷的沸点较低，即其挥发度较高，故丁烷易于从液相中汽化出来，再将汽化的蒸汽冷凝，可得到丁烷组成高于原料的混合物，经过多次汽化冷凝，即可达到分离混合物中丁烷的目的。

在脱丁烷塔中将丁烷从脱丙烷塔釜混合物中分离出来，原料为脱丙烷塔的釜液（主要有 C_4、C_5、C_6、C_7 等），由脱丁烷塔的中部进料，进料量由流量控制器控制。灵敏板温度由调节器通过调节再沸器加热蒸气的流量，来控制提馏段灵敏板温度，从而控制丁烷的分离质量。

脱丁烷塔塔釜液（主要为 C_5 以上馏分）一部分作为产品采出，一部分经再沸器部分汽化为蒸气从塔底上升。塔釜的液位和塔釜产品采出量由串级控制器控制。再沸器采用低压蒸气加热。塔釜蒸气缓冲罐液位由液位控制器调节底部采出量控制。塔顶的上升蒸气（C_4 馏分和少量 C_5 馏分）经塔顶冷凝器全部冷凝成液体，该冷凝液靠位差流入回流罐。

一、冷态开车操作

装置冷态开工状态为精馏塔单元处于常温、常压氮吹扫完毕后的氮封状态，所有阀门、机泵处于关停状态。

进料时，开全凝器顶放空阀排放不凝气，稍开原料液进料调节阀（不超过 20%），向精馏塔进料。进料后，塔内温度略升，压力升高。关闭塔顶压力调节阀投自动，控制塔压不超过指标值（如果塔内压力大幅波动，改回手动调节，稳定压力）。

进料完成后，当精馏塔顶压力略微升高，半开冷凝水调节阀；塔压基本稳定在指标值（如 4.25atm）后，可加大塔进料（原料液进料阀开至 50%左右）。待塔釜液位升至 20%以上时，开加热蒸气入口阀，再稍开塔釜加热调节阀，给再沸器缓慢加热，并调节加热阀开度使塔釜液位维持在 40%～60%。待蒸气冷凝罐液位至 50%时，投自动，设定调节指标值（如 50%）。

随着塔进料增加和再沸器、冷凝器投用，塔压会有所升高。回流罐逐渐积液。塔压升高时，通过开大全凝器顶放空阀开度，改变塔顶冷凝器冷却水量和旁路量来控制塔压稳定。当回流罐液位升至 20%以上时，开回流泵入口阀，启动回流泵，最后开回流泵出口阀。通过控制回流液阀门的开度来控制回流量，维持回流罐液位不超高，同时逐渐关闭进料，全回流操作。

当各项操作指标趋近正常值时，打开原料进料阀。逐步调整原料进料量至进料显示值为正常值。观察温度显示，调节再沸器加热量使灵敏板温度达到正常值。逐步调整回流量至正常值。开塔顶和塔釜出料阀出料，注意塔釜、回流罐液位。将各控制回路投自动，各参数稳定并与工艺设计值吻合后，投产品采出串级。

二、正常操作

正常工况下的工艺参数：将进料流量投自动，设定为指标值（如 14056kg/h）。塔釜采出量投串级，设定为指标值（如 7349kg/h），塔釜液位投自动（设为 50%）。将塔顶采出量投串级，设定为指标值（如 6707kg/h）。将塔顶回流量投自动，设定为指标值（如 9664kg/h）。将塔顶压力控制投自动，设定为指标值（如 4.25atm、5.0atm）。灵敏板温度投自动，设定指标值（如 89.3℃）。将蒸气冷凝罐液位投自动，设定指标值（如 50%）。将回流罐液位设为自动（如 50%）。

主要工艺生产指标的调整方法包括：质量调节、压力控制、液位调节和流量调节。

（1）质量调节 本系统的质量调节采用以提馏段灵敏板温度作为主参数，以再沸器和加热蒸气流量的调节系统，以实现对塔的分离质量控制。

（2）压力控制 在正常的压力情况下，由塔顶冷凝器的冷却水量来调节压力，当压力高于操作指标值（如 4.25atm）时，压力报警系统发出报警信号，同时调节塔顶压力调节器调节回流罐的气相出料，为了保持同气相出料的相对平衡，该系统采用压力分程调节。

（3）液位调节 塔釜液位由调节塔釜的产品采出量来维持恒定，设有高低液位报警。回流罐液位由调节塔顶产品采出量来维持恒定，设有高低液位报警。

（4）流量调节 进料量和回流量都采用单回路的流量控制；再沸器加热介质流量，由灵敏板温度调节。

三、停车操作

逐步关小原料进料调节阀，降低进料至正常进料量的 70%。在降负荷过程中，保持灵敏板温度的稳定性和塔压的稳定，使精馏塔分离出合格产品。在降负荷过程中，尽量通过塔顶产品采出阀排出回流罐中的液体产品，至回流罐液位显示在20%左右。在降负荷过程中，尽量通过塔釜产品采出阀排出塔釜产品，使塔釜液位显示降至30%左右。

在负荷降至正常的70%，且产品已大部采出后，停进料和再沸器。关原料进料调节阀，停精馏塔进料。关塔釜温度调节阀及其前后现场阀，停再沸器的加热蒸气。关塔釜产品采出调节阀和塔顶产品采出调节阀，停止产品采出。打开塔釜泄液现场阀，排不合格产品，并控制塔釜降低液位。手动打开蒸气冷凝罐液位调节阀，泄液。

停进料和再沸器后，回流罐中的液体全部通过回流泵打入塔，以降低塔内温度。当回流罐液位至零时，关塔顶回流调节阀，关回流泵出口阀，停回流泵，关回流泵入口阀，停回流。开塔釜泄液现场阀，排净塔内液体。

打开塔顶压力调节阀，将塔压降至接近常压后，关该调节阀。全塔温度降至50℃左右时，关塔顶冷凝器的冷却水。

四、事故处理操作

加热蒸气的流量增大，塔釜温度持续上升的原因是热蒸气压力过高。处理方法是适当减小蒸气温度控制器的阀门开度。加热蒸气流量减小，塔釜温度持续下降的原因是热蒸气压力过低。处理方法为适当增大蒸气温度控制器的开度。

冷凝水故障停送会导致塔顶温度上升，塔顶压力升高，处理措施是紧急停车。停电会导致回流泵停止，回流中断，处理措施是紧急停车或启用备用电源。

如果回流泵有故障，会导致回流中断，塔顶压力、温度上升；处理措施是启用备用泵。如果回流控制阀有故障，也会导致回流量减小，塔顶温度上升，压力增大；处理方法是打开旁路阀，保持回流。

五、塔板负荷性能图

为确保板式塔的正常操作，要求操作过程中严格控制气、液相流量在一定范围内。即生产运行中板式塔内的气、液相负荷只允许在一定范围内波动。这个范围常用负荷性能图表示。负荷性能图由设计者根据塔板结构、物料性质及避免发生不正常操作现象等因素，运用一系列经验数据、经验公式计算而得，为板式塔的操作提供了流体力学方面的依据。

严格讲，不同塔板的负荷性能图不同，但常常按平均数据做出精馏段、提馏段两个负荷性能图。图5-32所示为某精馏段塔板负荷性能图。图中有五条线。

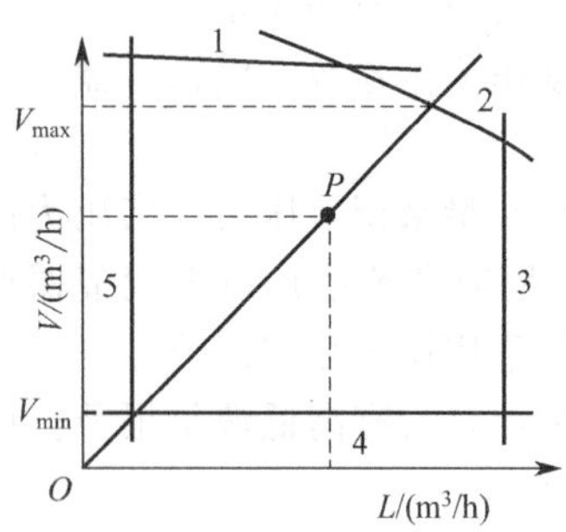

图5-32　塔板负荷性能图

(1) 极限液沫夹带线　此线规定了气速上限，当气速超过此上限时，液沫夹带量将超过0.1kg(液滴)/1kg(干气体)。

(2) 溢流液泛线　操作时气、液相负荷若超过此线所对应数值，将发生液流液泛。

(3) 液相负荷上限线　为确保液相在降液管内有足够的停留时间，液流量不能超过此线所对应的数值。

(4) 漏液线　为保证不发生严重漏液，气相负荷不能小于此线所对应数值，此线又称气相下限线。

(5) 液相负荷下限线　为确保塔板上有一定厚度的液层并均布于板上，液相负荷不能小于此线所对应数值。

五条线所包围的区域即为塔板的适宜操作范围，生产运行中，应严格控制塔内气、液相负荷的波动不越出此范围。

若此塔精馏段内实际气相负荷为 V（m^3/h），液相负荷为 L（m^3/h），则图中 P 点称为此精馏段的操作点，OP 为操作线。OP 线与溢流液泛线交点的纵坐标值为 V_{max}，OP 线与漏液线交点的纵坐标值为 V_{min}，则 $\frac{V_{max}}{V_{min}}$ 称为此精馏段的操作弹性。

当其他条件相同时，负荷性能图上五条线所包围区域越大越好，因为此时该塔允许气、液负荷波动范围大，易操作，不易发生不正常操作现象。

思考题

1. 精馏塔中温度梯度如何控制？
2. 精馏塔操作中回流如何实现？回流比如何控制？
3. 精馏塔塔顶压力控制如何实现分程控制？

课后任务

1. 查阅资料，总结某化工企业精馏装置中的回流控制方案。
2. 分析操作指标，评价仿真控制方案。

任务五　核算精馏实训装置

一、核算精馏系统能耗

对连续精馏装置进行热量衡算主要是求取冷凝器和加热器（再沸器）的热负荷及冷却介质和加热剂的消耗量，为选用合适换热设备提供基本数据。

1. 塔顶冷凝器的热量衡算

对图 5-33 中所示的某精馏塔顶全冷凝器进行热量衡算，图中虚线框图为衡算范围。

$$Q_V = Q_C + Q_L + Q_D + Q' \qquad (5\text{-}29)$$

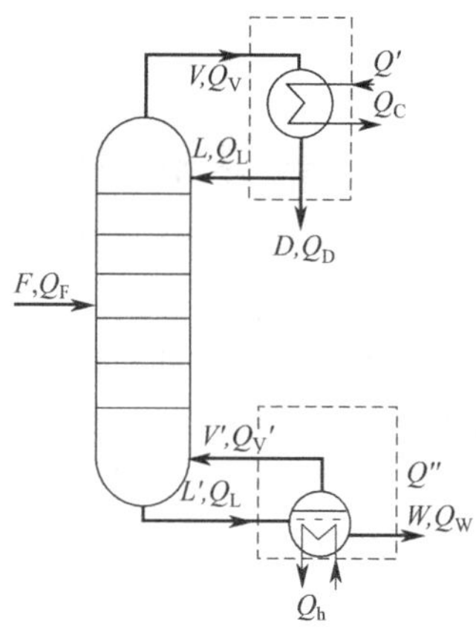

图 5-33　精馏塔热量衡算

式中　Q_V——由塔顶蒸气带入全凝器的热，kW；

Q_C——冷凝器的热负荷或冷却剂从全冷凝器中取出的热，kW；

Q_L——回流液带出热，kW

Q_D——馏出液带出热，kW；

Q'——冷凝器的热损失，kW。

冷凝器的热负荷：

$$D(R+1)H_V = Q_C + RDH_L + DH_L + Q'$$

$$Q_C = (R+1)D(H_V - H_L) + Q' \qquad (5\text{-}30)$$

冷却剂的消耗量为：

$$W_C = \frac{Q_C}{c_{pm}(t_2 - t_1)} \qquad (5\text{-}31)$$

式中　W_C——冷却剂的消耗量，kg/s；

H_V——塔顶上升蒸气的焓，kJ/kmol；

H_L——回流液的焓，kJ/kmol；

c_{pm}——冷却剂的平均热容，kg/s；

t_2，t_1——分别为冷却剂的进、出口温度，℃。

2. 再沸器的热量衡算

对图 5-33 中所示的再沸器进行热量衡算，图中虚线框图为衡算范围。

$$Q_h + Q'_L = Q'_V + Q_W + Q'' \tag{5-32}$$

式中 Q'_V——塔釜上升蒸气带出热，kW；

Q_W——残液带出热，kW；

Q''——塔釜的热损失，kW；

Q_h——塔釜的热负荷或加热蒸气加入的热量，kW；

Q'_L——由提馏段进入塔釜的液体带入热，kW。

塔釜的热负荷为：

$$Q_h = V'H'_V + WH_W - L'H'_L + Q''$$

因进入塔釜液体与残液的组成和温度相差不大。故可取 $H'_L \approx H_W$，且因 $V' = L' - W$，故

$$Q_h = V'(H'_V - H'_L) + Q'' \tag{5-33}$$

加热介质的消耗量：

$$W_h = \frac{Q_h}{H_1 - H_2} \tag{5-34}$$

式中 W_h——加热介质消耗量，kg/s；

H'_L——由提馏段进入塔釜的液体的焓，kJ/kmol；

H'_V——塔釜上升蒸气的焓，kJ/kmol；

H_W——残液的摩尔焓，kJ/kmol；

H_1，H_2——加热介质进、出塔釜的焓，kJ/kg。

一般情况下，工业生产中常用饱和水蒸气作为加热介质，若其冷凝液在饱和温度下排出，则式(5-22) 中 $H_1 - H_2 = r$，上式可写为：

$$W_h = \frac{Q_h}{r} \tag{5-35}$$

式中 r——饱和水蒸气的冷凝潜热，kJ/kg。

二、核算精馏塔全塔效率

前面述及的理论板是一种理想状态下的塔板，它能起到一块板可能起到的最大提浓作用，使得离开该塔板的气、液两相达到平衡状态。然而，实际生产中，除再沸器相当于一层实际存在的理论板外，塔内其余各板，由于气、液两相在塔板上的接触时间有限，物质传递并不充分等原因，使得离开塔板的气、液两相，不能达到平衡状态，即每一层塔板实际上起不到一层理论板的作用。因此，在指定条件下进行精馏操作所需要的实际塔板数（N）较理论塔板数（N_T）为多，通常用“板效率”来反映实际塔板与理论塔板在提浓能力上的差异。塔板效率的大小，表达了塔板上气、液两相间物质交换的程度。

单板效率用符号 E'_T 表示，表明一块实际塔板与一块理论塔板在提浓能力上的差异。第 n 层塔板的单板效率 E'_T，用气相组成变化表示，即

$$E'_T = \frac{y_n - y_{n+1}}{y_n^* - y_{n+1}} \tag{5-36}$$

式中 E'_T——第 n 层塔板的单板效率；

y_{n+1}——进入第 n 层塔板的气相组成，摩尔分数；

y_n——离开第 n 层塔板的气相组成，摩尔分数；

y_n^*——与第 n 层塔板上液相组成 x_n 互成平衡的气相组成，摩尔分数。

同理，也可按液相组成变化表示。

实际生产过程中，塔内不同位置处塔板上的气、液状态（包括物性和操作状态）是不同的，实际提浓能力与理论提浓能力的差异也不相同。因此，不同塔板的单板效率是不相同的。单板效率只能通过实验逐个测定出来。

全塔效率用符号“E_T”表示，即实际塔板数 N_T 与理论塔板数 N 之比。

$$E_T=\frac{N_T}{N} \tag{5-37}$$

必须指出，全塔效率是以所需理论板数为基准定义的，而单板效率则是以塔板理论提浓能力为基准定义的，两者基准不同，全塔效率并不是所有单板效率的平均值。因此，即使塔内各板的单板效率相等，全塔效率在数值上也不等于单板效率。全塔效率是板式塔分离性能的综合量度，它不仅与影响单板效率的因素有关，而且还与如物系性质、塔板型式与结构和操作条件等也有关。

【例 5-6】 某理想混合液用塔板数为 15 块的常压精馏塔进行分离。进料组成含 A 81.5%、B 18.5%（摩尔分数，下同），饱和液体进料，塔顶为全凝器，塔釜为间接蒸气加热。要求塔顶产品为含 A 95%，塔釜为含 B 95%，此物系的相对挥发度为 2.0，回流比为 4.0。试求此精馏塔的全塔效率。

解 运用逐板计算法，由于塔顶为全凝器，所以 $y_1=x_D=0.95$

由相平衡方程式及精馏段操作线方程式：

$$y=\frac{\alpha x}{1+(\alpha-1)x}=\frac{2x}{1+x}$$

$$y_{n+1}=\frac{R}{R+1}x_n+\frac{x_D}{R+1}=0.8x+0.19$$

由上两式交替计算至 $x_3=0.759<x_F$

所以第三层为进料板。

因为泡点进料 $q=1$，故提馏段操作线方程过点（0.05，0.05），（0.815，0.842）

两点式方程可得提馏段操作线方程：

$$y_{m+1}=1.035x_m-1.765\times10^{-3}$$

由相平衡方程式与提馏段操作线方程式交替计算至 $x_{10}=0.036<x_W$

项目	1	2	3	4	5	6	7	8	9	10
y	0.95	0.914	0.863	0.784	0.665	0.514	0.356	0.223	0.128	0.069
x	0.905	0.841	0.759	0.645	0.498	0.346	0.217	0.125	0.068	0.036

理论板层数 $N_T=10-1=9$ 层（不包括塔釜）。

故：$E_T=\frac{N_T}{N}=\frac{9}{15}=60\%$

思考题

1. 热量计算中，比热容为什么要取平均值？
2. 塔板效率下降和哪些因素有关？

课后任务

1. 核算实训室精馏装置的热损失。
2. 核算实训室精馏装置的全塔效率。

练 习 题

1. 已知空气中氧的体积为21%，氮的体积为79%，试求：(1) 氧和氮的分压；(2) 氧和氮的摩尔分数；(3) 氧和氮的质量分数；(4) 空气的平均千摩尔质量。

2. 苯-甲苯混合液中，苯的含量为40%（质量分数），求此溶液中苯、甲苯的摩尔分数。

3. 某连续操作的精馏塔中，每小时蒸馏5000kg含乙醇15%（质量分数，下同）的水溶液，塔底残液内含乙醇1%，试求每小时可获得多少千克含乙醇95%的馏出液及残液量。

4. 含苯0.40的苯-甲苯混合液18000kg/h在连续精馏塔内进行分离，要求残液含苯不高于0.02，塔顶馏出液中含苯不低于0.95（均为质量分数），塔顶为全凝器，操作回流比$R=2.7$，料液在泡点进塔，试求：(1) 馏出液和残液产品的摩尔流量；(2) 苯的馏出率。

5. 将乙醇-水溶液进行连续精馏，原料液流量为100kmol/h，乙醇在原料液中的含量是0.3；在馏出液中的含量是0.92；在残液中含量是0.05（均为摩尔分数）。求：(1) 馏出液量和残液量（用质量流量表示）；(2) 当回流比$R=3$时，求精馏段操作线方程。

6. 将含24%（摩尔分数，下同）易挥发组分的某溶液送入连续操作的精馏塔。要求馏出液中含95%的易挥发组分，残液中含3%的易挥发组分。塔顶每小时送入全凝器的气量为850kmol，而每小时从冷凝器流入精馏塔的回流量为670kmol。试求残液量及回流比。

7. 某常压操作精馏塔分离（A+B）混合液，进料中含A 24%，塔顶产品中含A 95%，残液中含A不大于2%（以上均为摩尔分数）。经测定，塔顶引出蒸气量为900kmol/h，回流液量为700kmol/h，饱和蒸气进料，试求：(1) 每小时的残液量；(2) 操作回流比；(3) 精馏段操作线方程；(4) 提馏段操作线方程。

8. 在常压连续精馏塔中分离某溶液，原料液流量为85kmol/h，泡点进料，若已知精馏段操作线方程$y=0.723x+0.263$和提馏段操作线方程$y=1.25x-0.018$。试求：(1) 精馏段和提馏段的下降液体流量，kmol/h；(2) 精馏段和提馏段的上升蒸气流量，kmol/h。

9. 某连续精馏塔的操作线方程为：精馏段$y=0.75x+0.205$，提馏段$y=1.25x-0.020$。试求泡点进料时，原料液、馏出液、釜液的组成及回流比。

10. 用连续精馏塔分离苯-甲苯混合液，原料中含苯0.4，要求塔顶馏出液中含苯0.97，釜液中含苯0.02（以上均为摩尔分数），若原料液进塔温度为25℃，求进料热状态参数q为多少？若原料液为气液混合物，气液比为3∶4，q值又为多少？

11. 用常压连续精馏塔分离某双组分混合液。已知$x_F=0.3$，$x_D=0.95$，$x_W=0.05$（均为摩尔分数），冷液进料，其进料热状况参数$q=1.5$，回流比为2.5，试写出精馏段和提馏段操作线方程式。

12. 今用连续精馏塔处理苯-甲苯混合液，已知为泡点进料，原料组成为$x_F=0.40$，馏出液组成为$x_D=0.90$，残液组成为$x_W=0.05$（均为摩尔分数），取操作回流比$R=2.5$。试求：(1) 理论塔板数；(2) 加料板位置；(3) 总板效率为60%，确定实际塔板数和实际加料板位置。

13. 常压下用精馏塔将含苯0.25的苯-甲苯混合液进行分离，要求馏出液中含苯不低于0.98，残液中含苯不高于0.055（以上均为摩尔分数），泡点进料，操作回流比$R=5$，塔顶为全凝器、泡点回流，物系相对挥发度为2.47。试分别用逐板计算法和作图法求出理论塔板数和加料位置，并对计算结果进行比较。

14. 在连续精馏塔中分离某二元混合液。原料液中易挥发组分为0.35（摩尔分数，下同），馏出液中易挥发组分为0.9，物系的平均相对挥发度为2.0，回流比为最小回流比的1.4倍。试求以下两种进料情况下的操作回流比：(1) 饱和液体进料；(2) 饱和蒸气进料。

15. 在常压下用精馏塔分离甲醇-水溶液。已知$x_F=0.35$、$x_D=0.95$、$x_W=0.05$（均为摩尔分数），泡点进料，塔顶为全凝器，泡点回流，塔釜为间接蒸气加热，操作回流比为最小回流比的2倍。求从第二理论塔板上升的气相组成。

16. 连续精馏塔分离相对挥发度为 3.0 的苯-甲苯混合液，饱和蒸气进料。原料液量为 100kg/h，其中含苯 50%，要求塔顶馏出液中含苯为 90%（均为摩尔分数），塔顶苯的回收率为 90%，回流比为最小回流比的 2 倍，试求：L、V、L'、V'。

17. 试计算在下列操作条件下的连续精馏塔的主要内容。操作压力为 101.3kPa，每小时 4000kg 的原料液中含乙醇 30%的水溶液，于 293K 时送入塔内，馏出液为 94%乙醇，于泡点回流；残液中乙醇含量不高于 3%（以上为质量分数）。实际回流比为最小回流比的 1.8 倍，板效率为 70%，试计算：（1）每小时的馏出液量及残液量；（2）最小回流比与实际回流比；（3）理论塔板数与实际塔板数。

项目六
吸收系统的操作与控制

能力目标：能够熟练操作各类吸收解吸设备，运用化工总控工的相关技能，包括绘制方案流程图、测定气体浓度和溶解度曲线、测定填料塔吸收率、测定最小吸收剂用量、测定液相总传质系数、核算吸收解吸装置的能耗和填料层高度、操作吸收解吸实训装置和仿真系统、编制操作规程等，完成生产任务。

知识目标：掌握吸收塔填料层高度的设计计算和核算方法，包括基本概念如吸收与解吸、亨利定律、吸收率、传质速率、传质系数、传质单元数、传质单元高度、吸收因子等和基本理论如操作线方程、吸收剂用量、填料层高度的计算等。

情境设计：某公司酸性气体吸收解吸系统的认识、测量、操控、核算。按照公司组织结构，分为若干项目部，选出部长，由部长协调成员进行项目化的工作和学习，完成任务，技能比赛，汇报演讲，模拟企业绩效考核方式进行过程考核。

任务一　认识吸收塔和填料

一、辨识吸收设备和填料

在化工生产中，有许多原料、中间产品等都是气体混合物，为了从气体混合物中分离出其中一个或多个组分，利用混合气中各组分在某液体中的溶解度不同，将气体混合物与选择的某液体接触，这种液体称作吸收剂，气体中的一个或几个组分便溶解于吸收剂，不能溶解的组分则保留在气相中，然后分别将气、液两相移出而达到分离的操作称为气体吸收，它是将气体混合物中各组分分离的重要单元操作。

为了回收溶剂（吸收剂）循环使用，把溶解于液体中的气体释放出来的操作叫做解吸。通常采用吸收液在塔设备中与惰性气体或蒸气进行逆流接触的方式。溶液从塔顶加入，在其向下流的过程中，与来自塔底的气体相遇，气体溶质逐渐从液体中释放出来，于塔顶得到释放出来的溶质气体和惰性气体（蒸气）的混合物；与塔底得到较纯净的吸收剂。此过程是吸收的逆过程。

1. 填料塔及其附件

虽然填料塔和板式塔都可以进行吸收操作，但吸收塔常常采用填料塔来完成吸收任务。填料塔的构造如图 6-1 所示。填料塔的塔身是一直立式圆筒，底部装有填料支承板，填料可以以乱堆或整砌的方式放置在支承板上。填料的上方安装填料压板，以防被上升气流吹动。液体从塔顶经液体分布器喷淋到填料上，并沿填料表面流下。气体从塔底送入，经气体分布装置（小直径塔一般不设气体分布装置）后，与液体呈逆流连续通过填料层的空隙，在填料表面上，气液两相密切接触进行传质。填料塔属于连续接触式气液传质设备，两相组成沿塔高连续变化，在正常操作状态下，气相为连续相，液相为分散相。

当液体沿填料层向下流动时，有逐渐向塔壁集中的趋势，使得塔壁附近的液流量逐渐增大，这种现象称为壁流效应。壁流效应造成气液两相在填料层中分布不均，从而使传质效率下降。因此，当填料层较高时，需要进行分段，中间设置再分布装置。液体再分布装置包括液体收集器和液体再分布器两部分，上层填料中的液体经液体收集器收集后，送到液体再分布器，经重新分布后喷淋到下层填料。

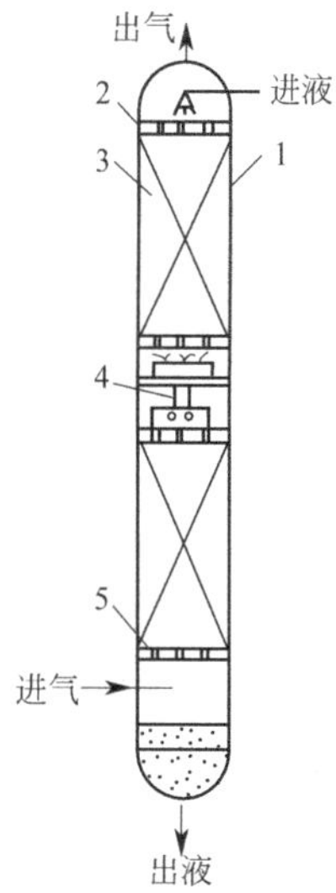

图 6-1 填料塔结构示意图

1—塔体；2—填料压紧装置；3—填料层；4—液体收集与再分布装置；5—支承栅板

填料塔具有结构简单、生产能力大、分离效率高、压降小、持液量小、操作弹性大等优点。填料塔的不足在于总体造价较高；清洗检修比较麻烦；当液体负荷小到不能有效润湿填料表面时，吸收效率将下降；不能直接用于悬浮物或易聚合物料等。

填料塔的流体力学性能主要包括填料层的持液量、填料层的压降、液泛、填料表面的润湿及返混等。填料层的持液量是指在一定操作条件下，在单位体积填料层内所积存的液体体积，以 m^3（液体）/m^3（填料）表示。填料层的持液量可由实验测出，也可由经验公式计算得到。一般来说，适当的持液量对填料塔操作的稳定性和传质是有益的，但持液量过大，将减少填料层的空隙和气相流通截面，使压降增大，处理能力下降。

在逆流操作的填料塔中，从塔顶喷淋下来的液体，依靠重力在填料表面成膜状向下流动，上升气体与下降液膜的摩擦阻力形成了填料层的压降。填料层的压降与液体喷淋量及气速有关，在一定的气速下，液体喷淋量越大，压降越大；在一定的液体喷淋量下，气速越大，压降也越大。

在气速增大和持液量增多的情况下，液相由分散相变为连续相，而气相则由连续相变为分散相，此时气体呈气泡形式通过液层，气流出现脉动，液体被大量带出塔顶，塔的操作极不稳定，甚至会被破坏，此种情况称为淹塔或液泛。影响液泛的因素很多，如填料的特性、流体的物性及操作的液气比等。

填料塔中气液两相间的传质主要是在填料表面流动的液膜上进行的。要形成液膜，填料表面必须被液体充分润湿，而填料表面的润湿状况取决于塔内的液体喷淋密度及填料材质的表面润湿性能。

填料表面润湿性能与填料的材质有关，就常用的陶瓷、金属、塑料三种材质而言，以陶瓷填料的润湿性能最好，塑料填料的润湿性能最差。

实际操作时采用的液体喷淋密度应大于最小喷淋密度。若喷淋密度过小，可采用增大回流比或采用液体再循环的方法加大液体流量，以保证填料表面的充分润湿；也可采用减小塔径予以补偿；对于金属、塑料材质的填料，可对其表面进行处理，以改善其表面的润湿性能。

在填料塔内，气液两相的逆流并不呈理想的活塞流状态，而是存在着不同程度的返混。造成返混现象的原因很多，如：填料层内的气液分布不均；气体和液体在填料层内存在沟流；液体喷淋密度过大时所造成的气体局部向下运动；塔内气液的湍流脉动使气液微团停留时间不一致等。填料塔内流体的返混使得传质平均推动力变小，传质效率降低。因此，按理想的活塞流设计的填料层高度，因返混的影响需适当加高，以保证预期的分离效果。

填料塔附件主要有填料支承装置、液体分布装置、液体收集及再分布装置等。合理地选择和设计填料塔附件，对保证填料塔的正常操作及优化的传质性能十分重要。

填料支承装置的作用是支承塔内的填料，常用的填料支承装置有如图 6-2 所示的栅板型、孔管型、波浪型等。支承装置的选择，主要的依据是塔径、填料种类及型号、塔体及填料的材质、气、液流量等。

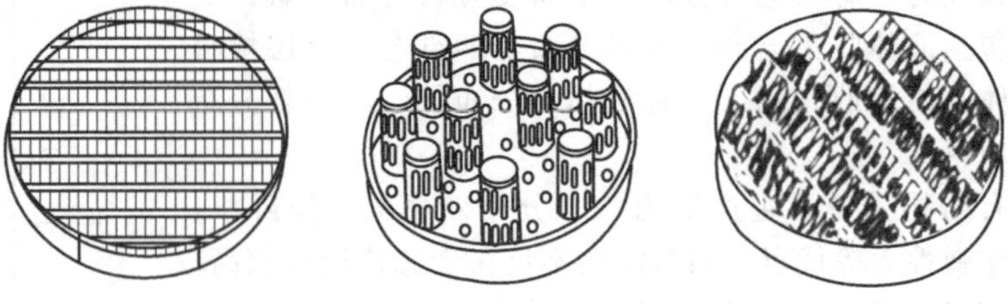

(a) 栅板型　　(b) 孔管型　　(c) 波浪型

图 6-2　填料支承装置

如液体分布不良，必将减少填料的有效润湿表面积，使液体产生沟流，从而降低了气液两相的有效接触表面，使传质恶化。这就要求液体分布器能为填料层提供良好的液体初始分布，即能提供足够多的均匀分布的喷淋点，且各喷淋点的喷淋液量相等。液体分布装置的结构形式较多，喷头式分布器如图 6-3(a) 所示。液体由半球形喷头的小孔喷出，小孔直径为 3～10mm，作同心圆排列，喷洒角不超过 80°，直径为填料塔直径的 1/3～1/5。这种分布器的优点是结构简单，缺点是小孔容易堵塞，而且液体的喷洒范围与压头密切相关。一般用于直径小于 600mm 的塔中。

盘式分布器有盘式筛孔型分布器、盘式溢流管式分布器等形式，如图 6-3(b)、(c) 所示。液体加至分布盘上，经筛孔或溢流管流下。分布盘直径为塔径的 0.6～0.8 倍，此种分布器用于 $D<800$mm 的塔中。这种分布器的缺点是加工较复杂。

管式分布器由不同结构形式的开孔管制成。其突出的特点是结构简单，供气体流过的自由截面大，阻力小。但小孔易堵塞，操作弹性一般较小。管式液体分布器使用十分广泛，多用于中等以下液体负荷的填料塔中。在减压精馏及丝网波纹填料塔中，由于液体负荷较小所以常常被采用。管式分布器有排管式、环管式等不同形状，如图 6-3(d)、(e) 所示。根据液体负荷情况，可做成单排或双排。

槽式液体分布器通常是由分流槽、分布槽构成的。分流槽通过槽底开孔将液体分成若干流股，分别加入其下方的分布槽。分布槽的槽底（或槽壁）上设有孔道（或导管），将液体均匀分布于填料层上，如图 6-3(f) 所示。

槽式液体分布器具有较大的操作弹性和极好的抗污堵性，特别适合于气液负荷大及含有固体悬浮物、液体黏度大的分离场合。由于槽式分布器具有优良的分布性能和抗污堵性能，应用范围非常广泛。

槽盘式分布器是近年来开发的新型液体分布器，它将槽式及盘式分布器的优点有机地结合起来，兼有集液、分液及分气三种作用，结构紧凑，操作弹性高达 10∶1；气液分布均匀，阻力较小，特别适用于易发生夹带和易堵塞的场合。槽盘式液体分布器的结构如图 6-3 (g) 所示。

液体沿填料层向下流动时会产生壁流现象。壁流现象的存在将导致填料层内气液分布不均，从而使传质效率下降。为减小壁流现象，可间隔一定高度在填料层内设置液体再分布装

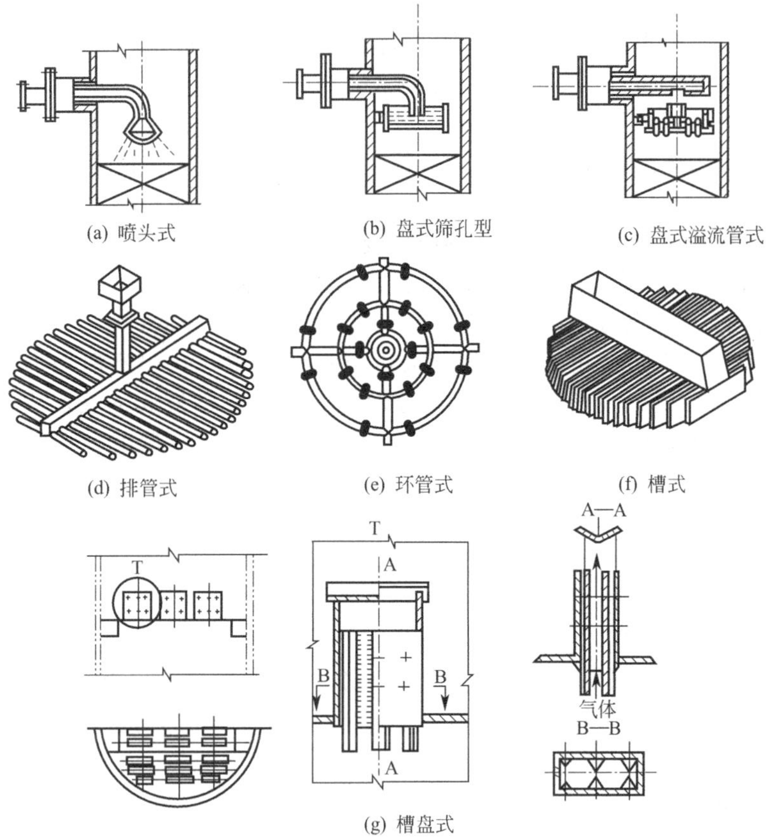

图 6-3　液体分布装置

置。最简单的液体再分布装置为截锥式再分布器，如图 6-4(a) 所示。截锥式再分布器结构简单，安装方便，但它只起到将壁流向中心汇集的作用，无液体再分布的功能，一般用于直径小于 0.6m 的塔中。

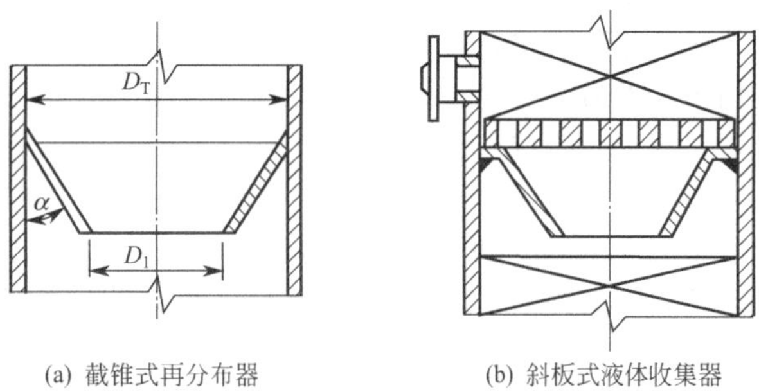

图 6-4　液体再分布装置

在通常情况下，一般将液体收集器及液体分布器同时使用，构成液体收集及再分布装置。液体收集器的作用是将上层填料流下的液体收集，然后送至液体分布器进行液体再分布。常用的液体收集器为斜板式液体收集器，如图 6-4(b) 所示。

前已述及，槽盘式液体分布器兼有集液和分液的功能，故槽盘式液体分布器是优良的液体收集及再分布装置。

2. 填料

填料的作用是为气、液两相提供充分的接触面积，并为提高其湍动程度创造条件，以利于传质吸收。填料的种类很多，大致可分为实体填料和网体填料两大类。实体填料包括环形填料、鞍形填料、栅板填料以及波纹填料等，是由陶瓷、金属和塑料等材质制成的填料。网体填料主要是由金属丝网制成的各种填料。

拉西环填料为外径与高度相等的圆环，如图 6-5(a) 所示。由于拉西环填料的气液分布较差，传质效率低，阻力大，气体通量小，目前工业上已较少应用。

鲍尔环如图 6-5(b) 所示，是在拉西环的基础上进行了改进，在拉西环的壁上开出两排长方形的窗孔，被切开的环壁仍与壁面相连并向环内弯曲，形成内伸的舌叶，各舌叶的侧边在环中心相搭。鲍尔环由于环壁开孔，大大提高了环内空间及环内表面的利用率，气流阻力小，液体分布均匀。与拉西环相比，鲍尔环的气体通量可增加 50%以上，传质效率提高 30%左右。基于这些优点，鲍尔环是一种应用较广的填料。

阶梯环如图 6-5(c) 所示，是对鲍尔环的改进，在环壁上开有长方形孔，环内有两层交错 45°的十字形翅片。与鲍尔环相比，阶梯环高度通常只有直径的一半，并在一端增加了一个锥形翻边，使填料之间由线接触为主变成以点接触为主，这样不但增加了填料间的空隙，同时成为液体沿填料表面流动的汇集分散点，可以促进液膜的表面更新，有利于传质效率的提高。阶梯环的综合性能优于鲍尔环，成为目前所使用的环形填料中最为优良的一种。

弧鞍和矩鞍填料属鞍形填料，如图 6-5(d) 所示为弧鞍填料。弧鞍填料的特点是表面全部敞开，不分内外，液体在表面两侧均匀流动，表面利用率高，流道呈弧形，流动阻力小。其缺点是易发生套叠，致使一部分填料表面被重合，使传质效率降低。弧鞍填料强度较差，容易破碎，工业生产中应用不多。矩鞍填料如图 6-5(e) 所示，将弧鞍填料两端的弧形面改为矩形面，且两面大小不等，即成为矩鞍填料。矩鞍填料堆积时不会套叠，液体分布较均匀。矩鞍填料一般采用瓷质材料制成，其性能优于拉西环。目前，国内绝大多数应用瓷拉西环的场合，均已被瓷矩鞍填料所取代。

金属环矩鞍填料如图 6-5(f) 所示，环矩鞍填料是兼顾环形和鞍形结构特点而设计出的一种新型填料，该填料一般以金属材质制成，故又称为金属环矩鞍填料。环矩鞍填料将环形填料和鞍形填料两者的优点集于一体，其综合性能优于鲍尔环和阶梯环，在散装填料中应用较多。

球形填料一般采用塑料注塑而成，其结构有多种，如图 6-5(g)、(h) 所示。球形填料的特点是球体为空心，允许气体、液体从其内部通过。由于球体结构的对称性，填料装填密度均匀，不易产生空穴和架桥，所以气液分散性能好。球形填料一般只适用于某些特定的场合，工程上应用较少。

波纹填料如图 6-5(n)、(o) 所示，是由许多波纹薄板组成的圆盘状填料，波纹与塔轴的倾角有 30°和 45°两种，组装时相邻两波纹板反向靠叠。各盘填料垂直装于塔内，相邻的两盘填料间交错 90°排列。波纹填料按结构可分为网波纹填料和板波纹填料两大类，按材质又可分为金属、塑料和陶瓷等波纹填料。波纹填料的优点是结构紧凑，阻力小，传质效率高，处理能力大，比表面积大；其缺点是不适合于处理黏度大、易聚合或有悬浮物的物料，且装卸、清理困难，造价高。

除上述几种填料外，近年来不断有构型独特的新型填料开发出来，如共轭环填料、海尔环填料、纳特环填料等；市场上已有数千种形状各异的填料。

填料的特性数据主要包括比表面积、空隙率、填料因子等，它们是评价填料性能的基本参数。单位体积填料的表面积称为比表面积，以 a 表示，其单位为 m^2/m^3。填料的比表面积愈大，所提供的气液传质面积愈大。单位体积填料中的空隙体积称为空隙率，以 ε 表示，其单位为 m^3/m^3。填料的空隙率越大，气体通过的能力越大且压降低。填料的比表面积与空隙率三次方的比值，即 a/ε^3，称为填料因子，其单位为 m^{-1}。填料因子分为干填料因子与湿填料因子，填料未被液体润湿时称为干填料因子，它反映填料的几何特性；填料被液体

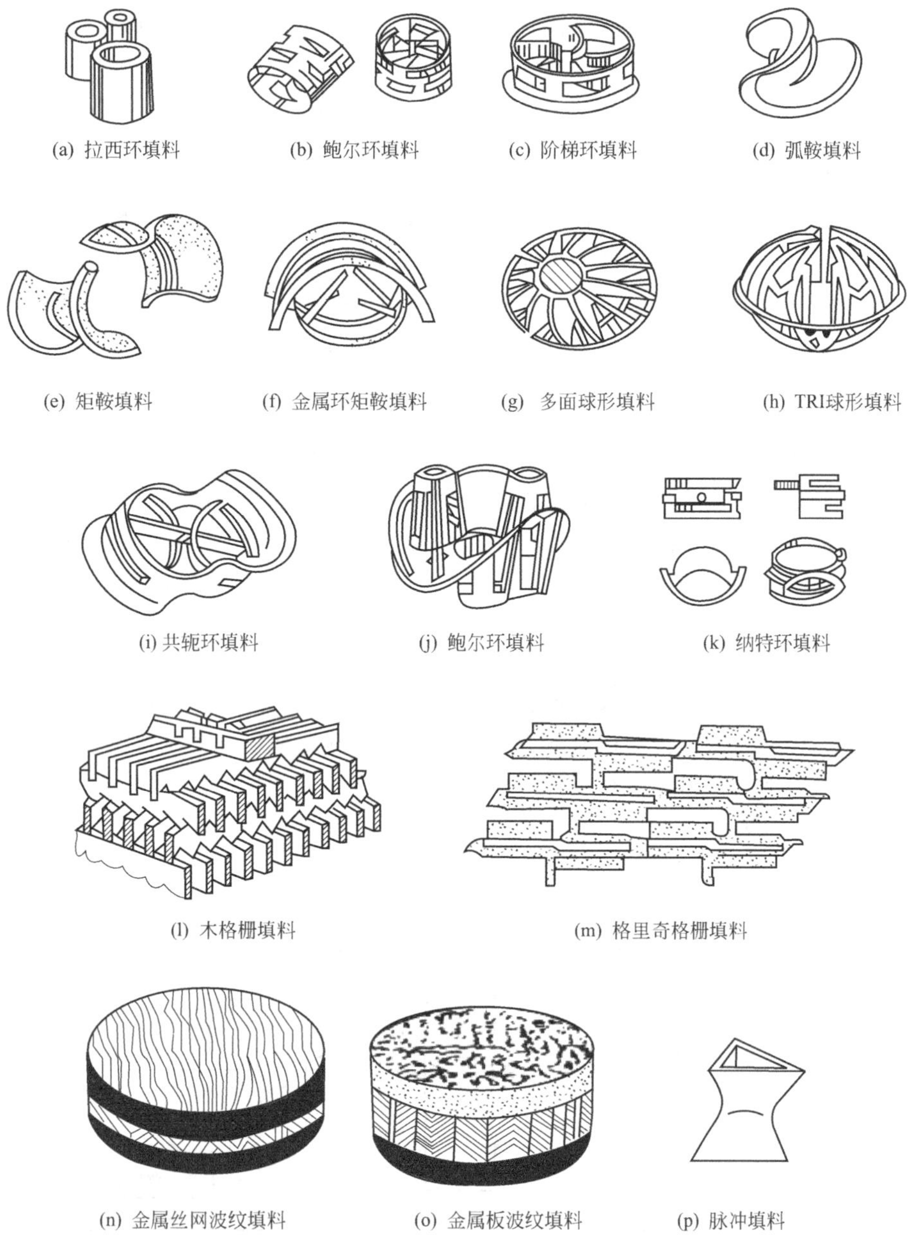

图 6-5　几种常见填料

润湿后，填料表面覆盖了一层液膜，a 和 ε 均发生相应的变化，此时的 a/ε^3 值称为湿填料因子，它表示填料的流体力学性能，其值越小，表明流动阻力越小。

二、绘制吸收解吸装置方案流程图

方案流程图又称流程示意图或流程简图，是用来表达整个工厂或车间生产流程的图样。它是工艺设计开始时绘制的，供讨论工艺方案用。经讨论、修改、审定后的方案流程图是施工流程图设计的依据。方案流程图的内容，包括物料（介质）由原料转变为半成品或成品的工艺流程线和采用的各种机器及设备；方案流程图是一种示意性的展开图，即按工艺流程次序，把设备和流程线自左至右都展开画在同一平面上，如图 6-6 所示。

在绘制设备图样中，用细实线按流程顺序依次画出设备示意图，一般设备取相对比例，但应保持它们的相对大小，允许实际尺寸过大的设备适当取缩小比例，实际尺寸过小的设备适当取放大比例。各设备之间的高低位置及设备上重要接管口的位置，需大致符合实际情况。各台设备之间应保留适当的距离，以便布置流程线；在方案流程图中，同样的设备可只画一套，对于备用设备，一般可以省略不画。

在绘制工艺流程线时，要注意用粗实线画出主要工艺物料流程线，中粗实线画出其他辅助物料流程线，在流程线上应用箭头标明物料流向，并在流程线的起点注明物料名称、来源或去向。流程线一般画成水平或垂直；在方案流程图中一般只画出主要工艺流程线，其他辅助流程线则不必一一画出。如遇有流程线之间，或流程线与设备之间发生交错或重叠而实际上并不相连时，应将其中的一线断开，或曲折绕过设备图形。总之，要使各设备间流程线的来龙去脉清楚、排列整齐。

标注设备位号时，在流程图的正上方或正下方排成一行，标注设备的位号及名称。设备的位号包括设备分类号、工段号、同类设备顺序号和相同设备数量尾号等。

某些方案流程图将设备依次编号，并在图纸空白处按编号顺序集中列出设备名称。对于流程简单、设备较少的方案流程图，图中的设备也可以不编号，而将名称直接注写在设备的图形上。但为了简化设计和方便阅读整套工艺图纸，列出各台设备的位号及名称较好。

为了给工艺方案讨论和管道仪表流程图的设计提供更为详细具体的资料，常将工艺流程中流量、温度、压力、液位控制以及成分分析等测量控制点画在方案流程图上。

因为方案流程图一般只保留在设计说明书中，因此，方案流程图的图幅一般不作规定，图框、标题栏也可省略。

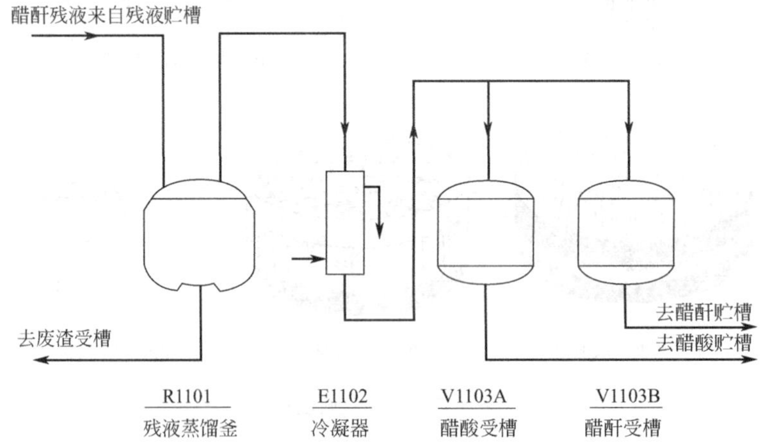

图 6-6　方案流程图

思考题

1. 吸收的特点和目的是什么？吸收塔在化工生产过程中有哪些应用？
2. 填料的分类有哪些？如何评价填料？

课后任务

1. 查询三种以上化工生产过程中的新型填料。
2. 查询填料层的持液量、填料层的压降、液泛、填料表面的润湿及返混等概念。

3. 绘制吸收解析实训装置的方案流程图。

任务二　测定吸收过程中的参数

一、在线测定混合气浓度

1. 使用气体检测仪测定混合气浓度

工业设备在制造运行过程中会遇到各种机械量，还要经常进行检测或控制。这些机械量有位移、速度、加速度、力、力矩、功率、压力、流量、温度、硬度、密度、温度、相对密度和黏度等，在生产、生活和科学实验中还会遇到化学量、生物量，而所有这一切，从信号的角度来看，都需要通过传感器，将其转换成电信号或光信号，而后再进行信号的传输、处理、存储、显示、控制等，从信息的角度看，这些信号连同声音和图像信息都是信息的源头，所以传感器和检测仪表、测量仪表是信息科学技术的三部分（信息获取、信息传输、信息处理）中的重要部分。

传感器产品的门类品种繁多，用于化工过程的主要有温度传感器、压力传感器、重量传感器、流量传感器、液位传感器、氧敏传感器和各种力敏传感器、气敏传感器、分析仪表等；用于机械工业的有开关类的接近/定位传感器、安全门开关等安全传感器、旋转编码器、视觉传感器、速度传感器、加速度传感器等。传感器技术包括敏感机理、敏感材料、工艺设备和计测技术四个方面，有几十种应用技术。近年来，传感器技术发展很快，趋势是微型化、数字化、智能化、多功能化、系统化、网络化；它的发展还有赖于新型敏感材料、敏感元件和纳米技术，如新一代光纤传感器、超导传感器、生物传感器、纳米传感器、新型量子传感器、微型陀螺、网络化传感器、智能传感器、模糊传感器、多功能传感器等，它不仅促进了传统产业的改造，而且可导致建立新型工业和军事变革，是新的经济增长点。

气体检测仪主要利用气体传感器来检测环境中存在的气体种类，气体传感器是用来检测气体的成分和含量的传感器。一般认为，气体传感器的定义是以检测目标为分类基础的，也就是说，凡是用于检测气体成分和浓度的传感器都称作气体传感器，不管它是用物理方法，还是用化学方法。气体传感器就已经成为传感器领域的一个大系，属于化学传感器的一个分支，可简单分类如下。

(1) 半导体式气体传感器　它是利用一些金属氧化物半导体材料，在一定温度下，电导率随着环境气体成分的变化而变化的原理制造的。比如，酒精传感器，就是利用二氧化锡在高温下遇到酒精气体时，电阻会急剧减小的原理制备的。半导体式气体传感器可以有效地用于甲烷、乙烷、丙烷、丁烷、乙醇、甲醛、一氧化碳、二氧化碳、乙烯、乙炔、氯乙烯、苯乙烯、丙烯酸等很多气体的检测。尤其是这种传感器成本低廉，适宜于民用气体检测的需求。高质量的传感器可以满足工业检测的需要。缺点是稳定性较差，受环境影响较大，不宜应用于计量准确要求的场所。

(2) 催化燃烧式气体传感器　这种传感器是在白金电阻的表面制备耐高温的催化剂层，在一定的温度下，可燃性气体在其表面催化燃烧，燃烧时白金电阻温度升高，电阻变化，变化值是可燃性气体浓度的函数。催化燃烧式气体传感器选择性地检测可燃性气体，计量准确，响应快速，寿命较长，是在安全检测领域占主导地位的传感器。缺点是在可燃性气体范围内，无选择性。暗火工作，有引燃爆炸的危险。大部分元素有机蒸气对传感器都有中毒作用。

(3) 热导池式气体传感器 每一种气体，都有自己特定的热导率，当两个和多个气体的热导率差别较大时，可以利用热导元件，分辨其中一个组分的含量。这种传感器已经用于氢气的检测、二氧化碳的检测、高浓度甲烷的检测。这种气体传感器可应用范围较窄，限制因素较多。

(4) 电化学式气体传感器 许多可燃有毒气体都有电化学活性，可以被电化学氧化或者还原。利用这些反应，可以分辨气体成分、检测气体浓度。以氧气传感器为例，氧在阴极被还原，电子通过电流表流到阳极，在那里铅金属被氧化。电流的大小与氧气的浓度直接相关。这种传感器可以有效地检测氧气、二氧化硫、氯气等，称作原电池型气体传感器。如果电化学反应是在电流强制下发生，称作恒定电位电解池型气体传感器，是目前有毒有害气体检测的主流传感器的，已经成功地用于一氧化碳、硫化氢、氢气、氨气等气体的检测之中。具有电化学活性的气体在电化学电池的两侧，会自发形成浓差电动势，电动势的大小与气体的浓度有关，这种传感器的成功实例就是汽车用氧气传感器、固体电解质型二氧化碳传感器，称作浓差电池型气体传感器。还有一种极限电流型气体传感器，用于汽车的氧气检测和钢水中氧浓度检测。

(5) 红外线气体传感器 大部分的气体在中红外区都有特征吸收峰，检测特征吸收峰位置的吸收情况，就可以确定某气体的浓度。这种传感器过去都是大型的分析仪器，但是近些年已经实现微型化，手持使用，无需调制光源的红外探测器，完全实现免维护化。红外线气体传感器可以有效地分辨气体的种类，准确测定气体浓度，成功地应用于二氧化碳、甲烷的检测。还有磁性氧气传感器，它是利用空气中的氧气可以被强磁场吸引的原理制备的。只能用于氧气的检测，选择性好。

2. 气体浓度的表示

大部分气体检测仪器测得的气体浓度都是体积浓度。而按照我国环保部门规定，要求气体浓度以质量体积浓度的单位（mg/m^3）表示。在本项目中，气体浓度用质量比或摩尔比表示。

对理想气体混合物，某一组分的摩尔分数在数值上等于该组分的体积分数或压力分数，即

$$y_A=\frac{p_A}{p}=\frac{V_A}{V} \quad 或 \quad y_B=\frac{p_B}{p}=\frac{V_B}{V} \tag{6-1}$$

式中 y_A，y_B——混合气体中 A、B 组分的摩尔分数；

p——混合气体的总压，Pa；

p_A，p_B——混合气体中 A、B 组分的分压，Pa；

V——混合气体的总体积，m^3；

V_A，V_B——混合气体中 A、B 组分的分体积，m^3。

以上气体混合物中各组分的摩尔分数用组分的分压或分体积的表示法是按理想气体导出的，但总压在 1013kPa 以下的各种气体也可适用。

(1) 摩尔比（比摩尔分数） 混合物中两组分物质的量之比，用 X 或 Y 表示，A 对 B 的摩尔比：

$$X_A=\frac{n_A}{n_B} \quad 或 \quad Y_A=\frac{n_A}{n_B} \tag{6-2}$$

摩尔比与摩尔分数的换算关系为：

$$X_A=\frac{x_A}{1-x_A} \quad 或 \quad Y_A=\frac{y_A}{1-y_A} \tag{6-2a}$$

(2) 质量比（比质量分数） 混合物中两组分物质的质量之比，用 X_w 或 Y_w 表示，A 对 B 的质量比：

$$X_{wA}=\frac{m_A}{m_B} \quad 或 \quad Y_{wA}=\frac{m_A}{m_B} \tag{6-3}$$

【例 6-1】 150kg 纯酒精与 100kg 水混合而成的溶液。求其中酒精的质量分数、摩尔分数及摩尔比。

解 酒精的质量分数为：

$$X_{wA}=\frac{m_A}{m_A+m_B}=\frac{150}{150+100}=0.6$$

酒精的摩尔质量 $M_A=46\text{kg/kmol}$，水的摩尔质量 $M_B=18\text{kg/kmol}$。得酒精的摩尔分数：

$$x_A=\frac{\dfrac{X_{wA}}{M_A}}{\dfrac{X_{wA}}{M_A}+\dfrac{X_{wB}}{M_B}}=\frac{\dfrac{0.6}{46}}{\dfrac{0.6}{46}+\dfrac{1-0.6}{18}}=0.37$$

酒精对水的摩尔比为

$$X_A=\frac{x_A}{1-x_A}=\frac{0.37}{1-0.37}=0.587$$

【例 6-2】 某混合气中含有氨和空气，其总压为 200kPa，氨的体积分数为 0.2。试求氨的分压、质量分数、摩尔分数和摩尔比。

解 由于总压不高，氨在混合气中的摩尔分数 y_A 在数值上等于其体积分数，即 $y_A=0.2$，氨的分压为：

$$p_A=py_A=200\times0.2=40 \text{ (kPa)}$$

氨的摩尔质量 $M_A=17\text{kg/kmol}$，空气的摩尔质量 $M_B=29\text{kg/kmol}$，氨的质量分数为

$$Y_{wA}=\frac{y_AM_A}{y_AM_A+y_BM_B}=\frac{17\times0.2}{17\times0.2+29\times(1-0.2)}=0.128$$

氨对空气的摩尔比为

$$Y_A=\frac{y_A}{1-y_A}=\frac{0.2}{1-0.2}=0.25$$

思考题

1. 气体传感器检测气体浓度要注意什么？
2. 质量比与摩尔比如何换算？
3. 1mol/L 如何换算成质量比？

课后任务

1. 查询双膜理论的要点。
2. 气体溶于液体的传质过程中，传质速率与哪些因素有关？写出调研报告。

二、测绘气体溶解度曲线

理论上提出双膜模型来解释气体溶于液体，其基本假设是相互接触的气液两相存在一个稳定的相界面，界面两侧分别存在着稳定的气膜和液膜。膜内流体流动状态为层流，溶质以分子扩散方式通过气膜和液膜，由气相主体传递到液相主体。相界面处，气液两相达到相平衡，界面处无扩散阻力。在气膜和液膜以外的气液主体中，由于流体的充分湍动，溶质的浓度均匀，溶质主要以涡流扩散的形式传质。传质阻力主要集中在气相时，此吸收过程由气相

阻力控制（气膜控制）。传质阻力主要集中在液相时，过程由液相阻力控制（液膜控制）。

可知气体在液体中的溶解度首先取决于气体的性质，也随着气体压力和溶剂的温度不同而变化。在下面实验中测定二氧化碳在水中的溶解度。

首先在小烧杯里加入约 50mL 蒸馏水，放在石棉网上加热煮沸片刻，赶尽溶在水里的二氧化碳等气体。冷却后把水注入烧瓶内，塞上塞子备用。取一支 50mL 注射器，在注射孔上配一只大小相宜的胶帽，使注射器不漏气。用这注射器从二氧化碳的集气袋中慢慢吸取纯净的二氧化碳气体约 30mL（记为 V_0）。再用该注射器小心汲取上述凉到室温的蒸馏水约 15mL（记下精确读数，记作 V_W）。在注射孔一端套上胶帽。充分振荡注射器内的溶液，到筒内气体的体积不再发生变化时记下气体的体积数（记作 V_1）。最后观察、记录室内的温度。在该温度下，二氧化碳溶解度（x_{CO_2}）的计算式：

$$x_{CO_2}=\frac{V_2-V_1}{V_W} \tag{6-4}$$

把注射器放入热水浴中，在不同的温度下测定相关的数据，计算出溶解度。以温度值为横坐标，溶解度值为纵坐标，做出溶解度与温度曲线图，并分析溶解度的影响因素。

值得注意的是，上述计算把二氧化碳的压力近似看作 100kPa，没有把水蒸气的压力等因素扣除掉。气体的溶解度跟气体的压力成正比，这是以质量计算的溶解度。以体积计算的溶解度与压力无关。溶解度太大的气体（如氨气、氯化氢气体）和溶解度很小气体（如氢气、氮气），不宜选用上述方法测量，这些气体测出值的误差较大。可用注射器做气体溶解度跟温度、气压之间存在定量关系的定性实验。

溶解度的大小随物系、温度和压力不同而变。不同物质在同一溶剂中的溶解度不同，如氨在水中的溶解度比二氧化硫在水中的溶解度大得多；温度升高，相同液相浓度下吸收质的平衡分压增高，溶解度减少，说明溶质易由液相进入气相；压力升高，溶解度增加。

气体在液体中的溶解度，表明在一定条件下气体溶质溶解于液体溶剂中可能达到的极限程度。从溶解度曲线所表现出的规律可得知：加压和降温可提高溶质在液相中的溶解度，对吸收操作有利；反之，升温和减压则对解吸操作有利。

当总压不很高（通常不超过 500kPa），温度一定的条件下，气、液两相达到平衡状态时，稀溶液上方的溶质分压与该溶质在液相中的摩尔分数成正比，即

$$p^*=Ex \quad 或 \quad x^*=\frac{p}{E} \tag{6-5}$$

式中　p^*，p——溶质的平衡分压、实际分压，Pa；

x，x^*——溶质在液相中的实际浓度、平衡浓度（摩尔分数）；

E——比例常数，称为亨利系数，Pa。

式(6-5) 称亨利定律。此式表明了气、液两相达到平衡状态时，气相浓度与液相浓度的关系，即相平衡关系。亨利系数 E 值的大小可由实验测定，亦可从有关手册中查得。附录列出某些气体水溶液的亨利系数，可供参考。

对于一定的气体溶质和溶剂，亨利系数随温度而变化。一般来说，温度升高则 E 增大，这体现了气体的溶解度随温度升高而减小的变化趋势。在同一溶剂中，难溶气体的 E 值很大，而易溶气体的 E 值则很小。由于互成平衡的气液两相组成可采用不同的表示方法，因而亨利定律有不同的表达形式。

若溶质在气、液相中的组成分别以摩尔分数 y、x 表示，则亨利定律可写成如下的形式：

$$y^*=mx \tag{6-6}$$

式中　x——液相中溶质的摩尔分数；

y^*——与液相成平衡的气相中溶质的摩尔分数；

m——相平衡常数，无量纲。

对于一定的物系，相平衡常数 m 是温度和压力的函数，其数值可由实验测得。由 m 值同样可以比较不同气体溶解度的大小，m 值越大，则表明该气体的溶解度越小；反之，则溶解度越大。

若系统总压为 p，由道尔顿分压定律可知：

$$p_y = py \tag{6-7}$$

同理

$$p^* = py^* \tag{6-8}$$

将式(6-8) 代入式(6-5) 可得：

$$py^* = Ex \tag{6-9}$$

将式(6-9) 与式(6-6) 比较可得：

$$m = \frac{E}{p} \tag{6-10}$$

若溶质在气、液相中的组成分别以摩尔比 Y、X 表示，则由式(6-2a) 得：

$$x = \frac{X}{1+X} \tag{6-11}$$

$$y = \frac{Y}{1+Y} \tag{6-12}$$

将式(6-11) 和式(6-12) 代入式(6-6) 可得

$$\frac{Y^*}{1+Y^*} = m\frac{X}{1+X}$$

整理得：

$$Y^* = \frac{mX}{1+(1-m)X} \tag{6-13}$$

式中　Y^*——气液相平衡时溶质在气相中的摩尔比；

X——溶质在液相中的摩尔比；

m——相平衡常数，无量纲。

式(6-13) 是用摩尔比表示亨利定律的一种形式。此式在 Y-X 直角坐标系中的图形是通过原点的一条曲线，如图 6-7 所示。此图线称为气液相平衡线或吸收平衡线。

当溶液组成很低时，$(1-m)X \ll 1$，则式(6-13) 可简化为：

$$Y^* = mX \tag{6-14}$$

式(6-14) 是亨利定律的又一种表达形式，表明当液相中溶质组成足够低时，平衡关系在 Y-X 图中可近似地表示成一条通过原点的直线，其斜率为 m，如图 6-8 所示。

应予指出，亨利定律的各种表达式所描述的都是互成平衡的气液两相组成之间的关系，它们既可用来根据液相组成计算与之平衡的气相组成，也可用来根据气相组成计算与之平衡的液相组成。

【例 6-3】　在总压 101.3kPa 及 30℃下，氨在水中的溶解度为 1.72g (NH_3)/100g (H_2O)。若氨水的气液平衡关系符合亨利定律，相平衡常数为 0.764，试求气相中氨的摩尔比。

解　先求液相组成：

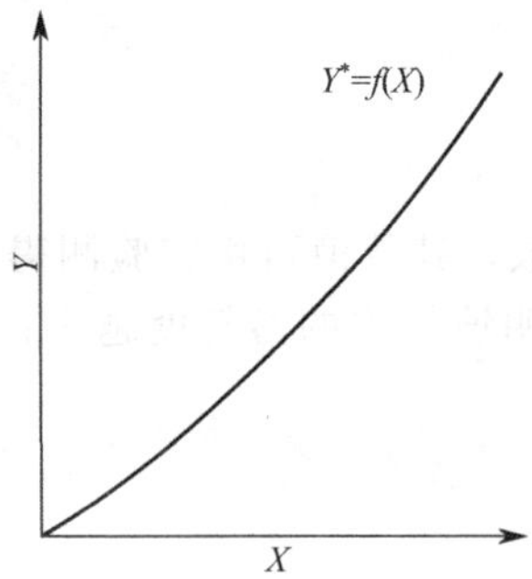

图 6-7　吸收平衡线（1）

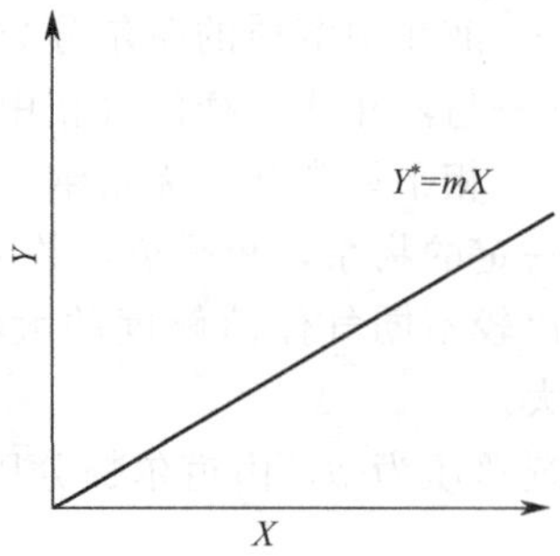

图 6-8　吸收平衡线（2）

$$x=\frac{\frac{1.72}{17}}{\frac{1.72}{17}+\frac{100}{18}}=0.0179$$

由亨利定律，求气相中氨的摩尔分数：

$$y^*=mx=0.764\times0.0179=0.0137$$

则气相中氨的摩尔比为：

$$Y=\frac{y}{1-y}=\frac{0.0137}{1-0.0137}=0.014$$

思考题

1. 亨利定律有几种表达形式？
2. 温度和压力如何影响吸收操作？
3. 当气体温度和液体温度不同时，应用什么温度计算亨利系数？

课后任务

1. 查询各种溶解度的测定方法。
2. 查询传质速率方程的表达式。

三、测定填料塔吸收率

在吸收操作中，吸收塔顶喷淋所用的液体称为吸收剂或溶剂，用 S 表示；混合气体中，能够溶解于液体的组分称吸收质或溶质，用 A 表示；不能溶解的组分称惰性气，用 B 表示；吸收塔顶排出的气体称为吸收尾气，其主要成分是惰性气 B，还含有残余的溶质 A；吸收塔底引出的溶液称为吸收液，其成分是溶剂 S 和溶质 A。

吸收率是气相中被吸收的吸收质的量与气相中原有的吸收质的量之比，用 ϕ 表示，

在实训室测定时，将罐内水作为吸收剂由离心泵送入填料塔塔顶，通过喷头喷淋在填料顶层。由压缩机送来的空气和由二氧化碳钢瓶来的二氧化碳混合后形成混合气，一起进入气体中间贮罐，然后再直接进入塔底，与水在塔内进行逆流接触，充分润湿填料，调节混合气和吸收剂流量，稳定 10min 后，测出若干组数据，求出平均值。数据包括空气和二氧化碳混合前的流量和压力，可计算出混合后入塔混合气中二氧化碳的浓度，使用传感器在线测定出塔尾气中二氧化碳的浓度，或采样滴定分析。

由下式计算出吸收率：

$$\phi=1-\frac{Y_2}{Y_1} \tag{6-15}$$

$$\phi=\frac{G_A}{VY_1}=\frac{V(Y_1-Y_2)}{VY_1}=1-\frac{Y_2}{Y_1}$$

式中　G_A——操作中被吸收的溶质 A 的量，kmol/h。

或 $$Y_2=(1-\phi)Y_1$$

图 6-9 为一稳定操作状态下气、液两相逆流接触的填料塔。气体自下而上流动；吸收剂则自上而下流动，图中各个符号的意义如下：

V——惰性气的摩尔流量，kmol/h；

L——吸收剂的摩尔流量，kmol/h；

Y_1，Y_2——进、出塔气相中吸收质的摩尔比；

X_2，X_1——进、出塔液相中吸收质的摩尔比。

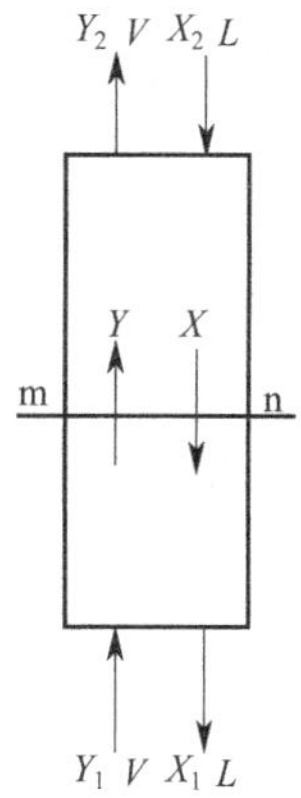

图 6-9　逆流填料塔的物料衡算

在吸收过程中，V 和 L 的量不变，气相中吸收质的浓度逐渐减少，而液相中吸收质的浓度逐渐增大。假定无物料损失，对单位时间内进、出塔的吸收质量进行物料衡算，可得下式：

$$VY_1+LX_2=VY_2+LX_1 \tag{6-16}$$

或 $$V(Y_1-Y_2)=L(X_1-X_2) \tag{6-17}$$

上式即为吸收塔的全塔物料衡算式。一般情况下，进塔混合气体的流量和组成是吸收任务所规定的，若吸收剂的流量与组成已被确定，则 V、Y_1、L 及 X_2 为已知数。此外，根据吸收任务所规定的溶质吸收率，便可求得气体出塔时的溶质含量。

通过全塔物料衡算式(6-16) 可求得吸收液组成 X_1。于是，在吸收塔的底部与顶部两个截面上，气、液两相的组成 Y_1、X_1 与 Y_2、X_2 均成为已知数。

在定态逆流操作的吸收塔内，气体自下而上，其组成由 Y_1 逐渐降低至 Y_2；液相自上而下，其组成由 X_2 逐渐增浓至 X_1；而在塔内任意截面上的气、液组成 Y 与 X 之间的对应关系，可由塔内某一截面 m—n 与塔的一个端面之间对溶质的作物料衡算而得。

(1) m—n 与塔底的物料衡算式

$$VY_1+LX=VY+LX_1 \tag{6-18}$$

$$Y=\frac{L}{V}X+Y_1-\frac{L}{V}X_1 \tag{6-19}$$

(2) m—n 与塔顶的物料衡算式

$$VY+LX_2=VY_2+LX \tag{6-20}$$

$$Y=\frac{L}{V}X+Y_2-\frac{L}{V}X_2 \tag{6-21}$$

式(6-19)、式(6-21) 是等效的，由式(6-16) 可知

$$Y_1-\frac{L}{V}X_1=Y_2-\frac{L}{V}X_2$$

即 $$\frac{L}{V}=\frac{Y_1-Y_2}{X_1-X_2} \tag{6-22}$$

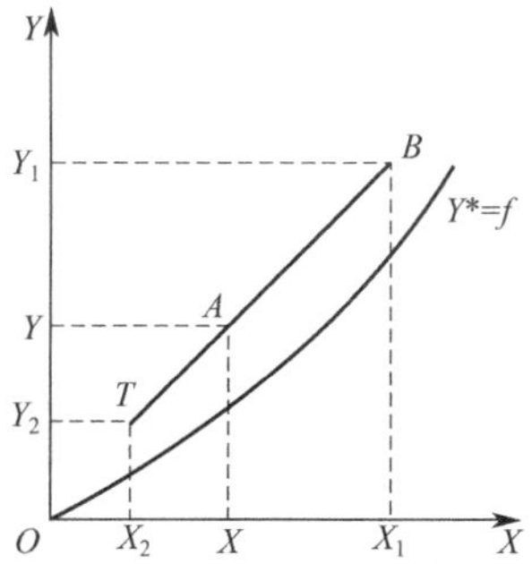

图 6-10　逆流吸收塔的操作线

式(6-19)、式(6-21) 均表示吸收操作过程中，任一截面处的气相组成 Y 和液相组成 X 之间的关系，称吸收塔的操作线方程。在定态连续吸收时，式中 X_1、Y_1、X_2、Y_2 及 L/V 都是定值，所以式(6-19)、式(6-21) 是直线方程式，直线的斜率为 L/V，且此直线应通过 B (X_1,Y_1) 及 T (X_2,Y_2) 两点，如图 6-10 所示，图中的直线 BT 即为逆流吸收塔的操作线。此操作线上任一点 A，代表塔内相应截面上的气相组成 Y 和液相组成 X 的对应关系。端点 B 代表塔底的气、液相组成 Y_1、X_1 的对应关系；端点 T 代表塔顶的气、液相组成

Y_2、X_2 的对应关系；L/V 称为液气比。

【例 6-4】 填料吸收塔用水作吸收剂从空气-丙酮的混合气中回收丙酮。已知混合气入塔时丙酮蒸气体积分数为 6%，所处理的混合气中的空气量为 1400m³/h，操作温度为 293K，压力为 101.3kPa，要求丙酮的回收率为 98%，吸收剂的用量为 154kmol/h，试问吸收塔底出口液组成为多少？

解 先将组成换算成摩尔比

入塔气：因摩尔分数在数值上等于气体体积分数，故 $y_1=0.06$

$$Y_1=\frac{y_1}{1-y_1}=\frac{0.06}{1-0.06}=0.0638$$

出塔气：$$Y_2=Y_1(1-98\%)=0.0638\times0.02=0.00128$$

入塔液：$$X_2=0$$

混合气中惰性气流量：

$$V=\frac{pV_h(1-y_1)}{RT}=\frac{101.3\times1400\times(1-0.06)}{8.314\times293}=54.73\ (\text{kmol/h})$$

或 $$V=\frac{pT_0}{p_0T}\times\frac{V_h}{22.4}\times(1-y_1)=\frac{101.3\times273}{101.3\times293}\times\frac{1400}{22.4}\times(1-0.06)=54.73\ (\text{kmol/h})$$

溶液的出口组成由全塔物料衡算式(6-20) 或式(6-22) 得：

$$X_1=\frac{V(Y_1-Y_2)}{L}+X_2=\frac{54.73\times(0.0638-0.00128)}{154}+0=0.0222$$

思考题

1. 操作线和平衡线之间的距离代表吸收推动力吗？为什么？
2. 液气比 L/V 中 L、V 在全塔逆流接触操作中改变吗？

课后任务

查询吸收剂用量的确定方法。

四、测定最小吸收剂用量

吸收过程是混合气中的溶质在吸收剂中的溶解过程，吸收剂性能的优劣是决定吸收操作效果关键。在选择吸收剂时，首先应注意溶解度，吸收剂对于溶质组分应具有较大的溶解度，以提高吸收速率并减少吸收剂的用量，降低操作费用。吸收剂要在对溶质组分有良好吸收能力的同时，对混合气体中的其他组分基本上不吸收或吸收甚微，这样的吸收剂选择性高。显然选择性越高，分离越彻底，溶质与惰性气体的分离越完全。

操作温度下吸收剂的蒸气压要低，一方面是为了减少吸收和再生过程中吸收剂的挥发损失，另一方面避免在气体中引入新的杂质。

当富液不作为产品时，吸收剂要易于再生，以降低操作费用。要求吸收剂的溶解度对温度的变化比较敏感，即不仅在低温下溶解度要大，平衡分压要小；而且随着温度升高，溶解度应迅速下降，平衡分压应迅速上升，则被吸收的气体容易解吸，吸收剂再生方便。

操作温度下吸收剂的黏度要低，这样可以改善吸收塔内的流动状况，提高吸收速率，实现吸收塔内良好的气液接触和塔顶的气液分离，减少吸收剂输送时的动力消耗，减少传热、传质阻力。吸收剂的选择除满足以上性能外，还应具有无毒、无腐蚀性、不易燃、不发泡、冰点低、价廉易得、化学性能稳定等经济和安全条件。

吸收剂用量的大小，从设备费与操作费两方面影响到生产过程的经济效果，应综合考虑，选择适宜的液气比，使两种费用之和最小。必须指出，为了保证填料表面能被液体充分润湿，还应考虑到单位塔截面积上单位时间内流下的液体量不得小于某一最低允许值。

在实训室测定时，将罐内水作为吸收剂由离心泵送入填料塔塔顶，通过喷头喷淋在填料顶层。由压缩机送来的空气和由二氧化碳钢瓶来的二氧化碳混合后形成混合气，一起进入气体中间贮罐，然后再直接进入塔底，与水在塔内进行逆流接触，充分润湿填料，稳定混合气流量，调节吸收剂流量，从大到小，依次测出十组以上数据；数据包括空气和二氧化碳混合前的流量和压力，可计算出混合后入塔混合气中二氧化碳的浓度；在不同的吸收剂用量下，使用传感器在线测定出塔尾气中二氧化碳的浓度，或采样滴定分析；在不同的吸收剂用量（L）下，运用滴定分析方法测出塔底流出吸收液的二氧化碳浓度 x_1，具体方法是：用移液管吸取 0.1mol/L 的 $Ba(OH)_2$ 溶液 10mL，放入三角瓶中，并从塔底取样口处用移液管接收塔底溶液 20mL，用胶塞塞好，并振荡。用滤纸除去瓶中碳酸钡白色沉淀，清液中加入 2～3 滴甲基橙指示剂，最后用 0.1mol/L 的盐酸滴定到终点。直到其脱除红色的瞬时为止，按下式计算得出溶液中二氧化碳的浓度：

$$c_{CO_2}=\frac{2c_{Ba(OH)_2}V_{Ba(OH)_2}-c_{HCl}V_{HCl}}{2V_{溶液}}$$

$$X_1=\frac{c_{CO_2}\times 0.02}{(20\times 1)/18}=0.018c_{CO_2}$$

数据经过处理，可得到吸收液浓度 X_1 与吸收剂用量 L 之间的一组数据，以吸收液浓度为纵坐标，以吸收剂用量为横坐标，作图，可知拐点处吸收剂流量为最小吸收剂流量。

根据生产实践经验，合适的吸收剂用量是最小吸收剂流量的 1.1～2.0 倍。

在吸收塔计算中，需要处理的气体流量及气相的初、终浓度均由生产任务所规定。吸收剂的入塔浓度则由工艺条件决定或由设计者选定。但吸收剂的用量尚有待于选择。

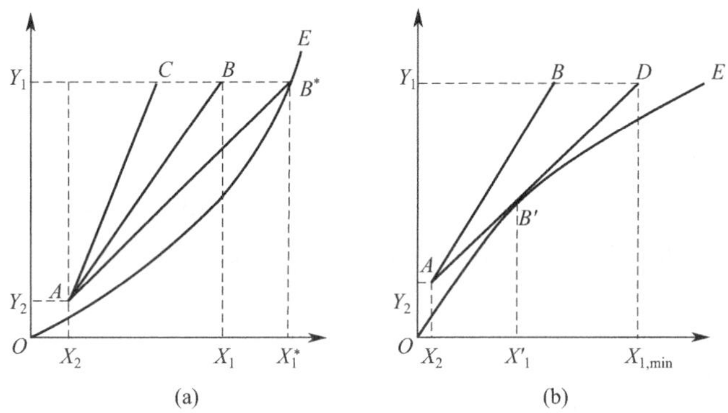

图 6-11　吸收塔的最小液气比

由图 6-11 可知，在 V、Y_1、Y_2 及 X_2 已知的情况下，吸收操作线的一个端点 T 已经固定，另一个端点 B 只可在 $Y=Y_1$ 的水平线上移动。点 B 的横坐标将取决于操作线的斜率 L/V。

操作线的斜率 L/V 称为“液气比”，是溶剂与惰性气体物质的量的比值。它反映单位气体处理量的溶剂耗用量大小。

由于 V 值已经确定，故若减少吸收剂用量 L，操作线的斜率就要变小，点 B 便沿水平线 $Y=Y_1$ 向右移动，其结果是使出塔吸收液的组成 X_1 加大，吸收推动力相应减小，致使设备费用增大。若吸收剂用量减小到恰使点 B 移至水平线 $Y=Y_1$ 与平衡线的交点 B^* 时，满足 $X_1=X_1^*$，即塔底流出的吸收液与刚进塔的混合气达到平衡。这是理论上吸收液浓度所能达到的最高含量，但此时过程的推动力变为零，因而需要无限大的相际传质面积。这在实际生产上是办不到的，只能用来表示一种极限状况。此种状况下吸收操作线（B^*A）的斜率称为最小液气比，以（L/V）$_{min}$表示，相应的吸收剂用量即为最小吸收剂用量，以 L_{min} 表示。

反之，若增大吸收剂用量，则点 B 将沿水平线向左移动，使操作线远离平衡线，过程推动力增大，设备费用减少。但超过一定限度后，效果便不明显，而溶剂的消耗、输送及回收等操作费用急剧增大。

最小液气比可用图解法求出。平衡曲线一般有两种情况，如图 6-11(a) 和图 6-11(b) 所示。如果平衡曲线符合图 6-11(a) 所示的形状，则要找到水平线 $Y=Y_1$ 与平衡线的交点 B^*，从而读出 X_1^* 的数值，然后用下式计算最小液气比，即：

$$\left(\frac{L}{V}\right)_{min}=\frac{Y_1-Y_2}{X_1^*-X_2} \tag{6-23}$$

或

$$L_{min}=V\frac{Y_1-Y_2}{X_1^*-X_2} \tag{6-24}$$

若平衡曲线呈现如图 6-11(b) 中所示的形状，则应过点 A 作平衡线的切线，找到水平线 $Y=Y_1$ 与此切线的交点 B'，从而读出点 B' 的横坐标 X_1' 的数值，用 X_1' 代替式(6-23) 或式(6-24) 中的 X_1^*，便可求得最小液气比（L/V）$_{min}$或最小吸收剂用量 L_{min}。

若平衡关系符合亨利定律，可用 $X^*=Y/m$ 表示，则可直接用下式算出最小液气比，即：

$$\left(\frac{L}{V}\right)_{min}=\frac{Y_1-Y_2}{\dfrac{Y_1}{m}-X_2} \tag{6-25}$$

$$L_{min}=V\frac{Y_1-Y_2}{\dfrac{Y_1}{m}-X_2} \tag{6-26}$$

【例 6-5】 用清水吸收混合气体中的可溶组分 A。吸收塔内的操作压力为 105.7kPa，温度为 27℃，混合气体的处理量为 1280m^3/h，其中 A 物质摩尔分数为 0.03，要求 A 的回收率为 95%。操作条件下的平衡关系可表示为：$Y^*=0.65X$。若取溶剂用量为最小用量的 1.4 倍，求每小时送入吸收塔塔顶的清水量 L 及出塔吸收液组成 X_1。

解 （1）计算清水用量 L

先将组成换算成摩尔比

入塔气：
$$Y_1=\frac{y_1}{1-y_1}=\frac{0.03}{1-0.03}=0.03093$$

出塔气：
$$Y_2=Y_1(1-95\%)=0.03093\times0.05=0.00155$$

入塔液：
$$X_2=0$$

混合气中惰性气体：

$$V=\frac{V_h}{22.4}\times\frac{T_0p}{Tp_0}\times(1-y_1)=\frac{1280}{22.4}\times\frac{273\times105.7}{300\times101.3}\times(1-0.03)=52.62\ (\text{kmol/h})$$

将上述参数代入式(6-26)，得到：

$$L_{min}=\frac{V(Y_1-Y_2)}{\dfrac{Y_1}{m}-X_2}=\frac{52.62\times(0.03093-0.00155)}{\dfrac{0.03093}{0.65}}=32.5\ (\text{kmol/h})$$

则 $L=1.4L_{min}=45.5$kmol/h

（2）计算吸收液组成 X_1

根据全塔的物料衡算可得：

$$X_1=\frac{V(Y_1-Y_2)}{L}+X_2=\frac{52.62\times(0.03093-0.00155)}{45.5}+0=0.03398$$

思考题

1. 决定吸收率的因素有哪些？

2. 决定吸收剂用量的因素有哪些？

课后任务

查询解吸操作中最小惰气流量的确定。

五、测定体积传质总系数

K_Ya 和 K_Xa 分别称为气相体积吸收总系数和液相体积吸收总系数，其单位均为 kmol/(m^3 · s)。体积吸收总系数的物理意义是：当推动力为一个单位时，单位时间内单位体积填料层内吸收的溶质量。体积吸收总系数可通过实验测取，也可查阅有关资料，根据经验公式或关联式求取，是由 K_Y、K_X 和 a 组合而来。

1. 测定液相体积传质总系数

来自水槽的水经离心泵加压后送入填料塔塔顶经喷头喷淋在填料顶层。由压缩机送来的空气和由二氧化碳钢瓶来的二氧化碳混合后，一起进入气体中间贮罐，然后再直接进入塔底，与水在塔内进行逆流接触，进行质量和热量的交换，由塔顶出来的尾气经转子流量计后放空，由于本实验为低浓度气体的吸收，所以热量交换可略，整个实验过程看成是等温操作。

实训时，首先打开仪表电源开关及多级离心泵电源开关；开启液体调节阀门，让水进入填料塔润湿填料，仔细调节液体调节阀门，使液体转子流量计流量稳定在某一实验值。塔底液位用液封控制，稳定在一定的高度，以免塔底液封过高溢满或过低而泄气；启动空压机，打开 CO_2 钢瓶总阀，并缓慢调节钢瓶的减压阀，使其压力稳定；调节 CO_2 转子流量计的流量，使其稳定在某一值；待塔操作稳定后，读取各流量计的读数，并读取各温度读数，进行取样并分析出塔顶、塔底气相组成；操作完毕，关闭 CO_2 转子流量计、液体转子流量计，再关闭空压机电源开关，清理实训场地。

采用转子流量计测得空气和水的流量，并根据实验条件（温度和压力）和有关公式换算成空气和水的摩尔流量。

测定填料层高度 Z 和塔径 D；测定塔顶和塔底气相组成 Y_1 和 Y_2；平衡关系 $Y=mX$，式中 m 是相平衡常数，$m=E/p$；E 是亨利系数，根据液相温度由附录查得；p 为总压，Pa。对清水而言，$X_2=0$；X_1 可滴定分析测得或由全塔物料衡算：$V(Y_1-Y_2)=L(X_1-X_2)$。

注意固定好操作点后，应随时注意调整以保持各量不变。在填料塔操作条件改变后，需要有较长的稳定时间，一定要等到稳定以后方能读取有关数据。

因此，本实验主要测定 K_Xa，采用水吸收空气中的 CO_2 组分。一般情况下 CO_2 在水中的溶解度很小，即使预先将一定量的 CO_2 气体通入空气中混合以提高空气中的 CO_2 浓度，水中的 CO_2 含量仍然很低，所以吸收的计算方法可按低浓度来处理，并且此体系 CO_2 气体的解吸过程属于液膜控制，按下式进行计算。

$$K_Xa=\frac{LN_{OL}}{Z\Omega} \tag{6-27}$$

2. 吸收塔填料层高度计算

吸收塔的截面积由塔直径计算可得，而塔径可根据圆形管道内的流量与流速关系式计

算，即

$$V_s=\frac{\pi}{4}D^2u$$

或

$$D=\sqrt{\frac{4V_s}{\pi u}} \tag{6-28}$$

式中 D——塔径，m；

V_s——操作条件下混合气体的体积流量，m^3/s；

u——空塔气速，按空塔截面计算的混合气体的线速度，m/s。

在吸收过程中，由于吸收质不断进入液相，故混合气体量由塔底至塔顶逐渐减小。在计算塔径时，一般应以塔底的气量为依据。

为了达到指定的分离要求，需在填料塔内装一定高度的填料层以提供足够的气、液接触面积。填料层高度可用下式计算：

$$Z=\frac{V_A}{\Omega}=\frac{A}{a\Omega} \tag{6-29}$$

式中 Z——填料层高度，m；

V_A——填料层的体积，m^3；

A——总吸收面积，m^2；

Ω——塔截面积，m^2；

a——单位体积填料层所提供的有效比表面积，m^2/m^3。

填料塔高度的基本关系式如下：

$$Z=\frac{V}{K_Ya\Omega}\int_{Y_1}^{Y_2}\frac{dT}{Y-Y^*} \tag{6-30}$$

$$Z=\frac{L}{K_Xa\Omega}\int_{X_2}^{X_1}\frac{dX}{X^*-X} \tag{6-31}$$

以上两式中，a 值不仅与填料尺寸、形状、填充方式有关，还与流体的物性和流动状况有关，很难直接测定。工程计算中常将 a 与吸收系数的乘积视为一体，当作一个完整的物理量，称为体积吸收总系数，式中的 K_Ya 和 K_Xa 分别称为气相体积吸收总系数和液相体积吸收总系数，其单位均为 $kmol/(m^3\cdot s)$。

式(6-30) 右端的数群$\frac{V}{K_Ya\Omega}$是过程条件所决定的一个数组，具有高度的单位，称为“气相总传质单元高度”，以 H_{OG}表示，即：

$$H_{OG}=\frac{V}{K_Ya\Omega} \tag{6-32}$$

积分项$\int_{Y_2}^{Y_1}\frac{dY}{Y-Y^*}$反映取得一定吸收效果的难易情况，积分号内的分子与分母具有相同的单位，积分值必然是一个无量纲的纯数，称为“气相总传质单元数”，以 N_{OG}表示，即：

$$N_{OG}=\int_{Y_2}^{Y_1}\frac{dY}{Y-Y^*} \tag{6-33}$$

于是式(6-30) 可写成如下形式：

$$Z=H_{OG}N_{OG} \tag{6-34}$$

同理式(6-31) 可写成：

$$Z=H_{OL}N_{OL} \tag{6-35}$$

$$H_{OL}=\frac{L}{K_Xa\Omega} \tag{6-36}$$

$$N_{OL}=\int_{X_2}^{X_1}\frac{dX}{X^*-X} \tag{6-37}$$

式中　H_{OG}，H_{OL}——气相、液相总传质单元高度，m；

N_{OG}，N_{OL}——气相、液相总传质单元数，无量纲。

于是，可写出计算填料层高度的通式：

填料层高度＝传质单元高度×传质单元数

求传质单元数有多种方法，可根据平衡关系的不同情况选择使用。

(1) 对数平均推动力法　在吸收操作所涉及的组成范围内，若平衡线和操作线均为直线时，则可仿照传热中求对数平均温度差的方法，根据吸收塔进口和出口处的推动力来计算全塔的平均推动力，即：

$$\Delta Y_m=\frac{\Delta Y_1-\Delta Y_2}{\ln\frac{\Delta Y_1}{\Delta Y_2}}=\frac{(Y_1-Y_1^*)-(Y_2-Y_2^*)}{\ln\frac{Y_1-Y_1^*}{Y_2-Y_2^*}} \tag{6-38}$$

$$\Delta X_m=\frac{\Delta X_1-\Delta X_2}{\ln\frac{\Delta X_1}{\Delta X_2}}=\frac{(X_1^*-X_1)-(X_2^*-X_2)}{\ln\frac{X_1^*-X_1}{X_2^*-X_2}} \tag{6-39}$$

式中　ΔY_m，ΔX_m——分别表示气相、液相平均推动力。

当$\frac{\Delta Y_1}{\Delta Y_2}<2$或$\frac{\Delta X_1}{\Delta X_2}<2$，可用算术平均推动力代替对数平均推动力。

根据吸收速率方程式与吸收负荷间的关系，可以推得

气相传质单元数　$$N_{OG}=\int_{Y_2}^{Y_1}\frac{dY}{Y-Y^*}=\frac{Y_1-Y_2}{\Delta Y_m} \tag{6-40}$$

液相传质单元数　$$N_{OL}=\int_{X_2}^{X_1}\frac{dX}{X^*-X}=\frac{X_1-X_2}{\Delta X_m} \tag{6-41}$$

(2) 图解积分法　图解积分法适用于各种平衡关系的求取，其步骤如下。

① 根据平衡关系和操作关系在 Y-X 坐标系上作出平衡线 OE 与操作线 BT，如图 6-12(a) 所示。

② 在 Y_1 与 Y_2 范围内任选若干个 Y 值，从图上读出相应的 $Y-Y^*$ 值（如图中的线段 AA^* 所示），并计算$\frac{1}{Y-Y^*}$值。

③ 在$\frac{1}{Y-Y^*}$与 Y 的坐标系中标绘 Y 和相应的$\frac{1}{Y-Y^*}$值，如图 6-12(b) 所示。

④ 算出 $Y=Y_1$、$Y=Y_2$ 及$\frac{1}{Y-Y^*}=Y$，三条直线与函数曲线间所包围的面积，图 6-12

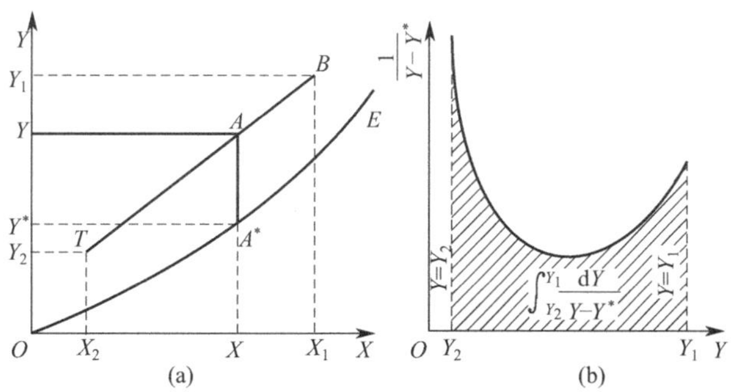

图 6-12　图解积分法求 N_{OG}

(b) 中的阴影面积便是所求的气相总传质单元数 N_{OG}。

同理可求出液相总传质单元数 N_{OL}。

(3) 吸收因数法 若吸收的气液相平衡关系服从亨利定律，且平衡线为一通过原点的直线，即可用 $Y^*=mX$ 表示时，传质单元数可直接积分求解。

$$N_{OG}=\int_{Y_2}^{Y_1}\frac{dY}{Y-Y^*}=\int_{Y_2}^{Y_1}\frac{dY}{Y-mX} \tag{6-42}$$

由操作线方程，可得 $X=X_2+\frac{V}{L}(Y-Y_2)$

代入式(6-42) 可得：

$$N_{OG}=\int_{Y_2}^{Y_1}\frac{dY}{Y-m\left[X_2+\frac{V}{L}(Y-Y_2)\right]}=\int_{Y_2}^{Y_1}\frac{dY}{\left(1-\frac{mV}{L}\right)Y+\left(\frac{mV}{L}Y_2-mX_2\right)}$$

积分整理可得：

$$N_{OG}=\frac{1}{1-\frac{mV}{L}}\ln\left[\left(1-\frac{mV}{L}\right)\frac{Y_1-mX_2}{Y_2-mX_2}+\frac{mV}{L}\right] \tag{6-43}$$

式中 $\frac{mV}{L}$——平衡线斜率与操作线斜率的比值，称为脱吸因数，用 S 表示，无量纲。

【例 6-6】 在常压逆流吸收塔中，用清水吸收混合气体中溶质组分 A。进塔气体组成为 0.03（摩尔比，下同），吸收率为 99%；出塔液相组成为 0.013。操作压力为 101.3kPa，温度为 27℃，操作条件下的平衡关系为 $Y^*=2X$。已知单位塔截面上惰气流量为 54kmol/(m^2·h)，气相总体积吸收系数为 113.46kmol/(m^3·h)，试求所需填料层高度。

解 气相进塔组成 $Y_1=0.03$

气相出塔组成 $Y_2=Y_1(1-\phi)=0.03\times(1-0.99)=0.0003$

液相出塔组成 $X_1=0.013$

液相进塔组成 $X_2=0$

$$Y_1^*=2X_1=2\times0.013=0.026$$

$$Y_2^*=2X_2=0$$

$$\Delta Y_1=Y_1-Y_1^*=0.03-0.026=0.004$$

$$\Delta Y_2=Y_2-Y_2^*=0.0003$$

$$\Delta Y_m=\frac{\Delta Y_1-\Delta Y_2}{\ln\frac{\Delta Y_1}{\Delta Y_2}}=\frac{0.004-0.0003}{\ln\frac{0.004}{0.0003}}=0.00143$$

$$N_{OG}=\frac{Y_1-Y_2}{\Delta Y_m}=\frac{0.03-0.0003}{0.00143}=20.77$$

$$H_{OG}=\frac{V}{K_Ya\Omega}=\frac{54}{113.46}=0.476\ (\text{m})$$

$$Z=H_{OG}N_{OG}=0.476\times20.77=10\ (\text{m})$$

思考题

1. 实训中，为什么塔底要有液封？液封高度如何计算？
2. 测定 K_Xa 有什么工程意义？

课后任务

1. 查询所测定系数的影响因素，写调研报告。
2. 查询解吸操作中填料层高度的计算公式。

3. 比较三种计算填料层高度的方法，哪一种与实际接近？为什么？

任务三 吸收系统的操作

一、操作吸收解吸实训装置

1. 工艺说明

空气（载体）由空气压缩机提供，二氧化碳（溶质）由钢瓶提供，二者混合后从吸收塔的底部进入吸收塔向上流动通过吸收塔，与下降的吸收剂逆流接触吸收，吸收尾气一部分进入二氧化碳气体分析仪，大部分排空；吸收剂（解吸液）存贮于解吸液贮槽，经解吸液泵输送至吸收塔的顶端向下流动经过吸收塔，与上升的气体逆流接触吸收其中的溶质（二氧化碳），吸收液从吸收塔底部进入吸收液贮槽。

空气（解吸惰性气体）由旋涡气泵机提供，从解吸塔的底部进入解吸塔向上流动通过解吸塔，与下降的吸收液逆流接触进行解吸，解吸尾气一部分进入二氧化碳气体分析仪，大部分排空；吸收液存贮于吸收液贮槽，经吸收液泵输送至解吸塔的顶端向下流动经过解吸塔，与上升的气体逆流接触解吸其中的溶质（二氧化碳），解吸液从解吸塔底部进入解吸液贮槽。

开车前，应了解吸收和解吸传质过程的基本原理和填料塔的基本构造，熟悉工艺流程和主要设备；熟悉各取样点及温度和压力测量与控制点的位置；熟悉用转子流量计、孔板流量计和涡轮流量计测量流量。

检查公用工程（水、电）是否处于正常供应状态；检查流程中各设备、仪表是否处于正常开车状态，启动设备试车。

检查实训所用物料；检查吸收液贮槽是否有足够空间贮存吸收液；检查解吸液贮槽，是否有足够解吸液；检查二氧化碳钢瓶储量是否有足够。

检查流程中各阀门是否处于正常开车状态，要求放空阀全开，旋涡气泵旁路阀全开，其余阀门关闭。

2. 正常开车

① 确认解析液泵出口阀门处于关闭状态，打开进口阀，灌泵，启动解吸液泵，逐渐打开出口阀门，吸收剂（解吸液）通过孔板流量计从顶部进入吸收塔，过量以润湿填料。将吸收剂流量设定为规定指标值（比如200～400L/h），观测孔板流量计显示和解吸液在泵入口压力显示。

当吸收塔底的液位达到规定指标值时，启动空气压缩机，将空气流量设定为规定指标值（如1.4～1.8m^3/h），通过流量计控制仪使空气流量达到此值。

观测吸收液贮槽的液位，待其大于规定液位高度50%后，启动旋涡气泵，将空气流量设定为规定指标值（如4.0～18m^3/h），调节空气流量达到指标（若长时间无法达到，可适当减小旋涡气泵旁路阀的开度），装置首次开车时，解吸塔要先通入液体润湿填料。

② 确认吸收液泵出口阀门处于关闭状态，灌泵后启动吸收液泵，观测泵出口压力迅速升高，稳定后，打开出口阀，解吸液通过孔板流量计从顶部进入解吸塔，通过解吸液泵变频器调节解吸液流量，使解析塔液位保持稳定，观测空气由底部进入解吸塔指标显示和解吸塔内气液接触情况。调节旋涡气泵旁路阀，逐渐关小至半开，观察空气流量的示值。气液两相被引入吸收塔后，引入溶质气体。

打开二氧化碳钢瓶阀门，调节二氧化碳流量到规定值，打开二氧化碳减压阀保温电源；

二氧化碳和空气混合后制成实训用混合气从塔底进入吸收塔；注意观察二氧化碳流量变化情况，及时调整到规定值。

3. 正常操作

操作稳定20min后，采样分析吸收塔顶放空气体、解吸塔顶放空气体的组成。也可使用气体在线分析方法，安装二氧化碳传感器检测吸收塔顶放空气体、解吸塔顶放空气体中的二氧化碳体积浓度，传感器将采集到的信号传输到显示仪表中，在显示仪表上直接读取数据。

在操作中可改变吸收塔混合气流量和组成或解吸塔空气流量，观察和记录相关数据，并做必要分析。需要注意的是，每次改变操作条件，必须及时记录实训数据，操作稳定后及时取样分析和记录。

4. 正常停车

依次关闭二氧化碳钢瓶总阀门和二氧化碳减压阀保温电源；10min后，关闭吸收剂/解吸液泵电源，关闭空气压缩机电源；吸收液流量变为零后，关闭吸收液泵电源；5min后，关闭旋涡气泵电源；最后关闭总电源。

由于吸收操作处理混合气体，为防止有毒、易燃、易挥发气体逸出，设备要有良好的密闭性；许多吸收剂采用易挥发、有腐蚀的溶剂，必须严格遵守操作守则，避免事故发生。

在上述操作过程中进行的解吸过程，又称作脱吸，是为了回收溶剂（吸收剂）循环使用，把溶解于液体中的气体释放出来的操作。

通常采用吸收液在塔设备中与惰性气体或蒸汽进行逆流接触的方式。溶液从塔顶加入，在其向下流的过程中，与来自塔底的气体相遇，气体溶质逐渐从液体中释放出来，于塔顶得到释放出来的溶质气体和惰性气体（蒸气）的混合物；与塔底得到较纯净的吸收剂。

用于吸收的设备同样适用于解吸操作。关于吸收的理论和计算方法也适用于解吸过程，但推动力刚好相反，计算公式相应要做改变。

对于许多逆流气液接触过程，填料塔和板式塔都是可以适用的，技术人员必须根据具体情况进行选用。填料塔和板式塔有许多不同点，了解这些不同点对于合理选用塔设备是有帮助的。

① 填料塔操作范围较小，特别是对于液体负荷变化更为敏感。当液体负荷较小时，填料表面不能很好地润湿，传质就效果急剧下降；当液体负荷过大时，则容易产生液泛。设计良好的板式塔，则具有大得多的操作范围。

② 填料塔不宜于处理易聚合或含有固体悬浮物的物料，而某些类型的板式塔（如大孔径筛板、泡罩塔等）则可以有效地处理这种物质。另外，板式塔的清洗亦比填料塔方便。

③ 当气液接触过程中需要冷却以移除反应热或溶解热时，填料塔因涉及液体不均问题而使结构复杂化。板式塔可方便地在塔板上安装冷却盘管。同理，当有侧线出料时，填料塔也不如板式塔方便。

④ 以前乱堆填料塔直径很少大于0.5m，后来又认为不宜超过1.5m，根据近10年来填料塔的发展状况，这一限制似乎不再成立。板式塔直径一般不小于0.6m。

⑤ 关于板式塔的设计资料更容易得到而且更为可靠，因此板式塔的设计比较准确，安全系数可取得更小。

⑥ 当塔径不很大时，填料塔因结构简单而造价便宜。

⑦ 对于易起泡物系，填料塔更适合，因填料对泡沫有限制和破碎的作用。

⑧ 对于腐蚀性物系，填料塔更适合，因可采用瓷质填料。

⑨ 对热敏性物系宜采用填料塔，因为填料塔内的滞液量比板式塔少，物料在塔内的停

留时间短。

⑩ 塔的压降比板式塔小，因而对真空操作更为适宜。

【例 6-7】 用清水逆流吸收混合气体中的 CO_2，已知标准状况下混合气体的流量为 $300m^3/h$，进塔气体中 CO_2 含量为 0.06（摩尔分数），操作液气比为最小液气比的 1.6 倍，传质单元高度为 0.8m。操作条件下物系的平衡关系为 $Y^*=1200X$。要求 CO_2 吸收率为 95%，试求：(1) 吸收液组成及吸收剂流量；(2) 写出操作线方程；(3) 填料层高度。

解 (1) 由已知可知惰性气体流量 $V=\frac{300}{22.4}\times(1-0.06)=12.59$ (kmol/h)

因为 $X_2=0$，$\phi=\frac{Y_1-Y_2}{Y_1}$

$$\text{最小液气比}\left(\frac{L}{V}\right)_{\min}=\frac{Y_1-Y_2}{X_1^*-X_2}=\frac{Y_1-Y_2}{Y_2/m}=m\phi$$

$$\text{操作液气比}\frac{L}{V}=1.6\left(\frac{L}{V}\right)_{\min}=1.6m\phi=1.6\times0.95\times1200=1824$$

$$\text{吸收剂流量 } L'=\left(\frac{L}{V}\right)\times V'=1824\times12.59=22963\ (\text{kmol/h})$$

$$Y_1=\frac{y_1}{1-y_1}=\frac{0.06}{1-0.06}=0.064$$

吸收液组成 $X_1=X_2+\frac{V}{L}(Y_1-Y_2)=X_2+\frac{V}{L}Y_1\phi=0.064\times0.95/1824=3.33\times10^{-5}$

(2) 操作线方程 $Y=\frac{L}{V}X+\left(Y_1-\frac{L}{V}X_1\right)=1824X+(0.064-1824\times3.33\times10^{-5})$

整理得 $Y=1824X+3.26\times10^{-3}$

(3) 脱吸因数 $S=\frac{mV}{L}=\frac{1200}{1824}=0.658$

$$N_{OG}=\frac{1}{1-S}\ln\left[(1-S)\ \frac{Y_1-mX_2}{Y_2-mX_2}+S\right]$$

$$N_{OG}=\frac{1}{1-0.658}\ln\left[(1-0.658)\times\frac{1}{1-0.95}+0.658\right]=5.89$$

$$Z=N_{OG}H_{OG}=5.89\times0.8=4.71\ (\text{m})$$

思考题

1. 吸收与解吸各自的任务是什么？
2. 吸收塔和解吸塔之间的物料如何输送？

课后任务

1. 编制吸收解析装置的开停工规程。
2. 计算装置的回收率、液气比等技术指标。

二、编制操作指南

操作指南、开停工规程是操作规程的重要组成部分；操作指南是正常生产期间操作参数调整方法和异常处理的操作要求，编写时要以生产期间操作波动的调整为对象，以控制稳定为目标，防止异常波动引起生产事故的发生。

首先确定针对的范围和目标，经影响因素分析后确定对象（必须用图），超过目标就认为操作波动，阐述正确的控制方法，最起码要定性描述，最好定量描述，针对可能产生的操作波动，提出应采取的对策措施。最后明确操作参数失控后所对应的事故处理预案。

每个控制目标的操作指南应包括：控制范围、控制目标、相关参数、控制方式、正常调整、异常处理。控制范围不能超出工艺操作规定的范围（大指标），保持与安全阀定压值、参数报警值的差距，不能触及安全限制，预留安全操作空间；控制目标要给定更为严格的指标（小指标），确保操作平稳和优化；控制方式要以文字说明并画出控制回路图。

开工、停工规程和基础操作规程、专用设备操作规程一样，需按下列程序编制：首先确定稳定状态。按照装置或设备开停过程的特征，规程编写小组集体研究确定装置的稳定状态。在稳定状态之间是具体的操作动作，用于实现稳定状态之间的过渡，将一个复杂而多变的过程分解成简单的状态和简单无误的操作动作，从而实现操作规程的可操作性和准确性。一个装置的稳定状态不宜过多，一般以常规开停工大步骤为基础。

其次是分级编写。按照分级编写的要求分别编制一级纲要、二级操作和三级解释。

最后编制统筹图。按照二级的操作步骤，编制开停工统筹图，并安排相应的时间进度，协调开停工过程中各个岗位操作。统筹图中的操作步骤、编号与一级对应一致。

思考题

为什么编制操作规程时首先要确定稳定状态？

课后任务

编制吸收解析装置的操作指南。

任务四　吸收解吸仿真系统实训

吸收解吸是石油化工生产过程中较常用的重要单元操作过程。吸收过程是利用气体混合物中各个组分在液体吸收剂中的溶解度不同，来分离气体混合物。被溶解的组分称为溶质或吸收质，含有溶质的气体称为富气，不被溶解的气体称为贫气或惰性气体。

溶解在吸收剂中的溶质和在气相中的溶质存在溶解平衡，当溶质在吸收剂中达到溶解平衡时，溶质在气相中的分压称为该组分在该吸收剂中的饱和蒸气压。当溶质在气相中的分压大于该组分的饱和蒸气压时，溶质就从气相溶入溶质中，称为吸收过程。当溶质在气相中的分压小于该组分的饱和蒸气压时，溶质就从液相逸出到气相中，称为解吸过程。

提高压力、降低温度有利于溶质吸收；降低压力、提高温度有利于溶质解吸，正是利用这一原理分离气体混合物，而吸收剂可以重复使用。

本单元以 C_6 油为吸收剂，分离气体混合物（其中 C_4 为 25.13%，CO 和 CO_2 为 6.26%，N_2 为 64.58%，H_2 为 3.5%，O_2 为 0.53%）中的 C_4 组分（吸收质）。

从界区外来的富气从底部进入吸收塔。界区外来的纯 C_6 油吸收剂贮存于 C_6 油贮罐中，由 C_6 油泵送入吸收塔的顶部，C_6 流量由 FRC103 控制。吸收剂 C_6 油在吸收塔中自上而下与富气逆向接触，富气中 C_4 组分被溶解在 C_6 油中。不溶解的贫气自吸收塔顶部排出，经贫气盐水冷却器被盐水冷却。吸收了 C_4 组分的富油（C_4 为 8.2%，C_6 为 91.8%）从吸收塔底部排出，经贫富油换热器预热后进入解吸塔。吸收塔塔釜液位通过调节塔釜富油采出量串级控制。

来自吸收塔顶部的贫气在回收冷凝的 C_4 和 C_6 后，不凝气在尾气分离罐压力控制器控制下排入放空总管进入大气。回收的冷凝液（C_4，C_6）与吸收塔釜排出的富油一起进入解吸塔。

预热后的富油进入解吸塔进行解吸分离。塔顶气相出料（C_4 为 95%）经全凝器换热降温后全部冷凝进入塔顶回流罐，其中一部分冷凝液由 C_4 油泵打回流至解吸塔顶部，回流量由控制器自动控制，其他部分作为 C_4 产品在液位控制下由 C_4 油泵抽出。塔釜 C_6 油在液位控制下，经贫富油换热器和 C_6 盐水冷却器降温至 5℃返回至 C_6 油贮罐 C_6 油贮罐再利用，返回温度由温度控制器通过调节 C_6 盐水冷却器循环冷却水流量控制。

解吸塔塔釜温度通过调节塔釜再沸器的蒸汽流量串级控制，控制温度在指标值（如102℃）。塔顶压力通过调节塔顶全凝器的冷却水流量控制，另有塔顶压力保护控制器在塔顶有凝气压力高时通过调节放空量降压。

值得注意的是，工厂装置在开车过程中，一般情况下，先手动调节至各项指标稳定后，仔细比较自动控制的数据和手动控制数据，一致后再投自动，进入复杂自动控制系统监控。

一、开车操作

吸收塔解吸塔系统均处于常温常压下，各调节阀处于手动关闭状态，各手操阀处于关闭状态，氮气置换已完毕，公用工程已具备条件，可以直接进行氮气充压。

打开氮气充压阀，给吸收塔系统充压；当吸收塔系统压力升至 1.0MPa（g）左右时，关闭 N_2 充压阀。打开氮气充压阀，给解吸塔系统充压；当吸收塔系统压力升至 0.5MPa（g）左右时，关闭 N_2 充压阀。

进吸收油时，打开引油阀至开度 50%左右，给 C_6 油贮罐充 C_6 油，液位至 70%时停止；打开 C_6 油泵的入口阀，启动 C_6 油泵；打开 C_6 油泵出口阀，给吸收塔充液至 50%。充油过程中注意观察 C_6 油贮罐液位，必要时补充新油。

解吸塔进吸收油时，手动打开调节阀开度至 50%左右，给解吸塔进吸收油至液位 50%；给解吸塔进油时注意给吸收塔和 C_6 油贮罐补充新油，以保证 C_6 油贮罐和吸收塔的液位均不低于 50%。

手动逐渐打开调节阀，向 C_6 油贮罐倒油，建立冷循环；当向 C_6 油贮罐倒油时，同时保持解吸塔液位在 50%左右，并设定自动控制；由吸收塔至解吸塔油循环时，调节保持吸收塔液位在 50%左右，并设定自动控制；手动调节保持吸收剂流量并设定自动，冷循环数分钟；向塔顶回流罐输送 C_4 液体至液位为指标值（比如 20%）。

按照要求设定温度和压力指标值，给解吸塔加热，建立热循环；随着解吸塔塔釜温度逐渐升高，C_6 油开始汽化，并在全凝器中冷凝至回流罐。塔顶温度接近指标值（比如 50℃）时，打开 C_4 油泵的入出口阀，启动泵；控制流量至合适开度，维持塔顶温度高于指标值（如51℃）。当解吸塔底部温度指示达到指标值（102℃）时，投自动，串级控制。热循环数分钟。

最后逐渐打开富气进料阀，开始富气进料；随着吸收塔富气进料，吸收塔塔压升高，手动调节使压力恒定在指标值［1.2MPa（表压）］，投自动。当吸收了 C_4 的富油进入解吸塔后，塔压将逐渐升高，手动调节塔顶压力稳定在指标值［0.5MPa（表压）］，投自动。手动调节使解吸塔回流量达到指标值（如 8.0t/h），投自动。观察塔顶回流罐液位，调节维持液位在 50%，投自动。最后将所有操作指标逐渐调整到正常状态。

二、正常操作

在塔顶 C_4 产品中含有部分 C_6 油，随着生产的进行，要定期观察 C_6 油贮罐的液位，当液位低于 30%时，打开引入阀补充新鲜的 C_6 油。

生产过程中贫气中的少量 C_4 和 C_6 组分积累于尾气分离罐中，定期观察尾气分离罐的液位，当液位高于 70%时，打开底部阀将凝液排放至解吸塔中。

正常情况下解吸塔的压力由通过调节全凝器的冷却水流量控制。生产过程中会有少量不凝气积累于回流罐中使解吸塔系统压力升高，可通过保护控制器自动排放不凝气，或手动微调压力，维持压力不会超高。

正常工况操作参数：吸收塔顶压力［如 1.20MPa（表压）］；吸收油温度（如 5.0℃）；解吸塔顶压力［如 0.50MPa（表压）］；解吸塔顶温度（如 51.0℃）；解吸塔釜温度（如 102.0℃）。

三、停车操作

关富气进料阀，停富气进料。富气进料中断后，吸收塔塔压会降低，手动调节塔顶压力，维持吸收塔、解吸塔、C_6 油贮罐的 C_6 油循环。

关闭 C_6 油泵出口阀。停 C_6 油泵。关闭 C_6 油泵入口阀。手动关阀，停吸收塔油进料。此时应注意保持吸收塔的压力，压力低时可用 N_2 充压，否则吸收塔塔釜 C_6 油无法排出。

当吸收塔液位降至 0%时，关闭阀门。将尾气分离罐中的凝液排至解吸塔中，当尾气分离罐液位指示降至 0%时，关阀。中断盐水，停贫气盐水冷却器。手动打开吸收塔顶泄压阀，泄压至常压，关闭阀门。

停解吸塔系统时，停 C_4 产品出料，置手动，关主阀及其前后手阀。关闭塔釜再沸器蒸气阀，停再沸器塔釜再沸器。暂时保持解吸系统的压力。

再沸器停用，温度下降至泡点以下后，油不再汽化，当塔顶回流罐液位指示小于 10%时，关 C_4 油泵的出口阀，停泵，关入口阀。打开塔顶回流罐泄液阀，当塔顶回流罐液位指示下降至 0%时，关阀。将解吸塔中的油倒入 C_6 油贮罐，当解吸塔液位指示下降至 10%时，关阀。随后停 C_6 盐水冷却器。解吸塔系统泄压至常压时，关闭泄压阀。

最后进行 C_6 油贮罐排油，打开 C_6 油贮罐排油阀排污油，直至解吸塔中油倒空，C_6 油贮罐液位下降至 0%，关阀。

四、事故处理操作

冷却水中断时主要现象为冷却水流量为零，而入口管路各阀处于常开状态。处理方法是装置保压停产，联系水源。加热蒸汽中断的主要现象是加热蒸汽管路各阀开度正常，加热蒸汽入口流量为零，塔釜温度急剧下降，处理方法是保压停产，联系蒸汽。

仪表风中断时调节阀全开或全关，失去控制，处理方法是开旁路阀，手动控制。停电时的主要现象为油泵全停，处理方法是紧急停车，泄液，防止塔温过高。泵坏时输送流量异常，启用备用泵即可。调节阀卡时，调整旁路阀开度，保持液位。

思考题

1. 吸收岗位的操作是在高压、低温的条件下进行的，为什么说这样的操作条件对吸收过程的进行有利？

2. 操作时若发现富油无法进入解吸塔，会由哪些原因导致？应如何调整？

课后任务

1. 绘制仿真系统的流程图。

2. 编制仿真系统的事故处理预案。

任务五　核算吸收解吸实训装置

一、核算吸收解吸装置的经济指标

化工的生产成本随原料的类型、装置类型与设计、地区原材料价格、工资、燃料费等因素的不同而不同。即使是同一产品，有时也相差悬殊。近年来，能源费用显著增加，降低成本成为技术人员不能忽视的课题。

生产成本可分为三类，一类是相对于整个工厂全部产品的平均生产成本，另一类是相对于装置产品或一个系列工艺过程的成本，第三类是相对于各种产品的生产成本。一般情况下，生产成本包括固定成本和变动成本，固定成本包括工资费、维修费、折旧费、杂费（福利费、保险费、税金、租金、利息等）、管理费；变动成本包括原材料费、燃料费、动力费、水费等。有时工艺复杂、产品较多的装置，计算要用到线性规划才能做出合理评价。

设备投资决定企业的生产能力、产品质量和成本等，需要考虑折旧费，计算折旧的要素有：固定资产原值、使用年限、残值。一般情况下，残值取原设备值的 10%。折旧费最简单的算法是每年按同一金额折扣，这个金额是该设备投资减去残值后除以使用年限。一般情况下，化工装置使用年限为 8 年，各国规定是不同的；环保装置 7 年，液化气贮罐 10 年；钢铁管道、锅炉设备和电气设备使用年限是 15 年。

化工厂建成后一定时间内，要进行资金收支平衡计算，可显示出投资的盈亏情况。根据产品的销量与盈利的关系式和成本与销量之间的关系式可求出盈亏平衡点。

盈亏平衡点又称零利润点、保本点、盈亏临界点、损益分歧点。通常是指全部销售收入等于全部成本时（销售收入线与总成本线的交点）的产量。企业的盈利能力预测以盈亏平衡点为界限，当销售收入高于盈亏平衡点时企业盈利，反之，企业就亏损。

盈亏平衡点的基本算法：假定利润为零和利润为目标利润时，先分别测算原材料保本采购价格和保利采购价格；再分别测算产品保本销售价格和保利销售价格。

以数量表示的盈亏如何止盈和止损平衡点计算公式：

盈亏平衡点＝总固定成本/单位产品毛利；

以金额表示的盈亏平衡点计算公式：

盈亏平衡点＝总固定成本/[1－(单位变动成本/单位销售价格)]

盈亏平衡点＝单位销售价格×盈亏平衡点数量。

举一例子来说明：某企业产品销售单价为 p，销售量为 x，企业产品销售额为 y；企业的固定成本为 a，单位变动成本为 b，企业总成本为 c；则有：$y=px$；$c=a+bx$。

达到盈亏平衡时，则有 $px=a+bx$，则 $x=a/(p-b)$

$$px=ap/(p-b)=a/(1-b/p)=a/(1-bx/px)$$

于是可以得出如下公式。

(1) 按产品销售量计算

盈亏平衡点＝固定成本/(产品销售单价－单位产品变动成本)

(2) 按产品销售额计算

盈亏平衡点＝固定成本/(1－变动成本/产品销售收入)＝固定成本/(1－变动成本率)

例如，某化工企业一年内销售 100 万升化学品，产品总销售收入 1 亿元，企业的固定成本 3200 万元，变动成本 6000 万元；则企业盈亏平衡点销售额＝3200/(1－6000/10000)＝3200/0.4＝8000（万元），盈亏平衡点产量 80 万升。

二、核算填料层高度

填料层高度是吸收塔的重要工艺参数，为了达到指定的分离要求，需在填料塔内装一定高度的填料层以提供足够的气、液接触面积，填料层是维持吸收操作进行传质的必要场所，决定吸收塔的实际高度。

【例 6-8】 用清水在一塔高为 13m（填料层高 10m）的填料塔内吸收空气中的丙酮蒸

气，已知混合气体质量流速为 0.668kg/(m^2·s)，混合气中含丙酮 0.02（摩尔分数），水的质量流速为 0.065kmol/(m^2·s)，在操作条件下，相平衡常数为 1.77，气相总体积吸收系数为 K_Ya=0.023kmol/(m^3·s)。问丙酮的吸收率为 98.8%时，该塔是否合用？

解 已知

$$Y_1=\frac{y_1}{1-y_1}=\frac{0.02}{1-0.02}=0.02$$

$$Y_2=Y_1(1-\phi)=0.02\times(1-0.988)=0.00024$$

$$\overline{M}=y_1M_A+(1-y_1)M_B=0.02\times58+(1-0.02)\times29=29.58\ (\text{kg/kmol})$$

$$S=\frac{mV}{L}=\frac{1.77\times0.668\times0.98/29.58}{0.065}=0.615$$

$$N_{OG}=\frac{1}{1-S}\ln\left[(1-S)\frac{1}{1-\phi}+S\right]$$

$$N_{OG}=\frac{1}{1-0.615}\ln\left[(1-0.615)\frac{1}{1-0.988}+0.615\right]=9.06$$

$$H_{OG}=\frac{V}{K_Ya\Omega}=\frac{0.668/29.58}{0.0231}=0.9776\ (\text{m})$$

$$Z=N_{OG}H_{OG}=9.06\times0.9776=8.857\ (\text{m})$$

因为实际吸收塔 $Z'=10>8.857$，所以该吸收塔合用，能够完成分离任务。

思考题

1. 填料塔操作中填料层压降和哪些因素有关？
2. 泛点气速和适宜气速有何关系？

课后任务

1. 核算实训中吸收解析装置的填料层高度。
2. 核算实训中吸收解析装置的经济指标。

练 习 题

1. 丙酮和水的混合液中丙酮的质量分数为 0.5。试求其摩尔分数 y 和摩尔比 Y，并计算此混合液的平均摩尔质量 M_m。

2. 总压 101.3kPa 的某混合气体中各组分的含量：H_2 为 22%、CH_4 为 43%、C_2H_4 为 26%、C_3H_8 为 9%（以上均为体积分数）。试求各组分的摩尔分数 y、摩尔比 Y 及混合气的摩尔质量 M_m。

3. 100g 水中溶解 1g 的 NH_3，查得 20℃时溶液上方 NH_3 的平衡分压为 798Pa。此稀溶液的气液平衡关系服从亨利定律，试求亨利系数 E、溶解度系数 H 和相平衡常数 m。总压为 100kPa。

4. 某混合气体中含有 CO_2 2%（体积分数），其余为空气。混合气的温度为 30℃，总压力为 506.6kPa。试求相平衡常数 m，并计算与该气体相平衡的每 100 克水中溶有多少克 CO_2？

5. 在总压为 101.3kPa，温度为 30℃的条件下，含有 14% SO_2（体积分数）的混合空气与含有 0.2%（摩尔分数）SO_2 的水溶液接触，试判断 SO_2 的传递方向。已知在操作条件下相平衡常数 $m=47.9$。

6. 在逆流流动的吸收塔中，用清水吸收混合气中的溶质。已知进塔气中溶质的体积分数为 6%，出塔尾气中溶质的体积分数为 0.4%，出塔溶液中溶质的摩尔分数为 0.012。操作条件下气液平衡关系为 $Y^*=2.5X$。试求塔顶和塔底处的气相推动力和全塔的气相平均推动力。

7. 在一逆流吸收塔中，用清水吸收混合气中的 CO_2，气体中惰性组分的处理量（标准状况）为 300m^3/h，进塔气体中含 8% CO_2（体积分数），要求 CO_2 的吸收率为 90%，操作条件下气液平衡关系为 $Y^*=1600X$，操作液气比为最小液气比的 1.5 倍。求：(1) 水的用量和出塔液体组成；（2）写出操作线方程；（3）每小时该塔能吸收多少 kg CO_2？

8. 在某填料吸收塔中，用清水处理混合气体中的 SO_2。进塔气体含 SO_2 18%（质量分数），其余为惰性气体。混合气的分子量为 28。吸收剂用量是最小用量的 1.65 倍，要求每小时从混合气中吸收 2000kg SO_2，操作条件下气液平衡关系为 $Y^*=26.7X$，试计算每小时吸收剂的用量为多少？

9. 在吸收塔内用清水吸收废气中的丙酮。已知 $y_1=0.06$、$x_1=0.02$（均为摩尔分数），惰性气流量为 63kmol/h，清水流量为 178kmol/h，求丙酮的回收率。

10. 在某填料吸收塔中用清水吸收温度为 20℃、压力为 1atm 的某混合气中的 CO_2，采用逆流操作。混合气体处理量为 1000m^3/h，CO_2 含量为 13%（体积分数），其余为惰性气体，要求 CO_2 的吸收率为 90 %，塔底的出口溶液浓度为 0.2g(CO_2)/1000g(H_2O) 时，吸收剂用量为多少？

11. 某厂高压下（$p=10$atm）用清水吸收混合气中的 H_2S，已知混合气中的进、出塔组成分别为 $y_1=0.03$，$y_2=0.002$（均为摩尔分数），操作条件下的亨利系数 $E=5.52\times10^4$kPa，取 $L=1.5L_{min}$，求操作液气比及液相出口浓度 x_1？

12. 某厂有 CO_2 水洗塔，塔内有 50mm×50mm×4.5mm 瓷拉西环（乱堆），用清水处理合成原料气，原料气中含 CO_2 29%（体积分数），其余为惰性气体，标准状况下原料气量为 12000m^3/h，操作条件为：压力 1722kPa，温度 30℃，$E=1.884\times10^5$kPa，要求水洗后 CO_2 不超过 1% 。试计算 CO_2 的吸收率和水的消耗量？假定所得吸收液浓度为最大浓度的 70%。

13. 某填料塔直径为 0.8m，用 0.0185kmol/s 的清水逆流吸收空气和 SO_2 混合气中的 SO_2，混合气量为 0.0124kmol/s，混合气含 $SO_2$1.3%（体积分数），要求回收率为 99.5%，操作条件为 20℃、1atm，平衡关系为 $y^*=0.75x$，气相总体积吸收系数 $K_Ya=0.055$kmol/(m^3·s)，出塔液体浓度为 0.00868（摩尔分数），求填料层高度。

14. 在逆流填料吸收塔中，用清水吸收空气-氨混合气中的氨，混合气中含氨 5%（体积分数），已知标准状况下混合气量为 2826m^3/h，气体空塔速度为 1m/s，平衡关系为 $Y^*=1.2X$，气相体积总传质系数 $K_Ya=180$kmol/(m^3·h)，吸收剂用量为最小用量的 1.4 倍，要求吸收率为 98%。试求：（1）溶液的出口浓度 X_1；（2）气相总传质单元高度 H_{OG}和气相总传质单元数 N_{OG}；（3）若吸收剂改为含 NH_3 为 0.0015（摩尔比）的水溶液，问能否达到吸收率 98%的要求？为什么？

15. 用清水吸收氨-空气混合气中的氨。混合气进塔时氨的浓度为 0.01（摩尔比），吸收率 90%，气-液平衡关系 $Y^*=0.9X$。试求：（1）溶液最大出口浓度；（2）最小液气比；（3）取吸收剂用量为最小吸收剂用量的 2 倍时，传质单元数 N_{OG}为多少？（4）传质单元高度 $H_{OG}=0.5$m 时，填料层高为多少？

16. 在 101.3kPa、20℃下用清水在填料塔内逆流吸收空气中所含的 SO_2 气体。单位塔截面上混合气的摩尔流量为 0.02kmol/(m^2·s)，二氧化硫的体积分数为 0.03。操作条件下气液平衡常数 m 为 34.9，$K_Ya=0.056$kmol/(m^3·s)。若吸收液中 SO_2 的组成为饱和组成的 75%，要求回收率为 98%。求吸收剂的摩尔流量及填料层高度。

17. 已知某填料吸收塔直径为 1m，填料层高度为 4m。用清水逆流吸收某混合气体中的可溶组分，该组分进口组成为 8%，出口组成为 1%（均为摩尔分数）。混合气流量为 30kmol/h，操作液气比为 2，操作条件下气液平衡关系为 $Y^*=1.6X$。试求：（1）操作液气比为最小液气比的多少倍；（2）气相总体积吸收系数 K_Ya；

18. 用清水吸收烟道气中的 CO_2，烟道气中含 $CO_2$13%（体积分数），经吸收塔后 CO_2 吸收率为 90%。已知烟道气处理量 1000m^3/h（293K，101.3kPa），液气比为最小液气比的 1.5 倍，平衡关系为 $Y^*=1422X$，若气相总体积吸收系数 $K_Ya=200$kmol/(m^2·h)，吸收塔直径为 1.4m，

试求出塔液体中的 CO_2 浓度和所需的填料层高度。

19. 在逆流操作的填料吸收塔中，用清水吸收混合气体中的溶质组分，进塔气体中溶质组成为0.03（摩尔比，下同），吸收率为99%，出塔液相中溶质组成为0.013，操作压力为101.3 kPa，温度为27℃，平衡关系为 $Y^* = 2X$。若已知气相总体积吸收系数为1.42kmol/(m^3·h)，单位塔截面上惰性气体流量为0.015kmol/(m^2·s)，试求所需的填料层高度。

项目七
萃取系统的操作与控制

能力目标：能够熟练操作各类萃取设备，运用化工总控工的相关技能，包括绘制萃取流程框图、测绘萃取溶解度曲线、测绘联结线、操作转盘萃取塔、编制事故处理预案及核算萃取级数，完成萃取生产任务。

知识目标：掌握萃取的三角形相图计算方法，包括溶解度、选择性、三角形相图、萃取设备、萃取过程、萃取方式等基本概念以及杠杆定律、操作线、联结线、辅助线、物料衡算、能量衡算等基本理论。

情境设计：某公司原料车间苯甲酸-煤油-水萃取系统的认识、操控与核算。按照车间组织构成，分为若干班组，选出组长，由组长协调组员进行项目化的工作和学习，完成任务，技能比赛，汇报演讲，模拟企业绩效考核方式进行过程考核。

任务一　认识萃取塔

对于液体混合物的分离，除可采用蒸馏的方法外，还可采用萃取的方法，即在液体混合物（原料液）中加入一种与其基本不相混溶的液体作为溶剂，形成第二相，利用原料液中各组分在两个液相中的溶解度不同而使原料液混合物得以分离。液-液萃取，亦称溶剂萃取，简称萃取或抽提。选用的溶剂称为萃取剂，以 S 表示；原料液中易溶于 S 的组分，称为溶质，以 A 表示；难溶于 S 的组分称为原溶剂（或稀释剂），以 B 表示。如果萃取过程中，萃取剂与原料液中的有关组分不发生化学反应，则称之为物理萃取，反之则称之为化学萃取。

萃取操作的基本过程是将一定量萃取剂加入原料液中，然后加以搅拌使原料液与萃取剂充分混合，溶质通过相界面由原料液向萃取剂中扩散，所以萃取操作与精馏、吸收等过程一样，也属于两相间的传质过程，如图 7-1 所示。搅拌停止后，两液相因密度不同而分层：一层以溶剂 S 为主，并溶有较多的溶质，称为萃取相，以 E 表示；另一层以原溶剂（稀释剂）B 为主，且含有未被萃取完的溶质，称为萃余相，以 R 表示。若溶剂 S 和 B 为部分互溶，则萃取相中还含有少量的 B，萃余相中亦含有少量的 S。由上可知，萃取操作并未得到纯净的组分，而是新的混合液：萃取相 E 和萃余相 R。为了得到产品 A，并回收溶剂以供循环使用，尚需对这两相分别进行分离。

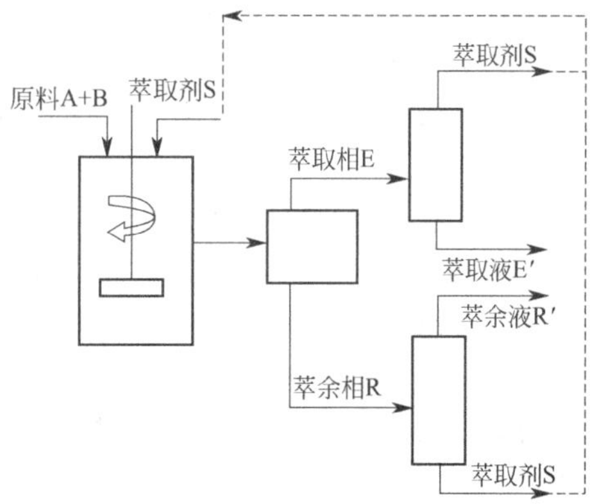

图 7-1　常见萃取流程

进一步的分离通常采用蒸馏或蒸发的方法，有时也可采用结晶等其他方法。脱除溶剂后的萃取相和萃余相分别称为萃取液和萃余液，以 E' 和 R' 表示。对于一种液体混合物，究竟是采用蒸馏还是萃取加以分离，主要取决于技术上的可行性和经济上的合理性。

如原料液中各组分间的沸点非常接近，也即组分间的相对挥发度接近于 1，若采用蒸馏方法很不经济；料液在蒸馏时形成恒沸物，用普通蒸馏方法不能达到所需的纯度可采用萃取方法；

原料液中需分离的组分含量很低且为难挥发组分，若采用蒸馏方法需将大量稀释剂汽化，能耗较大，或原料液中需分离的组分是热敏性物质，蒸馏时易于分解、聚合或发生其他变化，采用萃取是有利的。

另外，选择合适的萃取剂是保证萃取操作能够正常进行且经济合理的关键。萃取剂的选择主要考虑选择性、互溶度、经济性等因素。

萃取剂的选择性是指萃取剂 S 对原料液中两个组分溶解能力的差异。若 S 对溶质 A 的溶解能力比对原溶剂 B 的溶解能力大得多，即萃取相中 y_A 比 y_B 大得多，萃余相中 x_B 比 x_A 大得多，那么这种萃取剂的选择性就好。

萃取剂的选择性可用选择性系数 β 表示，其定义式为：

$$\beta=\frac{k_A}{k_B}=\frac{y_A/x_A}{y_B/x_B} \tag{7-1}$$

由 β 的定义可知，选择性系数 β 为组分 A、B 的分配系数之比，其物理意义颇似蒸馏中的相对挥发度。若 $\beta>1$，说明组分 A 在萃取相中的相对含量比萃余相中的高，即组分 A、B 得到了一定程度的分离，显然 k_A 值越大，k_B 值越小，选择性系数 β 就越大，组分 A、B 的分离也就越容易，相应的萃取剂的选择性也就越高；若 $\beta=1$，则由式(7-1) 可知萃取相和萃余相在脱除溶剂 S 后将具有相同的组成，并且等于原料液的组成，说明 A、B 两组分不能用此萃取剂分离，换言之所选择的萃取剂是不适宜的。萃取剂的选择性越高，则完成一定的分离任务，所需的萃取剂用量也就越少，相应的用于回收溶剂操作的能耗也就越低。

由式(7-1) 可知，当组分 B、S 完全不互溶时，则选择性系数趋于无穷大，显然这是最理想的情况。

萃取剂回收的难易直接影响萃取操作的费用，从而在很大程度上决定萃取过程的经济性。因此，要求萃取剂 S 与原料液中的组分的相对挥发度要大，不应形成恒沸物，并且最好是组成低的组分为易挥发组分。若被萃取的溶质不挥发或挥发度很低时，则要求萃取剂的汽化热要小，以节省能耗。

为使两相在萃取器中能较快地分层，要求萃取剂与被分离混合物有较大的密度差，特别是对没有外加能量的设备，较大的密度差可加速分层，提高设备的生产能力。两液相间的界面张力对萃取操作具有重要影响。萃取物系的界面张力较大时，分散相液滴易聚结，有利于分层，但界面张力过大，则液体不易分散，难以使两相充分混合，反而使萃取效果降低。界面张力过小，虽然液体容易分散，但易产生乳化现象，使两相较难分离，因此，界面张力要适中。常用物系的界面张力数值可从有关文献查取。溶剂的黏度对分离效果也有重要影响。溶剂的黏度低，有利于两相的混合与分层，也有利于流动与传质，故当萃取剂的黏度较大时，往往加入其他溶剂以降低其黏度。此外，选择萃取剂时，还应考虑其他因素，如萃取剂应具有化学稳定性和热稳定性，对设备的腐蚀性要小，来源充分，价格较低廉，不易燃易爆等。

通常，很难找到能同时满足上述所有要求的萃取剂，这就需要根据实际情况加以权衡，以保证满足主要要求。

一、辨识萃取设备

液液萃取设备必须保证两相间具有很大的接触面积；分散两相必须进行相对流动以实现现两相逆流、液滴聚合及两相分层。

按照两液相的接触方式，液液萃取设备可分为逐级接触式和连续接触式；按照构造特点和形状，分为组件式和塔式；按照是否输入机械能，分为重力流动设备、输入机械能量的萃取塔等。

常见的萃取设备有混合-澄清槽、喷洒塔、搅拌填料塔、离心萃取机、筛板萃取塔（图7-2)、转盘塔（图7-3）等。

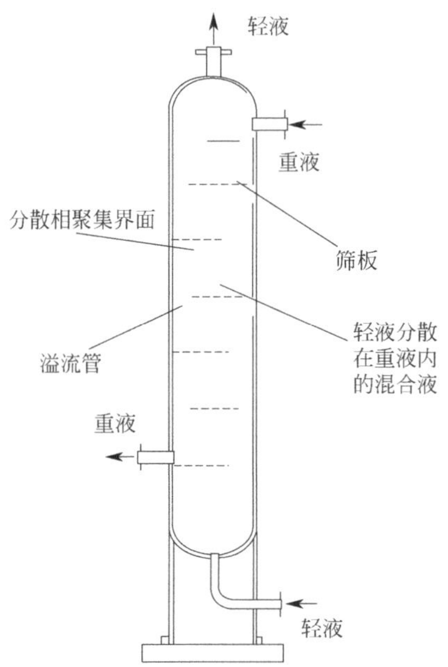

图7-2　筛板萃取塔

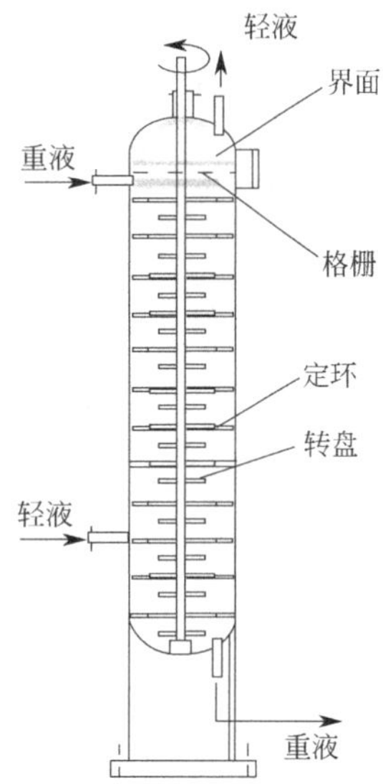

图7-3　转盘塔

混合-澄清槽的优点是级效率高于75%，易设计、操作可靠；易实现多级操作；不需高厂房和复杂辅助设备。缺点是搅拌功率大，级与级要用泵输送液体，动力消耗大；占地面积大，设备内的存液大，使溶剂及有关的投资大。

喷洒塔的优点是结构简单、投资少、易于维护；缺点是两相接触面积和传质系数都不大，轴向返混严重，传质效率低。

转盘塔的主要结构参数：塔径与转盘直径之比为1.5～2.5，塔径与固定环开孔直径之比为1.3～1.6，塔径与盘间距之比为2～8；转盘塔的传质效率较高，通量大，操作弹性大，在石油化工中有较广泛的应用。当变速电机启动后，圆盘高速旋转，并带动两相一起转动，因而在液体中产生剪应力。剪应力使连续相产生涡流，处于湍动状态，使分散相破裂，形成许多大小不等的液滴，从而增大了传质系数及接触界面。固定环的存在，在一定程度上抑制了轴向混合，因此转盘塔萃取效率高。

最近开发的高效转盘萃取塔，在传统转盘萃取塔的基础上，在转盘上增加蜗轮叶片、在固定环上增设多个垂直挡板，将萃取区分成多个混合区和澄清区。混合区由定子分隔成许多小室，在每个小室有装置在同一转轴上的转盘型混合搅拌器。澄清区也由许多小室组成，用环形水平挡板分开。它具有传统转盘萃取塔原有分散作用，同时又有分开的澄清区，这样可以反复进行凝聚再分散，以减少了轴向的混合。

离心萃取机如图 7-4 所示，适用于萃取两液体密度差很小，或界面张力甚小易乳化，或黏度很大。优点：结构紧凑，提高空间利用率；持液量小、机内存留时间短，适用于处理贵重、易变质的物料；传质效率高。缺点：结构复杂，造价高，维修费和能耗大。

填料萃取塔的填料使液滴表面更新，抑制连续相在塔内回流，减少返混，如图 7-5 所示。其传质效率比喷洒塔高，常用填料是空隙率达 98%的丝网填料，结构简单，造价低廉，操作方便，适合处理有腐蚀性的液体，优于转盘塔。但一般填料传质效率低，如拉西环、弧鞍、鲍尔环，理论级当量高度大，不适用于有固体悬浮液的料液；一般填料结构复杂，不适用含悬浮固体的物料。

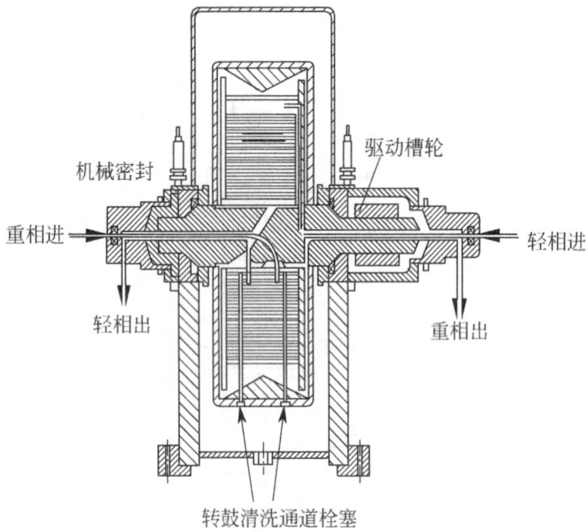

图 7-4　离心萃取机

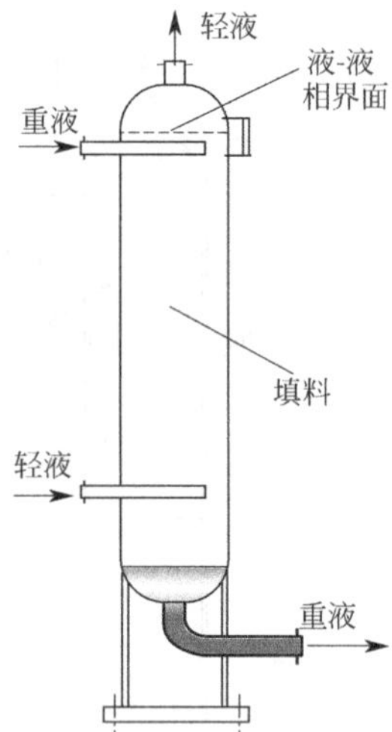

图 7-5　填料萃取塔

选用萃取设备，首先考虑所需的平衡级数，当理论级数 ≤3，各种萃取设备都满足；理论级数≤10，选用筛板塔；理论级数在 10～20，选用转盘塔、脉冲塔和往复筛板塔等输入机械能量的设备。

如果是中小生产能力，选用填料塔、脉冲塔；对于大处理量，选用转盘塔、筛盘塔、往复筛板塔、离心萃取机、混合-澄清槽。界面张力大、黏度大时，输入机械能以改善传质性能；界面张力小、易乳化及密度差小难以分层的物系，选用离心萃取机。

对于强腐蚀性的物系，选用填料塔、脉冲填料塔；如果是放射性元素提取，可用脉冲塔和混合-澄清槽。

液体在设备内的存留时间短，如抗生素生产，选用离心萃取机；萃取时间长，使用混合-澄清槽。

二、绘制萃取装置流程框图

流程框图是用方框（矩形）及文字表示的工艺过程及设备，用箭头表示物料流动方向，把从原料开始到最终产品所经过的生产步骤以图示的方式表达出来的图纸。流程框图又称为工艺方块图。

流程框图属于原理图，对可以通过多种方案制取的化工产品，可以通过流程框图进行比较，选择较优的生产方案。流程框图是化工工艺流程图中最简单、最粗略的一种，它表示的是生产工艺的示意流程，通常在设计初期绘制，只定性地描绘出由原料到产品所经过的化工过程或设备的主要路线。一个方框可以是一个工序或工段，也可以是一个车间或系统，方框之间用带箭头的直线连接表示车间或设备之间的管线连接。

流程框图是工厂设计的基础，也是操作和检修的指南，无论在化工生产、管理过程中或在化工过程开发和技术革新设计时，还是在查阅资料或参观工厂时都要用到。用流程框图进行各种衡算，既简单明了，又醒目方便。

流程框图是一种示意性的展开图，主要内容包括：反映单元操作、反应过程或车间、设备的矩形方块；物料由原料变成半成品或成品的运行过程，表示为带箭头的工艺流程线等。

绘制流程框图时，首先根据原料转化为产品的顺序，从左到右、从上到下用细实线绘制反映单元操作、反应过程或车间、设备的矩形，次要车间或设备根据需要可以忽略。要保持它们的相对大小，以在矩形内能标注该单元操作、反应过程或车间、设备为宜，同时各矩形间应保持适当的位置，以便布置工艺流程线。

其次用带箭头的细实线在各矩形间绘出物料的工艺流程线，箭头的指向要与物料的流向一致，并在起始和终了处用文字注明物料的名称或物料的来源、去向；若两条工艺流程线在图上相交而实际并不相交，应在相交处将其中一条工艺流程线断开绘制。

最后对工艺流程线加注必要的文字说明，如原料来源，产品、中间产品、废物去向等。物料在流程中的某些参数（如温度、压力、流量等）也可在工艺流程线旁标注出来。

思考题

1. 萃取相和萃余相有何关系？
2. 萃取剂如何选择？

课后任务

绘制实训中吸收解吸或萃取装置的流程框图。

任务二 测绘三元物系溶解度曲线

三元物系溶解度曲线常常在三角形坐标图内绘制。三角形坐标图通常有等边三角形坐标图、等腰直角三角形坐标图和非等腰直角三角形坐标图，如图 7-6 所示，其中以等腰直角三角形坐标图最为常用。

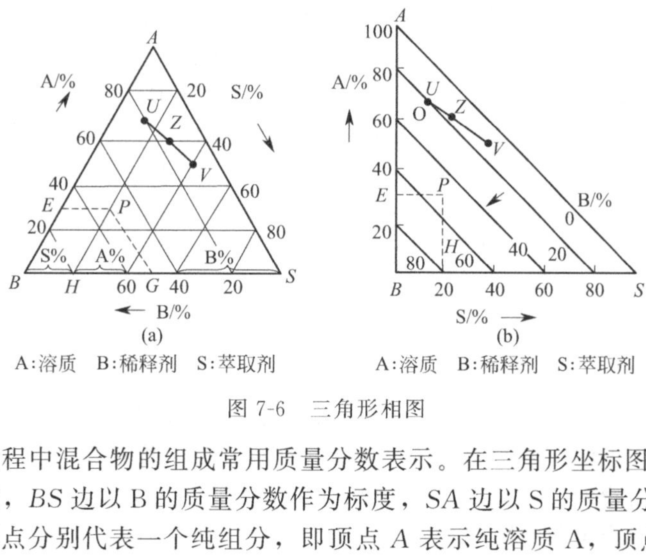

图 7-6　三角形相图

一般在萃取过程中混合物的组成常用质量分数表示。在三角形坐标图中，AB 边以 A 的质量分数作为标度，BS 边以 B 的质量分数作为标度，SA 边以 S 的质量分数作为标度。三角形坐标图的每个顶点分别代表一个纯组分，即顶点 A 表示纯溶质 A，顶点 B 表示纯原溶剂

（稀释剂）B，顶点 S 表示纯萃取剂 S。三角形坐标图三条边上的任一点代表一个二元混合物系，第三组分的组成为零。例如 AB 边上的 E 点，表示由 A、B 组成的二元混合物系，由图可读得：A 的组成为 0.40，则 B 的组成为（1.0－0.40）＝ 0.60，S 的组成为零。

三角形坐标图内任一点代表一个三元混合物系。例如 M 点即表示由 A、B、S 三个组分组成的混合物系。其组成可按下法确定：过物系点 M 分别作对边的平行线 ED、HG、KF，则由点 E、G、K 可直接读得 A、B、S 的组成分别为：$x_A=0.4$、$x_B=0.3$、$x_S=0.3$，其和等于 1，称作归一化；也可由点 D、H、F 读得 A、B、S 的组成。在诸三角形坐标图中，等腰直角三角形坐标图可直接在普通直角坐标纸上进行标绘，且读数较为方便，故目前多采用等腰直角三角形坐标图。在实际应用时，一般首先由两直角边的标度读得 A、S 的组成 x_A 及 x_S，再根据归一化条件求得 x_B。

若溶质 A 可完全溶于 B 及 S，但 B 与 S 为部分互溶，在一定温度下在三角形坐标图内绘制出一条曲线，将三角形相图分为两个区域：曲线以内的区域为两相区，以外的区域为均相区，该曲线称作溶解度曲线。位于两相区内的混合物分成两个互相平衡的液相，称为共轭相，联结两共轭液相相点的直线称为联结线。

一、测绘液液分层溶解度曲线

实训中采用浊点法测定了甲苯-六甲基二硅醚-环丁砜三元相平衡关系，得到了该三元体系在 40℃下的液液分层曲线和联结点数据。主要实验仪器有阿贝折射仪、超级恒温水浴、分析天平。实训中采用自制的玻璃平衡釜，容积约 60mL，釜外有恒温夹套与超级恒温水浴相连，釜温自动控制，采用磁力搅拌使釜内物料充分混合。实验时将不同物料准确称量后按一定的配比加入釜中，在恒温条件下搅拌 1h 使其充分混合，然后静置 3h 以上，达平衡后用注射器分别取上下层样品分析其组成。

对于不同的组成范围采用不同的测定方法，实训范围分为三个层次，即环丁砜质量分数＜9%、环丁砜质量分数＞30%、环丁砜质量分数介于 9%～30%之间。

（1）环丁砜质量分数小于 9% 先定量配制一定组成的硅醚-甲苯溶液，在恒温条件下，边搅拌边向其中滴加环丁砜，至溶液刚出现混浊为止，准确称重加入的环丁砜量，计算三者的组成。

（2）环丁砜质量分数大于 30% 先定量配制一定组成的甲苯-环丁砜溶液，在恒温条件下，边搅拌边向其中滴加硅醚，至溶液刚出现混浊为止。准确称重加入的硅醚量，计算三者的组成。

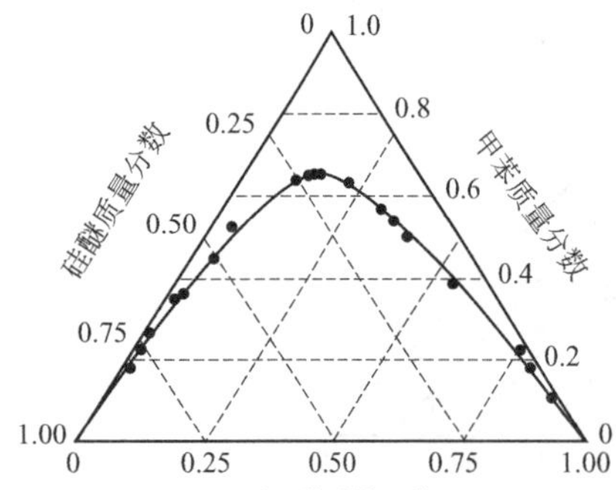

图 7-7　40℃甲苯-硅醚-环丁砜三元体系液-液分层曲线

（3）环丁砜质量分数在 9%～30%之间 先定量配制一定组成的硅醚-环丁砜溶液，在恒温条件下，边搅拌边向其中滴加甲苯，至溶液刚刚由混浊变澄清为止。准确称重加入的甲苯量，计算三者的组成。

按照上述方法，把平衡釜置于恒温水浴中，对环丁砜含量较小的溶液测定其折射率，而对环丁砜含量较大的溶液测其密度。根据以上步骤，分别测定了本三元体系在一定温度下的液-液分层曲线数据。以 40℃为例，所得分层曲线如图 7-7 所示。

分层曲线将三角形相图分为两个区域：曲线以下的区域为两相区，以上的区域为均相区，该曲线又称作溶解度曲线。在溶解度曲线上各点，是萃取过程中分层后稳定的萃取相和萃余相的组成，自由度是 1，已知其中一个组分的浓度，即可查出另外两个组分的浓度。

思考题

1. 三角形相图如何表示浓度？

2. 三角形坐标图内任一点代表一个三元混合物系，浓度之间有何关系？

课后任务

查询萃取溶解度的意义和各种测定方法。

二、测绘三元物系的联结线

采用液-液分层曲线和体系物理性质（折射率和密度）相结合的分析方法获得分相组成数据，经过数据处理得到三元相平衡关系。

在萃取计算中，仅测得溶解度曲线是不够的，还需要得到相应三元体系液-液相平衡的组成数据，见表 7-1。对于含环丁砜、苯和硅醚的三元体系，由于环丁砜是强极性物质，沸点高达 287℃，高温下极易分解，而甲苯和硅醚为弱极性物质，因此，很难选择合适的色谱固定液，因此通常不用气相色谱法分析混合物的组成，实训中采用液-液分层曲线和体系物理性质相结合的方法来解决。根据相律，对恒温下液-液两相平衡共存的体系，其自由度数为 3，在恒温恒压下，借助体系的液-液分层曲线，只要确定三元体系中的任何一个特定性质的值，就能确定整个体系的性质，即整个体系的组成。

表 7-1　40℃条件下甲苯-硅醚-环丁砜三元体系液-液平衡数据

序号	w（液相组成）			w（硅醚相）				w（环丁砜相）			
	甲苯	硅醚	环丁砜	甲苯	硅醚	环丁砜	折射率	甲苯	硅醚	环丁砜	相对密度
1	0.0488	0.472 5	0.478 7	0.118 8	0.992 2	0.001 8	1.374 5	0.0856	0.0151	0.899 3	1.214 4
2	0.1035	0.4460	0.4505	0.1431	0.8521	0.00475	1.3900	0.1451	0.0188	0.8361	1.1857
3	0.1420	0.4301	0.4279	0.1883	0.8004	0.0114	1.3959	0.1836	0.01718	0.7992	1.1687
4	0.2776	0.3565	0.3658	0.3916	0.6638	0.0166	1.4117	0.2060	0.0230	0.7711	1.1557
5	0.3539	0.3217	0.3244	0.3826	0.5892	0.0282	1.4206	0.2905	0.0385	0.6710	1.1088
6	0.4456	0.2768	0.2776	0.5225	0.4295	0.0481	1.4400	0.3778	0.0677	0.5545	1.0531
7	0.5001	0.2619	0.2471	0.5708	0.3459	0.0833	1.4502	0.4237	0.0810	0.4953	1.0243

根据硅醚与环丁砜、甲苯的折射率相差较大，而环丁砜和硅醚、甲苯的密度相差较大，故在三元体系中对硅醚含量较大的体系（质量分数＞ 25 ％）采用折射率分析法；而对三元体系中硅醚含量较小，而环丁砜含量较大的体系（质量分数＞30 ％）采用密度分析法。为此需在液-液分层曲线上绘制两条标准曲线供分析之用。一条是折射率与硅醚含量之间的关系曲线（图 7-8），一条是密度与环丁砜含量之间的关系曲线（图 7-9）。

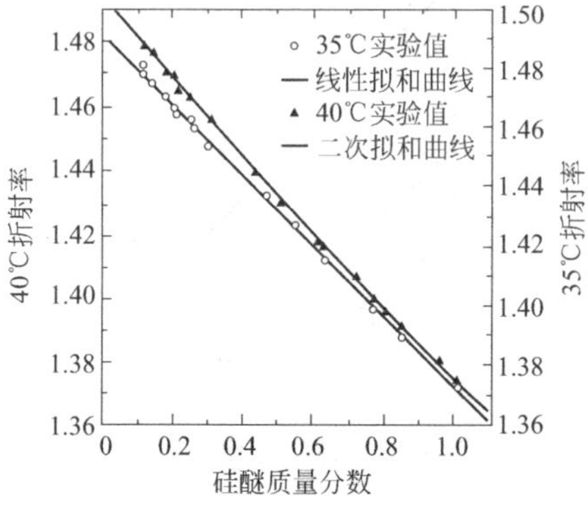

图 7-8　溶液折射率与硅醚含量关系曲线

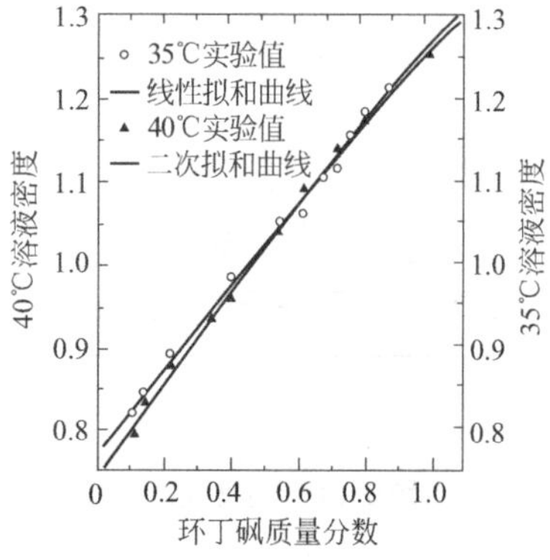

图 7-9　溶液密度与环丁砜含量关系曲线

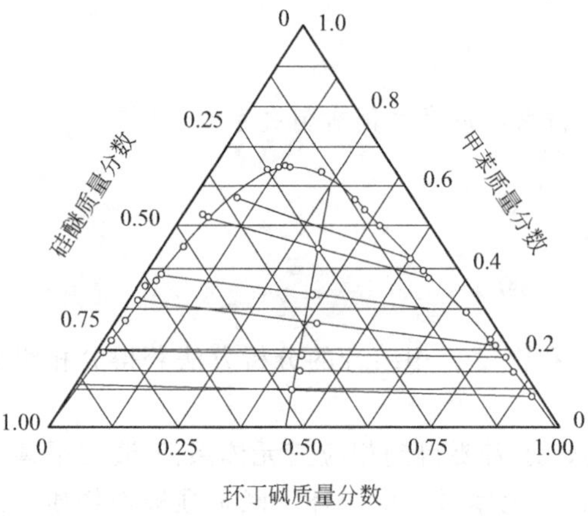

图 7-10　40℃条件下三元体系的结线图

配制一系列硅醚与环丁砜质量比接近于 1，而不同甲苯含量的三元混合物于容器中，恒温下充分搅拌混合后，静置至液-液两相达平衡状态，分别取上下层样品进行分析。上层中硅醚含量较多，测定其折射率；下层环丁砜含量较多，测定其密度。由标准曲线及液-液分层曲线相结合，即可求得二液相间各对应组分的平衡组成，在图 7-10 中作出结线和双结点。结线中点连线外延，与液-液分层曲线相交，交点即为临界混溶点（褶点）。

通常用分配系数、选择性系数来评定溶剂性质。

甲苯的分配系数 $K_{甲}$ =（甲苯在萃取相中的浓度/甲苯在萃余相中的浓度）

硅醚的分配系数 $K_{硅}$ =（硅醚在萃取相中的浓度/硅醚在萃余相中的浓度）

选择性系数 β=（甲苯分配系数/硅醚分配系数）=（$K_{甲}$ /$K_{硅}$）

根据上面三式和实验数据，计算甲苯及硅醚的分配系数和溶剂的选择性系数。

工程计算中联结线常常可通过辅助曲线得到，辅助曲线亦称共轭曲线。辅助曲线的作法如图 7-11 所示，通过已知点 R_1、R_2、… 分别作 BS 边的平行线，再通过相应联结线的另一端点 E_1、E_2 分别作 AB 边的平行线，各线分别相交于点 F、G、…，联接这些交点所得的平滑曲线即为辅助曲线。利用辅助曲线可求任何已知平衡液相的共轭相。如图 7-11 所示，设 R 为已知平衡液相，自点 R 作 BS 边的平行线交辅助曲线于点 J，自点 J 作 AB 边的平行线，交溶解度曲线于点 E，则点 E 即为 R 的共轭相点。

辅助曲线与溶解度曲线的交点为 P，显然通过 P 点的联结线无限短，即该点所代表的平衡液相无共轭相，相当于该系统的临界状态，故称点 P 为临界混溶点。P 点将溶解度曲线分为两部分：靠原溶剂 B 一侧为萃余相部分，靠溶剂 S 一侧为萃取相部分。由于联结线通常都有一定的斜率，因而临界混溶点一般并不在溶解度曲线的顶点。临界混溶点由实验测得，但仅当已知的联结线很短，即共轭相接近临界混溶点时，才可用外延辅助曲线的方法确定临界混溶点。

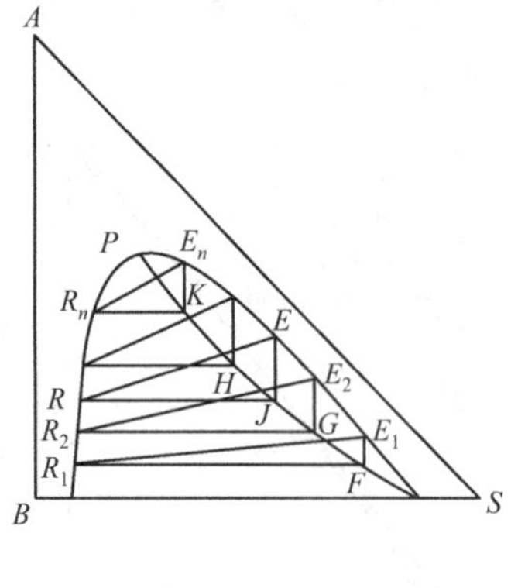

图 7-11　辅助曲线

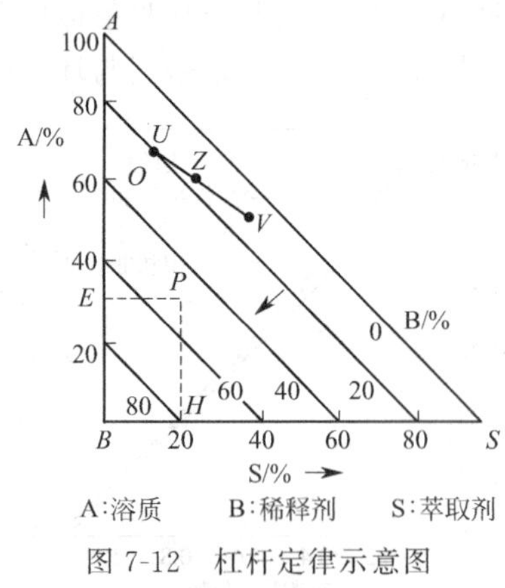

图 7-12　杠杆定律示意图

在三角形相图中可应用杠杆规则进行计算。如图 7-12 所示，在三角形坐标图中分别以点 U、V 和 Z 表示。Z 点称为 U 点与 V 点的和点，V 点与 U 点称为差点。点 Z 与差点 U、V

之间的关系可用杠杆规则描述。

杠杆定律指在 U 的液体中加入另一组成的 V 液体，混合液组成点 Z 必然落在 UV 上，即：

$$ZU/ZV = V/U \tag{7-2}$$

根据质量守恒，满足以下关系：

$$U+V=Z \tag{7-3}$$

$$Ux_{iU}+Vx_{iV}=Zx_{iZ} \tag{7-3a}$$

式中 U，V，Z——混合液 U、V 及 Z 的质量，kg；

ZU，ZV——线段 ZU、ZV 的长度；

x_{iU}，x_{iV}，x_{iZ}——i 组分质量分数。

和点 Z 与差点 U、V 共线。即：和点在两差点的连线上；一个差点在另一差点与和点连线的延长线上。

根据杠杆规则，若已知两个差点，则可确定和点；若已知和点和一个差点，则可确定另一个差点。

在萃取操作中，溶质 A 可完全溶于 B 及 S，但 B 与 S 不互溶，这一类物系较为常见，如丙酮 (A) - 水 (B) - 甲基异丁基酮 (S)、醋酸 (A) - 水 (B) - 苯 (S) 及丙酮 (A) - 氯仿 (B) - 水 (S) 等。

而溶质 A 可完全溶于 B 及 S，但 B 与 S 部分互溶；或者溶质 A 可完全溶于 B，但 A 与 S 及 B 与 S 部分互溶，如甲基环己烷 (A) - 正庚烷 (B) - 苯胺 (S)、苯乙烯 (A) - 乙苯 (B)-二甘醇 (S) 等，情况较为复杂。

思考题

1. 杠杆定律是什么？
2. 怎样通过辅助线得到联结线？

课后任务

查询杠杆定律在萃取过程中的应用方法。

任务三　萃取系统的操作

本实训是用水作为萃取剂，将煤油中的苯甲酸分离出来，水的密度大于煤油密度，所以水为重相，在塔内由上向下与煤油混合液逆流接触，煤油相是轻相，在塔内由下向上与水充分接触后，在塔上部分层形成轻相液层；重相水在溶解了苯甲酸之后，在塔下部分层形成重相液层。

煤油相是原料，贮存在轻相贮槽中，经轻相泵做功，由萃取塔底部进入萃取塔。轻相与重相水在萃取塔内逆流接触，在塔顶溢流进入萃余分相罐分离出其中的油污，然后溢流入萃余相贮槽。

重相是萃取剂水，贮存在重相贮槽中，经重相泵做功，由萃取塔顶部进入萃取塔。轻相与重相在萃取塔内逆流接触，在塔底由电磁阀控制排液进入萃取相贮槽。

一、操作萃取实训装置

1. 开车操作

首先要了解萃取塔的基本构造，熟悉工艺流程和主要设备；熟悉各取样点及温度和压力测量与控制点的位置，熟悉用涡轮流量计计量液体流量和压缩空气的来源及引入方法。

检查公用工程（电、压缩空气）是否处于正常供应状态；设备上电，检查流程中各设备、仪表是否处于正常开车状态，盘车；检查流程中各阀门是否处于正常开车状态，如放空阀、安全阀和旋涡泵旁路阀全开，其余阀门关闭。

检查萃取相贮槽和萃余相贮槽，是否有足够空间贮存实验产生的产品；如萃取相贮槽空间不够，打开槽底部阀门将萃取相排出；如萃余相贮槽空间不够，进行同样的操作；启动轻相泵将煤油从萃余相贮槽倒入轻相液贮槽。

检查重相液贮槽和轻相液贮槽，是否有足够原料供实验使用；如重相的量不够实验使用，打开底部阀门将纯水引入重相液贮槽，液位至3/4，必须注意，实训过程中要经常检查液位，如轻相的量不够实验使用，液位低于1/4时，将煤油加入贮槽，液位达到3/4。

检查完成，可进行开车操作，将重相液和轻相液按规定流量引入萃取塔进行质量传递。首先启动重相泵，打开出口阀门，重相液通过转子流量计从萃取塔顶部进入。将重相液流量设定为规定值（如50L/h），由转子流量计显示，通过自动调整重相泵的供电频率来控制。

当萃取塔中重相（水）液位达到顶部萃余段的1/3处时，启动轻相泵，打开出口阀门，轻相液通过转子流量计从萃取塔底部进入。将轻相液流量设定为规定值（如15～30L/h），由转子流量计显示，通过自动调整重相泵的供电频率来控制。

观察并记录重相液进入萃取塔前的温度和压力；观察并记录轻相液进入萃取塔前的温度和压力。在轻相液取样点取样分析轻相液组成。

当萃取塔顶部分离段的油水界面达到设定值（如280mm）后，界面计输出信号，自动调整电磁阀的通断，从塔底排出萃取相，维持截面恒定；萃余相从塔顶溢流口流出，进入萃余分相罐。

2. 正常操作

在正常开车一定时间后，按照要求设定重相流量、轻相流量、往复频率，具体操作为通过调节控制表将重相流量调至指标值（如16L/h），将轻相流量调至指标值（如24L/h）。轻、重两相呈逆流流动，充分接触进行物质传递。

当萃取塔的液位稳定在规定值（如280mm），且塔顶和塔底的液相出料维持稳定时，萃取塔进入正常操作状态。

塔顶萃余相进入萃余段（萃余相分相罐）静置一段时间后，轻相从顶部排出进入萃余相贮罐，重相由底部排出。

操作稳定1h后，打开重相采样阀阀门取萃取相100mL，打开轻相采样阀取轻相100mL以备分析浓度之用，取样应快速，尽可能同时进行。

取样后，可以继续稳定一段时间再取样分析，也可改变条件进行另一操作条件下的实验。

用滴定分析法测定各样品的浓度。用移液管分别取煤油相50mL，水相50mL样品，以酚酞做指示剂，用0.01mol/L左右NaOH标准液滴定样品中的苯甲酸。在滴定煤油相时应在样品中加数滴（3滴）非离子型表面活性剂脂肪醇聚乙烯醚硫酸脂钠，也可加入其他类型的非离子型表面活性剂，并滴定至终点。

在进行空气脉冲强化萃取实训操作时，除上述操作外，打开脉冲频率调节器的电源开关，设定脉冲频率至指标值；将压缩空气减压至较小值，开阀缓慢，使缓冲罐升压速度不要太快。

实训中的工艺操作指标如进料流量可控制在10～100L/h之间；空气脉冲频率可控制在0.1～20Hz；塔顶界面液位可控制在200～400mm；当塔顶界面液位超出上限报警值（280mm）时，仪表对塔釜电磁阀输出报警信号，电磁阀开启，塔釜排液；当塔釜液位降至上限报警值时，仪表停止输出信号，电磁阀关闭，塔釜停止排液。

3. 正常停车

完成正常的实训操作后，即可进行停车操作。停车过程发生异常现象，须及时上报进行处理。首先关闭轻相泵电源；然后依次关闭重相泵电源；关闭塔底萃取相产品出口阀门；关闭塔顶萃余相产品出口阀门；将萃余分相罐中的重相排出到排污槽；关闭总电源，清理。

4. 事故处理

（1）物料乳化 在萃取塔内煤油和水的乳化，降低了分离能力，处理的措施是降低气体通入量或减小往复震动频率。

（2）轻相出口中苯甲酸含量升高 在普通填料萃取塔内，发生轻相出口中苯甲酸含量升高的主要原因有：重相流量的下降、轻相流量的增加、脉冲空气的减少和塔性能恶化。处理的措施是观察重相流量和轻相流量，如流量偏离指标值，调回正常值即可；观察压缩空气缓冲罐压力，如发现下降，调整阀门开度，使压力恢复到正常值。

萃取操作中应合理设置振动频率，过大会导致物料泄漏，脉冲过猛会乳化，影响萃取效率；对易燃物料要远离火源，防止静电起火，迅速清理滞留物料，必要时惰气保护，杜绝隐患。

5. 单级萃取的三角形相图计算

在萃取操作中，除了用仪器测定浓度，还可以通过理论计算，借助三角形相图可使计算简化。如图 7-13 所示，一组 A、B 二元溶液组成以 F 点表示，加入溶剂 S，根据杠杆定律那么所得三元混合液总组成将位于 FS 连线上 P 点，且各点间满足以下关系：

$$PF/PS=S/F \tag{7-4}$$

$$\frac{\%A}{\%B}=\frac{\overline{FX_1}}{\overline{X_1S}}=\frac{\overline{PX_2}}{\overline{X_2S}}=\frac{\overline{QX_3}}{\overline{X_3S}} \tag{7-5}$$

S 加入越多，P 点朝顶点 S 移动；A、B 的比例不因 S 的加入而变化。

（1）*R*、*E* 组成计算 根据杠杆定律和质量守恒，可得：

$$R+E=F+S \tag{7-6}$$

$$R/E=ME/MR \tag{7-7}$$

各点的组成直接由图读出。

（2）*R′*、*E′* 组成计算 也由杠杆定律得到：

$$E'+R'=F \tag{7-8}$$

$$E'/R'=FR'/FE' \tag{7-9}$$

由图 7-14 可看到相切时萃取液浓度最高。

萃取分离效果取决于两相区大小和联结线斜率，而这两因素又为所选择萃取溶剂和操作温度决定。实践证明，温度越高，溶解度大，两相区缩小，对萃取效果影响很大。

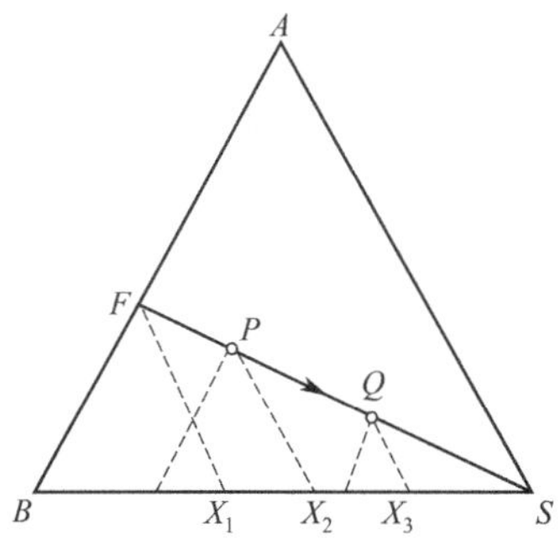

图 7-13 单级逆流萃取流程

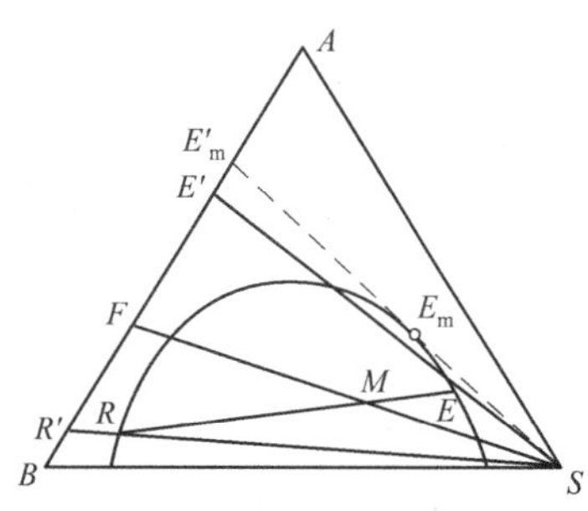

图 7-14 单级萃取图解

思考题

1. 萃取操作中轻相和重相是如何接触的？
2. 为什么在萃取塔底部和顶部留有部分空间？
3. 液液萃取设备与气液传质设备的主要区别在哪里？
4. 在液液萃取操作过程中，外加能量是否越大越有利？

课后任务

查询多级萃取的三角形相图计算方法。

二、编制事故处理预案

事故处理预案在操作规程中是很必要的技术文件，是装置发生一般生产事故或操作大幅度波动的状态下，避免扩大事故范围，使事故向可控制的方向发展，达到最终的安全受控状态的处理步骤。其作用是帮助操作人员判明事故真相，决策处理目标，明确操作处理方案。编制内容和要求必须严谨，包括事故名称、事故现象、事故原因、事故确认、事故处理。每个事故处理预案都要有具体、明确的标题，记录现象要具体，事故发生时最直接表现出来的异常，如异常的声音、气味、报警灯闪烁等；要客观分析导致事故的原因，列出确认事故的充分必要条件，对这些条件进行“是”或“否”的判断，从而确定事故的属性；最后要有事故处理，包括以下几方面。

① 立即行动：用明确的、简洁的语言指出必须立即进行的操作行为。

② 操作目标：用简洁的语言表明事故处理的努力方向。

③ 潜在问题：提示处理过程中应努力避免的事故后果。

④ A级操作步骤：以框图的形式列出操作步骤清单，各操作步骤都设有编号，要列出整个事故处理过程中必须特别关注的事项。

⑤ B级操作步骤：顺序排列出包含具体操作的各处理步骤。

执行完成操作方案后，装置应达到相对安全的退守状态。

思考题

1. 为什么要有事故处理预案？
2. 什么情况下采取事故处理中的联锁停车？

课后任务

编制本次实训任务的事故处理预案。

任务四　核算萃取实训装置

单级萃取最多为一次平衡，故分离程度不高，只适用于溶质在萃取剂中的溶解度很大或溶质萃取率要求不高的场合，其最大和最小萃取剂用量如图7-15和式(7-10)、式(7-10a) 所表示。

$$S_{\min}=F\times\frac{\overline{FD}}{\overline{DS}} \tag{7-10}$$

$$S_{\max}=F\times\frac{\overline{FG}}{\overline{GS}} \tag{7-10a}$$

多级萃取中错流和逆流是较为常见的萃取方式。

多级错流萃取是原料液依次通过各级，新鲜溶剂则分别加入各级的混合槽中，萃取相和最后一级的萃余相分别进入溶剂回收设备。其特点是萃取率比较高，但萃取剂用量较大，溶剂回收处理量大，能耗较大。

而多级逆流萃取指原料液和萃取剂依次按反方向通过各级，最终萃取相从加料一端排出，并引入溶剂回收设备中，最终萃余相从加入萃取剂的一端排出，引入溶剂回收设备中。其特点是可用较少的萃取剂获得比较高的萃取率，工业上广泛采用。

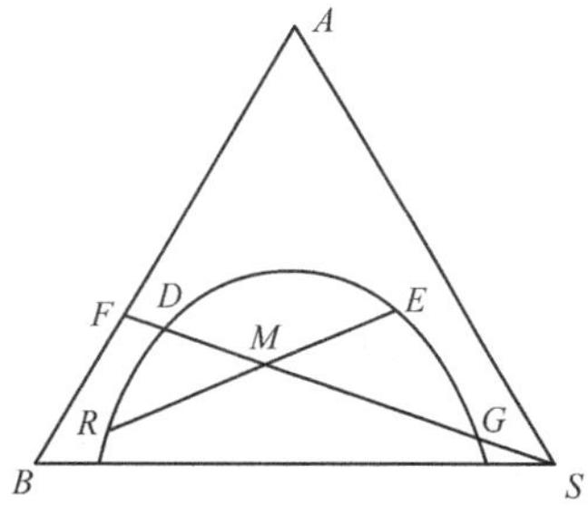

图 7-15　单级萃取的萃取剂用量

多级错流萃取实际上就是多个单级萃取的组合，如图7-16所示。原料液 F 从第一级进入，依次通过各级与加入各级的溶剂 S_i 进行萃取，获得萃余相 R_1、R_2、…。末级引出的萃余相 R_N 进入脱溶剂塔Ⅰ脱除溶剂 S_R，获得萃余液 $R_{N'}$。加入各级的溶剂 S_1、S_2、…分别与来自前一级的萃余相进行萃取，获得的萃取相 E_1、E_2、…分别从各级排出，通常汇集一起后进入脱溶剂塔Ⅱ脱除溶剂 S_E，获得萃取液 $R_{E'}$。回收的溶剂 S_R 和 S_E 一起返回系统循环使用。系统还应适量加入新溶剂以补充系统溶剂的损失。特点是萃取相溶质的回收率较高，溶剂耗量较大，溶剂回收负荷增加，设备投资大，其萃取过程可由相图 7-17 表示。

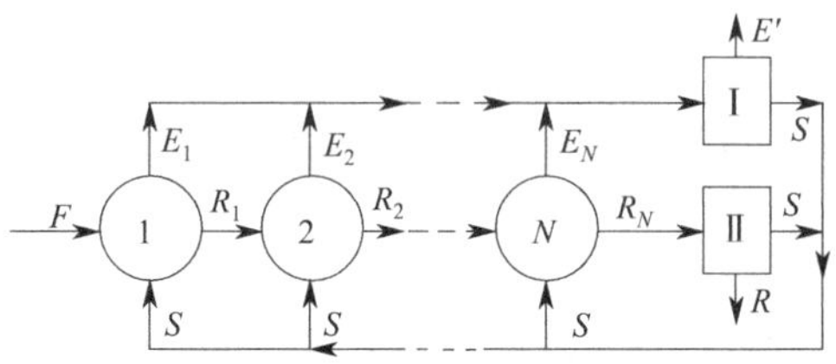

图 7-16　多级错流萃取流程

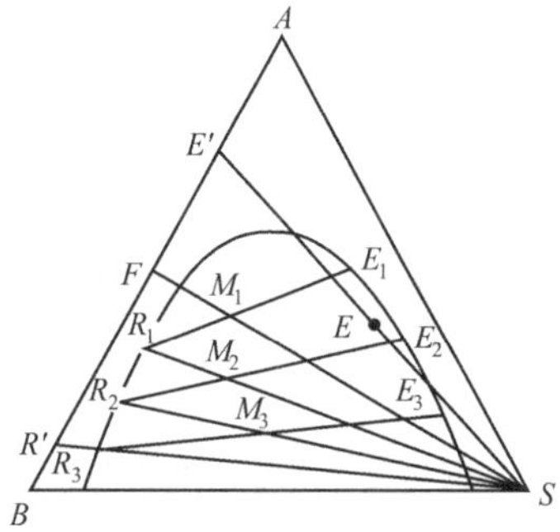

图 7-17　溶剂部分互溶时多级错流萃取图

多级逆流萃取的原料液 F 从第一级进入，依次经过各级萃取，成为各级的萃余相，其溶质组成逐级降低，溶剂 S 从末级第 N 级进入系统，依次通过各级与萃余相逆相接触，进行萃取，使得萃取相中的溶质组成逐级提高，最终获得的萃取相 E_1 和萃余相 R_N 通过脱溶剂塔脱除溶剂，并返回系统循环使用，如图 7-18 所示，其特点是连续逆流操作，混合物可分离程度较高。

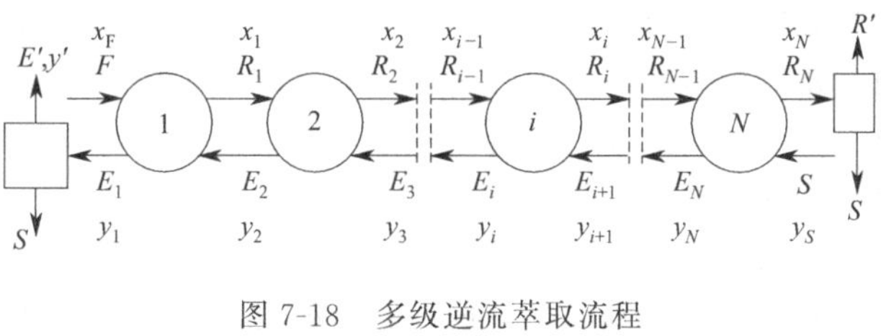

图 7-18　多级逆流萃取流程

多级逆流萃取过程中，离开每一级的萃取相和萃余相互成平衡，因此它们之间的关系利用平衡关系可以确定。若能通过物料衡算获得任意级萃余相 R_i 的组成 x_i 和下一级萃取相 E_{i+1} 的组成 y_{i+1} 之间的关系，多级逆流萃取问题可用类似精馏、吸收问题的计算方法进行求解。

根据杠杆定律，由图 7-19 可知：

$$F+S=E_1+R_N=M \tag{7-11}$$

$$S=F(MF/MS)\ \ (7\text{-}12)$$

$$E_1/R_N=MR_N/ME_1 \quad (7\text{-}13)$$

$$E'+R'=F \quad (7\text{-}14)$$

$$E'/R'=FR'/FE' \quad (7\text{-}15)$$

由图 7-20 可知，由物系的相平衡关系数据，原料液的量 F 及其组成 x_F，最终萃余相组成 x 和萃取相组成 y（或萃余液组成 x' 和萃取液组成 y'），可求出萃取剂的用量 S 和所需的理论级数 N。

第一级　　$F+E_2=R_1+E_1$　　(7-16)

即：　　$F-E_1=R_1-E_2$　　(7-16a)

第二级：　　$R_1-E_2=R_2-E_3$　　(7-17)

第三级：　　$R_2-E_3=R_3-E_4$　　(7-18)

直至第 N 级：　　$R_{N-1}-E_N=R_N-S$　　(7-19)

可得：　$F-E_1=R_1-E_2=R_2-E_3=R_3-E_4=\cdots=R_N-S=D$(常数)　　(7-20)

D 点为 F 与 E_1、R_1 与 E_2、R_2 与 E_3…R_N 与 S 的差点，如图 7-20 所示。

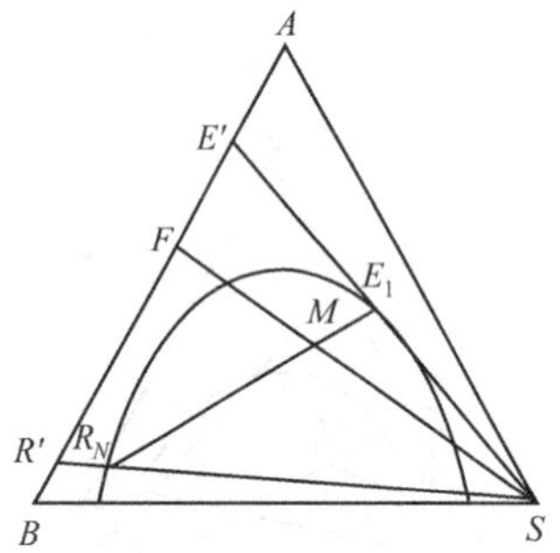

图 7-19　溶剂部分互溶时多级逆流萃取图（1）

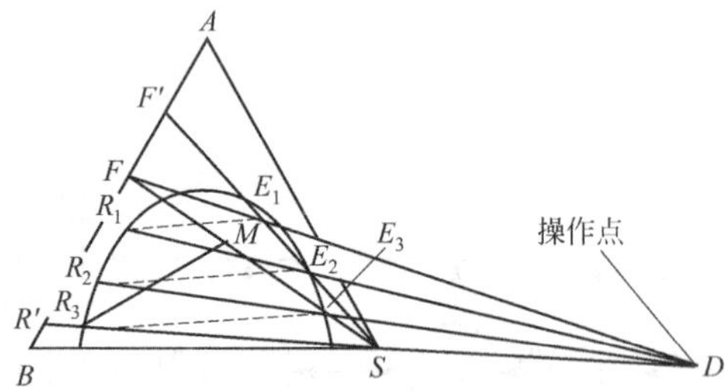

图 7-20　溶剂部分互溶时多级逆流萃取图（2）

一般微分接触式（连续接触式）常指塔式设备，如喷淋塔、填料塔、转盘塔、振动筛板塔等。一个液相为连续相，另一液相为分散相，分散相和连续相呈逆流流动；两相在流动过程中进行质量传递，其浓度沿塔高呈连续微分变化；两相的分离在塔的上下两端进行。液液传质过程中，分散相既可以是重相，也可以是轻相。分散相的选择应考虑以下几方面：两相体积流率相差不大时，以体积流率大的作为分散相。对同样尺寸的液滴，可以有较大的接触界面；两相体积流率相差很大时，以体积流率小的作为分散相；从安全方面考虑，应将易燃易爆的液相作为分散相。

需要指出的是，萃取过程本身并未完全完成分离任务，而只是将难于分离的混合物转变成易于分离的混合物，要得到纯产品并回收溶剂，必须辅以精馏（或蒸发）等操作。

一般用在混合液中各组分的沸点很接近或形成恒沸混合物，用一般精馏方法不经济或不能分离时用萃取手段；或混合液中含热敏性物质，受热易分解、聚合或发生其他化学变化；或混合液中需分离的组分浓度很低，采用精馏方法须将大量的稀释剂汽化，能耗太大，才使用萃取分离手段，经济要求才能得到满足。但在在分析化学中对复杂样品，特别是含有微量或痕量有效成分样品的分析中，样品的预处理常用萃取法；近年来，主要的新萃取方法有超临界萃取、微波萃取、固相微萃取、双水相萃取、液膜萃取等。它们各自凭借其独特的优点，无论在研究领域，还是在实际生产中都发挥着不可替代的作用。

思考题

1. 单级与多级萃取的效果哪个好？

2. 错流和逆流的区别是什么？

课后任务

核算实训室萃取装置的萃取级数。

练 习 题

1. 现有含15%（质量分数）醋酸的水溶液30kg，用60kg纯乙醚在25℃下作单级萃取，试求：(1) 萃取相、萃余相的量及组成；(2) 平衡两相中醋酸的分配系数，溶剂的选择性系数。

物系的平衡数据如下表：

在25℃下水 (B)-醋酸 (A)-乙醚 (S) 系统的平衡数据（均以质量分数表示）

水层			乙醚层		
水	醋酸	乙醚	水	醋酸	乙醚
93.3	0	6.7	2.3	0	97.7
88.0	5.1	6.9	3.6	3.8	92.6
84.0	8.8	7.2	5.0	7.3	87.7
78.2	13.8	8.0	7.2	12.5	80.3
72.1	18.4	9.5	10.4	18.1	71.5
65.0	23.1	11.9	15.1	23.6	61.3
55.7	27.9	16.4	23.6	28.7	47.7

2. 图7-21所示为溶质 (A)，稀释剂 (B)、溶剂 (S) 的液液相平衡关系，今有组成为 $x_F=0.3$（质量分数）的混合液100kg，用80kg纯溶剂作单级萃取，试求：

(1) 萃取相、萃余相的量及组成；

(2) 完全脱除溶剂之后的萃取液、萃余液的量及组成。

3. 含醋酸0.20（质量分数，下同）的水溶液100kg，用纯乙醚为溶剂作多级逆流萃取，采用溶剂比 S/F 为1，以使最终萃余相中含醋酸不高于0.02。操作在25℃下进行，物系的平衡数据见练习题1。试求：最终萃取相的量及组成、最终萃余相的量及组成。

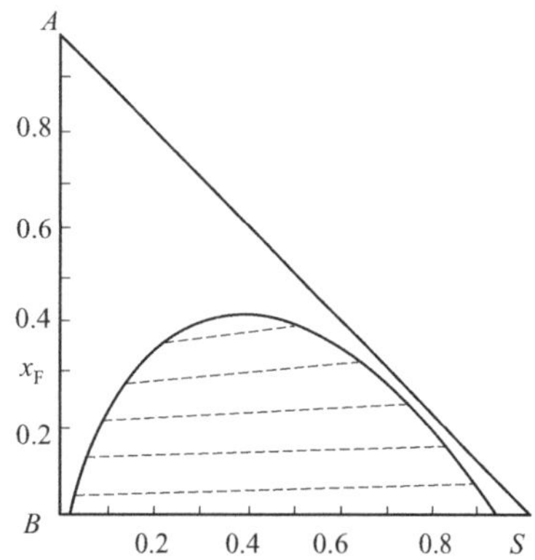

图7-21 练习题2附图

附 录

一、某些气体的重要物理性质

名称	密度（20℃，101.3kPa）/（kg/m³）	定压比热容/[kJ/(kg·K)]	沸点（101.3kPa）/℃	汽化潜热/（kJ/kg）	临界点		热导率/[W/(m·K)]
					温度/℃	压力/kPa	
空气	1.293	1.009	—195	197	−140.7	3768.4	0.0244
氧	1.429	0.653	−132.98	213	−118.82	5036.6	0.0240
氮	1.251	0.745	−195.78	199.2	−147.13	3392.5	0.0228
氢	0.0899	10.13	−252.75	454.2	−239.9	1296.6	0.163
氦	0.1786	3.18	−258.95	19.5	−267.96	228.94	0.144
氩	1.7820	0.322	−185.87	163	−122.44	4862.4	0.0173
氯	3.217	0.355	−33.8	305	144.0	7708.9	0.0072
氨	0.771	0.67	−33.4	1373	132.4	11295.0	0.0215
一氧化碳	1.250	0.754	−191.48	211	−140.2	3497.9	0.0226
二氧化碳	1.976	0.653	−78.2	574	31.1	7384.8	0.0137
二氧化硫	2.927	0.502	−10.8	394	157.5	7879.1	0.0077
二氧化氮	—	0.615	21.2	712	158.2	10130	0.0400
硫化氢	1.539	0.804	−60.2	548	100.4	19136	0.0131
甲烷	0.717	1.70	−161.58	511	−82.15	4619.3	0.0300
乙烷	1.357	1.44	−88.50	486	32.1	4948.5	0.0180
丙烷	2.020	1.65	−42.1	427	95.6	4355.0	0.0148
正丁烷	2.673	1.73	−0.5	385	152	3798.8	0.0135
正戊烷	—	1.57	−36.08	151	197.1	3342.9	0.0128
乙烯	1.261	1.222	+103.7	481	9.7	5135.9	0.0164
丙烯	1.914	1.436	−47.7	440	91.4	4599.0	—
乙炔	1.171	1.352	−83.66(升华)	829	35.7	6240.0	0.0184
氯甲烷	2.308	0.582	−24.1	406	148	6685.8	0.0085
苯	—	1.139	+80.2	394	288.5	4832.0	0.0088

二、某些液体的重要物理性质

名　称	化学式	摩尔质量 /(kg/kmol)	密度(20℃) /(kg/m³)	沸点 (101.3kPa) /℃	汽化热 (101.3kPa) /(kJ/kg)	比热容(20℃) /[kJ/(kg·K)]	黏度(20℃) /mPa·s	热导率 (20℃)/ [W/(m·K)]	体积膨胀系数 (20℃) $\beta\times10^4$/℃$^{-1}$	表面张力 (20℃) $\sigma\times10^3$/(N/m)
水	H_2O	18.02	998	100	2258	4.187	1.005	0.599	1.82	72.8
盐水(25%NaCl)	—	—	1185(25℃)	107	—	3.39	2.3	0.57(30℃)	(4.4)	—
盐水(25%$CaCl_2$)	—	—	1228	107	—	2.89	2.5	0.57	(3.4)	—
硫酸(98%)	H_2SO_4	98.08	1831	340(分解)	—	1.47(98%)	23	0.38	(5.7)	—
硝酸	HNO_3	63.02	1513	86	481.1	—	1.17(10℃)	—	—	—
盐酸(30%)	HCl	36.47	1149	—	—	2.25	2(31.5%)	0.42	—	—
二硫化碳	CS_2	76.13	1262	46.3	352	1.005	0.38	0.16	12.1	32
戊烷	C_5H_{12}	72.15	626	36.07	357.4	2.24(15.6℃)	0.229	0.113	15.9	16.2
己烷	C_6H_{14}	86.17	659	68.74	335.1	2.31(15.6℃)	0.313	0.119	—	18.2
庚烷	C_7H_{16}	100.20	684	98.43	316.5	2.21(15.6℃)	0.411	0.123	—	20.1
辛烷	C_8H_{18}	114.22	703	125.67	306.4	2.19(15.6℃)	0.540	0.131	—	21.8
四氯化碳	CCl_4	153.82	1594	76.8	195	0.850	1.0	0.138(30℃)	—	26.8
苯	C_6H_6	78.11	879	80.10	393.9	1.704	0.737	0.14(50℃)	12.4	28.6
甲苯	C_7H_8	92.13	867	110.63	363	1.70	0.675	0.138	10.9	27.9
邻二甲苯	C_8H_{10}	106.16	880	144.42	347	1.74	0.811	0.142	—	30.2
间二甲苯	C_8H_{10}	106.16	864	139.10	343	1.70	0.611	0.167	10.1	29.0
对二甲苯	C_8H_{10}	106.16	861	138.35	340	1.704	0.643	0.129	—	28.0
氯苯	C_6H_5Cl	112.56	1106	131.8	325	1.298	0.85	0.14(30℃)	—	32

三、空气的重要物理性质（p＝101.3kPa）

温度/℃	密度/(kg/m³)	定压比热容/[kJ/(kg·K)]	热导率/[W/(m·K)]	黏度/μPa·s	运动黏度/(10^{-3}m²/s)
－50	1.548	1.013	0.0204	14.6	9.23
－40	1.515	1.013	0.0212	15.2	10.04
－30	1.453	1.013	0.0220	15.7	10.80
－20	1.395	1.009	0.0228	16.2	12.79
－10	1.342	1.009	0.0236	16.7	12.43
0	1.293	1.005	0.0244	17.2	13.28
10	1.247	1.005	0.0251	17.7	14.16
20	1.205	1.005	0.0259	18.1	15.06
30	1.165	1.005	0.0267	18.6	16.00
40	1.128	1.005	0.0276	19.1	16.96
50	1.093	1.005	0.0283	19.6	17.95
60	1.060	1.005	0.0290	20.1	18.97
70	1.029	1.009	0.0297	20.6	20.02
80	1.000	1.009	0.0305	21.1	21.09
90	0.972	1.009	0.0313	21.5	22.10
100	0.946	1.009	0.0321	21.9	23.13
120	0.898	1.009	0.0334	22.9	25.45
140	0.854	1.013	0.0349	23.7	27.80
160	0.815	1.017	0.0364	24.5	30.09
180	0.779	1.022	0.0378	25.3	32.49
200	0.746	1.026	0.0393	26.0	34.85
250	0.674	1.038	0.0429	27.4	40.61
300	0.615	1.048	0.0461	29.7	48.33
350	0.566	1.059	0.0491	31.4	55.46
400	0.524	1.068	0.0521	33.0	63.09
500	0.456	1.093	0.0576	36.2	79.38
600	0.404	1.114	0.0622	39.1	96.89
700	0.362	1.135	0.0671	41.8	115.4
800	0.329	1.156	0.0718	44.3	134.8
900	0.301	1.173	0.0763	46.7	155.1
1000	0.277	1.185	0.0804	49.0	177.1

四、水的重要物理性质

温度/℃	外压/100kPa	密度/(kg/m³)	焓/(kJ/kg)	比热容/[kJ/(kg·K)]	热导率/[W/(m·K)]	黏度/mPa·s	运动黏度/(10^{-2}m²/s)	体积膨胀系数×10^{-2}/℃	表面张力/(mN/m)
0	1.013	999.9	0	4.212	0.551	1.789	0.1789	－0.063	75.6
10	1.013	999.7	42.04	4.191	0.575	1.305	0.1306	＋0.070	74.1
20	1.013	998.2	83.90	4.183	0.599	1.005	0.1006	0.182	72.7
30	1.013	995	125.8	4.174	0.618	0.801	0.0805	0.321	71.2
40	1.013	992.21	167.5	4.174	0.634	0.653	0.659	0.387	69.6
50	1.013	988.1	209.3	4.174	0.648	0.549	0.0556	0.449	67.7
60	1.013	983.2	251.1	4.178	0.669	0.470	0.0478	0.511	66.2
70	1.013	977.8	293.0	4.187	0.668	0.406	0.0415	0.570	64.3
80	1.013	971.3	334.9	4.195	0.675	0.355	0.0365	0.632	62.6

续表

温度/℃	外压/100kPa	密度/(kg/m³)	焓/(kJ/kg)	比热容/[kJ/(kg·K)]	热导率/[W/(m·K)]	黏度/mPa·s	运动黏度/($10^{-2}m^2/s$)	体积膨胀系数 $\times10^{-2}$/℃	表面张力/(mN/m)
90	1.013	965.3	377.0	4.208	0.680	0.315	0.0326	0.695	60.7
100	1.013	958.4	419.1	4.220	0.683	0.283	0.0295	0.752	58.8
110	1.433	951.0	461.3	4.223	0.685	0.259	0.0272	0.808	56.9
120	1.986	943.1	503.7	4.250	0.686	0.237	0.0252	0.864	54.8
130	2.702	934.8	546.4	4.266	0.686	0.218	0.0233	0.919	52.8
140	3.624	926.1	589.1	4.287	0.685	0.201	0.0217	0.972	50.7
150	4.761	917.0	632.2	4.312	0.684	0.186	0.0203	1.03	48.5
160	6.181	907.4	675.3	4.346	0.683	0.173	0.0191	1.07	46.6
170	7.924	897.3	719.3	4.385	0.679	0.163	0.0181	1.13	45.3
180	10.03	886.9	763.3	4.417	0.675	0.153	0.0173	1.19	42.3
190	12.55	876.0	807.6	4.459	0.670	0.144	0.0165	1.26	40.0
200	15.54	863.0	852.4	4.505	0.663	0.136	0.0158	1.33	37.7
210	19.07	852.8	897.6	4.555	0.655	0.139	0.0153	1.41	35.4
220	23.20	840.3	943.7	4.614	0.645	0.124	0.0148	1.48	33.1
230	27.98	827.3	900.2	4.681	0.637	0.120	0.0145	1.59	31.0
240	33.47	813.6	1038	4.756	0.628	0.115	0.0141	1.68	28.5
250	39.77	799.0	1086	4.844	0.618	0.110	0.0137	1.81	26.2
260	46.93	784.0	1135	4.949	0.604	0.106	0.0135	1.97	23.8
270	55.03	767.9	1185	5.070	0.590	0.102	0.0133	2.16	21.5
280	64.15	750.7	1237	5.229	0.575	0.098	0.0131	2.37	19.1
290	74.42	732.3	1290	5.485	0.558	0.094	0.0129	2.62	16.9
300	85.81	712.6	1345	5.736	0.540	0.091	0.0128	2.92	14.4
310	98.76	691.1	1402	6.071	0.523	0.088	0.0128	3.29	12.1
320	113.0	667.1	1462	6.573	0.506	0.085	0.0128	3.82	9.81
330	128.7	640.2	1526	7.24	0.484	0.081	0.0127	4.33	7.57
340	146.1	610.1	1595	8.16	0.457	0.077	0.0127	5.34	5.67
350	165.3	674.4	1671	9.50	0.43	0.073	0.0126	6.68	3.81

五、水的黏度（0～100℃）

温度/℃	黏度/mPa·s	温度/℃	黏度/mPa·s	温度/℃	黏度/mPa·s	温度/℃	黏度/mPa·s
0	1.7921	16	1.1111	31	0.7840	47	0.5782
1	1.7313	17	1.0828	32	0.7679	48	0.5683
2	1.6728	18	1.0559	33	0.7523	49	0.5588
3	1.6191	19	1.0299	34	0.7371	50	0.5494
4	1.5674	20	1.0050	35	0.7225	51	0.5404
5	1.5188	20.2	1.0000	36	0.7085	52	0.5315
6	1.4728	21	0.9810	37	0.6947	53	0.5229
7	1.4284	22	0.9579	38	0.6814	54	0.5146
8	1.3860	23	0.9359	39	0.6685	55	0.5064
9	1.3462	24	0.9142	40	0.6560	56	0.4985
10	1.3077	25	0.8937	41	0.6439	57	0.4907
11	1.2713	26	0.8737	42	0.6321	58	0.4832
12	1.2363	27	0.8545	43	0.6207	59	0.4759
13	1.2028	28	0.8360	44	0.6097	60	0.4688
14	1.1709	29	0.8180	45	0.5988	61	0.4618
15	1.1404	30	0.8007	46	0.5883	62	0.4550

续表

温度/℃	黏度/mPa·s	温度/℃	黏度/mPa·s	温度/℃	黏度/mPa·s	温度/℃	黏度/mPa·s
63	0.4483	73	0.3900	83	0.3436	93	0.3060
64	0.4418	74	0.3849	84	0.3395	94	0.3027
65	0.4355	75	0.3799	85	0.3355	95	0.2994
66	0.4293	76	0.3750	86	0.3315	96	0.2962
67	0.4233	77	0.3702	87	0.3276	97	0.2930
68	0.4174	78	0.3655	88	0.3239	98	0.2899
69	0.4117	79	0.3610	89	0.3202	99	0.2868
70	0.4061	80	0.3565	90	0.3165	100	0.2838
71	0.4006	81	0.3521	91	0.3130		
72	0.3952	82	0.3478	92	0.3095		

六、饱和水蒸气表（以温度排列）

温度/℃	绝对压力/kPa	蒸汽比体积/(m^3/kg)	蒸汽密度/(kg/m^3)	液体焓/(kJ/m^3)	蒸汽焓/(kJ/kg)	汽化热/(kJ/kg)
0	0.61	206.5	0.00484	0	2491.3	2491.3
5	0.87	147.1	0.00680	20.94	2500.9	2480.0
10	1.23	106.4	0.00940	41.87	2510.5	2468.6
15	1.71	77.9	0.01283	62.81	2520.6	2457.8
20	2.33	57.8	0.01719	83.74	2530.1	2446.3
25	3.17	43.40	0.02304	104.68	2538.5	2433.9
30	4.25	32.93	0.03036	125.60	2549.5	2423.7
35	5.62	25.25	0.03960	146.55	2559.1	2412.61
40	7.37	19.55	0.06114	167.47	2568.7	2401.1
45	9.68	15.28	0.06643	188.42	2577.9	2389.5
50	14.98	12.054	0.0830	209.34	2587.6	2378.1
55	15.74	9.589	0.1043	230.29	2596.8	2368.5
60	19.92	7.687	0.1301	251.21	2606.3	2355.1
65	25.01	5.209	0.1611	272.16	2615.6	2343.4
70	31.16	6.052	0.1979	293.08	2624.4	2331.2
75	38.5	4.139	0.2416	314.03	2629.7	2315.7
80	47.4	3.414	0.2928	334.94	2642.4	2307.3
85	57.9	2.832	0.3531	356.90	2651.2	2295.2
90	70.1	2.365	0.4229	376.81	2650.0	2283.1
95	84.5	1.985	0.5039	397.77	2688.8	2271.0
100	101.3	1.675	0.5970	418.68	2677.2	2258.4
105	120.8	1.421	0.7036	439.64	2685.1	2245.5
110	143.3	1.212	0.8254	450.97	2693.5	2232.4
115	120.0	1.038	0.9635	481.51	2702.5	2221.0
120	198.6	0.893	1.1199	503.67	2708.9	2205.2
125	232.1	0.7715	1.296	523.38	2716.5	2193.1
130	270.2	0.6693	1.494	546.38	2725.9	2177.6
135	313.0	0.5831	1.715	565.25	2731.2	2166.0
140	361.4	0.5098	1.962	589.08	273.8	2148.7
145	415.6	0.4469	2.238	507.12	2744.6	2137.5
150	476.1	0.3933	2.543	632.21	2750.7	2118.5
160	618.1	0.3075	3.262	675.75	2762.9	2087.1
170	792.4	0.2431	4.113	719.29	2773.3	2054.0
180	1003	0.1944	5.145	763.25	2782.8	2019.5

续表

温度/℃	绝对压力/kPa	蒸汽比体积/(m^3/kg)	蒸汽密度/(kg/m^3)	液体焓/(kJ/m^3)	蒸汽焓/(kJ/kg)	汽化热/(kJ/kg)
190	1255	0.1568	6.378	807.63	2790.1	1982.5
200	1564	0.1276	7.840	852.01	2795.6	1948.5
210	1917	0.1045	9.568	897.23	2799.3	1902.1
220	2320	0.0862	11.600	942.45	2801.0	1858.5
230	2797	0.07155	13.98	988.50	2800.1	1811.6
240	3347	0.05967	16.76	1034.56	2796.8	1762.2
250	3976	0.04998	20.01	1081.46	2790.1	1708.6
260	4693	0.04199	23.82	1128.76	2780.9	1652.1
270	5503	0.03538	28.27	1176.91	2760.3	1591.4
280	6220	0.02988	33.47	1225.48	2752.0	1526.5
290	7442	0.02525	39.60	1274.46	2732.3	1467.8
300	8591	0.02131	46.93	1325.54	2708.0	1382.5
310	9876	0.01799	55.59	1378.71	2680.0	1301.3
320	11300	0.01516	65.85	1436.07	2648.2	1212.1
330	12880	0.01273	78.53	1446.78	2610.5	1113.7
340	14510	0.01064	93.98	1562.93	2588.8	1005.7
550	16530	0.00884	113.2	1632.20	2516.7	330.5

七、饱和水蒸气表（以压力排列）

绝对压力		温度/℃	蒸气的比体积/(m^3/kg)	蒸汽的密度/(kg/m^3)	焓/(kJ/kg)		汽化热/(kJ/kg)
kPa	kgf/m^2				液体	蒸汽	
1.0	0.00987	6.3	129.37	0.00773	26.48	2503.1	2476.8
1.5	0.0148	12.5	88.26	0.01133	52.26	2515.3	2463.0
2.0	0.0197	17.0	67.29	0.01486	71.31	2524.2	2452.9
2.5	0.0247	20.9	54.47	0.01835	87.45	2531.8	2444.3
3.0	0.0295	23.6	45.52	0.02179	98.38	2536.8	2438.4
3.5	0.0345	26.1	39.45	0.02523	109.30	2541.8	2432.5
4.0	0.0395	28.7	34.88	0.02867	120.23	2546.8	2426.6
4.5	0.0444	30.8	33.06	0.03205	129.00	2550.9	2421.9
5.0	0.0493	32.4	28.27	0.03537	135.69	2554.0	2418.3
6.0	0.0592	35.6	23.81	0.04200	149.06	2560.1	2411.0
7.0	0.0691	38.8	20.56	0.04864	162.44	2565.3	2403.8
8.0	0.0790	41.3	18.13	0.05514	172.73	2571.0	2398.2
9.0	0.0888	43.3	16.24	0.06156	181.16	2574.8	2393.6
10	0.0987	45.3	14.71	0.06798	189.59	2578.6	2388.9
15	0.148	53.5	10.04	0.09956	224.03	2594.0	2370.0
20	0.197	60.1	7.65	0.13068	251.51	2606.4	2354.9
30	0.296	66.5	5.24	0.19093	288.77	2622.4	2333.7
40	0.395	75.0	4.00	0.24975	315.93	2634.1	2312.2
50	0.493	81.2	3.25	0.30799	339.80	2644.3	2304.5
60	0.592	85.6	2.74	0.36514	358.21	2852.1	2395.9
70	0.691	89.9	2.37	0.42229	376.61	2659.8	2283.2

续表

绝对压力		温度/℃	蒸气的比体积/(m^3/kg)	蒸汽的密度/(kg/m^3)	焓/(kJ/kg)		汽化热/(kJ/kg)
kPa	kgf/m^2				液体	蒸汽	
80	0.799	93.2	2.09	0.47807	390.08	2665.3	2275.3
90	0.888	96.4	1.87	0.53384	403.49	2670.8	2267.4
100	0.987	99.6	1.70	0.58961	416.90	2670.3	2259.6
120	1.184	104.5	1.43	0.69869	437.61	2684.3	2246.8
140	1.382	109.2	1.24	0.80758	457.67	2692.1	2234.4
160	1.579	113.0	1.21	0.82981	473.88	2698.1	2224.2
180	1.776	116.6	0.988	1.0209	489.32	2703.7	2214.3
200	1.974	120.2	0.887	1.1273	493.71	2709.2	2204.6
250	2.467	127.2	0.719	1.3904	534.39	2719.7	2185.4
300	2.961	133.3	0.606	1.5501	560.38	2728.5	2168.1
350	3.454	138.8	0.524	1.9074	583.76	2736.1	2152.3
400	3.948	143.4	0.463	2.1618	603.61	2742.1	2138.5
450	4.44	147.7	0.414	2.4152	622.42	2747.8	2126.4
500	4.93	151.7	0.375	2.6673	639.59	2752.8	2113.2
600	5.92	158.7	0.316	3.1688	670.22	2761.4	2091.1
700	6.91	164.7	0.273	3.6657	696.27	2767.8	2071.5
800	7.90	170.4	0.240	4.1614	720.96	2773.7	2052.7
900	8.88	175.1	0.215	4.6626	741.82	2778.1	2036.2
1×10^2	9.87	179.9	0.194	5.1432	762.68	2782.5	2019.7
1.1×10^2	10.86	180.2	0.177	5.6339	780.38	2785.5	2005.1
1.2×10^2	11.84	187.8	0.166	5.1241	797.92	2788.5	1990.6
1.3×10^2	12.83	191.5	0.151	6.6141	814.25	2790.9	1976.7
1.4×10^2	13.82	194.8	0.141	7.1038	829.06	2792.4	1963.7
1.5×10^2	14.80	198.2	0.132	7.5935	843.86	2794.5	1950.7
1.6×10^2	15.79	201.3	0.124	8.0814	857.77	2796.0	1938.2
1.7×10^2	16.78	204.1	0.117	8.5674	870.58	2797.1	1926.5
1.8×10^2	17.76	206.9	0.110	9.0533	883.39	2798.1	1914.8
1.9×10^2	18.75	209.8	0.105	9.5392	896.21	2799.2	1903.0
2×10^2	19.74	212.2	0.0997	10.0338	907.32	2799.7	1892.4
3×10^2	29.61	233.7	0.0655	15.0075	1005.4	2798.9	1793.5
4×10^2	39.48	250.3	0.0498	20.0969	1082.9	2789.8	1706.8
5×10^2	49.35	263.8	0.0394	25.3653	1146.9	2776.2	1629.2
6×10^2	59.21	275.4	0.0324	30.8494	1203.2	2759.5	1556.3
7×10^2	69.08	285.7	0.0273	36.5744	1253.2	2740.8	1487.6
8×10^2	79.95	294.8	0.0236	42.5768	1299.2	2720.5	1403.7
9×10^2	88.82	303.2	0.0205	48.8949	1343.5	2699.1	1356.6
10×10^2	98.69	310.9	0.0180	55.5407	1384.0	2677.1	1293.1
12×10^2	118.43	324.5	0.0142	70.3075	1463.4	2631.2	1167.7
14×10^2	138.17	336.5	0.0115	87.3020	1567.9	2583.2	1043.4
16×10^2	167.90	347.2	0.00927	107.8010	1615.8	2531.1	915.4
18×10^2	177.64	356.9	0.00744	134.4813	1699.8	2466.0	766.1
20×10^2	197.38	365.6	0.00565	176.5961	1817.8	2364.2	544.9

八、液体在常压下黏度共线图及密度

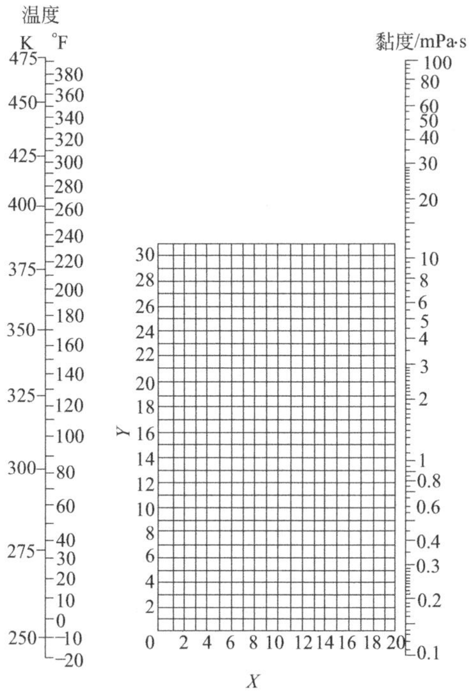

液体黏度共线图的坐标值及液体的密度列于下表。

序号	液体	X	Y	密度(293K)/(kg/m³)	序号	液体	X	Y	密度(293K)/(kg/m³)
1	醋酸 100%	12.1	14.2	1049	26	氟里昂-11	14.4	9.0	1494(290K)
2	70%	9.5	17.0	1069		(CCl_3F)			
3	丙酮 100%	14.5	7.2	792	27	氟里昂-21	15.7	7.5	1426(273K)
4	氨 100%	12.6	2.0	817(194K)		($CHCl_2F$)			
5	26%	10.1	13.9	904	28	甘油 100%	2.0	30.0	1261
6	苯	12.5	10.9	880	29	盐酸 31.5%	13.0	16.6	1157
7	氯化钠 25%	10.2	16.6	1186(298K)	30	异丙醇	8.2	16.0	789
8	溴	14.2	13.2	3119	31	煤油	10.2	16.9	780～820
9	丁醇	8.6	17.2	810	32	水银	18.4	16.4	13546
10	二氧化碳	11.6	0.3	1101(236K)	33	萘	7.8	18.1	1145
11	二硫化碳	16.1	7.5	1263	34	硝酸 95%	12.8	13.8	1493
12	四氯化碳	12.7	13.1	1595	35	80%	10.8	17.0	1367
13	甲酚(间位)	2.5	20.8	1034	36	硝基苯	10.5	16.2	1205(288K)
14	二溴乙烷	12.7	15.8	2495	37	酚	6.9	20-8	1071(298K)
15	二氯乙烷	13.2	12.2	1258	38	钠	16.4	13.9	970
16	二氯甲烷	14.6	8.9	1336	39	氢氧化钠 50%	3.2	26.8	1525
17	乙酸乙酯	13.7	9.1	901	40	二氧化硫	15.2	7.1	1434(273K)
18	乙醇 100%	10.5	13.8	789	41	硫酸 110%	7.2	27.4	1980
19	95%	9.8	14.3	804		98%	7.0	24.8	1836
20	40%	6.5	16.6	935		60%	10.2	21.3	1498
21	乙苯	13.2	11.5	867	42	甲苯	13.7	10.4	866
22	氯乙烷	14.8	6.0	917(279K)	43	醋酸乙烯酯	14.0	8.8	932
23	乙醚	14.6	5.3	708(298K)	44	水	10.2	13.0	998.2
24	乙二醇	6.0	23.6	1113	45	二甲苯(对位)	13.9	10.9	861
25	甲酸	10.7	15.8	220					

九、气体在常压下黏度共线图

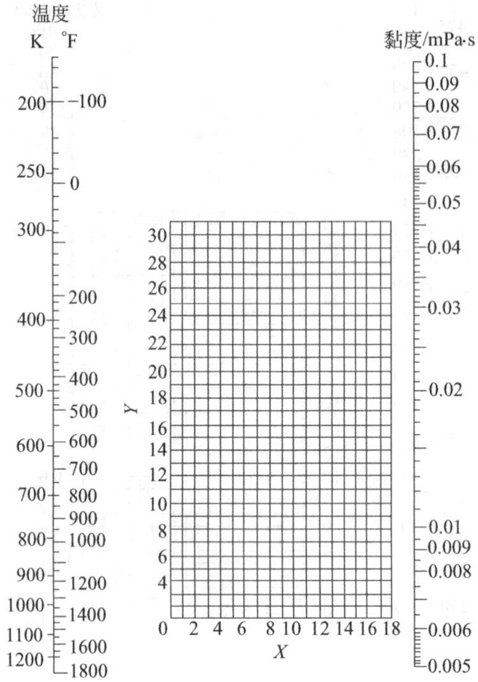

气体黏度共线图的坐标值列于下表。

序号	气体	X	Y	序号	气体	X	Y
1	醋酸	7.7	14.3	21	氮	10.9	20.5
2	丙酮	8.9	13.0	22	己烷	8.6	11.8
3	乙炔	9.8	14.9	23	氢	11.2	12.4
4	空气	11.0	20.0	24	$3H_2+N_2$	11.2	17.2
5	氨	8.4	16.0	25	溴化氢	8.8	20.9
6	苯	8.5	13.2	26	氯化氢	8.8	18.7
7	溴	8.9	19.2	27	硫化氢	8.0	18.0
8	丁烯	9.2	13.7	28	碘	9.0	18.4
9	二氧化碳	9.5	18.7	29	水银	5.3	22.9
10	一氧化碳	11.0	20.0	30	甲烷	9.9	15.5
11	氯	9.0	18.4	31	甲醇	8.5	15.6
12	乙烷	9.1	14.5	32	一氧化氮	10.9	20.5
13	乙酸乙酯	8.5	13.2	33	氮	10.6	20.0
14	乙醇	9.2	14.2	34	氧	11.0	21.3
15	氯乙烷	8.5	15.6	35	丙烷	9.7	12.9
16	乙醚	8.9	13.0	36	丙烯	9.0	13.8
17	乙烯	9.5	16.1	37	二氧化硫	9.6	17.0
18	氟	7.3	23.8	38	甲苯	8.6	12.4
19	氟里昂-11	10.6	15.1	39	水	8.0	16.0
20	氟里昂-21	10.8	15.3				

十、气体的比热容（p＝101.3kPa）

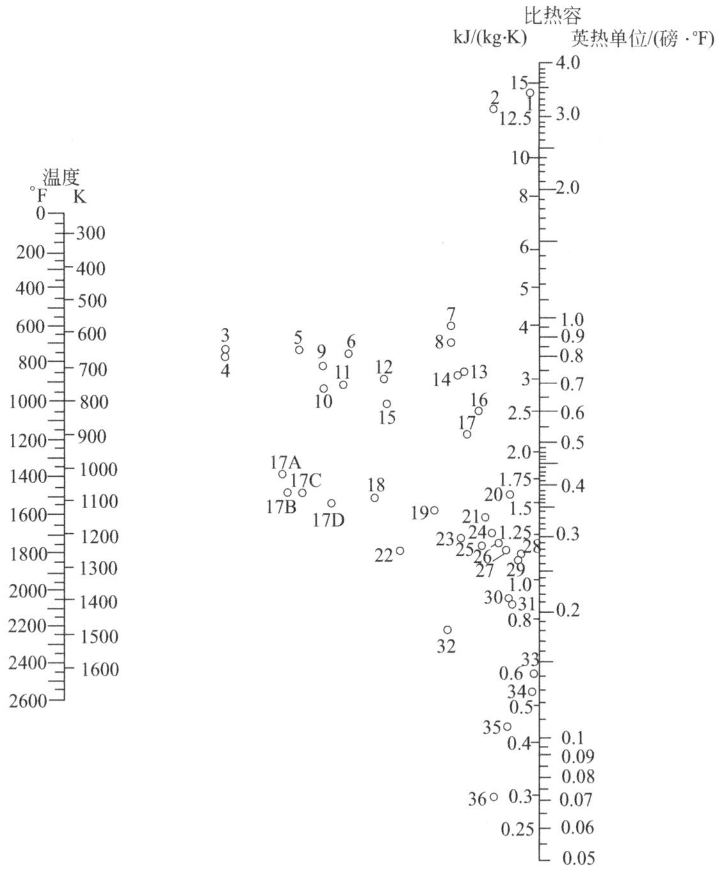

气体比热容共线图的坐标值列于下表。

序号	气体	温度范围/K	序号	气体	温度范围/K
10	乙炔	273～473	17D	氟里昂-113	273～423
15	乙炔	473～673	1	氢	273～873
16	乙炔	673～1673	2	氢	873～1673
27	空气	273～1673	35	溴化氢	273～1673
12	氨	273～873	30	氯化氢	273～1673
14	氨	873～1673	20	氟化氢	273～1673
18	二氧化碳	273～673	36	碘化氢	273～1673
24	二氧化碳	673～1673	19	硫化氢	273～973
26	一氧化碳	273～1673	21	硫化氢	973～1673
32	氯	273～473	5	甲烷	273～573
34	氯	473～1673	6	甲烷	573～973
3	乙烷	273～473	7	甲烷	973～1673
9	乙烷	473～873	25	一氧化氮	273～973
8	乙烷	873～1673	28	一氧化氮	973～1673
4	乙烯	273～473	26	氮	273～1673
11	乙烯	473～873	23	氧	273～773
13	乙烯	873～1673	29	氧	773～1673
17B	氟里昂-11	273～423	33	硫	573～1673
17C	氟里昂-21	273～423	22	二氧化硫	273～673
17A	氟里昂-22	273～423	31	二氧化硫	673～1673
			17	水	273～1673

十一、液体的比热容

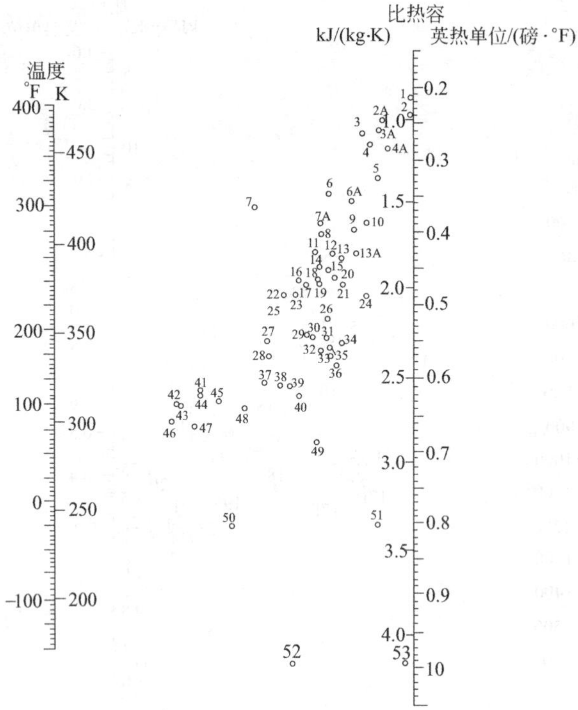

液体比热容共线图坐标值列于下表。

序号	液体	温度范围/K	序号	液体	温度范围/K
29	醋酸 100%	273～353	16	道舍姆 A	273～473
32	丙酮	293～323	24	乙酸乙酯	223～298
52	氨	203～323	42	乙醇 100%	303～353
37	戊醇	223～298	46	95%	293～353
26	乙酸戊酮	273～373	50	50%	293～353
30	苯胺	273～403	25	乙苯	273～373
23	苯	283～353	1	溴乙烷	278～298
27	苯甲醇	253～303	13	氯乙烷	243～313
10	卞基氧	243～303	36	乙醚	173～298
49	$CaCl_2$ 25%	233～293	7	碘乙烷	273～373
51	NaCl 25%	233～293	39	乙二醇	233～473
44	丁醇	273～373	2A	氟里昂-11	253～343
2	二硫化碳	173～298	6	氟里昂-12	233～288
3	四氯化碳	283～333	4A	氟里昂-21	253～343
8	氯苯	273～373	7A	氟里昂-22	253～333
4	三氯甲烷	273～323	3A	氟里昂-113	253～343
21	癸烷	193～298	38	三元醇	233～293
6A	二氯乙烷	243～333	28	庚烷	273～333
5	二氯甲烷	233～323	35	己烷	193～293
15	联苯	353～398	48	盐酸	293～373
22	二苯甲烷	303～373	41	异戊醇	283～373
16	二苯醚	273～473	43	异丁醇	273～373

续表

序号	液体	温度范围/K	序号	液体	温度范围/K
47	异丙醇	253～323	45	丙醇	253～373
31	异丙醚	193～293	20	吡啶	222～298
40	甲醇	233～293	9	硫酸 98%	253～318
13A	氯甲烷	193～293	11	二氧化硫	253～373
14	萘	363～473	23	甲苯	273～333
12	硝基苯	273～373	53	水	283～473
34	壬烷	223～398	19	二甲苯(邻位)	273～373
33	辛烷	223～298	18	二甲苯(间位)	273～373
3	过氯乙烯	432～413	17	二甲苯(对位)	273～373

十二、液体汽化潜热共线图

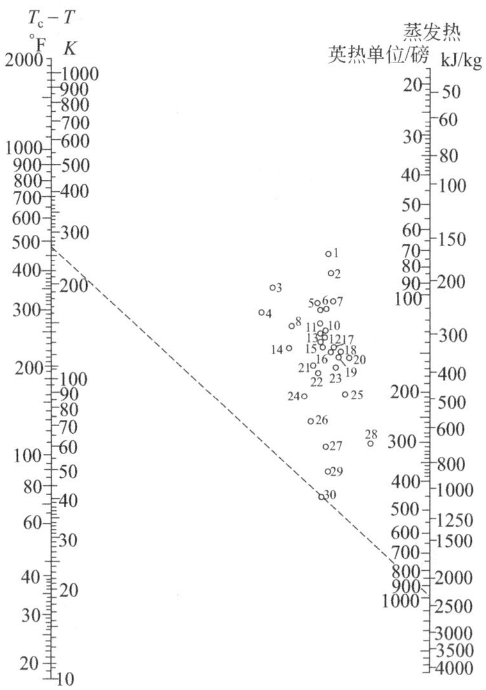

汽化潜热共线图坐标值列于下表。

序号	化合物	(T_c-T)/K	临界温度 T_c/K	序号	化合物	(T_c-T)/K	临界温度 T_c/K
18	醋酸	100～225	594	2	氟里昂-11(CCl_3F)	70～250	471
22	丙酮	120～210	508	2	氟里昂-12($CHCl_2F_2$)	40～200	384
29	氨	50～200	406	5	氟里昂-21($CHCl_2F$)	70～250	451
13	苯	10～400	562	6	氟里昂-22($CHClF_2$)	50～170	369
16	丁烷	80～200	426	1	氟里昂-113(CCl_2F-$CCLF_2$)	90～250	487
21	二氧化碳	10～100	304	10	庚烷	20～300	540
4	二硫化碳	140～275	646	11	己烷	50～225	608
2	四氯化碳	90～250	656	15	异丁烷	80～200	407
7	三氯甲烷	140～275	536	27	甲醇	40～250	513
8	二氯甲烷	150～250	489	20	氯甲烷	70～250	416
3	联苯	175～400	800	19	一氧化二氮	25～150	209
25	乙烷	25～160	305	9	辛烷	30～300	569
26	乙醇	20～140	516	12	戊烷	20～200	470
28	乙醇	140～300	516	23	丙烷	40～200	369
17	氯乙烷	100～250	460	24	丙醇	20～200	537
13	乙醚	10～400	467	14	二硫化碳	90～160	430
				30	水	100～500	647

十三、某些气体的热导率

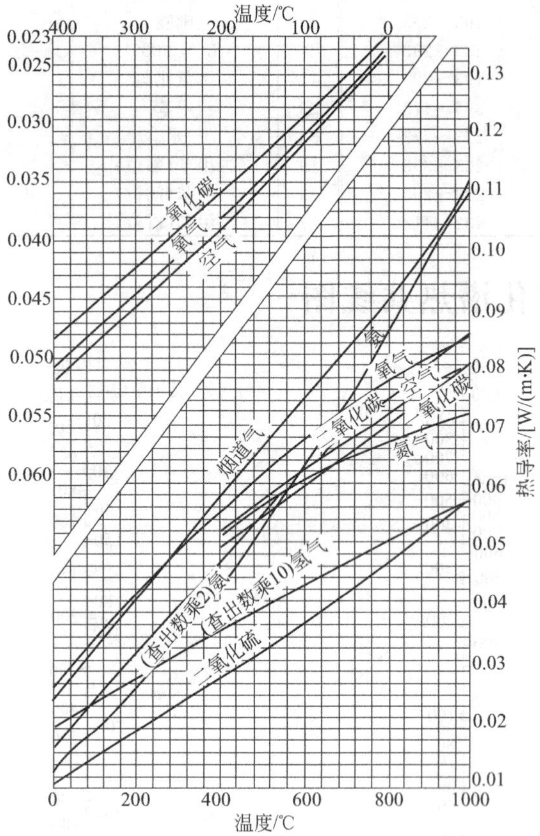

十四、某些液体的热导率

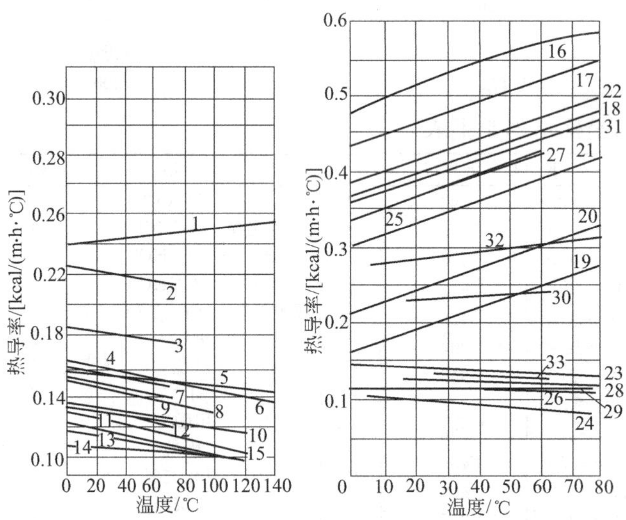

1—无水甘油；2—蚁酸；3—甲醇 100%；4—乙醇 100%；5—蓖麻油；6—苯胺；7—醋酸；8—丙酮；9—丁醇；10—硝基苯；11—异丙烷；12—苯；13—甲苯；14—二甲苯；15—凡士林油；16—水；17—$CaCl_2$，25%；18—NaCl，25%；19—乙醇，80%；20—乙醇，60%；21—乙醇，40%；22—乙醇，20%；23—CS_2；24—CCl_4；25—甘油，50%；26—戊烷；27—Ha，30%；28—煤油；29—乙醚；30—硫酸，98%；31—氨，26%；32—甲醇，40%；33—辛烷

十五、某些固体材料的热导率

1. 常用金属的热导率

单位：W/(m·℃)

温度℃	0	100	200	300	400
铝	227.95	227.95	227.95	227.95	227.95
铜	383.79	379.14	372.16	367.61	362.86
铁	73.27	67.45	61.64	54.66	48.85
铅	35.12	33.38	31.40	29.77	—
镁	172.12	167.47	162.82	158.17	—
镍	93.04	82.57	73.27	63.97	59.31
银	414.03	409.38	373.32	361.69	359.37
锌	112.81	109.90	105.83	101.18	93.04
碳钢	52.34	48.85	44.19	41.87	34.89
不锈钢	16.28	17.45	17.45	18.49	—

2. 常用非金属材料的热导率

材料	温度/℃	热导率/[W/(m·℃)]	材料	温度/℃	热导率/[W/(m·℃)]
软木	30	0.04303		−80	0.003485
玻璃棉	—	0.03489～0.06978	泡沫塑料	—	0.04662
保温灰	—	0.06979	木材(横向)	—	0.1396～0.1745
锯屑	20	0.04652～0.05815	(纵向)	—	0.3833
棉花	100	0.06978	耐火砖	230	0.8723
厚纸	20	0.1396～0.3489		1200	1.6398
玻璃	30	1.0932	混凝土	—	1.2793
	−20	0.7560	绒毛毡	—	0.04652
搪瓷	—	0.8728～1.163	85%氧化镁粉	0～100	0.06978
云母	50	0.4303	聚氯乙烯	—	0.1163～0.1745
泥土	20	0.6978～0.9304	酚醛加玻璃纤维	—	0.2593
冰	0	2.326	聚酯加玻璃纤维	—	0.2594
软橡胶	—	0.1291～0.1593	聚苯乙烯泡沫	25	0.04187
硬橡胶	0	0.1500		−150	0.001745
聚四氟乙烯	—	0.2419	聚乙烯	—	0.3291
泡沫玻璃	−15	0.004885	石墨	—	139.56

十六、无机盐水溶液在101.3kPa下的沸点

溶质	沸点/℃									
	101	102	103	104	105	107	110	115	120	125
	溶液的质量分数%									
$CaCl_2$	5.66	10.31	14.16	17.36	20.00	24.24	29.33	35.68	40.83	45.80
KOH	4.49	8.51	11.97	14.82	17.01	20.88	25.65	31.97	36.51	40.23
KCl	8.42	14.31	18.96	23.02	26.57	32.62	—	—	—	—
K_2CO_3	10.31	18.37	24.24	28.57	32.24	37.69	43.97	50.86	56.04	60.40
KNO_3	13.19	23.66	32.23	39.20	45.10	54.65	65.34	79.53		
$MgCl_2$	4.67	8.42	11.66	14.31	16.59	20.32	24.41	29.48	33.07	36.02
$MgSO_4$	14.31	22.78	28.31	32.23	35.32	42.86	—	—	—	—

续表

溶质	沸点/℃									
	101	102	103	104	105	107	110	115	120	125
	溶液的质量分数%									
$NaOH$	4.12	7.40	10.15	12.51	14.53	18.32	23.08	26.21	23.77	37.58
$NaCl$	6.19	11.03	14.67	17.69	20.32	26.09	—	—	—	—
$NaNO_3$	8.26	15.61	21.87	27.53	32.43	40.47	49.87	60.94	68.94	
Na_2SO_4	15.26	24.81	30.73	—	—	—	—	—	—	—
Na_2CO_3	9.42	17.22	23.72	29.18	33.86	—	—	—	—	—
$CuSO_4$	26.95	39.98	40.83	41.47	—	—	—	—	—	—
$ZnSO_4$	20.00	81.22	37.89	42.92	46.15	—	—	—	—	—
NH_4NO_3	9.09	16.66	23.08	29.08	34.21	42.53	51.92	63.24	71.26	77.11
NH_4Cl	6.10	11.35	15.96	19.80	22.89	28.37	35.98	46.95		
$(NH_4)_2SO_4$	13.34	23.14	30.66	36.71	41.79	49.73	—	—	—	—

溶质	沸点/℃								
	140	160	180	200	220	240	260	280	340
	溶液的质量分数%								
$CaCl_2$	57.89	68.94	75.86	—	—	—	—	—	—
KOH	48.05	54.89	60.41	64.91	68.73	72.46	75.76	78.95	81.63
KCl	—	—	—	—	—	—	—	—	—
K_2CO_3	—	—	—	—	—	—	—	—	—
KNO_3	—	—	—	—	—	—	—	—	—
$MgCl_2$	38.61	—	—	—	—	—	—	—	—
$MgSO_4$	—	—	—	—	—	—	—	—	—
$NaOH$	48.32	60.13	69.97	77.53	84.03	88.89	93.02	95.92	98.47
$NaCl$	—	—	—	—	—	—	—	—	—
$NaNO_3$	—	—	—	—	—	—	—	—	—
Na_2SO_4	—	—	—	—	—	—	—	—	—
Na_2CO_3	—	—	—	—	—	—	—	—	—
$CuSO_4$	—	—	—	—	—	—	—	—	—
$ZnSO_4$	—	—	—	—	—	—	—	—	—
NH_4NO_3	87.09	93.20	96.00	97.61	98.84	—	—	—	—
NH_4Cl	—	—	—	—	—	—	—	—	—
$(NH_4)_2SO_4$	—	—	—	—	—	—	—	—	—

十七、管子规格

1. 无缝钢管规格简表（摘自 YB 231—70）

公称直径/mm	实际外径/mm	管壁厚度/mm						
		$PN=15$	$PN=25$	$PN=40$	$PN=64$	$PN=100$	$PN=160$	$PN=200$
15	18	2.5	2.5	2.5	2.5	3	3	3
20	25	2.5	2.5	2.5	2.5	3	3	4
25	32	2.5	2.5	2.5	3	3.5	3.5	5
32	38	2.5	2.5	3	3	3.5	3.5	6
40	45	2.5	3	3	3.5	3.5	4.5	6
50	57	2.5	3	3.5	3.5	4.5	5	7
70	76	3	3.5	3.5	4.5	6	6	9

续表

公称直径/mm	实际外径/mm	管壁厚度/mm						
		$PN=15$	$PN=25$	$PN=40$	$PN=64$	$PN=100$	$PN=160$	$PN=200$
80	89	3.5	4	4	5	6	7	11
100	108	4	4	4	6	7	12	13
125	133	4	4	4.5	6	9	13	17
150	159	4.5	4.5	5	7	10	17	—
200	219	6	6	7	10	13	21	—
250	273	8	7	8	11	16	—	—
300	325	8	8	9	12	—	—	—
350	377	9	9	10	13	—	—	—
400	426	9	10	12	15	—	—	—

注：表中的 PN 为公称压力，指管内可承受的流体表压力，单位为 MPa。

2. 水、煤气输送钢管（即有缝钢管）规格（摘自 YB 234—3）

公称直径		外径/mm	壁厚/mm	
in(英寸)	mm		普通级	加强级
1/4	8	13.50	2.25	2.75
3/8	10	17.00	2.25	2.75
1/2	15	21.25	2.75	3.25
3/4	20	26.75	2.75	3.60
1	25	33.50	3.25	4.00
1¼	32	42.25	3.25	4.00
1½	40	48.00	3.50	4.25
2	50	60.00	3.50	4.50
2½	70	75.00	3.75	4.50
3	80	88.50	4.00	4.75
4	100	114.00	4.00	6.00
5	125	140.00	4.50	5.50
6	150	165.00	4.50	5.50

3. 承插式铸铁管规格（摘自 YB 428—64）

公称直径/mm	内径/mm	壁厚/mm	公称直径/mm	内径/mm	壁厚/mm
低压管、工作压力≤0.44MPa					
75	75	9	300	302.4	10.2
100	100	9	400	403.6	11
125	125	9	450	453.8	11.5
150	151	9	500	504	12
200	201.2	9.4	600	604.8	13
250	252	9.8	800	806.4	14.8
普通管、工作压力≤0.735MPa					
75	75	9	500	500	14
100	100	9	600	600	15.4
125	125	9	700	700	16.5
150	150	9	800	800	18.0
200	200	10	900	900	19.5
250	250	10.8	1100	997	22
300	300	11.4	1100	1097	23.5
350	350	12	1200	1196	25
400	400	12.8	1350	1345	27.5
450	450	13.4	1500	1494	30

十八、常用离心泵的规格（摘录）

1. IS型单级单吸离心泵

型号	流量/(m^3/h)	扬程/m	转速/(r/min)	汽蚀余量/m	泵效率/%	功率/kW		泵口径/mm	
						轴功率	配带功率	吸入	排出
	7.5		2900				2.2		
IS50-32-125	12.5	20	2900	2.0	60	1.13	2.2	50	32
	15		2900				2.2		
	7.5		2900				3		
IS50-32-160	12.5	32	2900	2.0	54	2.02	3	50	32
	15		2900				3		
	7.5	52.5	2900	2.0	38	2.62	5.5		
IS50-32-200	12.5	500	2900	2.0	48	3.54	5.5	50	32
	15	48	2900	2.5	51	3.84	5.5		
	7.5	82	2900	2.0	28.5	5.67	11		
IS50-32-250	12.5	80	2900	2.0	38	7.16	11	50	32
	15	78.5	2900	2.5	41	7.83	11		
	15		2900				3		
IS65-50-125	25	20	29100	2.0	69	1.97	3	65	50
	30		2900				3		
	15	35	2900	2.0	54	2.65	5.5		
IS65-50-160	25	32	2900	2.0	65	3.35	5.5	65	50
	30	30	2900	2.5	66	3.71	5.5		
	15	53	2900	2.0	49	4.42	7.5		
IS65-40-200	25	50	2900	2.0	60	5.67	7.5	65	40
	30	47	2900	2.5	61	6.29	7.5		
	15		2900				15		
IS65-40-250	25	80	2900	2.0	53	10.3	15	65	40
	30		2900				15		
	30	22.5	2900	3.0	64	2.87	5.5		
IS80-65-125	50	20	2900	3.0	75	3.63	5.5	80	65
	60	18	2900	3.5	74	3.93	5.5		
	30	36	2900	2.5	61	4.82	7.5		
IS80-65-160	50	32	29100	2.5	73	5.97	7.5	80	65
	60	29	2900	3.0	72	6.59	7.5		
	30	53	2900	2.5	55	7.87	15		
IS80-50-200	50	50	2900	2.5	69	9.87	15	80	50
	60	47	2900	3.0	71	10.8	15		
	30	84	2900	2.5	52	13.2	22		
IS80-50-250	50	80	2900	2.5	63	17.3	22	80	50
	60	75	2900	3.0	64	19.2	22		
	60	24	2900	4.0	67	5.86	11		
IS100-80-125	100	20	2900	4.5	78	7.00	11	100	80
	120	16.5	2900	5.0	74	7.28	11		
	60	36	2900	3.5	70	8.42	15		
IS100-80-160	100	32	2900	4.0	78	11.2	15	100	80
	120	28	2900	5.0	75	12.2	15		
	60	54	2900	3.0	65	13.6	22		
IS100-65-200	100	50	2900	3.6	76	17.9	22	100	65
	120	47	2900	4.8	77	19.9	22		

2. Sh 型单级双吸离心泵

型号	流量/(m^3/h)	扬程/m	转速/(r/min)	汽蚀余量/m	泵效率/%	功率/kW		泵口径/mm	
						轴功率	配带功率	吸入	排出
100S90	60 80 95	95 90 82	2950	2.5	61 65 63	23.9 28 31.2	37	100	70
150S100	126 160 202	102 100 90	2950	3.5	70 73 72	48.8 55.9 62.7	75	150	100
150S78	126 160 198	84 78 70	2950	3.5	72 75.5 72	40 46 52.4	55	150	100
150S50	130 160 220	52 50 40	2950	3.9	72.0 80 77	25.4 27.6 27.2	37	150	100
200S95	216 280 324	103 95 85	2950	5.3	62 79.2 72	86 94.4 96.6	132	200	125
200S95A	198 270 310	94 87 80	2950	5.3	68 75 74	72.2 82.4 88.1	110	200	125
200S95B	245	72	2950	5	74	65.8	75	200	125
200S63	216 280 351	69 63 50	2950	5.8	74 82.7 72	55.1 59.4 67.8	75	200	150
200S63A	180 270 324	54.5 46 37.5	2950	5.8	70 75 70	41 48.3 51	55	200	150
200S42	216 280 342	48 42 35	2950	6	81 84.2 81	34.8 37.8 40.2	45	200	150
200S42A	198 270 310	43 36 31	2950	6	76 80 76	30.5 33.1 34.4	37	200	150
250S65	360 485 612	71 65 56	1450	3	75 78.6 72	92.8 108.5 129.6	160	250	200
250S65A	342 468 540	61 54 50	1450	3	74 77 65	76.8 89.4 98	132	250	200

3. D型节段式多级离心泵

型号	流量/(m³/h)	扬程/m	转速/(r/min)	汽蚀余量/m	泵效率/%	功率/kW		泵口径/mm	
						轴功率	配带功率	吸入	排出
D6-25×3	3.75 6.3 7.5	76.5 75 73.5	2950	2 2 2.5	33 45 47	2.37 2.86 3.19	5.5	40	40
D6-25×4	3.75 6.3 7.5	102 100 98	2950	2 2 2.5	33 45 47	3.16 3.81 4.26	7.5	40	40
D6-25×5	3.75 6.3 7.5	127.5 12.5 122.5	2950	2 2 2.5	33 45 47	3.95 4.77 5.32	7.5	40	40
D12-25×2	12.5	50	2950	2.0	54	3.15	5.5	50	40
D12-25×3	7.5 12.5 15.0	84.6 75 69	2950	2.0 2.0 2.5	44 54 53	3.93 4.73 5.32	7.5	50	40
D12-25×4	7.5 12.5 15	112.8 100 92	2950	2.0 2.0 2.5	44 54 53	5.24 6.30 7.09	11	50	40
D12-25×5	7.5 12.5 15.0	141 125 115	2950	2.0 2.0 2.5	44 54 53	6.55 7.88 8.86	11	50	40
D12-50×2	12.5	100	2950	2.8	40	8.5	11	50	50
D12-50×3	12.5	150	2950	2.8	40	12.75	18.5	50	50
D12-50×4	12.5	200	2950	2.8	40	17	22	50	50
D12-50×5	12.5	250	2950	2.8	40	21.7	30	50	50
D12-50×6	12.5	300	2950	2.8	40	25.5	37	50	50
D16-60×3	10 16 20	186 183 177	2950	2.3 2.8 3.4	30 40 44	16.9 19.9 21.9	22	65	50
D16-60×4	10 16 20	248 244 236	2950	2.3 2.8 3.4	30 40 44	22.5 26.6 29.2	37	65	50
D16-60×5	10 16 20	310 305 295	2950	2.3 2.8 3.4	30 40 44	28.2 33.3 36.5	45	65	50
D16-60×6	10 16 20	372 366 354	2950	2.3 2.8 3.4	30 40 44	33.8 39.9 43.8	45	65	50
D16-60×7	10 16 20	434 427 413	2950	2.3 2.8 3.4	30 40 44	39.4 46.6 51.1	55	65	50

4. F型耐腐蚀离心泵

型号	流量/(m^3/h)	扬程/m	转速/(r/min)	汽蚀余量/m	泵效率/%	功率/kW		泵口径/mm	
						轴功率	配带功率	吸入	排出
25F-16	3.60	16.00	2960	4.30	30.00	0.523	0.75	25	25
25F-16A	3.27	12.50	2960	4.30	29.00	0.39	0.55	25	25
25F-25	3.60	25.00	2960	4.30	27.00	0.91	1.50	25	25
25F-25A	3.27	20.00	2960	4.30	26	0.69	1.10	25	25
25F-41	3.60	41.00	2960	4.30	20	2.01	3.00	25	25
25F-41A	3.27	33.50	2960	4.30	19	1.57	2.20	25	25
40F-16	7.20	15.70	2960	4.30	49	0.63	1.10	40	25
40F-16A	6.55	12.00	2960	4.30	47	0.46	0.75	40	25
40F-26	7.20	25.50	2960	4.30	44	1.14	1.50	40	25
40F-26A	6.55	20.00	2960	4.30	42	0.87	1.10	40	25
40F-40	7.20	39.50	2960	4.30	35	2.21	3.00	40	25
40F-40A	6.55	32.00	2960	4.30	34	1.68	2.20	40	25
40F-65	7.20	65.00	2960	4.30	24	5.92	7.50	40	25
40F-65A	6.72	56.00	2960	4.30	24	4.28	5.50	40	25
50F-103	14.4	103	2900	4	25	16.2	18.5	50	40
50F-103A	13.5	89.5	2900	4	25	13.2		50	40
50F-103B	12.7	70.5	2900	4	25	11		50	40
50F-63	14.4	63	2900	4	35	7.06		50	40
50F-63A	13.5	54.5	29D0	4	35	5.71		50	40
50F-63B	12.7	48	2900	4	35	4.75		50	40
50F-40	14.4	40	2900	4	44	3.57	7.5	50	40
50F-40A	13.1	32.5	2900	4	44	2.64	7.5	50	40
50F-25	14.4	25	2900	4	52	1.89	5.5	50	40
50F-25A	13.1	20	2900	4	52	1.37	5.5	50	40
50F-16	14.4	15.7	2900	4	62	0.99		50	40
50F-16A	13.1	12	2900	4	62	0.69		50	40
65F-100	28.8	100	29100	4	40	19.6		65	50
65F-100A	26.9	89	2900	4	40	15.9		65	50
65F-100B	25.3	77	2900	4	40	13.3		65	50
65F-64	28.8	64	2900	4	57	9.65	15	65	50
65F-64A	26.9	55	2900	4	57	7.75	18.5	65	50
65F-64B	25.3	48.5	2900	4	57	6.43	18.5	65	50

5. Y型离心油泵

型号	流量/(m^3/h)	扬程/m	转速/(r/min)	汽蚀余量/m	泵效率/%	功率/kW		泵口径/mm	
						轴功率	配带功率	吸入	排出
50Y60	7.5 13.0 15.0	71 67 64	2950	2.7 2.9 3.0	29 38 40	5.00 6.24 6.55	75	50	40
50Y60A	7.2 11.2 14.4	56 53 49	2950	2.9 3.0 3.0	28 35 37	3.92 4.68 5.20	75	50	40
65Y60	15 25 30	67 60 55	2950	2.4 3.05 3.5	41 50 57	6.68 8.18 8.90	11	65	50

续表

型号	流量/(m³/h)	扬程/m	转速/(r/min)	汽蚀余量/m	泵效率/%	功率/kW		泵口径/mm	
						轴功率	配带功率	吸入	排出
65Y60A	13.5 22.5 27	55 49 45	2950	2.3 3.0 3.3	40 49 50	5.06 5.13 5.61	7.5	65	50
65Y100	15 25 30	115 110 104	2950	3.0 3.2 3.4	32 40 42	14.7 18.8 20.2	22	65	50
65Y100A	14 23 28	96 92 87	2950	3.0 3.1 3.3	31 39 41	11.8 14.75 16.4	18.5	65	50
80Y100	30 50 60	110 100 90	2950	2.8 3.1 3.2	42.5 51 52.5	21.1 26.6 28.0	37	80	65
80Y100A	26 45 55	91 85 78	2950	2.8 3.1 3.1	42.5 52.5 53	15.2 19.9 22.4	30	80	65
80Y100B	25 40 55	78 73 62	2950	2.8 2.9 3.1	42 52 55	12.65 15.3 16.85	18.5	80	65
100Y60	60 100 120	67 63 59	2950	3.3 4.1 4.8	58 70 71	18.85 24.5 27.7	30	100	80
100Y60A	54 90 108	54 49 45	2950	3.4 4.5 5.0	54 64 65	14.7 18.9 20.4	22	100	80
100Y60B	48 79 95	42 38 34	2950	3.0 3.5 4.2	54 65 66	10.15 12.55 13.3	15	100	80

十九、管壳式热交换器系列标准

1. 固定管板式

(1) 换热管为 ϕ19mm 的换热器基本参数（管心距 25mm）

公称直径/mm	公称压力/MPa	管程数	管子根数	中心排管数	管程流通面积/m²	计算换热面积/m²					
						换热管长度/mm					
						1500	2000	3000	4500	6000	9000
159	1.60	1	15	5	0.0027	1.3	1.7	2.6	—	—	—
219			33	7	0.0058	2.8	3.7	5.7	—	—	—
273	2.50	1	65	9	0.0115	5.4	7.4	11.3	17.1	22.9	—
		2	56	8	0.0049	4.7	6.4	9.7	14.7	19.7	—
325	4.00	1	99	11	0.0175	8.3	11.2	17.1	26.0	34.9	—
		2	88	10	0.0078	7.4	10.0	15.2	23.1	31.0	—
	6.40	4	68	11	0.0030	5.7	7.7	11.8	17.9	23.9	—

续表

公称直径/mm	公称压力/MPa	管程数	管子根数	中心排管数	管程流通面积/m²	计算换热面积/m² 换热管长度/mm					
						1500	2000	3000	4500	6000	9000
400		1	174	14	0.0307	14.5	19.7	30.1	45.7	61.3	—
		2	164	15	0.0145	13.7	18.6	28.4	43.1	57.8	—
	0.60	4	146	14	0.0065	12.2	16.6	25.3	38.3	51.4	—
450		1	237	17	0.0419	19.8	26.9	41.0	62.2	83.5	—
		2	220	16	0.0194	18.4	25.0	38.1	57.8	77.5	—
	1.00	4	200	16	0.0088	16.7	22.7	34.6	52.5	70.4	—
500		1	275	19	0.0486	—	31.2	47.6	72.2	96.8	—
		2	256	18	0.0226	—	29.0	44.3	67.2	90.2	—
		4	222	18	0.0098	—	25.2	38.4	58.3	78.2	—
600	1.60	1	430	22	0.0760	—	48.8	74.4	112.9	151.4	—
		2	416	23	0.0368	—	47.2	72.0	109.3	146.5	—
		4	370	22	0.0163	—	42.0	64.0	97.2	130.3	—
		6	360	20	0.0106	—	40.8	62.3	94.5	126.8	—
700	2.50	1	607	27	0.1073	—	—	105.1	159.4	213.8	—
		2	574	27	0.0507	—	—	99.4	150.8	202.1	—
		4	542	27	0.0239	—	—	93.8	142.3	190.9	—
	4.00	6	518	24	0.0153	—	—	89.7	136.0	182.4	—
800	0.60 1.00 1.60 2.50 4.00	1	797	31	0.1408	—	—	138.0	209.3	280.7	—
		2	776	31	0.0686	—	—	134.3	203.8	273.3	—
		4	722	31	0.0319	—	—	125.0	189.8	254.3	—
		6	710	30	0.0209	—	—	122.9	186.5	250.0	—
900		1	1009	35	0.1783	—	—	174.7	265.0	355.3	536.0
		2	988	35	0.0873	—	—	171.0	259.5	347.9	524.9
		4	938	35	0.0414	—	—	162.4	246.4	330.3	498.3
		6	914	34	0.0269	—	—	158.2	240.0	321.9	485.6
1000		1	1267	39	0.2239	—	—	219.3	332.8	446.2	673.1
	2.50	2	1234	39	0.1090	—	—	213.6	324.1	434.6	655.6
	4.00	4	1186	39	0.0524	—	—	205.3	311.5	417.7	630.1
		6	1148	38	0.0338	—	—	198.7	301.5	404.3	609.9
(1100)		1	1501	43	0.2652	—	—	—	394.2	528.6	797.4
		2	1470	43	0.1299	—	—	—	386.1	517.7	780.9
		4	1450	43	0.0641	—	—	—	380.8	510.6	770.3
		6	1380	42	0.0406	—	—	—	362.4	486.0	733.1

注：1. 表中的管程流通面积为各平均值。2. 括号内公称直径不推荐使用。3. 管子为正三角形排列。

(2) 换热管为 ϕ25mm 的换热器基本参数

公称直径/mm	公称压力/MPa	管程数	管子根数	中心排管数	管程流通面积/m²		计算换热面积/m² 换热管长度/mm					
					ϕ25×2	ϕ25×2.5	1500	2000	3000	4500	6000	9000
159	1.60	1	11	3	0.0038	0.0035	1.2	1.6	2.5	—	—	—
219			25	5	0.087	0.0079	2.7	3.7	5.7	—	—	—
273	2.50	1	38	6	0.0119	0.0119	4.2	5.7	8.7	13.1	17.6	—
		2	32	7	0.0050	0.0050	3.5	4.8	7.3	11.1	14.8	—
325	4.00	1	57	9	0.0179	0.0179	6.3	8.5	13.0	19.7	26.4	—
		2	56	9	0.0088	0.0088	6.2	8.4	12.7	19.3	25.9	—
	6.40	4	40	9	0.0031	0.0031	4.4	6.0	9.1	13.8	18.5	—

续表

公称直径/mm	公称压力/MPa	管程数	管子根数	中心排管数	管程流通面积/m²		计算换热面积/m² 换热管长度/mm					
					ϕ25×2	ϕ25×2.5	1500	2000	3000	4500	6000	9000
400		1	98	12	0.0308	0.0308	10.8	14.6	22.3	33.8	45.5	—
		2	94	11	0.0148	0.0148	10.3	14.0	21.4	32.5	43.5	—
	0.60	4	76	11	0.0060	0.0060	8.4	11.3	17.3	26.3	35.2	—
450		1	135	13	0.0424	0.0424	14.8	20.1	30.7	46.6	62.5	—
		2	126	12	0.0198	0.0198	13.9	18.8	28.7	43.5	58.4	—
	1.00	4	106	13	0.0083	0.0083	11.7	15.8	24.1	36.6	49.1	—
500		1	174	14	0.0546	0.0546	—	26.0	39.6	60.1	80.6	—
		2	164	15	0.0257	0.0257	—	24.5	37.3	56.6	76.0	—
		4	144	15	0.0113	0.0113	—	21.4	32.8	49.7	66.7	—
600	1.6	1	245	17	0.0768	0.0769	—	36.5	55.8	84.6	113.5	—
		2	232	16	0.0364	0.0364	—	34.6	52.8	80.1	107.5	—
		4	222	17	0.0174	0.0174	—	33.1	50.5	76.7	102.8	—
		6	216	16	0.0113	0.0113	—	32.2	49.2	74.6	100.0	—
700	2.50	1	355	21	0.1115	0.1115	—	—	80.0	122.6	164.4	—
		2	342	21	0.0537	0.0537	—	—	77.9	118.1	158.4	—
		4	322	21	0.0253	0.0253	—	—	73.3	111.2	149.1	—
	4.00	6	304	20	0.0159	0.0159	—	—	69.2	105.0	140.8	—
800	0.60		467	23	0.1466	0.1466	—	—	106.3	161.3	216.3	—
			450	23	0.0707	0.0707	—	—	102.4	155.4	208.5	—
			442	23	0.0347	0.0347	—	—	100.6	152.7	204.7	—
	1.00		430	24	0.0225	0.0225	—	—	97.9	148.5	119.2	—
900			605	27	0.1900	0.1900	—	—	137.8	209.0	280.2	422.7
			588	27	0.0923	0.0923	—	—	133.9	203.1	272.3	410.8
			554	27	0.0435	0.0435	—	—	126.1	191.4	256.6	387.1
	1.6		538	26	0.00282	0.0282	—	—	122.5	185.8	249.2	375.9
1000			749	30	0.2352	0.2352	—	—	170.5	258.7	346.9	523.3
			742	29	0.1165	0.1165	—	—	168.9	256.3	343.7	518.4
			710	29	0.0557	0.0557	—	—	161.6	245.2	328.8	496.0
	2.50		698	30	0.0365	0.0365	—	—	158.9	241.1	323.3	487.7
(1100)			931	33	0.2923	0.2923	—	—	—	321.6	431.2	650.4
			894	33	0.1404	0.1404	—	—	—	308.8	414.1	624.6
			848	33	0.0666	0.0666	—	—	—	292.9	392.8	592.5
	4.00		830	32	0.0434	0.0434	—	—	—	286.7	384.4	579.9

注：1. 表中的管程流通面积为各平均值。2. 括号内公称直径不推荐使用。3. 管子为正三角形排列。

2. 浮头式（内导流）换热器的主要参数

公称直径/mm	管程数	排管数[①]		中心排管数		管程流通面积/m²			计算换热面积[②]/m²							
		d				$d\times\delta_1$			L=3m		L=4.5m		L=6m		L=9m	
		16	25	19	25	19×2	25×2	25×2.5	19	25	19	25	19	25	19	25
325	2	60	32	7	5	0.0053	0.0055	0.0050	10.5	7.4	15.8	11.1	—	—	—	—
	4	52	28	6	4	0.0023	0.0024	0.0022	9.1	6.4	13.7	9.7		—	—	—
426 400	2	120	74	8	7	0.0106	0.0126	0.0116	20.9	16.9	31.6	25.5	42.3	34.4	—	—
	4	108	68	9	6	0.0048	0.0059	0.0053	18.8	5.6	28.4	23.6	38.1	31.6	—	—
500	2	206	124	11	8	0.0182	0.0215	0.0194	35.7	28.3	54.1	42.8	72.5	57.4	—	—
	4	192	116	10	9	0.0085	0.0100	0.0091	33.2	26.4	50.4	40.1	67.6	53.7	—	—

公称直径/mm	管程数	排管数①		中心排管数		管程流通面积/m²			计算换热面积②/m²							
		d				$d\times\delta_1$			$L=3$m		$L=4.5$m		$L=6$m		$L=9$m	
		16	25	19	25	19×2	25×2	25×2.5	19	25	19	25	19	25	19	25
600	2	324	198	14	11	0.0286	0.0343	0.0311	55.8	44.9	84.8	68.2	113.9	91.5	—	—
	4	308	188	14	10	0.0136	0.0163	0.0148	53.1	42.6	80.7	64.8	108.2	86.9	—	—
	6	284	158	14	10	0.0083	0.0091	0.0083	48.9	35.8	74.4	54.4	99.8	73.1	—	—
700	2	468	268	16	13	0.0414	0.0464	0.0421	80.4	60.6	122.2	92.1	164.1	123.7	—	—
	4	448	256	17	12	0.0198	0.0222	0.0201	76.9	57.8	117.0	87.9	157.1	118.1	—	—
	6	382	224	15	10	0.0112	0.0129	0.0116	65.6	50.6	99.8	76.9	133.9	103.4	—	—
800	2	610	366	19	15	0.0539	0.0634	0.0575	—	—	158.9	125.4	213.5	168.5	—	—
	4	588	352	18	14	0.0260	0.0305	0.0276	—	—	153.2	120.6	205.8	162.1	—	—
	6	518	316	16	14	0.0152	0.0182	0.0165	—	—	134.9	108.3	181.3	145.5	—	—
900	2	800	472	22	17	0.0707	0.0817	0.0741	—	—	207.6	161.2	279.2	216.8	—	—
	4	776	456	21	16	0.0343	0.0395	0.0353	—	—	201.4	155.7	270.8	209.4	—	—
	6	720	426	21	16	0.0212	0.0246	0.0223	—	—	186.9	145.5	251.3	195.6	—	—
1000	2	1006	606	24	19	0.0890	0.105	0.0952	—	—	260.6	206.6	350.6	277.9	—	—
	4	980	588	23	18	0.0433	0.0509	0.0462	—	—	253.9	200.4	341.6	269.7		
	6	892	564	21	18	0.0262	0.0326	0.0295	—	—	231.1	192.2	311.0	258.7	—	—
1100	2	1240	736	27	21	0.1100	0.1270	0.1160	—	—	320.3	250.2	431.3	336.8	—	—
	4	1212	716	26	20	0.0536	0.0620	0.0562	—	—	313.1	243.4	421.6	327.7	—	—
	6	1120	692	24	20	0.0329	0.0399	0.0362	—	—	289.3	235.2	389.6	316.7	—	—
1200	2	1452	880	28	22	0.1290	0.1520	0.1380	—	—	374.4	298.6	504.3	402.2	764.2	609.4
	4	1424	860	28	22	0.0629	0.0745	0.0675	—	—	367.2	291.8	494.6	393.1	749.5	595.6
	6	1348	828	27	21	0.0396	0.0478	0.0434	—	—	347.6	280.9	468.2	378.4	709.5	573.4
1300	4	1700	1024	31	24	0.0751	0.0887	0.0804	—	—	—	—	589.3	467.1	—	—
	6	1616	972	29	24	0.0476	0.0560	0.0509	—	—	—	—	560.2	443.3	—	—

① 排管数按正方形旋转45°排列计算。

② 计算换热器面积按光管及公称压力2.5MPa的管板厚度确定。

二十、若干气体溶于水时的亨利系数

气体	温度/℃															
	0	5	10	15	20	25	30	35	40	45	50	60	70	80	90	100
	$E\times10^{-3}$/MPa															
H_2	5.87	6.16	6.44	6.70	6.92	7.16	7.38	7.52	7.61	7.70	7.75	7.75	7.71	7.65	7.61	7.55
N_2	5.36	6.05	6.77	7.48	8.14	8.76	9.36	9.98	10.5	11.0	11.4	12.2	12.7	12.8	12.8	12.8
空气	4.38	4.94	5.56	6.15	6.73	7.29	7.81	8.34	8.81	9.23	9.58	10.2	10.6	10.8	10.9	10.8
CO	3.57	4.01	4.48	4.95	5.43	5.87	6.28	6.68	7.05	7.38	7.71	8.32	8.56	8.56	8.57	8.57
O_2	2.58	2.95	3.31	3.69	4.06	4.44	4.81	5.14	5.42	5.70	5.96	6.37	6.72	6.96	7.08	7.10
CH_4	2.27	2.62	3.01	3.41	3.81	4.18	4.55	4.92	5.27	5.58	5.85	6.34	6.75	6.91	7.01	7.10
NO	1.71	1.96	1.96	2.45	2.67	2.91	3.14	3.35	3.57	3.77	3.95	4.23	4.34	4.54	4.58	4.60
C_2H_6	1.27	1.91	1.57	2.90	2.66	3.06	3.47	3.88	4.28	4.69	5.07	5.72	6.31	6.70	6.96	7.01

续表

气体	温度/℃															
	0	5	10	15	20	25	30	35	40	45	50	60	70	80	90	100
	$E\times10^{-2}$/MPa															
C_2H_4	5.59	6.61	7.78	9.07	10.3	11.5	12.9	—	—	—	—	—	—	—	—	—
N_2O	—	1.19	1.43	1.68	2.01	2.28	2.62	3.06	—	—	—	—	—	—	—	—
CO_2	0.737	0.887	1.05	1.24	1.44	1.66	1.88	2.12	2.36	2.60	2.87	3.45	—	—	—	—
C_2H_2	0.729	0.85	0.97	1.09	1.23	1.35	1.48	—	—	—	—	—	—	—	—	—
Cl_2	0.271	0.334	0.399	0.461	0.537	0.604	0.67	0.739	0.80	0.86	0.90	0.97	0.99	0.97	0.96	—
H_2S	0.271	0.319	0.372	0.418	0.489	0.552	0.617	0.685	0.755	0.825	0.895	1.04	1.21	1.37	1.46	1.062
	E/MPa															
Br_2	2.16	2.79	3.71	4.72	6.01	7.47	9.17	11.04	13.47	16.0	19.4	25.4	32.5	40.9	—	—
SO_2	1.67	2.02	2.45	2.94	3.55	4.13	4.85	5.67	6.60	7.63	8.71	11.1	13.9	17.0	20.1	—

二十一、某些二元物系的气液平衡组成

1. 乙醇-水（101.3kPa）

乙醇摩尔分数		温度/℃	乙醇摩尔分数		温度/℃
液相	气相		液相	气相	
0.00	0.00	100	0.3273	0.5826	81.5
0.0190	0.1700	95.5	0.3965	0.6122	80.7
0.0721	0.3891	89.0	0.5079	0.6564	79.8
0.0966	0.4375	86.7	0.5198	0.6599	79.7
0.1238	0.4704	85.3	0.5732	0.6841	79.3
0.1661	0.5089	84.1	0.6763	0.7385	78.74
0.2337	0.5445	82.7	0.7472	0.7815	78.41
0.2608	0.5580	82.3	0.8943	0.8943	78.15

2. 苯-甲苯（101.3kPa）

苯摩尔分数		温度/℃	苯摩尔分数		温度/℃
液相	气相		液相	气相	
0.0	0.0	110.6	0.592	0.789	89.4
0.088	0.212	106.1	0.700	0.853	86.8
0.200	0.370	102.2	0.803	0.914	84.4
0.300	0.500	98.6	0.903	0.957	82.3
0.397	0.618	95.2	0.950	0.979	81.2
0.489	0.710	92.1	1.000	1.000	80.2

3. 氯仿-苯（101.3kPa）

氯仿质量分数		温度/℃	氯仿质量分数		温度/℃
液相	气相		液相	气相	
0.10	0.136	79.9	0.60	0.750	74.6
0.20	0.272	79.0	0.70	0.830	72.8
0.30	0.406	78.1	0.80	0.900	70.5
0.40	0.530	77.2	0.90	0.961	67.0
0.50	0.650	76.0			

4. 水-醋酸（101.3kPa）

水摩尔分数		温度/℃	水摩尔分数		温度/℃
液相	气相		液相	气相	
0.0	0.0	118.2	0.833	0.886	101.3
0.270	0.394	108.2	0.886	0.919	100.9
0.455	0.565	105.3	0.930	0.950	100.5
0.588	0.707	103.8	0.968	0.977	100.2
0.690	0.790	102.8	1.000	1.000	100.0
0.769	0.845	101.9			

5. 甲醇-水（101.3kPa）

甲醇摩尔分数		温度/℃	甲醇摩尔分数		温度/℃
液相	气相		液相	气相	
0	0	100	0.2909	0.6801	77.8
0.02	0.134	96.4	0.3333	0.6918	76.7
0.04	0.234	93.5	0.3513	0.7347	76.2
0.0531	0.2834	92.9	0.4620	0.7756	73.8
0.0767	0.4001	90.3	0.5292	0.7971	72.7
0.0926	0.4353	88.9	0.5937	0.8183	71.3
0.1257	0.4831	86.6	0.6849	0.8492	70.0
0.1315	0.5455	85.0	0.7701	0.8962	68.0
0.1674	0.5585	83.2	0.8741	0.9194	66.9
0.1818	0.5775	82.3	0.95	0.97	65
0.2083	0.6273	81.6	1.00	1.00	64.5
0.2319	0.6485	80.2			
0.2818	0.6775	78.0			

参 考 文 献

[1] 刘承先，张裕萍．流体输送与非均相分离技术．北京：化学工业出版社，2008.
[2] 张弓．化工原理（上、下册）．北京：化学工业出版社，2000.
[3] 张洪流．流体流动与传热．北京：化学工业出版社，2002.
[4] 周立雪，周波．传质与分离技术．北京：化学工业出版社，2002.
[5] 潘文群．传质分离技术．北京：化学工业出版社，2008.
[6] 薛雪，吕利霞，汪武．化工单元操作与设备．北京：化学工业出版社，2009.
[7] 陆美娟，张浩勤．化工原理．北京：化学工业出版社，2006.
[8] 马桂荣，陈晓春等．甲苯-环丁砜-硅醚三元体系液-液平衡数据的测定．北京化工大学学报，2003，30（3）：6-9.
[9] 王关勤，张兵，刘伊芙等．甲苯-正庚烷-环丁砜三元体系液-液平衡测定及色谱定量分析的研究．石油化工，1982，11（2）：108-112.
[10] 陈敏恒，丛德滋，方图南等．化工原理（上、下册）．第2版．北京：化学工业出版社，2000.
[11] 姚玉英，黄凤廉等．化工原理（上、下册）．天津：天津大学出版社，1999.